中 国 国 家 标 准 汇 编

2008 年修订 83

中国标准出版社　编

中 国 标 准 出 版 社

北　京

图书在版编目（CIP）数据

中国国家标准汇编：2008年修订.83/中国标准出版社编.—北京：中国标准出版社，2009

ISBN 978-7-5066-5585-9

Ⅰ.中…　Ⅱ.中…　Ⅲ.国家标准-汇编-中国-2008
Ⅳ.T-652.1

中国版本图书馆CIP数据核字（2009）第199018号

中国标准出版社出版发行
北京复兴门外三里河北街16号
邮政编码:100045
网址 www.spc.net.cn
电话:68523946　68517548
中国标准出版社秦皇岛印刷厂印刷
各地新华书店经销
*
开本 880×1230　1/16　印张 36.25　字数 1 079 千字
2009年12月第一版　2009年12月第一次印刷
*
定价 200.00 元

出 版 说 明

1.《中国国家标准汇编》是一部大型综合性国家标准全集。自1983年起，按国家标准顺序号以精装本、平装本两种装帧形式陆续分册汇编出版。它在一定程度上反映了我国建国以来标准化事业发展的基本情况和主要成就，是各级标准化管理机构，工矿企事业单位，农林牧副渔系统，科研、设计、教学等部门必不可少的工具书。

2.《中国国家标准汇编》收入我国每年正式发布的全部国家标准，分为"制定"卷和"修订"卷两种编辑版本。

"制定"卷收入上年度我国发布的、新制定的国家标准，顺延前年度标准编号分成若干分册，封面和书脊上注明"20××年制定"字样及分册号，分册号一直连续。各分册中的标准是按照标准编号顺序连续排列的，如有标准顺序号缺号的，除特殊情况注明外，暂为空号。

"修订"卷收入上年度我国发布的、被修订的国家标准，视篇幅分设若干分册，但与"制定"卷分册号无关联，仅在封面和书脊上注明"20××年修订-1，-2，-3，……"字样。"修订"卷各分册中的标准，仍按标准编号顺序排列(但不连续)；如有遗漏的，均在当年最后一分册中补齐。需提请读者注意的是，个别非顺延前年度标准编号的新制定的国家标准没有收入在"制定"卷中，而是收入在"修订"卷中。

读者配套购买《中国国家标准汇编》"制定"卷和"修订"卷则可收齐上一年度我国制定和修订的全部国家标准。

3. 由于读者需求的变化，自1996年起，《中国国家标准汇编》仅出版精装本。

4. 2008年制修订国家标准共5946项。本分册为"2008年修订-83"，收入新制修订的国家标准29项。

中国标准出版社

2009年10月

目　　录

ICS 01.040.73
D 04

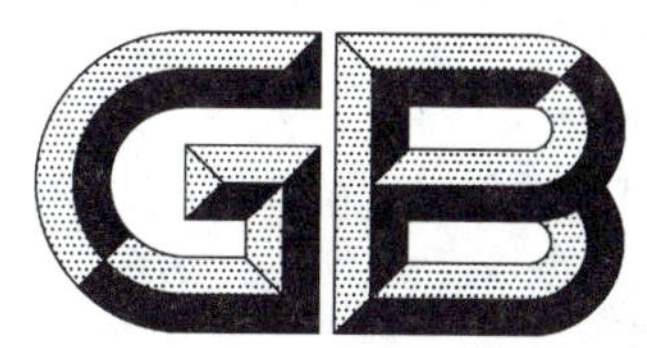

中华人民共和国国家标准

GB/T 15663.3—2008
代替 GB/T 15663.3—1995

煤矿科技术语 第3部分：地下开采

Terms relating to coal mining—Part 3: Underground mining

2008-07-29 发布　　2009-05-01 实施

中华人民共和国国家质量监督检验检疫总局
中国国家标准化管理委员会　发布

前　言

GB/T 15663《煤矿科技术语》分为如下几部分：

——第1部分：煤炭地质与勘察；

——第2部分：井巷工程；

——第3部分：地下开采；

——第4部分：露天开采；

——第5部分：提升运输；

——第6部分：矿山测量；

——第7部分：开采沉陷与特殊采煤；

——第8部分：煤矿安全；

——第10部分：采掘机械；

——第11部分：煤矿电气。

本部分为GB/T 15663的第3部分。

本部分代替GB/T 15663.3—1995《煤矿科技术语　地下开采》。

本部分与GB/T 15663.3—1995相比主要变化如下：

——对部分术语的定义进行了修改；

——删除了GB/T 15663.3—1995中的"4　水力采煤"和"5　充填开采"章节，将其部分内容调整编入"3　采煤方法"中；

——调整补充了相应的章节，新增了"4　采区支护"章节。

本部分由中国煤炭工业协会提出。

本部分由全国煤炭标准化技术委员会归口。

本部分由煤炭科学研究总院开采设计研究分院负责起草，煤炭科学研究总院检测研究分院、中煤国际工程集团南京设计院参加起草。

本部分主要起草人：王国法，张银亮，刘俊峰，傅京昱，陈元艳。

本部分所代替标准的历次版本发布情况为：

——GB/T 15663.3—1995。

煤矿科技术语
第3部分:地下开采

1 范围

GB/T 15663的本部分规定了井田开拓、采煤方法、采区支护、矿井地面设施等术语。

本部分适用于与地下开采有关的所有文件、标准、规程、规范、书刊、教材和手册等。

2 井田开拓

2.1

井田 mine field;mining field

煤田内划归一个矿井开采的部分。

2.2

矿区 mining area

统一规划和开发的煤田或其一部分。

2.3

地下开采 underground mining

井工开采

通过开掘井巷采出煤炭或其他矿产的工作。

2.4

矿井井型 mine capacity

按矿井设计年生产能力大小划分的矿井类型,一般分大型、中型、小型矿井三种。

2.5

矿井设计生产能力 designed mine annual output;designed mine capacity;designed mine annual production

设计中规定的矿井在单位时间(年或日)内采出的煤炭或其他矿产的数量。

2.6

矿井核定生产能力 rated mine capacity;checked mine capacity

对生产矿井的各个生产环节重新进行核定而确定的年生产能力。

2.7

矿井服务年限 mine life

按矿井可采储量、设计生产能力,并考虑储量备用系数计算出的矿井开采年限。

2.8

储量备用系数 reserve factor of reserves

为保证矿井有可靠服务年限而在计算时对储量采取的富裕系数。

2.9

开采水平 mining level;gallery level

水平(简称)

运输大巷或井底车场所在位置的标高水平及所服务的开采范围。

2.10

开采水平垂高　level interval

水平高度

开采水平上、下边界之间的垂直距离。

2.11

辅助水平　subsidiary level

在开采水平内，因生产需要而增设有运输大巷的标高水平及所服务的开采范围。

2.12

阶段　horizon

沿一定标高划分的一部分井田。

2.13

阶段垂高　horizon interval

阶段高度

阶段上、下边界之间的垂直距离。

2.14

阶段斜长　inclined length of horizon

阶段上部边界至下部边界沿煤层倾斜方向的长度。

2.15

井田开拓　mine field development

开拓（简称）

由地表进入煤层为开采水平服务所进行的井巷布置和开掘工程。

2.16

立井开拓　vertical shaft development

主、副井均为立井的开拓方式。

2.17

斜井开拓　inclined shaft development

主、副井均为斜井的开拓方式。

2.18

平硐开拓　drift development; adit development

用主平硐的开拓方式。

2.19

综合开拓　combined development

采用立井、斜井、平硐等任何两种或两种以上的井田开拓方式。

2.20

分区域开拓　area development; block development

大型井田划分为若干具有独立通风系统的开采区域，并共用主井的开拓方式。

2.21

矿井延深　shaft deepening

为接替生产而进行的下一开采水平的井巷布置和开掘工程。

2.22

暗井　staple shaft; blind shaft

不直接通达地面的井筒。

2.23

暗立井　staple vertical shaft;blind vertical shaft

不直接通达地面的立井。

2.24

暗斜井　internal inclined shaft;blind inclined shaft

不直接通达地面的斜井。

2.25

溜井　draw shaft

用于自重运输的井筒。

2.26

井底车场　shaft bottom;pit bottom;shaft station

连接井筒和大巷或石门的一组巷道和硐室的总称。

2.27

环形式井底车场　loop pit bottom;loop shaft bottom;loop shaft station

矿车作环形运行的井底车场。

2.28

折返式井底车场　zigzag shaft station

矿车作折返运行的井底车场。

2.29

硐室　room;chamber

为某种专门用途而开凿的断面较大和长度较小的井下构筑物。

2.30

箕斗装载硐室　skip loading pocket

位于主井筒侧边,安装有箕斗装载设备,能将井底煤仓的煤定量自动装入箕斗的硐室。

2.31

翻车机硐室　tipper room;dumper room;tipple dump room

位于井底(或采区)车场内安装有翻车机的硐室。

2.32

卸载站硐室　unloading station room

用于底卸式矿车卸载的硐室。

2.33

井底煤仓　shaft coal pocket;shaft loading pocket

位于井底车场内大容量的贮煤硐室。

2.34

主排水泵硐室　main pumping room

中央水泵房

装有为全矿井服务的主要排水设备的井下硐室。

2.35

水仓　sump;drain sump

用于贮存和沉淀井下涌水的一组巷道。

2.36

井下充电硐室　underground charging station;underground charging room

用于电机车蓄电池充电的井下硐室。

2.37

井下机车修理间　underground locomotive repair room

用于检修电机车的井下硐室。

2.38

井下调度室　underground control room;underground dispatching room

井底车场内、供值班调度人员工作的硐室。

2.39

井下等候室　underground waiting room

为人员等罐、候车的硐室。

2.40

石门　cross-cut

与煤层走向垂直(正交)或斜交的岩石水平巷道。

2.41

大巷　main roadway;pick heading;mother entry

为整个开采水平或阶段服务的水平巷道。

2.42

运输大巷　main haulage roadway

为整个开采水平或阶段运输服务的水平巷道。

2.43

集中大巷　centralized main roadway

为多个煤层服务的大巷。

2.44

单煤层大巷　main roadway for single seam

为一个煤层服务的大巷。

2.45

岩层大巷　main entry in rock

在煤层底板或顶板的岩层内开凿的大巷。

2.46

总回风巷　main return airway

为全矿井或矿井一翼服务的回风巷道。

2.47

分区回风巷　district return airway

为几个采区服务的回风巷道。

2.48

采区回风巷　section return airway

为采区服务的回风巷道。

2.49

采区　district

阶段或开采水平内沿走向划分为具有独立生产系统的开采块段。近水平煤层采区称盘区,倾斜长壁分带开采的采区称带区。

2.50

分段　sublevel

小阶段;亚阶段;分阶段(拒用)

在阶段内沿倾斜方向划分的开采块段。

2.51

采区准备　preparation in district

采(盘、带)区主要巷道的掘进和设备安装工作的总称。

2.52

上山　raise;rise

位于开采水平以上,为本水平或采区服务的倾斜巷道。

2.53

下山　dip;dip entry;dip head;dip heading

位于开采水平以下,为本水平或采区服务的倾斜巷道。

2.54

集中上山　centralized raise;centralized rise

为几个煤层服务的采区上山。

2.55

集中下山　centralized dip

为几个煤层服务的采区下山。

2.56

主要上山　main raise;main rise

为开采水平或辅助水平服务的上山。

2.57

主要下山　main dip

为开采水平或辅助水平服务的下山。

2.58

前进式开采　advancing mining

自井筒或主平硐附近向井田边界方向依次开采各采区的开采顺序;采煤工作面背向采区运煤上山(运煤大巷)方向推进的开采顺序。

2.59

后退式开采　retreating mining

自井田边界向井筒或主平硐方向依次开采各采区的开采顺序;采煤工作面向运煤上山(运煤大巷)方向推进的开采顺序。

2.60

上行式开采　ascending mining

分段、区段、分层或煤层由下向上的开采顺序。

2.61

下行式开采　descending mining

分段、区段、分层或煤层由上向下的开采顺序。

2.62

开拓巷道　development roadway

为井田开拓而开掘的基本巷道,如井筒、井底车场、运输大巷、总回风巷、主石门等。

2.63

准备巷道　preparatory roadway

为准备采区而掘进的主要巷道,如采区上、下山,采区车场等。

2.64

回采巷道　actual mining roadway;gateway;gateroad

采煤巷道

形成采煤工作面及为其服务的巷道,如开切眼、工作面运输巷、工作面回风巷等。

3　采煤方法

3.1

采煤　coal mining;coal extraction;coal winning

回采

广义:煤炭生产的全部过程和工作;狭义:从采煤工作面采出煤炭的工序。

3.2

采煤方法　coal mining method;coal winning method

采煤工艺与回采巷道布置及其在时间、空间上的相互配合。

3.3

采煤工作面　coal face;working face

回采工作面;工作面;采场

进行采煤作业的场所。

3.4

煤壁　wall;rib

直接进行采掘的煤层暴露面。

3.5

采高　mining height

采厚(拒用)

采煤工作面煤层被直接采出的厚度。

3.6

长壁工作面　longwall face

长度一般在 50 m 以上的采煤工作面。

3.7

短壁工作面　shortwall face

长度一般在 50 m 以下的采煤工作面。

3.8

双工作面　double-unit face

同一煤层(分层)内同时生产并共用工作面运输巷的两个相邻长壁工作面。两工作面相向运煤的双工作面又称“对拉工作面”。

3.9

长壁采煤法　longwall mining;longwall method;longwall face method

采用长壁工作面的采煤方法。

3.10

短壁采煤法　shortwall mining

采用短壁工作面的采煤方法。

3.11

走向长壁采煤法　longwall mining on the strike

长壁工作面沿走向推进的采煤方法。

3.12

倾斜长壁采煤法　longwall mining to the dip;longwall mining to the rise

长壁工作面沿倾斜推进的采煤方法。

3.13

伪斜长壁采煤法　oblique longwall mining

在急斜煤层中布置俯伪斜长壁工作面,用密集支柱隔开已采空间,并沿走向推进的采煤方法。

3.14

倾斜分层采煤法　inclined slicing;slicing method to the dip

厚煤层沿倾斜面划分分层的采煤方法。

3.15

放顶煤采煤法　top coal caving;top-coal caving

先采出煤层底部工作面的煤,随即放采上部顶煤的采煤方法。

3.16

倒台阶采煤法　overhand mining;overhand stopping

在急斜煤层中,布置下部超前的台阶形工作面,并沿走向推进的采煤方法。

3.17

正台阶采煤法　underhand stopping;heading-and-bench mining

斜台阶采煤法

在急斜煤层中,沿伪斜方向布置成上部超前的台阶形工作面,并沿走向推进的采煤方法。

3.18

伪斜柔性掩护支架采煤法　flexible shield mining in the false dip

在急斜煤层中,沿伪倾斜布置采煤工作面,用柔性掩护支架将采空区和工作空间隔开,沿走向推进的采煤方法。

3.19

水平分层采煤法　horizontal slicing method;horizontal slice mining;horizontal slicing

急斜厚煤层沿水平面划分分层的采煤方法。

3.20

斜切分层采煤法　oblique slicing method

急斜厚煤层中,沿与水平面成一定角度的斜面划分分层的采煤方法。

3.21

房柱式采煤法　room-and-pillar mining;board-and-wall method;room-and-pillar method

沿巷道每隔一定距离先采煤房直至边界,再后退采出煤房之间部分煤柱的采煤方法。

3.22

房式采煤法　chamber mining;room mining

沿巷道每隔一定距离开采煤房,在煤房之间保留煤柱以支撑顶板的采煤方法。

3.23

分层放顶煤　slicing top coal caving

特厚煤层划分为若干分层,并在一层或多层中进行放顶煤开采的采煤方法。

3.24

仰采　upward mining

推进方向为上坡的工作面布置方法。

3.25

俯采　downward mining

推进方向为下坡的工作面布置方法。

3.26

采区上山　district rise;district raise

为一个采区服务的上山。

3.27

采区下山　district dip

为一个采区服务的下山。

3.28

采区车场　district station

采区上(下)山与区段平巷或大巷连接的一组巷道和硐室的总称。

3.29

区段　district sublevel

在采区内沿倾斜方向划分的开采块段。

3.30

区段平巷　district sublevel roadway

在区段上、下边界掘进的平巷。

3.31

分层巷道　layered heading;sliced gateway

厚煤层分层开采时,为一个分层服务的区段(分带)巷道。

3.32

超前巷道　advance gate;advance heading

超前于采煤工作面一定距离掘进的巷道。

3.33

区段集中平巷　sublevel centralized entry

为一个区段的几个煤层或几个分层服务的平巷。

3.34

分段平巷　sublevel roadway;sublevel entry

在分段上、下边界掘进的平巷。

3.35

分带　strip

在带区内沿走向方向划分的开采块段。

3.36

分带斜巷　strip roadway

在分带两侧边界掘进的倾斜巷道。

3.37

分带集中斜巷　strip gathering roadway

为一个分带的几个煤层或几个分层服务的倾斜巷道。

3.38

工作面运输巷　head gate;haulage gateway

运输顺槽;下顺槽(拒用)

主要用于运煤的区段平巷或分带斜巷。

3.39

工作面回风巷　tailgate;return airway

回风顺槽;上顺槽(拒用)

主要用于回风的区段平巷或分带斜巷。

3.40

煤门　cross gate;inseam cross-cut

厚煤层内垂直或斜交走向掘进的水平巷道。

3.41

联络巷　crossheading;linkage;breakthrough

横贯(拒用)

联络两条巷道的短巷。

3.42

开切眼　open-off cut;starting cut

切割眼(拒用)

沿采煤工作面始采线掘进、供安装采煤设备的巷道。

3.43

采煤工艺　coal mining technology;coal mining technique

回采工艺

采煤工作面各工序所用方法、设备及其在时间、空间上的相互配合。

3.44

爆破落煤　coal blasting;shot coal;blast down

用爆破方法将煤从工作面煤壁崩落下来的破煤方法。

3.45

爆破装煤　blasting loading

用爆破的方法将煤炭抛入输送机内的装煤方法。

3.46

爆破采煤工艺　blast mining technology;blast mining technique

炮采(简称)

用爆破方法破煤的采煤工艺。

3.47

普通机械化采煤工艺　conventionally machanized coal mining technology

普采(简称)

用机械方法破煤和装煤,输送机运煤和单体支柱支护的采煤工艺。

3.48

综合机械化采煤工艺　fully-mechanized coal mining technology

综采(简称)

用机械方法破煤和装煤,输送机运煤和液压支架支护的采煤工艺。

3.49

综采放顶煤工艺　fully-mechanized top coal caving technology

综放(简称)

采用综采设备进行放顶煤开采的工艺。

3.50

炮采放顶煤工艺　blast mining top coal caving technology

采用爆破落煤进行放顶煤开采的工艺。

3.51

螺旋钻采煤工艺　digging auger coal mining technology

用螺旋钻机破煤、装煤和运煤的采煤工艺。

3.52

一次采全高　full-seam mining

整层开采

在一次采煤工艺循环中采出全部煤层厚度的开采方式。

3.53

分层开采　slicing

将厚煤层划分为若干分层，再依次开采各分层的开采方式。

3.54

破煤　coal breakage;coal cutting

落煤

用人工、机械、爆破、水力等方式将煤从煤壁分离下来的作业。

3.55

割煤　shearing

用滚筒采煤机破煤的工序。

3.56

单向采煤　unidirectional cutting

采煤机在采煤工作面往返一次完成全工作面一次割煤深度的采煤方式。

3.57

双向采煤　bidirectional cutting

采煤机在采煤工作面往返一次完成全工作面两次割煤深度的采煤方式。

3.58

刨煤　coal ploughing;coal plowing

用刨煤机破煤的工序。

3.59

机道　shearer track;cutter track

采煤机沿工作面煤壁运行的空间。

3.60

切口　stable;niche

壁龛;缺口;机窝(拒用)

长壁工作面内，为安放输送机机头、机尾的传动部或因采煤机械无法采到而在煤壁内超前开出的空间，一般在工作面两端。

3.61

采空区　goaf;gob;waste

老塘;老空(拒用)

采煤后所废弃的空间。

3.62

放顶线　caving line

采用垮落法控制顶板时，采煤工作面有支护的空间与采空区的分界线，通常沿该线架设有加强支撑作用的支架(柱)。

3.63

放顶　caving the roof

使采空区悬露顶板及时垮落的工序。

3.64

放顶距　caving interval

放顶步距(拒用)

相邻两次放顶的间隔距离。

3.65

放煤步距　top coal caving interval;drawing interval

用放顶煤采煤法时,沿工作面推进方向前后两次放煤的间距。

3.66

敲帮问顶　sounding;tapping;knocking;chap knock

通过敲击围岩以了解其破碎或离层程度的简易检查方法。

3.67

挑顶　roof ripping;ripping

必要时在巷道中挑落部分顶板岩石的作业。

3.68

挖底　floor dinting;dinting

卧底;起底(拒用)

必要时在巷道中挖去部分底板岩石的作业。

3.69

煤柱　coal pillar

煤矿开采中为某一目的而保留不采或暂时不采的煤体。

3.70

护巷煤柱　chain pillar

为维护巷道而在巷道一侧或两侧留设的煤柱。

3.71

跨采　over-the-roadway extraction

采煤工作面跨在或跨越上山、石门、大巷等巷道回采的采煤方式。

3.72

始采线　beginning line;mining starting line

采煤工作面开始采煤的边界。

3.73

终采线　terminal line

停采线;止采线(拒用)

采煤工作面终止采煤的边界。

3.74

循环　working cycle;cycle

采掘工作面周而复始地完成一整套工序的全过程。

3.75

循环进度　advance of working cycle;cyclic advance

采掘工作面完成一个循环后向前推进的距离。

3.76

循环率　cycle ratio;cycle completion ratio

每月实际完成循环个数占计划循环个数的百分数。

3.77

平行作业　concurrent operation;operation in parallel

在同一工作面同时进行几个工序的作业。

3.78

采出率　recovery rate;recovery ratio

回采率;回收率(拒用)

煤炭采出量占工业储量的百分比。

3.79

掘进率　coefficient of driving

在井田一定范围内或在一定时间内,掘进巷道的总长度与采出总煤量之比。

3.80

采放比　drawing ratio;ratio of cutting thickness to caving thickness

下部工作面采高与上部放顶煤高度之比。

3.81

大采高综采　large cutting height;high cutting

工作面采高超过3.5 m(含)的一次采全高综采。

3.82

大采高综放　large cutting height & top coal caving

工作面机采高度超过3.5 m的综采放顶煤。

3.83

三角煤　triangular coal

在工作面煤壁的上下两端,由采煤机滚筒割煤所形成的位于煤壁与工作面顶板或底板结合部位的近似三角形的煤体。

3.84

自动化工作面　automatic face

工作面主要设备及设备之间可以实现自动控制的采煤工作面。

3.85

水力采煤　hydraulic coal mining;hydro-mechanical coal mining

水采(简称)

利用水力或水力-机械开采和水力或机械运输提升的水力机械化采煤技术。

3.86

水力采煤工艺　hydraulic coal mining technology

水力采煤各生产环节有机组合的总称。

3.87

水力采煤矿井　hydraulic mine;hydro-mechanized mine;hydraulic coal mine

以采用水力机械化采煤技术为主的矿井。

3.88

水枪　monitor;hydraulic jet;hydraulic monitor

将压力水转化为水射流并进行冲采煤炭或剥离物的机械。

3.89

水枪出口压力　outlet pressure of monitor

水枪喷嘴出口处的水流动压力(动压强)。

3.90

射流轴心动压力　jet axis dynamical pressure

水枪射流轴线上某一点的轴向动压力(动压强)。

3.91

射流打击力　jet impact force

水枪射流对距水枪出口某一距离垂直平面上的总作用力。

3.92

开路供水　open-circuit water supply

水力采煤生产用水不循环复用的供水方式。

3.93

闭路供水　closed-circuit water supply

循环供水

水力采煤生产用水循环复用的供水方式。

3.94

走向短壁水力采煤法　shortwall hydraulic mining on the strike

走向小阶段采煤法(拒用)

采煤工作面大致沿煤层倾斜布置并沿走向推进的无支护短壁工作面水力采煤方法。

3.95

倾斜短壁水力采煤法　shortwall hydraulic mining in the dip

漏斗式采煤法(拒用)

采煤工作面大致沿煤层走向布置并沿倾斜推进的无支护短壁工作面水力采煤方法。

3.96

采垛　mining block;coal chock

水采工作面水枪完成一次采煤作业循环所开采的煤层块段。

3.97

采垛角　angle of mining block;angle of coal chock

冲采角

水力采煤工作面与回采巷道中心线的最终夹角。

3.98

水枪落煤能力　monitor productivity

单位时间内水枪冲采出的煤量。

3.99

移枪步距　interval of moving monitor;unit advance of monitor

为冲采下一个采垛或保持有效冲采,水枪移设一次的距离。

3.100

明槽水力运输　flume hydrotransport;hydraulic flume transport

在具有一定坡度的溜槽或沟渠内,煤浆自溜的输送方式。

3.101

管道水力运输　pipe-line hydrotransport;hydraulic pipe transport

在管道内煤浆承压的输送方式。

3.102

分级运提　separate transport and hoisting

将煤分为不同粒度，粗粒（筛上物）用普通机械，细粒（筛下物）用水力机械运提的方式。

3.103

水力提升　hydraulic hoist

用水力机械提升煤炭的方式。

3.104

煤浆　slurry；coal slurry

煤水混合物。

3.105

煤水比　coal-water ratio

煤浆中煤与水质量比或体积比。

3.106

煤水硐室　coal-water mixing chamber；coal slurry preparation room

用于制备、储集和输送煤浆的硐室群。

3.107

煤水仓　coal-slurry sump；coal slurry sump

用煤水泵排送煤浆时，储集和调节煤浆浓度的硐室群。

3.108

煤水泵　coal slurry pump

排送煤浆的泵。

3.109

喂煤机　coal-feeding machine；coal feeder；feeder

将煤炭送入运煤设备或输煤管道进行水力运输或提升的机械设备。

3.110

水力充填　hydraulic stowing；hydraulic fill

利用水力通过管道把充填材料送入废弃空间的充填方法。

3.111

风力充填　pneumatic stowing

利用压缩空气通过管道把充填材料送入废弃空间的充填方法。

3.112

膏体充填　plaster stowing

用泵或靠自流输送把膏体材料送入废弃空间的充填方法。

3.113

煤矸石充填　waste stowing

用机械设备将煤矸石送入废弃空间的充填方法。

3.114

充填步距　stowing interval

沿工作面推进方向一次充填采空区的距离。

3.115

充填能力　stowing capacity

充填系统单位时间内能输送的充填材料的体积。

3.116

充采比　stowing ratio

每采出 1 t 煤所需充填材料的立方米数。

3.117

充填倍线　stowing gradient

充填管路总长度与充填管路入口至出口的高差之比。

3.118

充填沉缩率　setting ratio

充填体经过一定时间压缩后，其沉缩的高度与原充填高度之比。

3.119

充填材料　stowed material

充填采空区用的材料。

3.120

砂浆　sand pulp

充填采空区用的水砂(石)混合物。

3.121

水砂比　water-sand ratio

一定体积的砂浆中，水与充填材料体积之比。

3.122

注砂井　storage-mixed bin;sand filling chamber

由贮存充填材料的砂仓和进行水砂混合的注砂室组成的充填设施。

3.123

喇叭口　bell-and-spigot joint

注砂井内的混合沟与注砂管的连接口。

3.124

砂门　sand gate

截留砂浆中的充填材料并滤出废水的隔离物。

3.125

含泥率　mud ratio

0.1 mm 以下的颗粒占充填材料的百分数。

3.126

截留泥分　retained silt;clay retained in gob

充填后截留在采空区泥分的含量。

3.127

流失泥分　leaked silt;clay leaked

充填后砂门顺水流出泥的含量。

3.128

充填体　filling body

留在采空区内充填材料的沉积体。

3.129

静压充填　hydrostatic pressure stowing

利用砂浆从喇叭口到充填地点的位能使砂浆流到充填地点的充填方式。

3.130

动压充填　dynamic pressure stowing

利用砂浆泵将砂浆输送到充填地点的充填方式。

3.131

砂浆泵　slurry pump

充填砂泵的加压机械。

4　采区支护

4.1

顶板　roof

赋存在煤层之上的邻近岩层。

4.2

底板　floor

赋存在煤层之下的邻近岩层。

4.3

工作面顶板控制　roof control in working face

顶板管理(拒用)

采煤工作面中工作空间支护和采空区处理的总称。

4.4

人工顶板　artificial roof

人工假顶(拒用)

分层开采时为阻挡上层垮落矸石进入工作空间而铺设的隔离层。

4.5

工作面支护　working face supporting

对工作面围岩实施控制的作业。

4.6

端头支护　face end supporting

对工作面端头顶板实施控制的作业。

4.7

采煤工作面超前支护　supporting advance working face

对工作面端头出口的超前巷道围岩加强控制的作业。

4.8

及时支护　immediate supporting

在采煤工艺循环中采煤机割煤后,先拉移支架及时支护新裸露顶板后移输送机的作业方式。

4.9

滞后支护　delayed supporting

在采煤工艺循环中采煤机割煤后,先推移输送机后移架支护新裸露顶板的作业方式。

4.10

护帮　face wall protecting

用人工或机械装置对工作面煤壁实施支护的作业。

4.11

移架步距　unit advance;advance step

一个采煤循环支架移动的距离。

4.12

擦顶移架　sliding advancing of the support

带压移架

移架过程中支架保持一定支撑力，顶梁保持与顶板接触的移架方式。

4.13

支垛　crib

在顶、底板之间垒砌成垛状的、起支承作用的构筑物。

4.14

基本支架　basic shield support

用于工作面中部的一般液压支架。

4.15

过渡支架　transition shield support

用于工作面两端由基本架至端头支架过渡段的液压支架。

4.16

端头支架　face end shield support

用于工作面两端头并进入巷道的液压支架。

4.17

超前支架　advance shield support

用于工作面两端头出口，布置在端头支架前方巷道中的液压支架。

4.18

支护系统稳定性　stability of face support system

工作面支架组成的支护系统保持稳定的能力。

4.19

铰接顶梁　hinged grider; linked roof bar

两端具有铰接结构的金属顶梁。

4.20

贴帮柱　face prop

紧靠煤壁架设的支柱。

4.21

放顶柱　break prop

用垮落法时，在工作面与采空区交界线上专门为放顶而安设的特种支柱。

4.22

丛柱　cluster prop

三根以上成簇的支柱。

4.23

单体液压支柱　hydraulic prop

利用液体压力产生工作阻力并实现升柱和卸载的单根可伸缩性支柱。

4.24

柔性掩护支架　flexible shield support

用钢绳将钢梁或木梁连接在一起，在急斜采煤工作面中用以掩护工作空间和隔离采空区的帘式柔性支护结构物。

5 矿井地面设施

5.1

矿井地面布置　mine surface arrangement；mine layout arrangement

根据煤炭生产、加工和运输的要求，按照地表地形特征，在矿井设计中，合理安排主、副井口位置、地面生产系统、辅助生产设施和生活服务设施等的总体布置。

5.2

工业场地　mine yard

工业广场

井口、地面生产系统和辅助生产设施所占用的场地。

5.3

排矸场　waste dump；waste-disposal dump

堆放矸石的场所。

汉语拼音索引

G

H

J

K

L

M

英 语 索 引

A

B

C

N

O

P

R

S

T

U

ICS 01.040.73
D 04

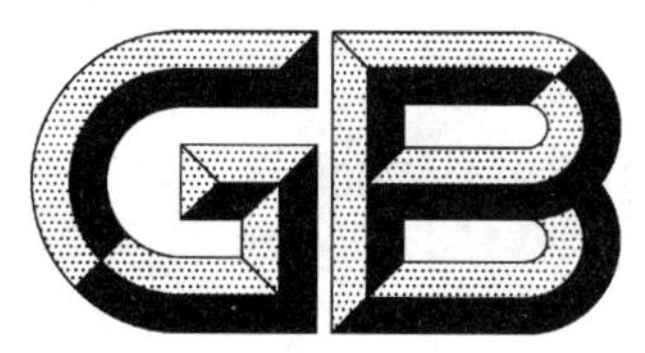

中华人民共和国国家标准

GB/T 15663.4—2008
代替 GB/T 15663.4—1995

煤矿科技术语　第4部分：露天开采

Terms relating to coal mining—Part 4:Surface mining

2008-09-18 发布　　　　2009-04-01 实施

中华人民共和国国家质量监督检验检疫总局
中国国家标准化管理委员会　发布

前言

GB/T 15663《煤矿科技术语》分为如下几部分：

——第1部分：煤炭地质与勘查；

——第2部分：井巷工程；

——第3部分：地下开采；

——第4部分：露天开采；

——第5部分：提升运输；

——第6部分：矿山测量；

——第7部分：开采沉陷与特殊采煤；

——第8部分：煤矿安全；

——第10部分：采掘机械；

——第11部分：煤矿电气。

本部分为GB/T 15663的第4部分。

本部分代替GB/T 15663.4—1995《煤矿科技术语　露天开采》。

与GB/T 15663.4—1995相比，本部分主要作了如下修改：

——本标准删除了GB/T 15663.4—1995《煤矿科技术语　露天开采》中的“代号”、“允许使用的同义词”、“禁止使用的同义词”。

——本标准对章节及部分术语的编号进行了调整，将其中“6　技术经济术语”的内容合并到“2　基本术语”中，其中的“6.9　工作线推进速度”、“6.10　矿山工程延深速度”调整为“4　开拓开采术语”中的“4.32　工作线推进速度、4.35　矿山工程延深速度”，去掉了第6章。并将“5　生产系统”标题修改为“5　生产工艺系统”。

——对部分术语的定义进行了修改。

本部分中国煤炭工业协会提出。

本部分由全国煤炭标准化技术委员会归口。

本部分起草单位：中煤国际工程集团沈阳设计研究院。

本部分主要起草人：冯建宏、洪宇、马培忠、吴双忱、李汇致、王昌禄、师恩魁。

本部分所代替的历次版本发布情况为：

——GB/T 15663.4—1995。

煤矿科技术语　第4部分：露天开采

1　范围

本部分规定了露天开采有关的采场要素、开拓开采、生产工艺系统、技术经济等基本术语。

本部分适用于与露天开采有关的所有文件、标准、规程、规范、书刊、教材和手册等。

2　基本术语

2.1

露天开采　**surface mining; open-pit mining; opencast mining; open-cut mining; strip mining; open work; open pit operation; quarry mining**

直接从地表揭露出矿物并将其采出的作业。

2.2

露天矿　**surface mine; open-pit mine; opencast mine; opencut; strip mine; terrace mine**

从事露天开采的矿山企业。

2.3

露天采场　**open-pit; open-pit workings; surface workings; opencast site; open-pit field; quarry**

进行露天开采的场所。

2.4

山坡露天采场　**mountain surface mine; side-hill cut; side-hill quarry; mountain top surface mine**

在地表封闭圈以上进行露天开采的场所。

2.5

凹陷露天采场　**open-pit; pit; pit mine; trough quarry**

在地表封闭圈以下进行露天开采的场所。

2.6

露天矿田　**surface mine field; open-pit mine field; opencast mine field**

划归一个露天矿开采的矿床或其中一部分。

2.7

露天采矿　**opencast mineral/ore extraction; surface mining**

在露天采场内采出矿物的作业。

2.8

剥离　**stripping; overburden mining; waste mining; overburden removal**

在露天采场内采出剥离物的作业。

2.9

剥离物　**overburden; spoil; waste**

露天采场内的表土、岩层和不进行回收的矿物。

2.10

剥采比　**stripping ratio; waste-to-ore ratio; stripping-to-ore ratio**

剥离量与有用矿物量之比值。

2.11

平均剥采比　**overall stripping ratio; average stripping ratio**

露天开采境界内剥离物总量与回收的有用矿物总量之比值。

2.12

生产剥采比　operational stripping ratio

在一定生产期内从露天采场采出的剥离量与有用矿物量之比值。

2.13

境界剥采比　pit limit stripping ratio

露天采场境界扩大一定深度或宽度所增加的剥离量与回收的有用矿物量之比值。

2.14

经济剥采比　economic stripping ratio

在一定技术经济条件下，露天开采经济合理的最大剥采比。

2.15

剥离高峰　peak of stripping

露天采场工作帮达到一定位置时剥采比达到最高值的现象。

2.16

剥采比均衡　stripping balance

调整剥采工程量，使生产剥采比在一定时间内保持相对均衡。

2.17

露天矿生产能力　production rate of surface mine; production of open-pit; output of open-pit

露天矿单位时间内所能采出的矿物总量。

2.18

露天矿采剥能力　stripping capacity of open-pit; mining capacity of open-pit

露天矿单位时间内所能采出的矿岩总量。

3　采场要素

3.1

露天开采境界　pit limit; open pit limit; open pit edge

露天采场开采范围的空间轮廓。

3.2

地表境界线　surface boundary line; open pit top edge; open pit surface edge

露天采场最终边帮与地表的交线。

3.3

底部境界线　floor boundary line; open-pit floor edge; open pit lower limit

露天采场最终边帮与其底面的交线。

3.4

露天采场底面　pit bottom; open-pit floor; open-pit bottom; quarry floor

露天采场的底部表面。

3.5

开采高度　mining height

山坡露天采场内开采水平最高点至露天采场底面的垂直高度。

3.6

开采深度　mining depth

露天采场内开采水平最高点至露天采场底面的垂直深度。

3.7

台阶　bench; level; bank; benching bank; quarry bank

按剥离、采矿或排土作业的要求，以一定高度划分的阶梯。

3.8

平盘　berm; bench floor; platform

台阶的水平部分。

3.9

平盘宽度　bench width; width of bench; berme

平盘上台阶坡顶线与坡底线的距离。

3.10

露天采场边帮　pit slope; pit edge; open-pit slope; side slope; slope wall

露天采场内由台阶平盘和台阶坡面组成的总体。

3.11

顶帮　top slope; top wall; upper wall; hanging wall

位于露天采场矿体顶板一侧的边帮。

3.12

底帮　foot slope; bottom wall; foot wall; flat wall; under wall; lower wall; lying wall; bottom slope; floor wall

位于露天采场矿体底板一侧的边帮。

3.13

端帮　end slope; end wall; side wall

位于露天采场端部的边帮。

3.14

工作帮　working slope; working wall; working pit edge

由正在开采的台阶组成的边帮。

3.15

非工作帮　non-working wall; non-working slope

由已结束开采的台阶部分组成的边帮。

3.16

最终边帮　final pit slope; ultimate pit slope

露天采场开采结束时的边帮。

3.17

工作帮坡面　working slope; face; working grade surface; working slanting face

通过工作帮最上台阶坡底线与最下台阶坡底线形成的假想面。

3.18

非工作帮坡面　non-working slope face; non-working grade surface; non-working slope; non-working slanting face

通过非工作帮最上台阶坡顶线与最下台阶坡底线形成的假想面。

3.19

帮坡角　slope angle; pit slope angle; angle of pit slope; angle of slope wall; open-pit slope angle

帮坡面与水平面的夹角。

3.20

工作帮帮坡角　working slope angle; slope of working grade surface

工作帮坡面与水平面的夹角。

3.21

非工作帮帮坡角　non-working slope angle

非工作帮坡面与水平面的夹角。

3.22

最终帮坡角　ultimate pit slope angle

最终帮坡面与水平面的夹角。

3.23

边帮稳定性　slope stability;wall stability;stability of slope

边帮保持稳定的程度。

3.24

滑坡　slope slide,slope failure;slope sliding,sliding

边帮局部滑动或垮落的现象。

3.25

滑体　sliding mass

滑坡产生的滑动体。

3.26

滑面　sliding surface;sliding plane

滑动体与未滑动体的分界面。

3.27

临界滑面　critical sliding surface

最可能造成帮坡失稳的滑面。

3.28

台阶坡面　bench slope;slope face;bank slope;slope front;edge slope

台阶上、下平盘之间的倾斜面。

3.29

台阶坡面角　bench angle;bench slope angle;bank slope angle

台阶坡面与水平面的夹角。

3.30

台阶稳定坡面角　bench stable slope angle;bank stable slope angle;angle of response of bank slope

台阶稳定的坡面与水平面的夹角。

3.31

坡顶线　bench edge;bench crest;slope top;edge of bank

台阶上部平盘与台阶坡面的交线。

3.32

坡底线　bench toe;bench tow brow;bench toe rim

台阶下部平盘与台阶坡面的交线。

3.33

台阶端工作面　end face of bench

与工作线呈垂直方向的台阶坡面。

3.34

台阶高度　bench height;bank height

台阶上、下平盘之间的垂直距离。

3.35

运输平盘　haulage berm

用于设置运输线路的平盘。

3.36

安全平盘　safety berm

为保持帮坡稳定和阻挡塌落物而设的平盘。

3.37

清扫平盘　cleaning berm

为清除塌落物而设的平盘。

3.38

工作平盘　working berm; working bench; working bank

进行采装、运输、辅助作业及设置其他设施的平盘。

4　开拓开采

4.1

露天矿开拓　surface mine haulage system establishment; building-up haulage system; opening-out; opening-up

建立地表至露天采场各台阶的运输通道。

4.2

出入沟　access ramp; main access; main access ramp; exit trench

地表与露天采场之间的运输通道。

4.3

外部沟　external access; out-of-mine trench; out-of-mine ramp

露天采场以外的出入沟。

4.4

内部沟　internal access; internal trench; internal ramp

露天采场以内的出入沟。

4.5

单侧沟　hillside ditch

具有一个侧帮的沟道。

4.6

双侧沟　double-sided ditch; ditch

具有两个侧帮的沟道。

4.7

陡沟　steep access; steep trench; steep ramp

适于带式输送机和提升机运输，坡度大的沟道。

4.8

缓沟　easy access; easy trench; easy ramp

适用于铁道和公路运输，坡度小的沟道。

4.9

开段沟　drop cut; box-cut; cutting; pioneer cut; working trench

为建立台阶工作线开挖的沟道。

4.10

坑线 ramp; trench

出入沟及露天采场内台阶之间的运输线路。

4.11

固定坑线 permanent ramp; permanent trench

开采过程中相对固定的坑线。

4.12

移动坑线 temporary ramp;temporary trench

开采过程中经常改变位置的坑线。

4.13

直进坑线 straight ramp;straight mainline trench

运输设备不改变运行方向直达相临台阶的坑线。

4.14

折返坑线 zigzag ramp;dead-end trench

运输设备在运行中按“之”字形改变运行方向的坑线。

4.15

回返坑线 run-around ramp;run-around trench

运输设备在运行中按“U”字形改变运行方向的坑线。

4.16

螺旋坑线 spiral ramp;spiral trench

运输设备绕露天采场四周边帮以螺旋线方式运行的坑线。

4.17

矿区开采顺序 development sequence of mine field

在一个矿区范围内若干个露天矿和(或)矿井的建设顺序。

4.18

开采程序 mining sequence;mining procedure;procedure of mining

露天采场内剥采工程在时间和空间上的发展顺序。

4.19

分区开采 mining by areas;mining in sections

露天矿田划分若干个区段,按一定的顺序进行的开采。

4.20

分期开采 mining by stages;mining in installments

露天矿田在整个开采期内,按开采深度、开采工艺、规模、剥采比等划分为不同开采阶段进行的开采。

4.21

组合台阶 bench group;bench-and-bench

保持一个工作平盘的一组相邻台阶。

4.22

采掘带 cut;dass;mining panel;strip

台阶上按顺序采掘的条带。

4.23

采宽 cut width;width of dass;width of mining panel;strip width

采掘带的实体宽度。

4.24

工作面 working face;bench face;working bench;working level

直接进行采掘或排土作业的场所。

4.25

工作线　front; working bench; working panel; working level

具备正常作业条件的台阶长度。

4.26

挖掘机工作线长度　front length of excavator

一台挖掘机作业的长度。

4.27

工作线推进方向　direction of front advance

开采过程中工作面侧向移动方向。

4.28

平行推进　parallel advance

工作线全长按同一方向推进。

4.29

扇形推进　fan advance

工作线全长围绕一端推进。

4.30

单向推进　unidirectional advance

工作线只向一个方向推进。

4.31

双向推进　bidirectional advance

露天采场两帮工作线同时向不同方向推进。

4.32

工作线推进速度　annual advance speed of front; annual advancing speed of working bench

工作线单位时间内推进的距离。

4.33

采场延深　pit deepening

露天采场开采过程中为下降底面而进行的剥采工程。

4.34

矿山工程延深方向　deepening direction of mining project

上下台阶开段沟的错动方向。

4.35

矿山工程延深速度　deepening speed of mining project

露天采场一年的垂直降深量。

5　生产工艺系统

5.1

开采工艺环节　unit operation

露天开采中矿岩的松碎、采装、移运及排卸等主要作业环节。

5.2

开采工艺系统　mining system

组成开采工艺环节的机械设备和作业方法的总称。

5.3

间断开采工艺　discontinuous mining system; intermittent mining system

采装、移运和排卸作业均用周期式设备形成不连续物料流的开采工艺。

5.4

连续开采工艺　continuous mining system

采装、移运和排卸作业用连续式设备形成连续物料流的开采工艺。

5.5

半连续开采工艺　semi-continuous mining system

部分环节间断、部分环节连续的开采工艺。

5.6

倒堆开采工艺　casting mining system;overcastting mining system

由挖掘设备将剥离物铲挖、移运和排卸到采空区或旁侧区域的开采工艺。

5.7

水力开采工艺　hydromining system;hydraulic excavating technique

用水枪冲采松散的矿岩,并用水力将其运往选矿厂或排土场的开采工艺。

5.8

钻孔爆破　drilling-and-blasting

在矿岩凿孔,并将装入孔内炸药引爆使矿岩松碎的作业。

5.9

垂直钻孔　vertical hole;bench hole

轴线垂直于水平面的钻孔。

5.10

水平钻孔　horizontal hole

轴线平行于水平面的钻孔。

5.11

倾斜钻孔　inclined hole;angular hole

轴线与水平面呈锐角或钝角的钻孔。

5.12

超钻　subdrill;over drill;super drill

超过爆破深度的钻孔部分。

5.13

塌孔　hole-cave-in

钻孔孔壁塌落而局部扩大的现象。

5.14

采装　loading;excavating-and-loading

用挖掘设备铲挖矿岩并装入运输设备的工艺环节。

5.15

上挖　digging above;up digging;high cut

挖掘机对其站立水平以上的矿岩进行的挖掘。

5.16

下挖　digging below;down digging;low cut

挖掘机对其站立水平以下的矿岩进行的挖掘。

5.17

垂直切片　terrace cut slice

轮斗挖掘机切割产生的直立月牙形矿岩切片。

5.18

水平切片　dropping cut slice

轮斗挖掘机切割产生的平卧月牙形矿岩切片。

5.19

松散系数　swell factor; bulking factor

矿岩松散后的体积与原体积之比。

5.20

平装　level loading; bank loading; loading at same bench

挖掘设备与其配合的运输设备站在同一水平上进行的装载作业。

5.21

上装　upper level loading; loading to the upper bench; loading on bank top

挖掘设备站立水平低于与其配合的运输设备的站立水平进行的装载作业。

5.22

下装　lower level loading

挖掘设备站立水平高于与其配合的运输设备的站立水平进行的装载作业。

5.23

煤面清扫　cleaning

在煤岩界面清除残岩以提高煤质的作业。

5.24

剥离倒堆　casting; overcasting

用挖掘设备铲挖剥离物并堆放于旁侧的作业。

5.25

再倒堆　overcasting; rehandling

挖掘设备将已倒堆的剥离物再次移位的作业。

5.26

满斗系数　bucket-fill factor; dipper factor; carry-fill factor; bucket factor

铲斗所装物料松散体积与铲斗额定容积的比值。

5.27

车铲比　truck to shovel ratio; train to shovel ratio

汽车(列车)数与挖掘设备数之比。

5.28

车铲容积比　volume ratio of truck to dipper; volume ratio of train to dipper; dumper to shovel volumetric ratio

车箱容积与铲斗容积之比。

5.29

纵向运输　longitudinal removal; haulage around pit

沿工作线方向的物料运输。

5.30

横向运输　cross removal; cross haulage

垂直于工作线方向的物料运输。

5.31

运输干线　main-line

露天采场出入沟内及其通往卸矿点和排土场的主要运输线路。

5.32

采装线　loading line

露天采场内进行采装的路线。

5.33

固定线路　permanent haulage line; permanent ramp; permanent track; permanent line

长期固定不移动的运输线路。

5.34

半固定线路　semi-permanent haulage line; semi-permanent track; semi-permanent line

一定时间内固定不移动的运输线路。

5.35

移动线路　shiftable haulage line; portable track; portable line; movable track; sectional track; movable line

随着工作线的推进经常移设的运输线路。

5.36

移道步距　shift spacing; moving increment of track; increment of advance; shift spacing of track

运输线移设一次的间距。

5.37

折返站　switchback station

"之"字形改变列车运行方向并可会让列车的车站。

5.38

限制坡度　limiting gradient; limit gradient; ruling grade

运输线路设计允许的最大纵向坡度。

5.39

限制区间　limit section; limited block

因坡度或长度大，使运输系统运输能力受其限制的铁路区间。

5.40

分流站　distribution station

进行矿岩品种分流和调节流量的带式输送设施总体。

5.41

剥离站　waste station

露天矿内调度剥离列车的主要车站。

5.42

采矿站　ore station

露天矿调度采矿列车的主要车站。

5.43

排土场　dump; refuse dump; waste dump; waste disposal dump; spoil bank; dumping site

堆放剥离物的场地。

5.44

外部排土场　external dump

建在露天采场以外的排土场。

5.45

内部排土场　internal dump

建在露天采场以内的排土场。

5.46

排土　dumping;spoil disposal;waste disposal;overburden disposal

向排土场排卸剥离物的作业。

5.47

排土桥　conveyor bridge

在轨道上行驶,上面装有带式输送机,把剥离物从剥离台阶横跨露天采场,运至内部排土场的桥式设备。

5.48

排土犁　plough

在轨道上行驶,用侧开板把剥离物外推并平整路基的排土机械。

5.49

排土线　spoil disposal track; waste disposal track

排土场内排卸剥离物的台阶。

5.50

排土场下沉系数　subsidence factor of dump;subsidence factor of waste dump

排土台阶沉降后的高度与初排高度的比值。

5.51

水力排土场　debris disposal area

构筑堤坝形成的水力排土空间

5.52

水力排土　debris disposal

在水力排土场沉淀泥浆并排出澄水的作业。

5.53

复垦　reclamation

将开采破坏了的上地进行处理以恢复成可利用土地的工程。

汉语拼音索引

K

L

M

N

P

Q

S

T

W

英文对应词索引

A

B

C

D

L

M

N

O

P

Q

T

U

V

W

Z

ICS 01.040.73
D 04

中华人民共和国国家标准

GB/T 15663.5—2008
代替 GB/T 15663.5—1995

煤矿科技术语 第5部分：提升运输

Terms relating to coal mining—Part 5: Hoisting and transport

2008-09-18 发布　　　　2009-04-01 实施

中华人民共和国国家质量监督检验检疫总局
中国国家标准化管理委员会　发布

前言

GB/T 15663《煤矿科技术语》分为如下几部分：

——第1部分：煤炭地质与勘察；

——第2部分：井巷工程；

——第3部分：地下开采；

——第4部分：露天开采；

——第5部分：提升运输；

——第6部分：矿山测量；

——第7部分：开采沉陷与特殊采煤；

——第8部分：煤矿安全；

——第10部分：采掘机械；

——第11部分：煤矿电气。

本部分为GB/T 15663的第5部分。

本部分代替GB/T 15663.5—1995《煤矿煤矿科技术语　提升运输》。

本部分与GB/T 15663.5—1995相比主要变化如下：

——增加了关于车辆运输的术语(见2.9～2.12、2.18～2.19、2.22～2.27、2.36～2.51)；

——增加了关于输送机运输的术语(见3.8、3.10～3.13、3.23～3.24、3.27～3.30、3.33～3.35)；

——增加了关于钢丝绳运输的术语(见4.11～4.20)；

——增加了关于提升的术语(见5.5、5.63～5.72、5.107、5.109、5.116～5.117)；

——删除了部分术语(1995年版的2.1、2.12～2.13、2.24、3.7、3.8、3.21～3.22、3.29、4.2、4.11～4.13、5.7～5.8、5.18～5.19、5.25、5.35～5.44、5.88～5.92、5.103～5.104、5.112和5.120)；

——修改了部分术语及其定义的表述。

本部分由中国煤炭工业协会提出。

本部分由全国煤炭标准化技术委员会归口。

本部分起草单位：煤炭科学研究总院上海分院、常州科研试制中心有限公司、煤炭科学研究总院太原研究院、中煤国际工程集团南京设计研究院、中煤张家口煤矿机械有限责任公司、宁夏天地奔牛实业集团有限公司。

本部分主要起草人：李云海、陈焕鍈、刘晓群、王清元、陈珏、常建、李定明、陈骥、陈保宗、段和平。

本部分所代替标准的历次版本发布情况为：

——GB/T 15663.5—1995。

煤矿科技术语　第5部分:提升运输

1　范围

GB/T 15663的本部分规定了车辆运输、输送机运输、钢丝绳运输和提升的术语。

本部分适用于与提升运输有关的所有文件、标准、规程、规范、书刊、教材和手册等。

2　车辆运输术语

2.1

矿车　mine car;pit tub

矿山运输煤炭、矸石等物料用的窄轨车辆。

2.2

串车　train;journey

列车(拒用)

用钢丝绳牵引的由两个以上矿车组成的车组。

2.3

人车　man car;car

煤矿井下运送人员的车辆。分为平巷人车、斜井人车、无轨车人车、卡轨车人车和单轨吊人车等。

2.4

平板车　flat-deck car;flat car

矿山运输器材、设备等无车帮的车辆。

2.5

材料车　supply car;timber car

坑木车(拒用)

木料车(拒用)

煤矿井下运输长材料或适合捆绑、组合件的车辆。

2.6

专用车　special car;specialty car

供矿山作某种特殊用途的车辆。分为爆炸材料车、检修车、救护车、卫生车和消防车等。

2.7

单轨吊车　overhead monorail

单轨吊

单轨运输吊车(拒用)

单轨吊车是种在巷道顶部悬挂的单轨上运行的运输设备,由驱动车或牵引车、承载车及制动车等组成。主要用于煤矿井下人员、材料、设备和矸石等的辅助运输。

2.8

卡轨车　road railer

由钢丝绳牵引或机车牵引,装有卡轨轮在专用轨道或普通轨道上运行的运输车辆,其牵引和载重车辆的转向架装有垂直和水平卡轨轮组,可防止车辆掉道。

2.9

防爆柴油机粘着驱动卡轨车　the flameproof diesel trapped-rail locomotive with adhesion drive

柴油机粘着驱动卡轨车。

以防爆低污染柴油机为动力，胶套轮或钢轮粘着驱动的卡轨车。

2.10

防爆柴油机粘着与齿轨驱动卡轨车　the flameproof diesel trapped-rail locomotive with rack and adhesion drive

柴油机粘着与齿轨驱动卡轨车。

以防爆低污染柴油机为动力，胶套轮或钢轮粘着驱动与齿轨驱动的卡轨车。

2.11

绳牵引卡轨车　rope haulage trapped rail transport system

是用普通轨或槽钢轨在车轴上增设卡轨轮以防止脱轨掉道的运输系统，其牵引方式为在牵引车前后两端联接的循环式钢丝绳(无极绳牵引)。

2.12

牵引车　towing car

卡轨车运输系统中，直接与牵引钢丝绳相连接，带动其他车辆运行的车辆。

2.13

梭行矿车　shuttle car

梭车(拒用)

梭形矿车(拒用)

梭式矿车(拒用)

具有自卸装置，始终固定连接于钢丝绳上，并可与矿车、平板车等车辆连接，往返运行于煤矿井下轨道上的车辆。

2.14

翻矸车　waste dumping car

在轨道上能翻转卸矸的车辆。

2.15

矿用机车　mine locomotive；underground locomotive

矿山运输用的窄轨机车。

2.16

矿用电机车　electrical mine locomotive；electrical mining locomotive

电机车

矿山运输用的电力机车。分为架线式电机车及蓄电池式电机车。

2.17

蓄电池式电机车　electrical battery locomotive；battery locomotive；electrical storage battery locomotive

蓄电池电机车

蓄电池机车

由蓄电池组供电的矿用电机车。

2.18

煤矿防爆特殊型蓄电池电机车　special type explosion proof electrical battery locomotive for coal mine

特殊型机车

电源装置为防爆特殊型，其他电气部件均属防爆产品的蓄电池电机车。

2.19

煤矿防爆蓄电池胶套轮电机车　coal-mining special type flameproof electrical battery locomotive with rubber wrapped wheels

车轮使用胶套轮以加大粘着系数提高爬坡能力的防爆特殊型蓄电池电机车。

2.20

架线式电机车　electrical trolley locomotive; trolley locomotive

架线电机车

架线机车

由架空导线供电的矿用电机车。

2.21

齿轨机车　rack locomotive; rack track locomotive

借助道床上的齿条与机车上的齿轮用以加大爬坡能力的矿用机车。

2.22

防爆无轨胶轮车　flameproof rubber-tyred vehicle

可在井下爆炸性气体环境中运行的无轨胶轮车。

2.23

防爆柴油机无轨胶轮车　the flameproof diesel vehicle with the rubber wheels for the mine

柴油机无轨胶轮车

以矿用防爆柴油机为动力，可在爆炸性气体环境中运行的无轨胶轮车。

2.24

防爆支架搬运车　flameproof longwall chock carrier

用于井下工作面支架搬运的防爆无轨胶轮车。

2.25

防爆多功能铲运车　flamcproof multi-function scooptram

用于煤矿井下装载、叉装、提升、电缆(皮带)卷放、运输的防爆无轨胶轮车。

2.26

防爆运人车　flameproof personnel carrier

用于井下人员运输的防爆无轨胶轮车。

2.27

防爆工程车　flameproof engineering vehicle

用于井下运输物料、材料或机电备件的防爆无轨胶轮车。

2.28

转盘　turntable; turnplate

转台(拒用)

转车盘(拒用)

转车台(拒用)

改变矿用机车、矿车等车辆运行方向的回转平台。

2.29

移车机　traverser

横行小车(拒用)

移车台(拒用)

将矿车从一条轨道移到另一条平行轨道的装置。

2.30

阻车器　car stop;car retarder

挡车器

车挡(拒用)

装在轨道侧旁或轨道中间、罐笼、翻车机内使矿车停车、定位的装置。

2.31

推车机　car pusher;ram

推车器(拒用)

车场上短距离推动矿车或串车的设备。

2.32

爬车机　creeper

高度补偿器(拒用)

爬链(拒用)

链式爬车机(拒用)

在倾斜轨道上将车辆从低处推到高处的设备。

2.33

翻车机　tippler;rotary car dumper;rotary dump;dumper

翻笼(拒用)

翻罐笼(拒用)

翻车器(拒用)

将固定车厢式矿车翻转卸载的设备。

2.34

轮对　wheel-and-axle assembly;wheel assembly

由矿车的一根车轴与两个车轮构成的组件。

2.35

矿车连接器　car coupler;car coupling

挂钩(拒用)

连接矿车并传递牵引力的组件。

2.36

防爆柴油机　the flameproof diesel engine

可用于爆炸性气体环境的柴油机。

2.37

卡轨装置　trapped unit

用于防止机车和车辆掉道的卡轮系装置。

2.38

全卡　trapped-rail along the lines

机车运行时全程卡轨。

2.39

半卡　trapped-rail in part of the lines

机车运行时仅在较大的变坡段和弯道段进行卡轨。

2.40

阻火器　flame barrier

安装在隔爆外壳开口处,允许可燃性气体和空气混合物通过,且防止火焰穿过的一种装置。

2.41

冷却净化水箱　water-washing tank；water-crashing tank

废气处理箱

水洗箱

在排气系统中，用水做介质，起到消焰、降温及降低烟尘作用的装置。

2.42

槽钢轨　shaped rail

槽钢铺设的专用轨道。

2.43

防爆特殊型电源装置　special type explosion proof power supply device

由煤矿用特殊型蓄电池组、特殊结构蓄电池箱、连接线、隔爆型插销连接器等组成的装置。

2.44

胶套轮　rubber tyre

在钢制车轮踏面包覆耐磨胶套材料的矿用电机车轮。

2.45

隔爆型插销连接器　flameproof plug connector

可在爆炸性气体环境中使用，用于连接或断开电机车电源装置与其他电气设备之间电气联接的有触点电器。

2.46

矿用电机车司机控制器　the driver director for locomotive in coal mine

司机控制器

用于起动、调速、电制动和改变运行方向的转换电器装置。

2.47

受电器　pantographs

是架线电机车从架空电源导线（接触线）取得电能的装置。

2.48

最小弯道半径　the minimum radius of act action

无轨胶轮车以最大偏转角度作圆周行驶时，其轮廓最外缘至圆心的距离。

2.49

最大静制动力　the maximum static brake force

无轨胶轮车在额定载荷、静止状态下，以其制动装置对无轨胶轮车实施制动，所产生的最大制动力。

2.50

粘着驱动　adhesion drive

机车靠自身有效粘重及钢轮或胶套轮与轨面间的粘着系数产生牵引力，驱动机车运行。

2.51

齿轨驱动　rack drive

机车以驱动齿轮与两根钢轨中间的齿轨啮合，产生牵引力，驱动机车运行。

3　输送机运输术语

3.1

输送机　conveyor

运输机（拒用）

连续载运物料的运输机械。

3.2

带式输送机　belt conveyor;belt transporter

皮带运输机(拒用)

皮带机(拒用)

皮带输送机(拒用)

胶带机(拒用)

用环形输送带载运物料的输送机。

3.3

吊挂式带式输送机　suspended belt conveyor

吊挂式皮带运输机(拒用)

绳架式胶带输送机(拒用)

悬挂托辊的型钢机架或钢丝绳吊挂在支架或顶板上的带式输送机。

3.4

可伸缩带式输送机　extensible belt conveyor;extensible conveyor

伸缩式皮带运输机(拒用)

可伸缩式皮带运输机(拒用)

机身设有贮放带装置,能根据工作面位置变化而调整其长度的带式输送机。

3.5

钢丝绳牵引带式输送机　wire-rope conveyor;rope belt conveyor

钢丝绳皮带输送机(拒用)

钢绳牵引式胶带输送机(拒用)

钢丝绳张紧胶带输送机(拒用)

用钢丝绳作牵引机构的带式输送机。

3.6

刮板输送机　scraper conveyor;face conveyor

溜子(拒用)

电溜子(拒用)

链板运输机(拒用)

用刮板链牵引,在槽内运送散料的输送机。

3.7

可弯曲刮板输送机　flexible flight conveyor;flexible chain conveyor

可弯曲链板运输机(拒用)

相邻中部槽在水平、垂直面内可有限度折曲的刮板输送机。

3.8

后部刮板输送机　rear face conveyor

用于放顶煤工作面采空侧的刮板输送机。

3.9

刮板转载机　stage loader

桥式转载机(拒用)

顺槽转载机(拒用)

机身前半部架桥悬空能纵向整体移动的刮板输送机。

3.10

履带式刮板连续输送系统　crawler mobile chain conveyor continues haulage system

多组履带式刮板输送机和转载机组成的，连续运输煤炭的系统。

3.11

自行式刮板转载机　mobile stageloader

可利用履带或轮胎行走的以运输为主要功能的刮板转载机。

3.12

移动仓储式刮板转载机　shuttle storage stageloader

梭车

往返式移动，具有储煤功能的刮板转载机。

3.13

顺槽破碎机　crusher

与刮板转载机相连并利用刮板转载机受料与卸料，以机械方式破碎块煤的破碎机械。

3.14

张紧装置　tensionor；take-up device；take-up unit

拉紧装置(拒用)

张紧输送带、钢丝绳或刮板链的装置。

3.15

机头部　drive head unit；drive head

输送机械卸载机构、传动或驱动装置及其附属装置的总称。

3.16

端卸式机头部　end discharge type driving head unit

沿煤炭运行方向卸载的机头部。

3.17

侧卸式机头部　side discharge type driving head unit

沿煤炭运行方向的侧向卸载的机头部。

3.18

机尾部　drived end unit；tail end

输送机尾部使刮板链或输送带返向运行组件的总成。

3.19

输送带　conveying belt；conveyor belt

带式输送机使用的挠性带。

3.20

滚筒　pulley；drum

卷筒(拒用)

驱动输送带或改变其运行方向的圆筒形组件。

3.21

托辊　idler

承托输送带的回转体组件。

3.22

驱动装置　drive unit；driving unit

机头(拒用)

驱动部(拒用)

传动部(拒用)

输送机的电动机、软启动装置或联轴器、减速器、逆止器、制动器等的总成。

3.23

储带仓 storehouse

可伸缩带式输送机中贮存输送带的装置。

3.24

卷带装置 belt reeler elevation

收取输送带的装置。

3.25

中部槽 line pan;standard pan

溜槽(拒用)

链槽(拒用)

构成刮板输送机机身且长度为一定值的承载槽。

3.26

过渡槽 ramp pan;connecting pan

连接机头部和中部槽或机尾部和中部槽的连接槽。

3.27

变线槽 routing pan

偏转槽

在中部槽基础上,轨座向铲板侧偏移一定角度的承载槽。

3.28

调节槽 adjusting pan

刮板输送机上用于调节输送机铺设长度的承载槽。

3.29

开天窗槽 inspecting pan

侧开口槽(拒用)

用于检查和更换刮板链,部分中板可拆卸的中部槽。

3.30

连接槽 connecting pan

连接过渡槽与变线槽或中部槽的双凸(双凹)槽。

3.31

刮板链 scraper chain;flight chain

刮板和牵引链链段的组件。分为中单链、中双链、边双链和准边双链。

3.32

连接环 shackle type connector

同时连接两个链段和刮板的组件。

3.33

接链环 padlock type connector

连接两根链段的组件。

3.34

紧链器 chain tensioner

与阻链器或紧链钩配套使用,拉曳刮板链并将其连接成封闭环的机构。

3.35

销轨　rackbar

销排

刮板输送机上供采煤机行走导向的构件。

3.36

挡煤板　cowl;spillplate

装在输送机或转载机上用以防止煤炭外溢的构件。

3.37

铲煤板　ramp plate

装在中部槽煤壁侧用以铲装浮煤的构件。

3.38

防滑装置　anti-skid device;non-skid device

锚固站(拒用)

防滑锚固装置(拒用)

防止刮板输送机沿采煤工作面下滑的装置。

3.39

推移装置　pusher jack

移溜装置(拒用)

移溜千斤顶(拒用)

移溜器(拒用)

在采煤工作面横向移动可弯曲刮板输送机的装置。

4　钢丝绳运输术语

4.1

无极绳牵引运输　endless-rope haulage

无极绳运输

用循环运行的钢丝绳牵引矿车的运输方式。

4.2

单绳牵引运输　single-rope haulage;single-drum haulage;direct rope haulage;main-drum haulage

单绳运输

在倾斜巷道中,用单绳提升,靠重力下放的运输方式。

4.3

双绳牵引运输　double-rope haulage;double-drum haulage

双滚筒绞车运输(拒用)

在倾斜巷道中,用双绳分别同时提升和下放的运输方式。

4.4

主尾绳牵引运输　main-and-tail rope haulage;main-and-tail haulage

主尾绳运输

首尾绳运输(拒用)

用主绳牵引重载矿车,尾绳牵引空矿车作往复运行的运输方式。

4.5

重力运输　gravity haulage;self-acting haulage;gravity operated haulage

自溜运输(拒用)

自动运输(拒用)

靠物料或容器自重沿底板、底面或承托——导向体下滑的运输方式。

4.6

矿用绞车　mine winch；mine winder

小绞车(拒用)

矿井绞车(拒用)

用于矿山，借助于钢丝绳牵引以实现其工作目的的设备。

4.7

耙矿绞车　scraper winch；scraper winder

电耙车(拒用)

牵引耙斗，耙运煤炭或矿石的矿用绞车。

4.8

调度绞车　maneuver winch；car spotting hoist

用以调度矿用车辆及辅助运输的矿用绞车。

4.9

无极绳绞车　endless rope hoist；endless rope haulage hoist

用作无极绳牵引运输的矿用绞车，连续牵引车的动力装置，通过摩擦力传动。驱动滚筒有抛物线型和绳槽式滚筒两种型式。

4.10

回柱绞车　drawing hoist；proppulling hoist

用于采煤工作面回收支柱的矿用绞车。

4.11

乳化液液压绞车　hydraulis winches used emulsion

以乳化液为工作介质，用于煤矿井下，非提升牵引的绞车。

4.12

无极绳连续牵引车　rail endless rope driving transport system

由绞车、张紧装置、梭形矿车、轮组、尾轮等部件以钢丝绳牵引循环的运行于普通轨道上的辅助运输设备。

4.13

煤矿用架空乘人装置　the rope aerial passenger transport system for the mine

煤矿井下和露天煤矿中使用的无极绳吊挂载人装置。

4.14

抱索器　grip

围抱牵引钢丝绳的连接装置，分固定抱索器，可摘挂抱索器。

4.15

吊椅　chair lift

吊在牵引钢丝绳上的载人坐椅。

4.16

轮组　wheel group

对钢丝绳进行压绳、托绳、导向的装置及上述轮组件。

4.17

尾轮　tail wheel

牵引钢丝绳在运距终端的返向运行的导向组件。

4.18

挡绳板轮缘　flange of baffle rope plate

阻挡钢丝绳离开卷筒边缘的轮缘。

4.19

卡绳装置　locked knot device

用压绳板和绳卡固定钢丝绳于卷筒上的装置。

4.20

容绳量　opre capacity

卷筒上能缠绕的钢丝绳有效长度。

5　提升术语

5.1

矿井提升　shaft hoisting;mine hoisting

钢丝绳提升(拒用)

钢绳提升(拒用)

沿井筒或倾斜巷道利用钢丝绳牵引提升容器进行提升的统称。

5.2

立井提升　vertical shaft hoisting;vertical shaft winding

竖井提升

立井中利用钢丝绳牵引提升容器进行运输的方式。

5.3

斜井提升　inclined shaft hoisting;inclined shaft winding

倾斜巷道中利用钢丝绳牵引提升容器或带式输送机进行运输的方式。

5.4

主井提升　main shaft hoisting;main shaft winding

用作煤炭运输的矿井提升。

5.5

副井提升　auxiliary shaft hoisting;auxiliary shaft winding

辅助提升(拒用)

用作人员、矸石、材料、设备等运输的矿井提升。

5.6

混合井提升　combination shaft hoisting;combination shaft winding

混合提升(拒用)

兼有主井提升和副井提升功能的矿井提升。

5.7

缠绕式提升　mine drum hoisting;mine drum winding

卷筒提升(拒用)

滚筒提升(拒用)

钢丝绳一端固定并缠绕在提升机卷筒上,另一端悬挂提升容器,利用卷筒不同转向,以实现容器升降的提升方式。

5.8

摩擦式提升　mine friction hoisting;Koepe hoisting

戈培轮提升(拒用)

提升钢丝绳搭绕在摩擦轮上，两端悬挂提升容器或一端悬挂平衡锤，利用摩擦轮不同转向和钢丝绳与摩擦轮衬垫之间的摩擦力带动提升容器升降的提升方式。

5.9

单钩提升　single-hook hoist；single-rope winding

单容器提升(拒用)

单绳提升(拒用)

单滚筒提升(拒用)

单提升容器或串车提升的方式。

5.10

双钩提升　two-hook hoisting；double-drum winding

双容器提升(拒用)

双绳提升(拒用)

双滚筒提升(拒用)

双提升容器或串车作上、下交替提升的方式。

5.11

平衡提升　balanced hoisting

提升过程中作用在卷筒轴上的静力矩基本不变的提升方式。

5.12

不平衡提升　unbalanced hoisting；out-of balanced hoisting

提升过程中作用在卷筒轴上的静力矩变化的提升方式。

5.13

多水平提升　multilevel hoisting；multilevel winding

一台矿井提升设备同时用于一个以上开采水平的提升方式。

5.14

多段提升　multistage hoisting

多级提升(拒用)

多台矿井提升机或矿井提升绞车进行多水平分段提升的方式。

5.15

深井提升　deep hoisting；deep winding

一次提升高度超过 1 000 m 的提升。

5.16

应急提升　emergency hoisting；emergency winding

发生事故时升降人员用的提升。

5.17

矿井提升设备　mine hoisting equipment；mine hoisting machinery

矿山提升设备(拒用)

用于矿井提升机或矿井提升绞车及其电气控制设备、天轮、提升钢丝绳、提升容器、装卸载设备和罐道等的全部设备。

5.18

矿井提升机　mine winding；mine hoist

矿井卷扬机(拒用)

绞车(拒用)

矿井绞车(拒用)

利用钢丝绳牵引提升容器沿井筒或斜坡道进行提升的机械。

5.19

凿井绞车　scaffold winch;shaft sinking winder

稳车

开凿井筒时用以悬挂吊盘、风筒等凿井设备的矿用绞车。

5.20

卷筒　winding drum;hoisting drum

滚筒(拒用)

绳筒(拒用)

绞筒(拒用)

在矿井提升机、矿井提升绞车和矿用绞车中用以缠绕钢丝绳的部件。

5.21

固定卷筒　keyed drum;fixed drum

死滚筒(拒用)

固定滚筒(拒用)

双卷筒矿井提升机或矿井提升绞车中,不能与主轴作相对转动的卷筒。

5.22

活动卷筒　clutched drum;free drum;loose drum

活滚筒(拒用)

游动滚筒(拒用)

双卷筒矿井提升机或矿井提升绞车中,能与主轴作相对转动的卷筒。

5.23

摩擦轮　Koepe wheel;Koepe pulley;friction pulley

主导轮(拒用)

在矿井提升和运输机械中,利用摩擦力带动钢丝绳运动的构件。

5.24

导向轮　deflection sheave;guide sheave;guide pulley

导绳轮(拒用)

导轮(拒用)

为满足两个提升容器中心距离或摩擦轮上钢丝绳包角要求而设置的构件。

5.25

天轮　head sheave;head-gear pulley

飞轮(拒用)

设置在井架或暗井的顶部,承托提升钢丝绳的导向轮。

5.26

固定天轮　keyed sheave

不能作轴向游动的天轮。

5.27

游动天轮　floating sheave

能作轴向游动的天轮。

5.28

井架　headframe;mine shaft headframe

安装天轮及其他设备、满足其他要求的构筑物。

5.29

井塔 hoist tower;shaft tower;winding tower

提升塔(拒用)

井楼(拒用)

将摩擦式提升机安装在井筒上方、满足提升要求的建筑物。

5.30

提升钢丝绳 hoisting rope;winding rope;hoist rope;hoist cable;hoisting cable

悬挂提升容器,传递提升动力的钢丝绳。

5.31

首绳 head rope

主绳

提升绳(拒用)

在平衡提升中,牵引提升容器的钢丝绳;在首尾绳牵引运输中,牵引重矿车的钢丝绳。

5.32

尾绳 tail rope;balance rope

平衡钢丝绳(拒用)

配重钢丝绳(拒用)

挂在两个提升容器或提升容器与平衡锤的底部起平衡作用的钢丝绳;主尾绳牵引运输中,牵引空矿车返回的钢丝绳。

5.33

缓冲绳 buffer rope

断绳后吸收下坠罐笼的动能,以保证罐笼制动过程平稳的钢丝绳。

5.34

防撞绳 rubbing rope;rubber rope

使用柔性罐道时,为防止两个提升容器相互碰撞而在提升容器之间加设的钢丝绳。

5.35

制动绳 braking rope

制动钢丝绳(拒用)

在防坠器起作用时,供其抓捕机构捕捉的钢丝绳。

5.36

悬吊绳 scaffold suspension

稳绳

开凿井筒时悬吊凿井设备的钢丝绳。

5.37

上出绳 overlay rope;overlap

出绳点位于卷筒轴线以上的提升钢丝绳。

5.38

下出绳 underlay rope;underlap

出绳点位于卷筒轴线以下的提升钢丝绳。

5.39

提升容器 hoisting conveyance;conveyance

罐笼、箕斗、平衡锤、吊桶等的总称。

5.40

罐笼 **cage**;hoisting cage

装载人员和矿车等的提升容器。

5.41

箕斗 **skip**;hoisting skip

直接装载煤炭、矿石、矸石等的提升容器。

5.42

吊桶 **kibble**;bucket;muck bucket;sinking bucket

井筒施工时,用以提升矸石、升降人员、下放材料的桶形提升容器。

5.43

定量斗 **skip-measuring pocket**;measuring weigh pocket

计量斗(拒用)

量煤器(拒用)

计量装载装置(拒用)

定量装载装置(拒用)

向箕斗定量装载的设备,其容量与箕斗提升量相等。

5.44

卸载曲轨 **dump curve**;dump rail;skip dump track

卸矿曲轨(拒用)

为开闭提升容器闸门在井架或卸矸架上卸载而设置的曲线形导轨。

5.45

卸矸架 **dumping frame**

在矸石山上安装的矸石车和矸石箕斗卸载装置。

5.46

罐道 **guide**;shaft guide;pit guide;cage conductor;shaft conductor

提升容器在立井井筒中运行时的导向装置。

5.47

刚性罐道 **rigid guide**;fixed guide

用木材、钢轨或组合型钢制成的罐道。

5.48

柔性罐道 **flexible guide**;flexible cage guide;rope guide;rope hoisting guide;steel-rope guide;wire-rope guide

钢丝绳罐道

将钢丝绳两端在井上和井底拉紧并固定而成的罐道。

5.49

楔形罐道 **wedge guide**;taper guide

提升容器过卷时,能将提升容器安全平稳停住,并不再反向下滑的楔形木罐道。

5.50

罐座 **keps**;cage keps;kep gear

托台(拒用)

井口承托罐笼的活动装置。

5.51

摇台　shaking platform;swing platform;cage platform

矿车进出罐笼时搭接在罐笼上的过渡平台。

5.52

承接梁　landing block

在井底水平支承罐笼的固定装置。

5.53

稳罐装置　cage rests;cage acceptor

在使用柔性罐道的矿井,当有几个水平同时作业时,为保证各中间水平的矿车进出罐笼时的稳定而设置的装置。

5.54

防坠器　safety catch;holding apparatus;parachute

断绳保险器(拒用)

提升钢丝绳或连接装置断裂时,防止提升容器坠落的保护装置。

5.55

防撞装置　buffer stop

提升容器过卷后防止冲撞井架或井塔的装置。

5.56

防跑车装置　anti-derailing device

跑车防护装置

倾斜巷道中车辆断绳、脱钩时,防止跑车的安全装置。

5.57

平衡锤　balance weight;counterweight

平衡重(拒用)

配重(拒用)

单钩提升时,起平衡作用的重锤。

5.58

调绳离合器　clutch for adjusting rope

调绳时使活动卷筒与主轴能产生相对转动的离合装置。

5.59

角移式制动器　anchored-post brakes

制动时闸块绕立轴转动的制动器。

5.60

平移式制动器　parallel motion brakes;centresuspended curvedpost brakes

制动时闸块平行或近似平行移动的制动器。

5.61

盘形制动器　disk brakes

成对装在制动盘两侧的闸块,以轴向力与制动盘产生制动力矩的制动器。

5.62

深度指示器　depth indicator

提升容器在井筒或斜坡道中运行位置的指示装置。

5.63

箕斗装载设备 skip loading device

主井井下向箕斗定量装载的设备。

5.64

箕斗卸载设备 skip unloading device

在主井井口用于开闭箕斗闸门、承接箕斗流出物料的设备。

5.65

操车设备 car-operating device

在地面、井底车场或井口、井下将矿车推到指定位置或装卸罐笼内矿车所需设备的总称。包括:推车机、阻车器、安全门、罐笼承接装置等设备。

5.66

安全门 safety door

安装在井口或井下防止人员和矿车掉入井筒的可活动的门。

5.67

防撞梁 buffer beam

安装在允许的最大过卷或过放距离处,用于防止提升容器直接撞击天轮、提升机或井底设施的横梁。

5.68

罐耳 cage shoe

提升容器上安装的运行导向构件。

5.69

托罐装置 cage holder

井口防止提升容器过卷撞击防撞梁后坠落的装置。

5.70

缓冲装置 buffer device

安装在井口或井下,对过卷或过放提升容器制动的装置。

5.71

首绳悬挂装置 head rope attachment

提升钢丝绳与提升容器之间的连接装置。

5.72

尾绳悬挂装置 tail rope attachment

尾绳与提升容器之间的连接装置。

5.73

出绳角 elevation angle

仰角

倾角(拒用)

钢丝绳绳弦与水平面之间的夹角。

5.74

钢丝绳安全系数 safety factor of wire rope;rope safety factor

钢丝绳内所有钢丝的破断拉力总和与包括钢丝绳自重在内的最大静载荷的比值。

5.75

钢丝绳弦长 rope chord length;rope lead;rope plane

提升钢丝绳在卷筒与天轮公切线上两切点之间的距离。

5.76

错绳圈　spare turn

卷筒上作多层缠绕时，留作定期错动钢丝绳接触相对位置的绳圈。

5.77

摩擦圈　holding turn；dead turn；dead lap

为减少提升钢丝绳绳头在卷筒固定处张力而保留在卷筒上绳圈。

5.78

检验圈　inspection cutting turn

为定期截取一定长度的钢丝绳作强度检验的绳圈。

5.79

间隔圈　interval turn

单卷筒矿井提升机或矿井提升绞车作双钩提升时，上出绳与下出绳之间相隔的空绳圈。

5.80

偏角　fleet angle；fleeting angle

走角（拒用）

提升钢丝绳绳弦与通过天轮绳槽中心平面之间的夹角。

5.81

内偏角　inner fleet angle；inside fleet angle

提升钢丝绳在卷筒上缠绕时，缠过天轮绳槽中心平面后的偏角。

5.82

外偏角　outer fleet angle；outside fleet angle

提升钢丝绳在卷筒上缠绕时，缠过天轮绳槽中心平面以前的偏角。

5.83

包角　wrap angle；angle of contact

围包角

提升钢丝绳与摩擦轮或输送带与滚筒之间接触弧段所对应的中心角。

5.84

井架高度　headframe height；headgear height

矿井井口水平至井架天轮轴线之间的垂直距离。

5.85

井塔高度　tower height

矿井井口水平到井塔顶部之间的垂直距离。

5.86

终端载荷　end load

加在主绳末端的载荷。

5.87

制动空行程时间　brake time lag；time lag；brake delay；brake path；braking path；dead time

安全制动时，由保护回路断电起到闸块与制动盘或制动轮接触止所经历的时间。

5.88

立井提升高度　vertical shaft hoisting height；winding depth；hoisting depth

竖井提升高度

提升距离（拒用）

卷扬高度（拒用）

立井提升容器在装、卸载位置之间运行的距离。

5.89

斜井提升长度　inclined shaft hoisting distance

提升斜长(拒用)

斜井提升容器在装、卸载或摘、挂钩位置之间运行的距离。

5.90

容器高度　full height of conveyance

容器全长(拒用)

立井提升容器最低位置至其连接装置最上面一个绳卡之间的距离。

5.91

自然加速度　natural acceleration

沿倾斜方向下行的不由提升机控制受重力等力作用而产生的加速度。

5.92

自然减速度　natural deceleration

沿倾斜方向上行的不由提升机控制受重力等力作用而产生的减速度。

5.93

防滑安全系数　antiskiding factor

防滑系数

摩擦式提升机钢丝绳与衬垫间所产生的极限摩擦力与摩擦轮两侧钢丝绳实际拉力差的比值。

5.94

滑动极限　rope slip limit;slip limit

提升钢丝绳沿摩擦轮衬垫开始产生滑动的极限加、减速度。

5.95

变位质量　equivalent effective mass;equivalent mass

当量质量

将提升系统各运动部件的质量等效地换算到卷筒或摩擦轮圆周表面的等效质量。

5.96

调绳　rope adjustment;adjusting position of rope

调水平(拒用)

对罐(拒用)

调整双钩提升中两个提升容器相对位置的操作。

5.97

安全制动　emergency braking;safety braking

紧急制动

保险制动(拒用)

矿井提升机或矿井提升绞车在运行过程中发生非常情况时实现紧急停车的制动。

5.98

二级制动　double-stage braking;two-period braking

两级制动

分两级施加制动力矩的安全制动。

5.99

过卷　overwind;overtravel

提升容器向上的运行超过其正常停车位置的事故。

5.100

过卷高度　overwind height;overwind distance

过卷距离

过卷扬距离(拒用)

为避免提升容器过卷可能造成的破坏,井架或井塔上留有的安全高度或距离。

5.101

过放　overfall

提升容器向下的运行超过其正常停车位置的事故。

5.102

过放高度　overfall height;overfall distance

过放距离

为避免过放时提升容器在井底因碰撞可能造成的破坏,在井底所设的同过卷高度相应的安全高度或距离。

5.103

矿井提升阻力　winding resistance of mine

提升系统运行时所产生的摩擦阻力、空气阻力和钢丝绳弯曲阻力等的总和。

5.104

矿井提升阻力系数　coefficient of mine winding resistance

提升容器一次提升荷载重力与矿井提升阻力之和与一次提升荷载重力的比值。

5.105

经济提升速度　optimum speed;economic hoisting speed

合理提升速度

矿井提升设备的初期投资与运转费用之和为最小时的提升速度。

5.106

经济提升量　optimum load;economic hoisting capacity

一次合理提升量

与经济提升速度相应的一次提升货载的质量。

5.107

提升循环时间　cycle time;duty cycle;hoisting cycle

一次提升全时间(拒用)

一次提升循环时间(拒用)

矿井提升机或矿井提升绞车从提升开始到下次提升开始一个周期所需的时间。

5.108

一次提升运行时间　running time per trip;net operating time per trip;net hoisting time

一次提升净时间(拒用)

提升容器提升一次所需的运转时间。

5.109

装卸载时间　rest time;decking period;decking time

休止时间

装卸停止时间(拒用)

一次提升中矿井提升机或矿井提升绞车因装、卸载而停歇的时间。

5.110

提升不均衡系数　hoisting unbalanced factor

提升不均匀系数(拒用)

考虑煤矿生产过程的不均匀性而设的矿井提升设备能力增大的系数。

5.111

提升富裕系数　hoisting abundant factor;coefficient of shaft utilization

矿井提升设备能力与矿井设计能力的比值。

5.112

过速　overspeed

超速

提升容器实际运行速度超过设计速度图规定值时的状态。

5.113

限速　rate limitation;speed limitation;speed limit

提升速度不超过允许最大值的限制。

5.114

限速器　speed governor;speed controller;speed limitator;rate governor

限制提升速度不超过允许最大值的装置。

5.115

爬行　creep

停车前矿井提升机低速、稳定运行的状态。

5.116

同侧装卸载　loading and unloading at same side

井下箕斗装载与井上卸载方向相同或井下矿车进出罐笼方向与井上矿车进出罐笼方向一致。

5.117

异侧装卸载　loading and unloading at different side

井下箕斗装载与井上卸载方向相反或井下矿车进出罐笼方向与井上矿车进出罐笼方向相反。

汉语拼音索引

英语对应词索引

D

E

F

G

H

I

J

K

L

M

N

O

P

R

S

T

ICS 01.040.73
D 04

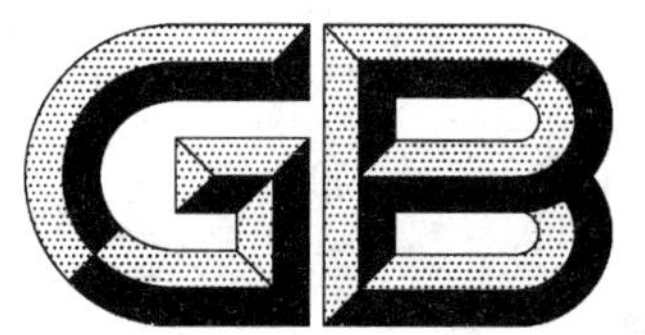

中华人民共和国国家标准

GB/T 15663.6—2008
代替 GB/T 15663.6—1995

煤矿科技术语 第6部分:矿山测量

Terms relating to coal mining—Part 6: Mine surveying

2008-08-07 发布 2009-03-01 实施

中华人民共和国国家质量监督检验检疫总局
中国国家标准化管理委员会 发布

前　言

GB/T 15663《煤矿科技术语》分为如下几部分：

——第1部分：煤炭地质与勘查；

——第2部分：井巷工程；

——第3部分：地下开采；

——第4部分：露天开采；

——第5部分：提升运输；

——第6部分：矿山测量；

——第7部分：开采沉陷与特殊采煤；

——第8部分：煤矿安全；

——第10部分：采掘机械；

——第11部分：煤矿电气。

本部分为GB/T 15663的第6部分。

本部分代替GB/T 15663.6—1995《煤矿科技术语　矿山测量》。

与GB/T 15663.6—1995相比，本部分主要作了如下补充和修改：

——删除了原标准中的“坐标增量”一词。

——新标准中，对基本术语、矿区地面测量、矿井测量、基本测量仪器和工具及矿图等部分进行了补充；新增开采沉陷监测与防治和矿山空间信息两部分。

——对部分术语的定义进行了修改。

本部分由中国煤炭工业协会提出。

本部分由全国煤炭标准化技术委员会归口。

本部分起草单位：中国矿业大学(北京)，中国矿业大学，山东科技大学，河南理工大学，淮北矿业(集团)公司。

本部分主要起草人：陈宜金，郭达志，卢秀山，郭增长，李伟。

本部分所代替标准的历次版本发布情况为：

——GB/T 15663.6—1995。

煤矿科技术语　第6部分:矿山测量

1　范围

GB/T 15663的本部分规定了矿山测量科学技术领域的主要术语,涉及矿区地面测量、矿井测量、开采沉陷与防治、基本测量仪器与工具、矿图和矿山空间信息等方面。

本部分适用于与矿山测量有关的所有文件、标准、规程、规范、书刊、教材和手册等。

2　基本术语

2.1

矿山测量[学]　mine survey;mine surveying

建立矿区测量控制系统,测绘各种矿图,用以指导矿山工程的正确实施,监督矿产资源的合理开发和处理开采沉陷等问题的科学;为地质勘探、矿山规划设计、矿山建设、生产、运营、矿山生态环境保护以及矿山报废等各阶段所进行的各种测量、数据处理和绘图工作的总称。

2.2

高程基准面　height datum

大地水准面(被取代)

水准零点(被取代)

国家的高程起算面

注:我国规定采用青岛验潮站确定的黄海平均海水面作为全国统一的高程基准面。

2.3

高程　height;elevation

海拔(被取代)

标高(被取代)

绝对高程(被取代)

某空间点沿铅垂线方向到高程基准面的距离。

2.4

高差　altitude difference;height difference

h

两点间高程之差。

2.5

假定高程　assumed elevation

相对高度(被取代)

由任意高程基准面起算的高程。

2.6

水准原点　leveling origin

国家规定的高程起算点。

注:我国水准原点设在青岛。

2.7

水准基点　bench mark

B.M

在水准测量的路线上,每隔一定距离且在稳固处布设的高程控制点。

2.8

高斯-克吕格平面直角坐标系　Gauss-Kruger plan coordinate system

在高斯-克吕格投影平面上，以投影带的中央子午线为纵坐标轴（x 轴），赤道投影为横坐标轴（y 轴）所构成的平面坐标系。

2.9

矿区平面直角坐标系　plan coordinate system in mining area

以矿区任意子午线（通常选择通过矿区中心的子午线）作为中央子午线，以国家统一的椭球面或以其他适当的高程面为投影面的平面直角坐标系。

2.10

三维地心坐标系　3D geocentric coordinate system

坐标原点为地球质心，其地心空间直角坐标系的 Z 轴指向国际时间局（BIH）1984.0 定义的协议地极（CTP）方向，X 轴指向 BIH1984.0 的协议子午面和 CTP 赤道的交点，Y 轴与 Z 轴、X 轴垂直构成右手坐标系，称为 1984 年世界大地坐标系。

注：这是一个国际协议地球参考系统（ITRS），是目前国际上统一采用的大地坐标系。

2.11

坐标方位角　grid bearing；coordinate azimuth

从纵坐标轴北端顺时针至某方向线的水平角度。

2.12

磁方位角　magnetic azimuth

从磁子午线北端顺时针至某方向线的水平角度。

2.13

象限角　bearing；quadrant angle

某直线方向与纵坐标轴或子午线所夹的锐角。

2.14

测站　station

为进行观测而架设测量仪器的观测点。

2.15

地理信息系统　geographic information system

GIS

GIS 是解决空间问题的工具、方法和技术；GIS 是在地理学、地图学、测量学和计算机科学等学科基础上发展起来的一门学科，具有独立的学科体系；GIS 具有空间数据的获取、存储、显示、编辑、处理、分析、输出和应用等功能；GIS 具有一定结构和功能，是一个完整的系统。

2.16

资源与环境遥感　remote sensing for natural resources and environment

是以地球资源的探测、开发、利用、规划、管理和保护为主要内容的遥感技术及其应用过程。

2.17

全球定位系统　global positioning system

GPS

由覆盖全球的多颗卫星组成的卫星系统。这个系统可以保证在任意时刻，地球上任意一点都可以同时观测到至少 4 颗以上卫星，以保证地面接收机可以采集到卫星发出的定位数据，计算出该观测点的经纬度和高度，实现导航、定位、授时等功能。

2.18

空间统计学　spatial statistics

是以研究生态学和地质学中的物质现象为主流，研究空间中“点”的分布规律，有集聚性、集聚强度、方向性等数据的一种数据分析的数学方法。

2.19

实体 entity

人类活动空间客观存在的对象，概括为点、线、面等要素，并且它们具有空间几何特性和属性特性。

2.20

矢量数据 vector data

直角坐标系中，用 X、Y 坐标（或坐标串）表示地图图形或地理实体的位置和形状的数据。

2.21

数字地形模型 digital terrain model

DTM

是用一系列地面点空间坐标值(X,Y,Z)描述地表形态的一种方式。

2.22

数字高程模型 digital elevation model

DEM

由高程数据组成的地形特征矩阵，是数字地形模型最基本的数据子集。

2.23

国际矿山测量协会 International Society of Mine Surveying

ISM

1969 年成立，是联合国教科文组织下的非官方一级学术组织。

注：中华人民共和国于 1995 年加入该组织。

2.24

地质测量 geological survey

为完成一项地质工程所进行的测量工作。

2.25

地质点测量 geological point survey

为完成某一点的地质调查而进行的测量工作。

3 矿区地面测量

3.1

矿区控制测量 control survey of mining area

建立矿区平面控制网和高程控制网的测量工作。

3.2

近景摄影测量 close range photogrammetry

利用安置在地面上基线两端点处的摄影机向目标拍摄立体像对，对所摄目标进行测绘的技术。

3.3

数字摄影测量 digital photogrammetry

是基于数字影像和摄影测量的基本原理，应用计算机技术、数字影像处理、影像匹配、模式识别等多学科的理论与方法，提取所摄对像以数字方式表达的几何与物理信息的摄影测量学的分支学科。

3.4

水准测量 leveling (survey)

直接水准测量（被取代）

几何水准测量（被取代）

用水准仪和水准标尺测定两点间高差的技术方法。

3.5

水准路线 leveling line

水准测量设站观测所经过的路线。

3.6

高程测量　height survey;height measurement

确定点的高程的测量。主要有水准测量、三角高程测量、GPS 高程测量和气压高程测量等方法。

3.7

三角高程测量　trigonometric leveling

间接高程测量(被取代)

间接水准测量(被取代)

通过测定测站点至照准点的竖直角以及这两点之间的倾斜距离,根据三角学原理求得这两点间高差的测量方法。

3.8

高程闭合差　closure error of elevation

f_h

由观测值计算的高程与准确值之差,用于衡量水准测量或三角高程测量的精度。

3.9

水平角　horizontal angle

β

一点到两目标的方向线在水平面上垂直投影线的夹角。

3.10

测回法　method of observation set

用经纬仪正、倒镜位依次观测两目标,以测定水平角的一种方法。

3.11

复测法　repetition method

用安装有复测装置的经纬仪,进行水平角观测的一种方法。

3.12

竖直角　vertical angle

δ

一点至观测目标的方向线与水平面间的夹角,仰角为正,俯角为负。

3.13

视距测量　stadia survey

用有视距装置的测量仪器和视距尺,按光学和三角学原理测定水平距离和高差的测量方法。

3.14

等高线　contour;isohypse

空间曲面上高程相等的各相邻点所连成的水平投影曲线。

3.15

等高线间距　contour interval

等高距

相邻等高线的高程差。

3.16

地形图　topographic map;topographic drawing

采用一定比例尺、专用符号及等高线,表示地物、地貌平面位置和高程位置的正射投影图。

3.17

碎部测量　detail survey

确定地物、地貌、井巷等目标物特征点位置的测量。

3.18

测量误差 measurement error;measuring error;error of measurement

测量值与真值之差。

3.19

随机误差 random error;accident error

偶然误差

在同一条件下获得的测量值序列中,其误差的数值大小、符号不定,但服从于一定统计规律的测量误差。

3.20

系统误差 systematic error

在同一条件下获得的测量值序列中,其误差的数值大小、符号保持不变或按一定规律变化的测量误差。

3.21

标准偏差 standard deviation

σ

中误差

均方误差(被取代)

随机误差平方和的平均值的平方根,作为衡量测量精度的一种数值指标。

3.22

允许误差 permissible error;allowable error;tolerance error

根据测量精度要求,所规定的随机误差的绝对值不应超过的限值。

3.23

权 weight

表示测量结果质量相对可靠程度的一种权衡值。

3.24

导线测量 traverse survey

将一系列控制点依次连成折线形式,并测定各折线边的长度和水平角(或方位角),再根据起始数据推算各测点平面位置的一种控制测量方法。

3.25

光电测距导线 EDM traverse

用电光测距仪测量边长和经纬仪(或全站仪)测角的导线。

3.26

三角测量 triangulation

通过观测相联系三角形的内角,并依据已知起始边长、方位角和起始点坐标来确定其他各三角点平面位置的一种控制测量方法。

3.27

三边测量 trilateration

测量三角形三条边的边长,以确定各三角点平面位置的一种控制测量方法。

3.28

图根控制测量 mapping control (survey)

为地形测图而建立平面控制网和高程控制网所进行的测量工作。

3.29

前方交会　forward intersection

在两个以上已知点上进行水平角观测，并根据已知点的坐标及观测角值计算出待定点坐标的测量方法。

3.30

侧方交会　side intersection

在两个已知点和一个待定点组成的三角形中，选定一个已知点和待定点进行水平角观测，从而计算出待定点坐标的测量方法。

3.31

后方交会　resection；three-point resection

在待定点上，对至少三个已知点进行水平角观测，并根据已知点的坐标及两个水平角值计算待定点坐标的测量方法。

3.32

导线边　traverse leg；traverse side

导线测量中连接两导线点间的边。

3.33

导线点　traverse point

为延伸和布设导线所设置的测点。

3.34

导线角度闭合差　angle closing error of traverse

当导线构成多边形时，多边形内(外)角和的理论值和观测值之差。或由已知方位角开始，根据所观测的水平角推算得到另外一已知方位角的计算值，其已知值和计算值之差。

3.35

导线结点　junction point of traverses

两条以上导线的汇聚点。

3.36

导线全长闭合差　total length closing error of traverse

导线闭合点或附合点的已知坐标和推算坐标之差的平方和的平方根。

3.37

导线网　traverse network

由若干单一导线所构成的网状形式的导线。

3.38

导线相对闭合差　relative length closing error of traverse

导线全长闭合差与导线长度之比。

3.39

导线转折角　traverse angle

相邻导线边之间的夹角。

3.40

闭合导线　closed traverse

形成闭合多边形的导线。

3.41

附合导线　connecting traverse

在两个已知控制点间布设的导线。

3.42

支导线　open traverse

从一个已知控制点出发,而另一端为未知点的导线。

3.43

附合水准路线　annexed leveling line

在两个已知高程控制点间布设的水准路线。

4　矿井测量

4.1

矿井测量　mine surveying

为指导和监督矿山资源的开发,在井工和露天开采中所进行的测量工作。

4.2

井下测量　underground survey

为指导和监督矿山资源的开发,在井工开采中所进行的测量工作。

4.3

联系测量　transfer survey;connection survey

将地面平面坐标系统和高程系统传递到井下的测量,包括平面联系测量和导入高程测量。

4.4

立井施工测量　construction survey for vertical shaft sinking

为保证立井竖直度和断面按设计要求施工的测量工作。

4.5

定向近井点　near shaft control point;near shaft point for orientation

近井点

定向基点(被取代)

为进行联系测量在井口附近设立的控制点。

4.6

一井定向　one-shaft orientation

通过一个立井进行的平面联系测量。

4.7

定向连接点　transfer point;connection point for shaft orientation

立井平面联系测量时,与投点垂线进行连接测量的测点。

4.8

几何定向　geometric orientation

采用几何原理进行定向的测量工作。

4.9

连接三角形法　transfer triangle method;connection triangle method

将连接点和井筒内两垂线构成三角形,进行一井定向的连接测量方法。

4.10

瞄直法　alignment method

将定向连接点位置设在两垂线的延长线上的定向连接测量方法。

4.11

投点　shaft plumbing

通过立井用垂线或激光束将地面坐标系统传递到定向水平的测量工作。有稳定设点,摆动投点和激光投点之分。

4.12

两井定向　two-shaft orientation

在井下有巷道连通的两个立井中，各挂一垂线所进行的平面联系测量工作。

4.13

定向投点　orientation projection

当采用几何定向时，将一个标高上的点位投影到另一个标高上的测量工作。

4.14

垂线投点　projection by vertical line

用垂球线进行定向投点。

4.15

稳定投点　shaft damping plumbing

投点时垂球线基本处于稳定状态的定向投点方式。

4.16

摆动投点　shaft pendulous plumbing

通过观测垂线的摆动规律而确定其静止位置的定向投点的方式。

4.17

定向误差　orientation error

由定向过程所引起的测量实体的空间误差。

4.18

陀螺经纬仪定向　gyrotheodolite orientation

陀螺定向

用陀螺经纬仪确定某边方位角的测量。

4.19

悬挂带零位观测　tape zero observation

测定陀螺轴摆动平衡位置与目镜分划板的零分划线是否重合的测量工作。

4.20

陀螺定向误差　gyro orientation error

采用陀螺定向所引起的定向边的方位角误差。

4.21

陀螺子午线　gyroscopic meridian

在陀螺仪运转状态下，陀螺摆动的平衡位置所指示的方向线。

4.22

陀螺方位角　gyroscopic azimuth

从陀螺子午线北端，顺时针至某方向线的水平夹角。

4.23

中天法　transit method

在陀螺经纬仪照准部固定条件下，通过测量指标线经过分划板零线时间和最大摆幅值，从而求得陀螺子午线的陀螺经纬仪定向方法。

4.24

逆转点法　reversal point method

用陀螺经纬仪跟踪陀螺轴的摆动，通过读取到达两逆转点时经纬仪度盘上的方向读数求得陀螺子午线的陀螺经纬仪定向方法。

4.25

井下平面控制测量　underground horizontal control survey

建立井下平面控制系统的测量。

4.26

基本控制导线　basic control traverse

井下平面测量的首级控制导线。

4.27

采区控制导线　sub-control traverse

井下平面测量的次级控制导线。

4.28

采区测量　mining district survey

为采区的施工或测图所进行的测量工作。

4.29

采区联系测量　transfer survey in mining district

通过竖直或急倾斜巷道把方向、坐标和高程连测到采区内所进行的测量工作。

4.30

巷道碎部测量　detail survey for mine workings

为绘制大比例尺巷道图和硐室图所进行的测量工作。

4.31

采煤工作面测量　coal face survey

为填绘采煤工作面动态图和计算产量、损失量而进行的测量工作。

4.32

立井中心　vertical shaft center

立井断面的几何中心。

4.33

立井十字中线　cross line of vertical shaft center

井筒中心线(被取代)

通过立井中心，在水平面上互相垂直的两条方向线，其中一条应垂直于提升绞车的主轴。

4.34

标定　setting out

放样(被取代)

将设计对象的几何要素测设在实地的测量工作。

4.35

巷道中线　center line；horizontal direction of workings

中线

巷道几何中心线在水平面上的投影线，用来指示巷道在水平面内施工的方向线。

4.36

巷道坡度线　vertical direction of workings；roadway gradient

腰线

与巷道底板平行，在竖直面内指示巷道施工的方向线。

4.37

贯通测量　holing-through survey

当井巷在两个或多个掘进工作面同时施工时，为保证巷道按设计要求正确贯通所进行的全部测量工作。

4.38

激光指向　laser guide

用激光指向机器给定巷道掘进方向和坡度。

4.39

贯通误差预计　estimation of holing-through error

井巷贯通施工之前，预先对井巷可能产生的贯通点测量误差范围所作的估算。它包含地面控制测量、联系测量和井下施工测量误差的综合影响。

4.40

导向层　guide strata

贯通掘进中，起指导掘进方向作用的岩层或煤层。

4.41

井下硐室测量　underground cavity survey

为绘制和标定井下硐室位置和形状所进行的测量工作。

4.42

罗盘仪测量　compass survey

用罗盘仪所进行的各种测量工作。

4.43

陀螺定向光电测距导线　gyrophic EDM traverse

采用陀螺测定导线边的方位，用光电测距方法进行导线边距离量测的导线。

4.44

顶板测点　roof point

设置于顶板上的测点。

4.45

底板测点　floor point

设置于底板上的测点。

4.46

点下对中　centring under point

在顶板测点上进行的测量仪器对中工作。

4.47

巷道中线标定　setting-out of workings' center line

为指示巷道在水平面内的掘进方向所进行的巷道中心线标定测量工作。

4.48

巷道腰线标定　setting-out of workings' slope

为指示巷道的掘进坡度，在距底板一定高度的巷道两帮标定坡度线的测量工作。

4.49

掘进收尺　footage measurement of workings

为测量掘进进度所进行的巷道丈量工作。

4.50

矿井提升设备安装测量　survey for shaft winding plant installation

矿井提升设备安装过程中所进行的测量工作。

4.51

露天矿测量　open pit survey; opencast survey; strip mine survey

在露天矿的设计、建设和生产过程中所进行的各种测量工作。

4.52

露天矿控制测量　control survey for strip mine

露天矿的控制网(点)的测量。

4.53

露天矿验收测量　stope acceptance survey

为测量剥、采、排工程位置，计算剥、采、排量而进行的测量工作。

4.54

帮坡稳定性监测　slope stability monitoring

为判断帮坡稳定性，研究帮坡移动和滑动规律而进行的测量工作。

4.55

露天矿工程测量　open pit engineering survey

为采场的施工或测图所进行的测量工作。

5　开采沉陷监测与防治

5.1

开采沉陷[学]　mining subsidence

研究由于煤矿开采所引起的岩层移动及地表沉陷的现象、规律等相关问题的科学。

5.2

变形观测　deformation measurement;deformation observation

对因开采等因素引起的地面及建(构)筑物变形和位移所进行的观测工作。

5.3

开采沉陷观测　subsidence observation

测定地表移动与变形的测量工作。

5.4

开采沉陷预计　prediction of mining subsidence

对因地下开采所引起的地表(岩层)移动和变形进行的预测。

5.5

岩层移动　strata movement

因采矿引起围岩的移动、变形和破坏的现象和过程。

5.6

地表移动观测站　observation station for surface movement

为获取采矿引起的地表移动规律，在地表按一定要求设置的测点或装置所构成的观测系统。

5.7

裂缝观测　fissure observation

为研究因开采所引起地表或建(构)筑物发生变形裂缝的规律而进行的测量工作。

5.8

地表下沉盆地　subsidence basin

指由于开采引起的采空区上方地表移动的整体形态和范围。

5.9

变形　deformation

由于地下开采引起的地表(岩层)倾斜变形、曲率变形、水平变形、扭曲和剪切变形。

5.10

移动盆地主断面　major cross-section of subsidence basin

通过移动盆地内最大下沉点沿煤层倾向或走向的断面。

5.11

移动角　angle of critical deformation

在充分或接近充分采动条件下，移动盆地主断面上，地表最外的临界变形点和采空区边界点连线与水平线在煤壁一侧的夹角。

5.12

地表临界变形值　critical surface deformation value

临界变形值

受保护的建(构)筑物仍能正常使用所允许的地表最大变形值。

5.13

边界角　boundary angle;limit angle

在充分或接近充分采动条件下，移动盆地主断面上的边界点与采空区边界之间的连线和水平线在煤柱一侧的夹角。

5.14

裂缝角　angle of outmost crack;angle of outmost fissure

在充分或接近充分采动条件下，移动盆地主断面上，地表最外侧的裂缝和采空区边界点连线与水平线在煤壁一侧的夹角。

5.15

充分采动　critical mining

临界开采

地表最大下沉值不随采区尺寸增大而增加的临界开采状态。

5.16

非充分采动　subcritical mining

地表最大下沉值随采区尺寸增大而增加的开采状态。

5.17

超充分采动　supercritical mining

超临界开采

地表最大下沉值不随采区尺寸增大而增加的，且超出临界开采的状态。

5.18

下沉系数　subsidence factor

水平或近水平煤层充分采动条件下，地表最大下沉值与采厚之比。

5.19

主要影响半径　main influence radius;major influence radius

在充分采动条件下，主断面上下沉值为0.006 3倍最大下沉值的点与同侧下沉值为0.993 7倍最大下沉值的点的水平距离的一半。

5.20

水平移动系数　displacement factor

水平或近水平煤层充分采动条件下，地表最大水平移动值与地表最大下沉值之比。

5.21

围护带　safety berm;safety zone

设计保护煤柱时，在受护对象的外侧增加的一定宽度的安全带。

5.22

矿区土地复垦 mine land reclamation

对开采损毁的土地，因地制宜地采取整治措施，使其恢复到可供利用的期望状态的行动或过程。

6 基本测量仪器与工具

6.1

水准仪 level

水平仪（被取代）

以水平视线为基准，测量两点高差的一种光电仪器。

6.2

水准标尺 leveling staff

水准尺

与水准仪配合进行水准测量的标尺，有普通水准标尺、精密水准标尺和数字标尺等不同类型。

6.3

经纬仪 theodolite; transit

测量水平角和竖直角的光学或光电仪器。

6.4

电子速测仪 electronic tacheometer

兼备电子测距和测角等功能的测量仪器。

6.5

电磁波测距仪 electromagnetic distance measuring instrument

以电磁波为载波，测定电磁波在待测距离上往返传播的时间以求得两点间距离的仪器。

6.6

平板仪 plane table; surveyor's table

由照准仪和平板等组成，用于直接测量和绘制地形（物）点空间位置的仪器。

6.7

照准仪 alidade

平板仪的组成部分，用以测定地形（物）点并在图上标出其位置和高程。

6.8

悬挂罗盘仪 hanging compass

在井下巷道和工作面测量中，悬挂在方向线上用于测定其磁方位的罗盘仪。

6.9

陀螺经纬仪 gyro-theodolite

由陀螺仪和经纬仪组合成一体以测定方位角的一种仪器。

6.10

激光指向仪 laser guide instrument

利用激光光束指示方向的仪器。

6.11

陀螺全站仪 gyroscopic total sation

由陀螺仪和全站仪组合成一体，具有测定方位角、测角、测距，并具有一定数据处理、存储和传输能力的仪器。

6.12

激光铅垂仪 laser plummet apparatus

利用激光光束指示铅垂方向的仪器。

6.13

矿山经纬仪 mining theodolite

适应矿山环境的经纬仪。

6.14

全站仪 total station

具有测角、测距和一定数据处理、存储和传输能力的电子设备。

6.15

自动安平水准仪 automatic level;compensator level

能进行自动安平的水准仪。

6.16

GPS 接收机 GPS receiver

能接收空间定位卫星信号,并具有一定的数据处理、存储和传输能力的电子设备。

6.17

惯性测量系统 inertial surveying system

惯性测量系统是控制系统的敏感元件,用来测量运动物体在运动过程中绕三个轴转动的角速率以及质心沿三个轴运动的线速度,用于控制运动物体稳定运动和导航。

6.18

钻孔伸长仪 borehole extensometer

伸长仪截面为矩形,杆用刚性套保护,固定在不同深度,上部尖端伸出地面并装上手动百分度比长仪。同时还安装了一个雨量计和多个压力与位移传感器,它们都与自动数据记录仪相连接。

6.19

巷道断面仪 roadway profiler

测量巷道在当时围岩压力作用下,巷道断面的收缩量(即当时压力、时间下的面积变形量)的仪器。

6.20

三维激光扫描仪 3D laser scanner

采用激光扫描技术,用以获取被测实体三维空间信息的仪器。

7 矿图

7.1

矿田区域地形图 topographic map of mine field

反映矿田范围内地貌和地物空间位置的图件。

7.2

井田区域地形图 topographic map of [underground] mine field

反映井田范围内地貌和地物等地理要素的图件。

7.3

工业场地平面图 mine yard plan

反映工业场地内生产系统、生活设施和地貌的空间位置的图件。

7.4

井底车场平面图 shaft bottom plan

反映井底车场巷道、硐室以及运输和排水系统的平面位置的综合性图件。

7.5

采掘工程平面图　mining engineering plan;mining map

反映开采矿层或开采分层内采掘工程、地质和测量信息的综合性图件。

7.6

井上下对照图　surface-underground contrast map;site map;location map

反映矿山地面的地物、地貌与井下采掘工程之间空间位置对应关系的综合性图件。

7.7

采剥工程断面图　cross-section of stripping work;stripping and mining engineering profile

为反映剥离和回采工作状况,计算露天矿产储量、采剥量,检查梯段的技术规格而测绘的采场断面图件。

7.8

采剥工程综合平面图　stripping work map;synthetic plan of stripping and mining

反映露天矿所有台阶采剥工程、地质和测量信息的综合性平面图件。

7.9

保护煤柱图　safety pillar map for protecting buildings

为使地上(下)建(构)筑物、水体等需要保护的空间对象,不因煤层开采引起的移动变形而受到影响,按一定的理论技术方法计算和绘制的不应开采的煤层范围图。

7.10

矿体几何制图　geometrization of ore body

应用矿体几何学的理论和方法建立矿床的数学模型和图像模型等工作。

7.11

开采沉陷图　mining subsidence map

为表示开采地表沉陷规律和程度的图形,包括下沉等值线、水平移动等值线、倾斜变形等值线、曲率变形等值线、水平变形等值线等图形。

7.12

地表移动曲线图　curve diagram of surface movement

为表示开采所引起的地表移动和变形所绘制的曲线图形,包括地表下沉、倾斜、曲率、水平移动、水平变形等曲线图形。

7.13

矢量绘图　vector plotting

以矢量要素所绘制的图形。

7.14

主要巷道平面图　main workings plan

为表达矿井井下主要巷道的空间位置和空间关系所绘制的平面图。

7.15

排土场平面图　waste dump plan

为表达排土场的空间位置和空间关系所绘制的平面图。

7.16

煤层等厚线图　isothickness map of coal seam

用等值线表示煤层厚度变化分布的平面图。

7.17

煤层等深线图　isodepth map of coal seam

用等值线反映煤层埋藏深度变化分布的平面图。

7.18

煤层底板等高线图　contour map of coal seam floor

用等值线反映煤层底板高程变化分布的平面图。

7.19

电子矿图　electronic mining map

以矿图数据库为基础,以数字形式存贮于计算机外存贮器上,并能实时显示的可视矿图。

8　矿山空间信息

8.1

地形数据库　topographical database

存储和管理地形信息的数据库。

8.2

地质数据库　geological database

存储和管理地质信息的数据库。

8.3

矿区地面测量数据库　surface surveying database in mining area

存储和管理矿区地面测量信息的数据库。

8.4

矿山测量数据库　mine surveying database

存储和管理采矿空间测量信息的数据库。

8.5

地学空间数据　geo-spatial data

包括资源、环境、经济和社会等领域的一切带有地理坐标的数据。

8.6

空间对象　spatial object

是对空间物体或地学现象的抽象。空间对象有两个特征:一个是几何特征,它有大小、形态和位置;另一个是空间要素的属性特征。

8.7

空间数据　spatial data

用来表示空间实体的位置、形状、大小及其分布特征诸多方面信息的数据。

8.8

空间数据结构　spatial data structure

是指对空间数据进行合理的组织,以便进行计算机处理。

8.9

矿山空间信息编码　mine spatial information coding

是指对采矿空间信息按一定的科学方法进行编码,以便进行计算机处理。

8.10

数字矿山　digital mine

是在国家统一地理坐标框架中,将矿山地上地下的地形地物、资源、开拓开采系统和环境及其动态变化以数字方式存储到空间信息系统中,对采掘过程及其引起的相关现象进行定量描述、三维表达、模拟决策和网络流通,为矿山的科学管理、安全生产和可持续发展服务。

8.11

矿体几何[学]　mineral deposits geometry

利用数学模型和图像模型研究矿体形态和矿产特性分布及其变化的科学。

8.12

矿山地理信息系统　mine GIS

MGIS

MGIS是解决资源开采空间问题的工具、方法和技术;MGIS是在GIS等学科基础上发展起来的一门学科。

8.13

矿体信息可视化　visualization of mineral information

是利用计算机图形学和图像处理技术,将开采空间信息转换成图形或图像在屏幕上显示出来,并进行交互处理的理论、方法和技术。

8.14

空间信息统计学　geostatistics;spatial-information statistics

地质统计学

是数学地质领域中,从研究矿产储量计算及其误差估计问题产生和发展起来的科学。

8.15

地学信息系统　geo-information system

获取、处理、管理和分析地学空间数据的工具、技术和科学。

8.16

储量管理　reserve management

测定和统计矿产储量动态及开采损失量,以指导、监督合理地开采矿产资源的工作。

汉语拼音索引

英 文 索 引

A

B

C

D

E

F

G

H

I

J

L

M

N

O

P

R

S

T

U

V

W

ICS 01.040.73
D 04

中华人民共和国国家标准

GB/T 15663.7—2008
代替 GB/T 15663.7—1995

煤矿科技术语
第7部分:开采沉陷与特殊采煤

Terms relating to coal mining—
Part 7:Mining subsidence & special coal mining

2008-09-18 发布 2009-04-01 实施

中华人民共和国国家质量监督检验检疫总局
中国国家标准化管理委员会 发布

前言

GB/T 15663《煤矿科技术语》分为如下几部分：

——第1部分：煤炭地质与勘查；

——第2部分：井巷工程；

——第3部分：地下开采；

——第4部分：露天开采；

——第5部分：提升运输；

——第6部分：矿山测量；

——第7部分：开采沉陷与特殊采煤；

——第8部分：煤矿安全；

——第10部分：采掘机械；

——第11部分：煤矿电气。

本部分为GB/T 15663的第7部分。

本部分代替GB/T 15663.7—1995《煤矿科技术语　开采沉陷》。

本部分与GB/T 15663.7—1995相比，主要作了如下补充和修改：

——删除了原标准中的“移动区”术语。

——新增地表移动参数、采动程度、充填开采、特殊采煤、矿井水害和带压开采等方面术语23条。

——对部分术语的定义进行了修改。

本部分由中国煤炭工业协会提出。

本部分由全国煤炭标准化技术委员会归口。

本部分起草单位：煤炭科学研究总院北京开采研究所。

本部分主要起草人：张华兴、陈佩佩。

本部分所代替标准的历次版本发布情况为：

——GB/T 15663.7—1995。

煤矿科技术语
第7部分:开采沉陷与特殊采煤

1 范围

本部分规定了开采沉陷学和特殊采煤技术领域的主要术语,涉及煤矿井采沉陷、特殊采煤、采动损害防治等方面。

本部分适用于与开采沉陷、特殊采煤和采动损害防治有关的所有文件、标准、规程、规范、书刊、教材和手册等。

2 开采沉陷

2.1

开采沉陷[学]　mining subsidence

研究由于煤矿开采所引起的岩层移动及地表沉陷的现象、规律等相关问题的科学。

2.2

岩层移动　strata movement

因采矿引起的采场围岩直至地表的移动、变形和破坏的现象和过程。

2.3

垮落带　caving zone

由采煤引起的上覆岩层破裂并向采空区垮落的范围。

2.4

断裂带　fractured zone

垮落带上方的岩层产生断裂或裂缝,但仍保持其原有层状的岩层范围。

2.5

弯曲带　sagging zone

断裂带上方直至地表产生弯曲的岩层范围。

2.6

地表移动　surface movement;ground movement

因采矿引起的岩层移动波及地表而使地表产生移动、变形和破坏的现象和过程。

2.7

地表移动盆地　subsidence basin

地表下沉盆地

由采矿引起的采空区上方地表移动的整体形态和范围。

2.8

地表移动盆地边界　boundary of subsidence basin

地表受开采影响的边界,一般以下沉 10 mm 确定。

2.9

移动盆地主断面　major section of subsidence basin;principal section of subsidence basin;principal section of subsidence trough

通过移动盆地最大下沉点沿煤层倾向或走向的竖直断面。

2.10

地表点移动向量　movement vector of surface point

地表点初始位置与移动后位置的连线的长度和方向。

2.11

地表下沉值　surface subsidence value

地表点移动向量的竖直分量。

2.12

地表水平移动值　surface displacement value

地表点移动向量的水平分量。

2.13

地表倾斜　surface tilt

地表两相邻点下沉值之差与其变形前的水平距离之比。

2.14

地表曲率　surface curvature

地表两相邻线段倾斜差与其变形前的水平距离平均值之比。

2.15

地表水平变形　surface deformation

地表两相邻点的水平移动值之差与其变形前的水平距离之比。

2.16

下沉速度　subsidence velocity

地表点两次观测的下沉差与其观测的时间间隔之比。

2.17

地表移动延续时间　lasting time of surface movement

一定区域开采条件下，从地表移动开始(下沉达到 10 mm)到结束(连续 6 个月内下沉小于 30 mm)的整个时间。

2.18

最大下沉点移动时间　lasting time of maximum subsidence point movement

充分采动条件下，最大下沉点开始下沉(下沉 10 mm)到结束(连续 6 个月内下沉小于 30 mm)的整个时间。

2.19　地表移动参数

2.19.1

地表移动参数　surface movement parameter

反映地表移动与变形特征、程度和范围的参数。

2.19.2

地表临界变形值　critical surface deformation value

临界变形值　critical deformation value

受保护的建(构)筑物仍能正常使用所允许的地表最大变形值。

2.19.3

边界角　limit angle，boundary angle

在充分或接近充分采动条件下，地表移动盆地主断面上的边界点和采空区边界点连线与水平线在煤壁一侧的夹角。

2.19.4

移动角　angle of critical deformation

在充分或接近充分采动条件下，移动盆地主断面上，地表最外边的临界变形点和采空区边界点连线与水平线在煤壁一侧的夹角。

2.19.5

裂缝角　angle of outmost crack, angle of outmost fissure

在充分或接近充分采动条件下，移动盆地主断面上，地表最外侧的裂缝和采空区边界点连线与水平线在煤壁一侧的夹角。

2.19.6

最大下沉角　angle of maximum subsidence

移动盆地主断面上，采空区中点和地表最大下沉点在地表面上投影点（在非充分采动条件下）或覆岩充分采动区界线延长线交点（充分采动条件下）的连线与水平线在下山方向的夹角。

2.19.7

下沉系数　subsidence factor

水平或近水平煤层充分采动条件下，地表最大下沉值与采厚之比。

2.19.8

水平移动系数　displacement factor

水平或近水平煤层充分采动条件下，地表最大水平移动值与地表最大下沉值之比。

2.19.9

充分采动角　angle of critical mining; angle of full subsidence

在充分采动条件下，地表移动盆地主断面的最大下沉点（或盆地平底边缘点）在地表面上投影点和同侧采空区边界点的连线与煤层底板方向线在采空区一侧的夹角。

2.19.10

主要影响半径　main influence radius; major influence radius

在充分采动条件下，主断面上下沉值为0.006 3倍最大下沉值的点与同侧下沉值为0.993 7倍最大下沉值的点的水平距离的一半。

2.19.11

主要影响角正切　tangent of main influence angle; tangent of major effective angle

开采深度与主要影响半径之比。

2.19.12

下沉曲线拐点　inflection point of subsidence curve

在移动盆地主断面上，下沉曲线凹凸变化的分界点。

2.19.13

拐点偏移距　deviation of inflection point

自下沉曲线拐点在地表面上投影点按影响传播角作直线与煤层相交，该交点与采空区边界沿煤层方向的距离。

2.19.14

影响传播角　influence transference angle; effective transference angle

在地表移动盆地倾向主断面上，按拐点偏移距求得的计算开采边界和下沉曲线拐点在地表面上投影点的连线与水平线在下山方向的夹角。

2.19.15

超前影响角　fore effective angle

在充分或接近充分采动条件下，地表移动盆地主断面上，在工作面前方开始移动的地表点和工作面推进位置的连线与水平线在煤壁一侧的夹角。

2.19.16

充分下沉值　subsidence value of full extraction; maximum subsidence value of full extraction

充分(或超充分)采动条件下,地表的最大下沉值。

2.20

地表移动观测站　observation station for surface movement

为获取采矿引起的地表移动规律,在地表按一定要求设置的一系列测点或装置所构成的观测系统。

2.21

典型曲线法　typical curve method

根据实测资料概括的无量纲曲线,用来预计类似地质、采煤条件下的地表移动值和变形值。

2.22

指数函数法　exponential function method

以指数函数作为剖面函数表达下沉曲线的地表移动预计方法。

2.23

概率积分法　probability integration method

以正态概率函数为影响函数的地表移动预计方法。

3　采动损害控制

3.1

采动程度　mining degree

采区尺寸和其对岩层移动和地表下沉影响的状态。

3.2

充分采动　critical mining

临界开采

地表最大下沉值不随采区尺寸增大而增加的临界开采状态。

3.3

非充分采动　subcritical mining

地表最大下沉值随采区尺寸增大而增加的开采状态。

3.4

超充分采动　supercritical mining

超临界开采

地表最大下沉值不随采区尺寸增大而增加的,且超出临界开采的状态。

3.5

采动系数　coefficient of mining influence

衡量开采区域在倾向和走向上是否达到充分采动的系数。

3.6

协调开采　harmonic extraction

采用多个邻近采煤工作面设计,通过时空关系以部分抵消地表变形的开采方式。

3.7

限厚开采　extraction in limited coal thickness

为减缓采动对覆岩和地表移动变形的影响,限制每次采高或总采厚的开采方式。

3.8

全柱开采　full pillar extraction

利用动态变形较小的特点,整个煤柱用多个工作面同时推进的开采方式。

3.9

条带开采　strip extraction

将开采区域划分成规则条带，采一条、留一条，以保留煤柱支撑上覆岩层的一种开采方式。

3.10

房柱式开采　room and pillar extraction

在煤层中开掘一系列煤房，采煤在煤房中进行，保留煤柱支撑上覆岩层的一种开采方式。

3.11

充填开采　extraction with back stowing

在采空区内充填水砂、矸石、粉煤灰等充填物的一种开采方式。

3.12

离层注浆充填　grouting in separated-bed

为减少采动对地表影响，通过钻孔向煤层上覆岩层离层裂隙中注浆的方法。

4　特殊采煤

4.1

特殊采煤　special coal mining

“三下”采煤　coal mining under buildings, water bodies(or aquifer) & railways

“三下”开采

指采取一定技术措施，对建筑物、水体和铁路等压滞煤柱进行部分或全部开采。

4.2

“三下”压煤　coal resource under buildings, water bodies(or aquifer) & railways

指建筑物、水体和铁路等受护对象下需要采取一定技术措施才能开采的或保留不采的煤炭资源。

4.3

保护煤(岩)柱　safety pillar

为了保护建(构)筑物、水体、铁路及主要井巷按一定规则留设的煤层和岩层区段。

4.4

建筑物下采煤　coal mining under buildings

采用特殊的方法和安全措施在建筑物下的进行开采的技术。

4.5

缓冲沟　buffer trench; buffering trench

补偿沟　compensatory trench

为减轻地表变形对建筑的损害，在建筑物基础周围开挖的槽沟。

4.6

围护带　safety berm

设计煤柱时，在受护对象的外侧所增加一定宽度的安全带。

4.7

抗变形建筑物　deformation resistant structure

采取专门的结构措施而能抵抗或适应开采沉陷破坏的建筑物。

4.8

刚性结构措施　structure rigidity enhanced measures

增加建筑物刚度以抵抗开采沉陷引起损害的结构措施。

4.9

柔性结构措施　structure yielding measures

使建筑物可适应开采沉陷引起地基变形的结构措施。

4.10

滑动层 sliding layer

为减少地表水平变形引起的建筑物上部的附加应力，在基础圈梁与基础之间铺设的摩擦系数小的垫层。

4.11

铁路下采煤 coal mining under railways

在保障铁路运输条件下，采用特殊的方法和安全措施开采铁路下煤层的技术。

4.12

水体下采煤 coal mining under water-bodies(or aquifer)

在保障安全条件下，采用专门的技术和安全措施开采湖泊、河流、水库、海域或富含水冲积层等水体下的煤层。

4.13

承压含水层上采煤 coal mining above pressurized aquifer

采用专门的技术和安全措施开采邻近承压含水层上的煤层。

4.14

矿井水 mine water

受天然导水构造或开采破坏影响，通过各种自然的或人为通道进入井巷和采掘工作面的水。

4.15

矿井水害 mine water disaster

水量大、来势猛、突发性强，给矿井安全造成影响或灾害性后果的矿井充水。

4.16

矿井涌水量 amount of mine water

指矿井在建设开采过程中，不同水源的水通过不同途径单位时间内流入矿井的水量。

4.17

老窑积水 goaf water

封存于采空区中的地下水。

4.18

导水裂缝带 water conducting fractured zone

导水裂隙带 water conducting fissure zone

导水断裂带 water conducting fractured zone

垮落带上方一定范围内的岩层发生断裂或裂缝，且能使其上覆岩层中的地下水流向采空区，这部分导水断裂岩层的范围称导水裂缝带。

4.19

底板承压水导升带 pressurized water rising zone of floor

煤层底板承压含水层的水在水压力和矿压作用下上升到其底板岩层中的范围。

4.20

底板采动导水破坏带 water conducting failure zone of floor

煤层底板岩层受采动影响而产生的导水裂隙的范围，其深度为自煤层底板至采动导水裂隙最深处的法线距离。

4.21

安全水头 safety water head

不致引起矿井突水的承压水头最大值。

4.22

防水安全煤岩柱　safety pillar for resisting water inrush

为确保近水体安全开采而留设的煤层开采上(下)限至水体底(顶)界面之间的煤岩层区段。

4.23

防砂安全煤岩柱　safety pillar for resisting sand and water inrush

在松散弱含水层底界面至煤层开采上限之间设计的用于防止水砂溃入井巷的煤岩层区段。

4.24

防塌安全煤岩柱　safety pillar for resisting sand and mud inrush

在松散黏土层或已疏干的松散含水层底界面至煤层开采上限之间设计的用于防止泥砂塌入井巷的煤岩层区段。

4.25

带压开采　mining under safe water pressure of aquifer

采用专门的技术和安全措施在含水层安全水头范围内开采其上的邻近煤层。

4.26

疏水降压　reducing of water pressure by drawdown

通过工程措施对含水层进行疏干或降低水头压力的技术。

4.27

注浆堵水　resisting of water by grouting

将各种材料(水泥、水玻璃、化学材料等)制成浆液加压注入地下截堵地下水源的技术。

汉语拼音索引

英文对应词索引

A

B

C

D

E

W

ICS 01.040.73
D 04

中华人民共和国国家标准

GB/T 15663.8—2008
代替 GB/T 15663.8—1995

煤矿科技术语 第8部分:煤矿安全

**Terms relating to coal mining—
Part 8:Mine safety**

2008-07-29 发布 2009-05-01 实施

中华人民共和国国家质量监督检验检疫总局
中国国家标准化管理委员会 发布

前　　言

GB/T 15663《煤矿科技术语》分为如下几部分：

——第 1 部分：煤炭地质与勘查；
——第 2 部分：井巷工程；
——第 3 部分：地下开采；
——第 4 部分：露天开采；
——第 5 部分：提升运输；
——第 6 部分：矿山测量；
——第 7 部分：开采沉陷与特殊采煤；
——第 8 部分：煤矿安全；
——第 10 部分：采掘机械；
——第 11 部分：煤矿电气。

本部分为 GB/T 15663 的第 8 部分。

本部分代替 GB/T 15663.8—1995《煤矿科技术语　煤矿安全》。

与 GB/T 15663.8—1995 相比，本部分主要作了如下补充和修改：

——编写格式由表格的形式改为直述形式；
——第 2 章　矿井大气中，增加"有毒气体"术语；对"矿井空气"、"矿井气候条件"术语定义进行了修改完善；将"矿井通风"、"矿井空气调节"、"风量"、"需风量"、"掘进工作面风流"、"进风风流"、"回风风流"等术语调整到第 3 章　矿井通风中；
——第 3 章　矿井通风中，增加了"压气引射器"、"专用回风巷"、"进风巷"、"回风巷"、"矿井通风方式"、"通风方法"、"通风设施"、"旋流风筒"等术语；删除了"夹风墙"术语；
——第 4 章　仪表中，增加了"气压计"、"矿用一氧化碳传感器"、"矿用甲烷传感器"、"矿用风速传感器"、"矿用负压传感器"、"矿用温度传感器"、"矿用烟雾传感器"、"矿用二氧化碳传感器"、"煤矿井下作业人员管理系统"等术语；
——第 5 章　"煤层气"改为"瓦斯"，并对定义作了相应修改；增加了"瓦斯"、"矿井瓦斯"、"游离瓦斯"、"吸附瓦斯"、"吸附等温线"、"吸附等压线"、"矿井瓦斯涌出量"、"开采层瓦斯涌出"、"本煤层瓦斯涌出"、"邻近层瓦斯涌出"、"采空区瓦斯涌出"、"矿井瓦斯平衡"、"瓦斯涌出不均衡系数"、"瓦斯涌出量矿山统计法"、"瓦斯涌出量分源预测法"、"局部瓦斯积聚"、"瓦斯预测图"、"瓦斯喷出"、"突出强度"、"始突深度"、"控制预裂爆破"、"煤的坚固性系数"、"开采层瓦斯抽放"、"瓦斯预抽率"、"钻孔瓦斯流量衰减系数"、"煤层透气性"、"渗透率"、"达西"等术语；删除了"高瓦斯矿井"、"低瓦斯矿井"等术语；
——第 6 章　粉尘中，增加了"可吸入粉尘"、"粉尘湿润性"、"粉尘粘附性"、"粉尘荷电性"、"呼吸性粉尘浓度"、"接触粉尘浓度"、"粉尘真密度"、"粉尘堆积密度"、"粉尘比表面积"、"中位径"、"面积长度平均径"、"空气动力径"、"斯托克斯径"、"除尘效率"、"分级除尘效率"、"不同粒径粉尘"、"防尘效果"等术语；
——第 7 章　矿井火灾中，增加了"惰泡"、"凝胶防灭火"、"凝胶"、"阻燃材料"、"自然发火标志气体"、"临界氧浓度"、"自然发火三带"等术语；删除了"非常仓库"术语；
——第 8 章　矿山救护中，增加了"空气呼吸器"、"正压氧呼吸器"、"负压氧呼吸器"、"矿工自救系统"、"空气呼吸器"等术语。

——对标准中其他术语定义的一些语句问题进行了修改。

本部分由中国煤炭工业协会提出。

本部分由全国煤炭标准化技术委员会归口。

本部分起草单位：煤炭科学研究总院抚顺分院、煤炭科学研究总院重庆分院。

本部分主要起草人：张延寿、罗海珠、霍中刚、刘晓波、姜文忠、梁运涛、聂雅玲、赵旭生、巨广刚。

本部分所代替标准的历次版本发布情况为：

——GB/T 15663.8—1995。

煤矿科技术语　第8部分:煤矿安全

1　范围

GB/T 15663的本部分规定了矿井大气、矿井通风、仪表、瓦斯、粉尘、矿井火灾和矿山救护等术语。

本部分适用于与煤矿安全有关的所有文件、规程、规范、书刊、教材和手册等。

2　矿井大气

2.1

矿井空气　mine air

来自地面的新鲜空气和井下产生的有害气体和浮尘的混合体。

2.2

新鲜空气　fresh air;ventilating air

成分与地面空气成分近似或相同的空气。

2.3

污浊空气　contaminated air;foul air

受到井下浮尘、有害气体污染的空气。

2.4

有害气体　harmful gas

泛指在一定条件下,有损人体健康,危及人员和作业安全的气体,包括有毒气体、可燃性气体和窒息性气体。

2.5

有毒气体　toxic gas

有害气体中即使微量也能危及人的生命安全和有损人体健康的气体。

2.6

可燃性气体　inflammable gas;combustible gas

与空气混合后能燃烧或爆炸的气体。

2.7

窒息性气体　black damp;asphyxiating gas;choke damp

使矿井空气中氧气含量下降,危害人员呼吸的气体。

2.8

矿井气候条件　climatic condition in mine

由温度、湿度、大气压力和风速等参数反应的矿井空气状态。

3　矿井通风

3.1

矿井通风　mine ventilation

向矿井连续输送新鲜空气,供给人员呼吸,稀释并排出有害气体和浮尘,改善矿井气候条件及救灾时控制风流的作业。

3.2

风量　air quantity;airflow;air volume

单位时间内,流过井巷或风筒的空气体积或质量。

3.3

需风量　required airflow;required air quantity;air requirement

矿井生产过程中,为供人员呼吸,稀释和排出有害气体、浮尘,以创造良好气候条件所需要的风量。

3.4

风量分配　air distribution

将矿井总进风量,按各采掘工作面、硐室所需要的风量进行的分配。

3.5

掘进工作面风流　air current at heading face

从风筒出口到掘进工作面这一段巷道中的风流。

3.6

采煤工作面风流　air current along the working face;airflow along the working face

采煤工作面工作空间的风流。

3.7

进风风流　intake air current;intake air;intake airflow

进入井下各用风地点以前的风流。

3.8

回风风流　return air current;return air;return airflow

从井下各用风地点流出的风流。

3.9

矿井空气调节　mine air conditioning

对矿井空气温度、湿度和风速等参数进行调节的作业。

3.10

负压　negative pressure;negative air pressure

风流的绝对压力(压强)小于井外或风筒外同标高的大气绝对压力(压强),其相对压力为负值,称负压。

3.11

正压　positive pressure;positive air pressure

风流的绝对压力(压强)大于井外或风筒外同标高的大气绝对压力(压强),其相对压力为正值,称正压。

3.12

自然通风压力　natural ventilation pressure

自然风压　natural ventilation pressure

在矿井通风系统中,由于空气柱质量不同而产生的压力差。

3.13

通风机全压　total pressure of fan

扇风机全压　total pressure of fan(拒用)

通风机出口滞止压力和进口滞止压力之差值。

3.14

通风机动压　velocity pressure of fan

扇风机动压　velocity pressure of fan(拒用)

由质量流量、出口平均气体密度和通风机出口面积计算出的通风机出口的常规动压。

3.15

通风机静压　static pressure of fan

扇风机静压　static pressure of fan(拒用)

通风机的全压和动压之差。

3.16

通风压力分布图　ventilation pressure distribution chart;ventilation pressure distribution map

表示某一通风线路的压力(压强)、阻力变化的图形。

3.17

摩擦阻力　frictional resistance;friction loss

由于风流和井巷壁或管道壁的摩擦而产生的阻力。

3.18

局部阻力　local resistance;shock resistance;shock loss

由于风流速度或方向的变化,导致风流剧烈冲击,形成涡流而引起的阻力。

3.19

通风阻力　mine resistance;ventilation resistance;pressure drop;ventilation loss

风流的摩擦阻力和局部阻力的总称。

3.20

摩擦阻力系数　coefficient of frictional resistance

与井巷或管道壁面粗糙程度和空气密度有关的系数。

3.21

局部阻力系数　coefficient of shock resistance;coefficient of local resistance

与风流方向和速度变化有关的系数。

3.22

摩擦风阻　resistance;specific friction resistance

表示井巷或管道通风摩擦阻力特性的数值。

3.23

局部风阻　specific local resistance;impact resistance

表示井巷或管道转弯或断面变化地点局部阻力特性的数值。

3.24

总风阻　specific total resistance;total resistance

矿井井巷或管道的摩擦风阻和局部风阻之和。

3.25

等积孔　equivalent orifice

与矿井或井巷的风阻值相当的假想薄板孔口的面积值,用来衡量矿井或井巷通风难易程度。

3.26

风阻特性曲线　characteristic curve of air resistance;airway characteristic curve

表示矿井、井巷或管道的通风阻力和风量关系的特征曲线。

3.27

机械通风　mechanical ventilation;fan ventilation

利用通风机产生的风压对矿井或井巷进行通风的方法。

3.28

自然通风　natural ventilation;natural draught

利用自然风压对矿井或井巷进行通风的方法。

3.29

局部通风　local ventilation

利用局部通风机或主要通风机产生的风压对局部地点进行通风的方法。

3.30

掘进通风　heading ventilation

利用局部通风机和风筒或风障对掘进工作面进行通风的方法。

3.31

全风压通风　ventilation of tot al pressure

利用矿井主要通风机产生的风压和导风设施，向采掘工作面和硐室等用风地点进行通风的方法。

3.32

扩散通风　diffusion ventilation

利用空气中分子的自然扩散对局部地点进行通风的方法。

3.33

分区通风　separate ventilation

并联通风　parallel ventilation

井下各用风地点的回风风流直接进入采区回风道或总回风道，不再进入其他采掘工作面的通风方式。

3.34

串联通风　series ventilation

井下用风地点的回风风流再次进入其他用风地点的通风方式。

3.35

压入式通风　forced ventilation；forced draught；blowing ventilation

正压通风　forced ventilation

通风机向井下或风筒内输送空气的通风方法。

3.36

抽出式通风　exhaust ventilation

负压通风　exhaust ventilation

通风机从井下或局部用风地点抽出污浊空气的通风方法。

3.37

上行通风　ascensional ventilation

风流沿采煤工作面由下向上流动的通风方式。

3.38

下行通风　descensional ventilation

风流沿采煤工作面由上向下流动的通风方式。

3.39

独立风流　separate ventilation；separate airflow

特指从主要进风巷道分出的、经过爆炸材料库或充电硐室后进入主要回风巷道的风流。

3.40

循环风　recirculating air

部分回风再进入同一进风流中的风流。

3.41

风量自然分配　natural distribution of airflow

在矿井通风网络中，按各井巷风阻大小进行的风量分配。

3.42

矿井通风系统　mine ventilation system;underground mine ventilation system

矿井主要通风机工作方法,进、出风井的布置方式,通风网络和通风设施的总称。

3.43

矿井通风方式　mine ventilation pattern

矿井进风井和回风井在井田内不同位置的布置方式。

3.44

矿井通风方法　ventilation method of main fan

矿井主要通风机对矿井风流产生通风压力的工作方法。有抽出式、压入式和压抽混合式三种。

3.45

中央式通风　centralized ventilation;central ventilation

进风井位于井田中央,出风井位于井田中央或沿边界走向中部的通风方式。

3.46

对角式通风　diagonal ventilation

进风井位于井田中央,出风井在两翼,或出风井位于井田中央,进风井在两翼的通风方式。

3.47

混合式通风　compound ventilation;radial ventilation

井田中央和两翼边界均有进、出风井的通风方式。

3.48

通风系统图　ventilation diagram;ventilation schematic;ventilation map

表示矿井通风网络,通风设备、设施,风流的方向和风量等参数的平面图或立体图。

3.49

通风网络图　ventilation network chart;ventilation network schematic;ventilation network map

用通风路线表示矿井或采区内各巷道连接关系的示意图。

3.50

串联网络　series network;network in series

多条风路依次连接起来的网络。

3.51

并联网络　parallel network;network in parallel

两条或两条以上的风路,从某一点分开又在另一点汇合的网络。

3.52

角联网络　diagonal network

有一条或多条风路把两条并联风路连通的网络。

3.53

主要通风机　main fan;main mine fan;mine ventilating fan

主要扇风机　main fan(拒用)

安装在地面上的,向全矿井、一翼或一个分区供风的通风机。

3.54

局部通风机　auxiliary fan;auxiliary ventilating fan

局部扇风机　auxiliary fan(拒用)

向井下局部地点供风的通风机。

3.55

辅助通风机　booster fan

辅助扇风机　auxiliary fan(拒用)

某分区通风阻力过大，主要通风机不能供给足够风量时，为了增加风量，而在该分区所使用的通风机。

3.56

水力引射器　water jet

用压力水射流为动力，把风流送到用风点的装置。

3.57

压气引射器　air jet

用压缩空气射流为动力，把风流送到用风点的装置。

3.58

通风机特性曲线　fan characteristic curve; fan performance curve

通风机风压、功率和效率分别与风量关系的曲线。

3.59

通风机个体特性曲线　singular fan characteristic curve

表示某台通风机在直径、转数、叶片角度一定时，其风压、功率和效率分别与风量关系的曲线。

3.60

通风机工况点　fan operating point

通风机风压个体特性曲线与矿井或管道风阻特性曲线在同一坐标图上的交点。

3.61

通风机全压输出功率　total output powerof fan

用通风机的全压和风量计算的功率。

3.62

通风机静压输出功率　static output pow erof fan

用通风机的静压和风量计算的功率。

3.63

通风机效率　fan efficiency

通风机输出功率与输入功率之比。

3.64

通风机全压效率　overall fan efficiency; fan total efficiency

通风机全压输出功率与输入功率之比。

3.65

通风机静压效率　static efficiency; fan static efficiency

通风机静压输出功率与输入功率之比。

3.66

通风机附属装置　accessory equipment of fan

与通风机配套使用的扩散器、防爆门、反风装置和风硐等的总称。

3.67

风硐　fan drift; air drift

引风道　air drift

主要通风机和风井之间的专用风道。

3.68

扩散器　fan diffuser；fan evase；evase

与主要通风机出口相连且断面逐渐扩大的风道。

3.69

防爆门　breakaway explosion door

安装在出风井口，以防瓦斯、煤尘爆炸时毁坏通风机的安全设施。

3.70

风量调节　air regulation

为了满足采掘工作面和硐室所需风量，对矿井总风量或局部风量进行的调配。

3.71

矿井有效风量　effective air quantity

送到采掘工作面、硐室和其他用风地点的风量之总和。

3.72

漏风　leakage；ventilation leakage；air leakage

从与生产无关的通路中漏失的风流。

3.73

矿井外部漏风　surface leakage

从装有主要通风机的井口和附属装置处所漏失的风流。

3.74

矿井内部漏风　underground leakage

未流经采掘工作面、硐室和其他用风地点，直接漏入回风流的无效风流。

3.75

矿井外部漏风率　surface leakage rate

矿井外部漏风量占通风机风量的百分数。

3.76

矿井内部漏风率　underground leakage rate

矿井内部漏风量占矿井总进风量的百分数。

3.77

矿井有效风量率　ventilation efficiency；volumetric efficiency；effective rate of air quantity

矿井有效风量占矿井总进风量的百分数。

3.78

风桥　air crossing；air bridge；overcast

设在进、回风交叉处，使回风和进风互不混合的设施。

3.79

风门　air door；ventilation door

在需要通过人员和车辆的巷道中设置的隔断风流的设施。

3.80

反风　reversing the air；reversing of air flow；ventilation reversal

为防止灾害的扩大和抢救人员的需要，所采取的迅速倒转风流方向的措施。

3.81

反风闸门　reversing airlock door

为实现矿井反风而安装在主要通风机进、出风口的闸门。

3.82

反风道 reversing air way

为实现风流倒转，连接通风机出风口与风硐的专用风道。

3.83

反风风门 reversing door; door for air reversing

与正常风门开启方向相反，风流反向时仍能隔断风流的风门。

3.84

风窗 regulator; ventilation regulator

调节风门 air regulator

安装在风门或其他通风设施上可供调节风量的窗口。

3.85

风墙 air barrage; stopping; air stopping

密闭 air stopping

为隔断风流在巷道中设置的隔墙。

3.86

风障 brattice; air brattice

设在矿井巷道或工作面内，引导风流的设施。

3.87

风帘 air curtain

用柔性材料做成的，在矿井巷道或工作面内控制风量或改变风流方向的设施。

3.88

风筒 air duct; air tube; vent tubing; ventilation tube

引导风流沿着一定方向流动的管道。

3.89

测风站 air measuring station

用于测量风量的，壁面光滑、断面规整的一段平直巷道。

3.90

专用回风巷 specific return airway

在采区巷道中专用于回风的巷道。该巷道不得用于运料、运输、安设电气设备，在煤(岩)与瓦斯(二氧化碳)突出区，还不得行人。

3.91

进风巷 intake air way

进风风流所经过的巷道。为全矿井或矿井一翼进风用的称总进风巷；为几个采区进风用的称主要进风巷；为一个采区用的称采区进风巷；为一个工作面用的称工作面进风巷。

3.92

回风巷 return air way

回风风流所经过的巷道。为全矿井或矿井一翼回风用的称总回风巷；为几个采区回风用的称主要回风巷；为一个采区回风用的称采区回风巷；为一个工作面回风用的称工作面回巷。

3.92

灾变通风 ventilation control during mine accident

矿井发生灾害事故时，为有效控制灾区风流，防止侵袭其他区域的通风技术。

3.93

通风设施 ventilation equipment and installation

通风构筑物 ventilation equipment and installation

在矿井通风网络中用于引导、隔断和控制风流的设施。

3.94

旋流风筒 rotary ventilation tube

附壁风筒 rotary ventilation tube

使风流沿风筒侧壁呈螺旋状风流流出的通风设施。

4 仪表

4.1

风速表 anemometer

风表 anemometer

测量风流速度的仪器。

4.2

压差计 manometer

测量井巷或管道流体中两点间压力差的仪器。

4.3

倾斜压差计 inclined manometer

测量管倾斜安装，倾角可调的压差计。

4.4

气压计 barometer

测定气体压强的仪器。

4.5

风速表校正曲线 calidration curve for anemometer

风表校正曲线 calidration curve for anemometer

表示风速表的读数与真实风速关系的曲线。

4.6

检定管 detector tube; gas detector

根据管内指示剂的变色程度或变色长度确定某种气体浓度的细玻璃管。

4.7

粉尘采样器 dust sampler

在含尘空气中采集粉尘试样的便携式器具。

4.8

个体粉尘采样器 personal dust sampler; portable dust sampler

由个人佩带连续抽取呼吸带范围含尘空气的粉尘采样器。

4.9

光干涉式甲烷测定器 methane detector of interferometer type; interference methanometer; methane interferometer

应用光干涉原理，测量甲烷浓度的仪器。

4.10

催化燃烧式甲烷测定器 catalytic methanometer; catalytic methane tester; methane detector of catalytic oxidation type

利用催化燃烧原理测量空气中甲烷浓度的仪器。

4.11

热导式甲烷测定器 methane detector of thermal conductive type

利用甲烷和空气导热率不同的原理，测量甲烷浓度的仪器。

4.12

甲烷警报器 methane alarm；firedamp alarm

能测定空气中甲烷浓度，且当甲烷含量达到一定浓度时发出声、光警报信号的仪器。

4.13

甲烷断电仪 methane circuit breaker；gaseous circuit-breaker

井下甲烷浓度超限时，能自动切断受控设备电源的装置。

4.14

粉尘浓度测定器 dust detector

测量空气中粉尘含量的仪器。

4.15

煤尘爆炸性鉴定装置 testing instrument for coal-dust explosibility

鉴定煤尘是否具有爆炸性的仪器。

4.16

风电闭锁装置 interlocked circuit breaker

当掘进工作面局部通风机停止运转时，能立即自动切断该供风巷道中一切非本质安全型电气设备电源的装置。

4.17

风电甲烷闭锁装置 multifunction interlocked circuit breaker

当掘进工作面局部通风机停止运转时或空气中甲烷浓度超限时，能立即自动切断该供风巷道中一切非本质安全型电气设备电源的装置。

4.18

煤矿安全监控系统 safety monitoring and controlling system in coal mine

能自动监测、记录井下各地点多种参数值（如甲烷、一氧化碳、二氧化碳浓度，风速，温度，气压等），并当某参数超过预置阈值时，能自动报警和断电的监控系统。

4.19

矿用一氧化碳传感器 CO sensor in coal mine

将矿井空气中一氧化碳浓度变量转换成与之相应的输出信号的连续监测装置。是连续监测矿井环境气体中一氧化碳传感器浓度的仪器。

4.20

矿用甲烷传感器 CH_4 sensor in coal mine

将空气中甲烷浓度变量转化成与之相应的输出信号的装置。是连续监测矿井环境气体中甲烷浓度的仪器。

4.21

矿用风速传感器 air speed sensor in coal mine

将风流变量转化成与之相应的输出信号的装置。是连续监测矿井通风巷道中风速大小的仪器。

4.22

矿用负压传感器 negative pressure sensor in coal mine

将气体压力差变量转化成与之相应的输出信号的装置。是连续监测矿井风机、风门、密闭巷道、通风巷道等地通风压力的仪器。

4.23

矿用氧气传感器 O_2 sensor in coal mine

将氧气变量转化成与之相应的输出信号的装置。是连续监测矿井环境气体中氧气浓度的仪器。

4.24

矿用温度传感器　temperature sensor in coal mine

将温度变量转化成与之相应的输出信号的装置。是连续监测矿井环境温度大小的仪器。

4.25

矿用烟雾传感器　smoke sensor in coal mine

将火灾警戒范围某一点周围的烟雾参数变量转化成与之相应的输出信号的装置。是连续监测矿井中运输胶带等着火时产生的烟雾浓度的仪器。

4.26

矿用风门开闭传感器　wind door on/off sensor in coal mine

将风门开、关变量转化成与之相应的输出信号的装置。是连续监测矿井风门开闭的仪器。

4.27

矿用二氧化碳传感器　CO_2 sensor in coal mine

将空气中二氧化碳浓度变量转化成与之相应的输出信号的装置。是连续监测矿井环境气体中二氧化碳浓度的仪器。

4.28

矿用馈电传感器　power supply sensor in coal min

将馈电变量转化成与之相应的输出信号的装置。是连续监测矿井中馈电开关或磁力起动器负载侧有无电压的仪器。

4.29

煤矿井下作业人员管理系统　management system for the under ground personnel in a coal mine

检测井下人员位置，具有携卡人员出/入井时刻、重点区域出/入时刻、限制区域出/入时刻、工作时间、井下和重点区域人员数量、井下人员活动路线等检测、显示、打印、储存、查询、报警等功能的系统。

[AQ 1048—2007 术语和定义 3.1]。

5　瓦斯

5.1

瓦斯　gas; firedamp

在煤炭界，习惯上指煤层气或矿井瓦斯。

5.2

矿井瓦斯　mine gas

矿井中以甲烷为主的气体，有时特指甲烷。

5.3

煤层瓦斯含量　gas content in coal seam

在自然条件下，单位质量或单位体积煤体中所含有的瓦斯体积量。

5.4

瓦斯容量　gas capacity of coal

在一定条件下，单位质量或体积的煤体中能容纳的最大瓦斯体积量。

5.5

瓦斯储量　gas reserves

矿井一定范围内煤层和岩层中所含有的瓦斯总量。

5.6

残存瓦斯　residual gas

经过一段时间的瓦斯释放后，煤块或煤体中残留的瓦斯。

5.7

煤层瓦斯压力 coalbed gas preseeure

瓦斯在煤层中所呈现的压力(压强)。

5.8

游离瓦斯 free gas

赋存在煤岩体孔隙中呈自由气态的瓦斯。

5.9

吸附瓦斯 absorbed gas

在煤的孔隙表面上和煤的粒子内部呈吸附状态存在的瓦斯。

5.10

吸附等温线 adsorption isothermal

在恒温条件下,单位质量煤样的瓦斯吸附量随瓦斯压力(压强)变化的曲线。

5.11

吸附等压线 adsorption isobar

在恒压条件下,单位质量煤样的瓦斯吸附量随温度变化的曲线。

5.12

瓦斯涌出 gas emission

由采落的煤(岩)或由受采动影响的煤层、岩层向井下空间放出瓦斯的现象。

5.13

瓦斯涌出量 gas emission rate

涌入矿井风流中的瓦斯量,可以用绝对瓦斯涌出量或相对瓦斯涌出量表示。

5.14

矿井瓦斯涌出量 [underground] mine gas emission rate

从煤层和岩层以及采落的煤(岩)涌入矿井风流中的瓦斯总量。

5.15

绝对瓦斯涌出量 absolute gas emission rate

单位时间内涌出的瓦斯量。

5.16

相对瓦斯涌出量 relative gas emission rate

平均每产1t煤所涌出的瓦斯量。

5.17

瓦斯矿井等级 classification of gaseous mine

根据矿井的瓦斯涌出量和涌出形式划分的矿井的瓦斯等级。

5.18

瓦斯等值线 gas emission isovol

瓦斯等量线 gas emission isovol

在矿图上,瓦斯含量或瓦斯涌出量相等点的连线。

5.19

开采层瓦斯涌出 gas emission from extracting seam;gas outflow from extracting seam

本煤层瓦斯涌出 gas emission from extracting seam

进行采掘作业煤层的瓦斯向开采空间的涌出。

5.20

邻近层瓦斯涌出　gas emission from next seam;gas outflow from next seam

受采掘作业影响,邻近的煤(岩)层的瓦斯向开采空间的涌出。

5.21

采空区瓦斯涌出　gas emission from gob;gas outflow from gob

采空区积聚的瓦斯向开采空间的涌出。

5.22

矿井瓦斯平衡　balance of mine gas

各种瓦斯来源在矿井瓦斯涌出总量中所占的比例。

5.23

瓦斯涌出不均衡系数　unbalance factor of gas emission;unbalance factor of gas outflow

一定区域内最大瓦斯涌出量与平均瓦斯涌出量的比值。

5.24

瓦斯涌出量预测矿山统计法　statistical method of mine

根据邻近矿井或本井田浅部水平实际瓦斯涌出量资料,统计分析得出矿井瓦斯涌出随开采深度变化的规律,最终推算出新矿井或延深水平的瓦斯涌出量的方法。

5.25

瓦斯涌出量分源预测法　prediction method based on gas source

以煤层瓦斯含量、煤层赋存状况及开采技术条件为基础,按照瓦斯源及瓦斯涌出规律分别计算回采工作面、掘进工作面、采区及全矿井瓦斯涌出量的方法。

5.26

局部瓦斯积聚　gas accumulation;methane accumulation

开采空间内,局部(体积大于 0.5 m^3)空间内瓦斯浓度超过 2%的现象。

5.27

煤(岩)与瓦斯突出　coal (rock)and gas outburst

在地应力和瓦斯的共同作用下,破碎的煤(岩)和瓦斯由煤体或岩体内突然向采掘空间抛出的异常动力现象。

5.28

煤(岩)与瓦斯突出矿井　coal (rock) and gas outburst mine

经鉴定,在采掘过程中发生过煤(岩)与瓦斯突出的矿井。

5.29

二氧化碳突出　carbon dioxide outburst

在地应力和二氧化碳气的共同作用下,二氧化碳气突然地由岩(煤)体内向采掘空间抛出的异常动力现象。

5.30

瓦斯放散初速度　initial velocity of gas

煤初始暴露时瓦斯涌出的速度。表示煤层突出危险的一个指标。

5.31

瓦斯爆炸　gas explosion

瓦斯和空气混合后,达到瓦斯爆炸界限,遇高温热源发生的热-链式氧化反应,并伴有高温及压力(压强)上升的现象。

5.32

瓦斯爆炸界限　gas explosion limits

瓦斯和空气混合后，能发生爆炸的浓度范围。

5.33

瓦斯层　firedamp layer

瓦斯在工作面和巷道顶部形成的层状聚积。

5.34

瓦斯风化带　gas weathered zone

由于风化作用，煤层瓦斯含量小于 2 m^3/t，或煤层瓦斯组分中，甲烷体积小于 80％的地带。

5.35

瓦斯涌出量梯度　gas gradient

瓦斯梯度　gas gradient

在瓦斯风化带以下，深度每增加一单位，相对瓦斯涌出量增加的量。

5.36

瓦斯预测图　gas emission forecast map

按瓦斯涌出量或含量随深度变化规律编制的矿井未开采区的瓦斯等值线图。

5.37

瓦斯喷出　gas blower，gas blow out

从煤体或岩体裂隙中大量瓦斯异常涌出的现象。

5.38

突出强度　intensity of outburst

一次突出、抛出的煤(岩)量和喷出的瓦斯量。用以衡量突出规模的大小。

5.39

延期性突出　delay outburst

指工作面在采掘作业或外界扰动后，间隔一段时间才发生突出的现象。

5.40

始突深度　depth of an initial outburst

指矿井发生突出地点的最浅埋藏深度。

5.41

煤的坚固性系数　hardness coefficient of coal

指由煤的各种性质(如结构、强度、构造等)所决定的抵抗外力破坏的一个综合性指标。

5.42

震动爆破　shock blasting

震动放炮　shock blasting

用增加炮眼数量，加大装药量等措施诱导煤和瓦斯突出的特殊爆破作业。

5.43

深孔松动爆破　long-hole shock blasting

在采掘工作面煤体中，为松动煤体、改变煤体的应力状态，防止煤(岩)与瓦斯突出而打一定数量和深度的炮眼，装适量炸药进行爆破的一种措施。

5.44

控制预裂爆破　controlled presplitting blasting；controlled preshearing

在煤体中，打若干个爆破孔和控制孔，通过爆破使煤层产生裂隙，导致高地应力转移、加速瓦斯抽排，降低瓦斯压力梯度，减少突出潜能的措施。

5.45

大直径排放钻孔 large diameter releasing hole;large diameter degassing hole

在突出危险煤层掘进时,为排放煤层瓦斯,改变煤体的应力状态,防止煤(岩)与瓦斯突出,在工作面前方煤体中钻凿的大直径钻孔。

5.46

水力冲孔 hyduaulic releasing hole

为释放突出潜能;减小或消除突出危险,利用高压水钻头向具有自喷能力的煤层钻凿的钻孔。

5.47

保护层 protective seam

为消除或削弱在开采相邻煤层时的突出或冲击地压危险而先开采的煤(岩)层。

5.48

被保护层 protected seam

开采保护层后,受到采动影响而消除或削弱了突出或冲击地压危险的相邻煤层。

5.49

瓦斯抽放 gas drainage

采用专用设施,把煤层、岩层及采空区中的瓦斯抽出或排出的技术措施。

5.50

开采层瓦斯抽放 gas drainage from extracting seam

本煤层瓦斯抽放 gas drainage from extracting seam

抽放开采煤层的瓦斯。

5.51

邻近层瓦斯抽放 gas drainage from adjacent seam;gas drainage from next seam

抽放受开采层采动影响的上、下邻近煤层(可采煤层、不可采煤层、煤线、岩层)的瓦斯。

5.52

采空区瓦斯抽放 gas drainage from gob

抽放现采空区和和老采空区的瓦斯。

5.53

预抽 gas drainage from virgin coal seam;pre-drainage of coal seam

煤层在开采以前进行的瓦斯抽放。

5.54

瓦斯抽放量 gas drainage volume;gas drainage rate

瓦斯抽放纯量 pure gas drainage volume

指矿井抽出瓦斯气体中的甲烷量。

5.55

可抽瓦斯量 drainable gas quantity;gas volume to be drained

指瓦斯储量中在目前技术条件下能被抽出的瓦斯量。

5.56

钻孔瓦斯流量衰减系数 damping factor of gas flowrate per hole

表示钻孔瓦斯流量随时间延长呈衰减变化的系数。

5.57

煤层透气性 gas permeability coefficient of coal seam

在一定条件下,瓦斯在煤层中流动的难易程度,可由“透气性系数(coefficient of permeability)”衡量。透气性系数与渗透率成正比。

5.58

渗透率 permeability;infiltration rate

在规定的条件下,流体穿过空隙介质的流速。

5.59

达西 Darcy

孔隙介质渗透率的非法定计量单位。原定义为:具有1厘泊黏度的流体在每厘米1个大气压的压力梯度下,流经每平方厘米孔隙介质断面的流量为1立方厘米每秒时,则该介质的渗透率为一个达西(D)。千分之一达西称为1毫达西(mD)。与法定计量单位(m^2)的换算关系为:1 mD=0.9869×10^{-9} m^2。

5.60

瓦斯抽放率 gas drainage efficiency;methane drainage efficiency

瓦斯抽放量占其抽排瓦斯总量的百分比。

5.61

瓦斯预抽率 gas predrainage efficiency, methane pre-drainage efficiency

在一定抽放时间内预抽瓦斯量与控制范围内煤层瓦斯储量的百分比。

5.62

瓦斯利用率 availability of gas;availability of methane

瓦斯利用量占抽出瓦斯量的百分数。

5.63

钻孔抽放量 gas quantity perborehole

一个抽放钻孔在单位时间内所抽出的瓦斯量。

5.64

钻孔有效抽放半径 effective radius of degassing borehole;effective radius of suction hole

在一定时间内从钻孔内能抽出瓦斯的有效距离。

5.65

封孔器 hole packer

瓦斯抽放和煤层注水钻孔孔口的密封装置。

5.66

放水器 drainage device

放出抽放管路中积水的专用装置。

5.67

防回火装置 flame arrestor

在抽放管路中,阻止火焰蔓延的安全装置。

5.68

水封防爆箱 explosive-proof box

在抽放瓦斯管路中,用以隔爆的一种水箱式安全装置。

6 粉尘

6.1

粉尘 dust

固体物质细微颗粒的总称。

6.2

矿尘 mine dust

矿井生产过程中产生的粉尘。

6.3

煤尘 coal dust

细微颗粒的煤炭粉尘。

6.4

岩尘 rock dust;stone dust

细微颗粒的岩石粉尘。

6.5

浮游粉尘 floating dust;airborne dust

浮尘

悬浮在空气中的粉尘。

6.6

落尘 deposited dust;settled dust

沉积粉尘 sediment dust

因自重而降落在物体和巷道周边上的粉尘。

6.7

呼吸性粉尘 respirable dust

能被吸入人体肺泡区的浮尘。

6.8

可吸入粉尘 inhalation dust

可被吸入人体内的浮尘。

6.9

粉尘粒度分布 size distribution of dust;dispersionof dust

粉尘分散度、粉尘粒径分布 size distribution of dust

在含尘空气中,不同粒径粉尘的质量或颗粒数占粉尘总质量或总颗粒数的百分比。

6.10

游离二氧化硅 free silica

岩石或矿物中没有与金属或金属化合物结合而呈游离状态的二氧化硅。

6.11

防尘措施 dust-suppression measures;dust prevention measures

防止或减少粉尘产生和降低粉尘浓度的技术措施。

6.12

钻粉 drill cuttings;drilling dust;drilling

在岩层或(和)煤层中钻孔时所排出的粉尘。

6.13

粉尘浓度 dust concentration

单位体积空气中含有粉尘的质量或颗粒数。

6.14

允许粉尘浓度 dust concentration limitation;permissible dust concentration

国家有关规程规定的、允许最高的粉尘浓度。

6.15

煤尘爆炸 coal dust explosion

悬浮在空气中的煤尘,达到爆炸浓度,遇到高温热源而发生快速氧化反应,并伴有高温和压力跃升的现象。

6.16

煤尘爆炸特性 characteristic of coal dust explosion

表示煤尘着火易难程度和爆炸猛烈程度的特性值。

6.17

煤尘爆炸危险煤层 coal seam liable to dust explosion

经爆炸性鉴定证明煤尘具有爆炸性的煤层。

6.18

隔爆 explosion suppression

阻止爆炸传播的技术。

6.19

自动隔爆装置 automatic triggered barrier

在探测到爆炸的信息后能自动、及时喷出消焰物质,抑制爆炸或阻止其传播的装置。

6.20

尘肺病 pneumoconiosis

由于长期过量吸入细微粉尘而引起的以肺组织纤维化为主的职业性疾病。

6.21

硅肺病 silicosis

矽肺病 silicosis(拒用)

由于长期吸入含结晶型游离二氧化硅的岩尘所引起的尘肺病。

6.22

煤肺病 anthracosis

由于长期吸入煤尘所引起的尘肺病。

6.23

煤硅肺病 anthraco-silicosis

煤矽肺病 anthraco-silicosis(拒用)

由于长期吸入煤尘和含结晶型游离二氧化硅的岩尘所引起的尘肺病。

6.24

综合防尘 comprehensive precaution against dust;comlex precaution agaist dust

在有粉尘的场所采取多种防尘措施的总称。

6.25

喷雾洒水 water spray;dust wetting

用喷出的水雾和洒水湿润粉尘,使其沉降、减少空气中的含尘量和抑制落尘飞扬的措施。

6.26

喷雾装置 water sprayer;atomizer;water atomizer

把水雾化为细微水粒的装置。

6.27

煤层注水 coal seam infusion;infusion in seam

通过钻孔,将压力水和水溶液注入煤体,增加水分,以改变煤的物理学性质,可减少煤尘的产生,还可减少冲击地压、煤与瓦斯突出和自然发火。

6.28

湿润剂　wetting agent;dust wetting agent

能降低水的表面张力的化学物质。

6.29

湿式除尘器　wet dust collector

以水为介质分离、捕集空气中粉尘的装置。

6.30

机械除尘器　mechanical collector;mechanical dust collector

利用重力、惯性力、离心力的作用,分离、捕集空气中粉尘的装置。

6.31

旋流除尘器　cyclong dust collecting cyclong;cyclong colletor;cyclong dust colletor

利用旋转运动产生的离心力,分离、捕集空气中粉尘的装置

6.32

过滤除尘器　filter collecter

利用纤维层、颗粒层分离、捕集空气中粉尘的装置。

6.33

袋式除尘器　bag collecter

使含尘空气通过过滤箱(袋)而分离、捕集空气中粉尘的装置。

6.34

水幕　water curtain

为净化空气,在巷道中用喷嘴喷出的水雾构成的屏障,用以降尘的设施。

6.35

水棚　water barrier

为阻止爆炸传播,在巷道中安装的由水槽或水袋组成的棚架。

6.36

岩粉　rock dust;stone dust

专门生产的,用于防止煤尘爆炸及其传播的惰性粉状物。

6.37

撒布岩粉　rock dusting;stone dusting

在一定长度巷道周边上喷撒岩粉,防止煤尘爆炸的措施。

6.38

岩粉棚　rock dust barrier;stone dust barrier

为阻止爆炸传播,在巷道中安设的装载岩粉的棚架。

6.39

防尘口罩　dust mask

防止或减少空气中粉尘进入人体呼吸器官的口罩。

6.40

送风式防尘口罩　air feeding mask;hose mask

利用微型通风机向口罩内送风的防尘口罩。

6.41

防尘安全帽　safety helmet for personnel dust protection

具有防尘功能的安全帽。

6.42

粉尘湿润性　dust wettability

粉尘粒子与水相互附着或附着难易的性质。

6.43

粉尘粘附性　dust conglutination

粉尘粒子附着在固体表面上，或粒子彼此相互附着的现象。

6.44

粉尘荷电性　dust electric charge

粉尘在产生和动动中，使粉尘粒子带有一定正负电荷的现象。

6.45

呼吸性粉尘浓度　respirable dust concentration

单位体积空气中含有呼吸性粉尘的质量或颗粒数。

6.46

接触粉尘浓度　contact dust concentration

用个体采样器测量一个工作班时间的加权平均浓度。

6.47

粉尘真密度　dust really density

不包括粉尘之间空隙的单位体积粉尘的质量。

6.48

粉尘堆积密度　dust accumulational density

粉尘呈自然堆积状态时，单位容积粉尘的质量。

6.49

粉尘比表面积　specific surface area of a dust

单位质量的粉尘颗粒表面积的总和。

6.50

中位径　middle size

粒度分布的累计值为50％的粒径。

6.51

空气动力径　air dynamic size

在静止空气中粉尘颗粒的沉降速度与密度为1 g/cm^3 的圆球的沉降速度相同时的圆球直径。

6.52

斯托克斯径　stocks size

在层流区内(雷诺数＜0.2)的空气动力径。

6.53

除尘效率　collecting efficincy

采取除尘措施前、后粉尘浓度的百分比。

6.54

分级除尘效率　grade collecting efficincy

不同粒径粉尘的除尘效率。

6.55

防尘效果　dust prevention effect

表示防尘措施降低粉尘浓度的程度。

7 矿井火灾

7.1

矿井火灾 mine fire;coal mine fire;underground coal mine fire

发生在矿井内的火灾或发生在井口而威胁到井下安全的火灾。

7.2

外因火灾 exogenous fire;external fire

由外部火源(如明火电、爆破、电流短路、摩擦等)引起的火灾。

7.3

内因火灾 spontaneous combustion;spontaneous fire

由于煤炭或其他易燃物质自身氧化蓄热,发生燃烧而引起的火灾。

7.4

煤的自燃倾向性 coal spontaneous combustion tendency

煤在常温下氧化能力的内在属性。

7.5

自然发火煤层 coal seam pronc spontancpus combustion;coal seam liable to spontaneous ignition

矿井中曾发生过内因火灾或有可能自燃的煤层。

7.6

自然发火期 spontaneous combustion period

在一定条件下,煤从接触空气到自燃所经过的时间。

7.7

火灾气体 fire gas

发生火灾时所产生的气体与空气的混合物。

7.8

火区 sealed fire area;fire district

井下发生火灾后被封闭的区域。

7.9

火风压 fire-heating pressure;flow pressure by heated air

井下发生火灾时,由于高温烟流流经有标高差的井巷所产生的附加风压。

7.10

均压防灭火 air pressure balance for fire control;pressure balance for air control

降低采空区和采区进回风两侧的风压差,减少漏风,达到预防和熄灭火灾的措施。

7.11

防火门 fire-proof door;fire door;mine fire door

防止井下火灾蔓延和控制风流的安全设施。

7.12

防火墙 fire dam;fire wall;fire stopping;firebreak;sealing

为封闭火区而砌筑的隔墙。

7.13

阻化剂 retarder

阻止煤炭氧化自燃的化学药剂。

7.14

泥浆 sludge

将土和其他代用材料与水适量配合制成的浆状物,用于井下防灭火。

7.15

灌浆 grouting

用输浆设备将泥浆送到防火或灭火地点的作业。

7.16

洒浆 spraying;mortar spraying

通过管道向采空区喷洒泥浆的作业。

7.17

直接灭火 direct extinguishing

在人员可以直接接近火源用水、砂子、灭火器等器材灭火或直接挖除火源的作业。

7.18

间接灭火 Indirect extinguishing

在不能直接灭火时,把通往火区的所有巷道砌筑防火墙,封闭火区,使火渐渐熄灭的作业。

7.19

综合防灭火 complex prevention and extinguishing

向采空区采取均压、灌注泥浆、惰性气体隔绝火区等多种防灭火措施,抑制煤炭自燃和加快灭火速度的作业。

7.20

调压室 pressure balance chamber;pressure chamber

在防火墙外再作一防火墙,调节两个防火墙间的空气压力以平衡火区内外的气压差,减少漏风的设施。

7.21

惰气防灭火 prevention and extinction of mine fire by inert gas

利用不燃烧、不助燃的气体,抑制矿井可燃物氧化、燃烧以及扑灭矿井火灾的技术。

7.22

惰泡 inert foam

用惰气发泡的一种泡沫,具有阻爆功能。

7.23

凝胶防灭火 prevention and extinction of mine fire by inert gel

采用硅酸溶液和促凝剂反应生成的胶体,充满冒落空间和漏风通道,达到防灭火效果的技术。

7.24

凝胶 gel

硅酸溶液和促凝剂反应生成的胶体。

7.25

阻燃材料 fire-resistant material

难燃材料 fire-retardant material

遇火点燃时,燃烧速度很慢,离开火源后即自行熄灭的材料。

7.26

自然发火标志气体 mark gas of spontaneous combustion

煤炭自然发火过程中,能表征不同煤种自燃各个发展阶段特征的气体。

[AQ/T 1019—2006 术语和定义 3.4]。

7.27

临界氧浓度　critical oxygen concentration

采空区空气中使煤炭不能发生自燃的最高氧气浓度。

7.28

自然发火三带　three zones for coal spontaneous combustion

采煤工作面由切顶线向采空区方向形成的散热带(冷却带)、氧化带和窒息带。

8　矿山救护

8.1

矿山救护队　mine rescue party; mine rescue crew; mine rescue team

矿山发生灾害时,能迅速赶赴现场抢救人员和处理灾害的专业救护组织。

8.2

辅助救护队　auxiliary rescue crew; auxiliary rescue team

由生产人员组成,平时参加生产,井下出现灾害时,配合矿山救护队进行救灾工作的组织。

8.3

呼吸器　respirator

救护人员在有毒气体环境中工作时佩带的供氧呼吸保护器具。

8.4

苏生器　resuscitator

对中毒或窒息的伤员自动进行人工呼吸或输氧的急救器具。

8.5

自救器　self-rescuer

发生灾害时,为防止有害气体对人身的侵害,供个人佩带逃生用的呼吸保护器具。

8.6

化学氧自救器　chemical oxygen self-rescuer

隔离式自救器　isolation self-rescuer

隔绝灾区空气,能通过化学反应产生氧气的自救器。

8.7

压缩氧自救器　compressed oxygen self-rescuer

隔绝灾区空气,用氧气瓶供氧的自救器。

8.8

过滤式自救器　(carbon monooxide) filter self-rescuer

能滤除吸入空气中一氧化碳的自救器。

8.9

压缩氧呼吸器　compressed oxygen respirator

隔绝灾区空气,用氧气瓶供氧的呼吸器。

8.10

正压氧呼吸器　positive oxygen respirator

呼吸空间气体压力高于外界大气压力的呼吸器。

8.11

负压氧呼吸器　negative oxygen respirator

呼吸空间气体压力在吸气时低于外界大气压力的呼吸器。

8.12

自救器气密性检验器　air tight tester for self-rescuer

用来检查各类自救器气密性的装置。

8.13

氧气充填泵　oxygen pump

将氧气从大氧气瓶抽出并充入小容积氧气瓶的升压泵。

8.14

避难硐室　refuge pocket；refuge chamber；rescue chanber

当灾害发生、人员无法撤出灾区时，为防止有害气体侵袭而设置的避难场所。

8.15

矿工自救系统　selfrescue system for miners

包括供氧系统、长时间自救器等在内的救援系统。

8.16

空气呼吸器　air respirator

使用压缩空气作为供氧源的呼吸器。

参 考 文 献

[1] AQ/T 1019—2006 煤层自然发火标志气体色谱分析及指标优选方法
[2] AQ 1048—2007 煤矿井下作业人员管理系统使用与管理规范

汉语拼音索引

L

M

N

P

Q

R

S

T

W

X

Y

Z

英 文 索 引

A

B

C

D

E

F

G

L

M

N

O

P

R

S

T

U

V

W

ICS 01.040.73
D 04

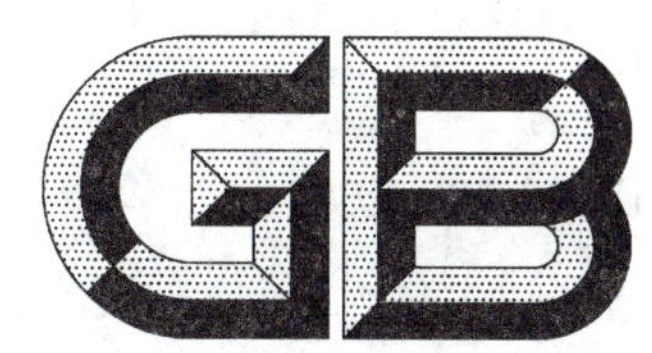

中华人民共和国国家标准

GB/T 15663.10—2008
代替 GB/T 15663.10—1995

煤矿科技术语
第10部分：采掘机械

Terms relating to coal mining—
Part 10: Winning machinery and developing machinery

2008-07-29 发布　　　　2009-05-01 实施

中华人民共和国国家质量监督检验检疫总局
中国国家标准化管理委员会　发布

前　言

GB/T 15663《煤矿科技术语》分为如下几部分：

——第1部分：煤炭地质与勘察；

——第2部分：井巷工程；

——第3部分：地下开采；

——第4部分：露天开采；

——第5部分：提升运输；

——第6部分：矿山测量；

——第7部分：开采沉陷与特殊采煤；

——第8部分：煤矿安全；

——第10部分：采掘机械；

——第11部分：煤矿电气。

本部分为GB/T 15663的第10部分。

本部分代替GB/T 15663.10—1995《煤矿科技术语　采掘机械》。

本部分与GB/T 15663.10—1995相比主要变化如下：

——修改了部分术语的名称(1995年版的3.31、3.32、3.28、3.29、3.30、3.36、4.7、5.14、5.15、5.28、5.32和5.35；本版的2.7、2.8、2.9、2.10、2.11、3.24、4.19、5.13、5.14、5.26、5.30和5.33)；

——修改了部分术语的英语对应词(1995年版的2.1、3.4、3.12、4.1和4.4；本版的2.1、3.2、3.6、4.1和4.4)；

——修改了部分术语的定义(1995年版的2.7、2.9、2.22、2.24、2.26、2.27、3.19、3.26、3.27、3.33、3.61、3.37、4.2、4.4、4.5、4.8、4.10、4.18、4.33、4.40、5.6、5.22、5.23、5.24和5.25；本版的4.11、2.13、2.21、2.23、2.26、2.27、3.12、3.19、3.20、3.21、3.25、3.26、4.2、4.4、4.5、4.21、4.23、4.31、4.47、4.54、5.6、5.20、5.21、5.22和5.23)；

——修改了术语名称的定义(1995年版的3.13；本版的3.7)；

——新增了部分术语(本版的2.3、2.24、4.6、4.7、4.8、4.9、4.10、4.12、4.13、4.14、4.15、4.16、4.17、4.20、4.36、4.55、4.62和5.12)；

——删除了部分术语(1995年版的2.2、2.11、2.12、2.15、2.16、2.18、3.2、3.3、3.7、3.8、3.10、3.11、3.16、3.51、3.52、3.55、3.56、3.57、3.60、5.9、5.12和5.19)。

本部分由中国煤炭工业协会提出。

本部分由全国煤炭标准化技术委员会归口。

本部分起草单位：煤炭科学研究总院上海分院、煤炭科学研究总院太原研究院、煤炭科学研究总院建井研究分院、煤炭科学研究总院开采设计研究分院、凯盛重工有限公司。

本部分主要起草人：高志明、刘建平、汪崇建、黄亮高、王国法、陶峥、齐庆新、马健康、汪昌龄。

本部分所代替标准的历次版本发布情况为：

——GB/T 15663.10—1995。

煤矿科技术语
第10部分:采掘机械

1 范围

GB/T 15663的本部分规定了一般术语,采煤机械,掘进机械和液压支架等术语。

本部分适用于与采掘机械和液压支架有关的所有文件、标准、规程、规范、书刊、教材和手册等。

2 一般术语

2.1

采掘机械 winning machinery and developing machinery

采煤机械和掘进机械的总称。

2.2

截割部 cutting unit

截煤部(拒用)

采掘机械截割机构及其传动或驱动装置和附属装置的总称。

2.3

截割机构 cutting machanism

采掘机械上直接实现截割功能的构件组成。

2.4

行走部 travel unit;traction unit

采掘机械行走机构及行走驱动装置的总称,实现采掘机械移动的功能。

2.5

行走机构 travel mechanism;traction mechanism

牵引机构 haulage mechanism

采掘机械行走部的执行机构。

2.6

行走驱动装置 travel driving unit

采掘机械行走部的调速装置和传动装置的总称。

2.7

行走力 tractive force;pull force

牵引力 haulage force;haulage pull

驱动采掘机械行走的力。

2.8

行走速度 travel speed

牵引速度 haulage speed

采掘机械沿工作面长度方向的移动速度值。

2.9

液压调速 hydraulic adjustable speed

液压牵引 hydraulic haulage

采用液压技术的调速方式。

2.10

机械调速　mechanical adjustable speed

机械牵引　mechanical haulage

采用机械技术的调速方式。

2.11

电气调速　electrical adjustable speed

电气牵引　electrical haulage

采用电气技术的调速方式。如变频调速、开关磁阻调速、电磁调速、直流调速等。

2.12

截齿　pick;bit

切割刀具（拒用）

刀齿（拒用）

切削刀具（拒用）

采掘机械截割煤和岩石的刀具。

2.13

扁截齿　flat pick

刀形截齿（拒用）

齿头呈扁平状的截齿。

2.14

锥形截齿　conical pick

镐形截齿（拒用）

齿头呈圆锥状的截齿。

2.15

齿座　pick seat

用以安装和固定截齿的座体。

2.16

截齿配置　lacing pattern;pick lacing;pick arrangement

采掘机械截割机构上截齿的选配和布置。

2.17

截线　line of cut

截齿齿尖的运动轨迹。

2.18

切槽　cutting groove

截齿工作时在煤体或岩体上形成的槽。

2.19

截割速度　cutting speed

截齿齿尖运动的线速度值。

2.20

截割高度　cutting height

截高

采高（拒用）

采掘机械截割机构工作时在机器(采煤机为配套输送机)底面以上形成的空间高度。

2.21

下切深度　dinting depth;undercut depth

卧底深度（拒用）

采掘机械截割机构下切至机器底面(采煤机至配套刮板输送机底面)以下的深度。

2.22

切削深度　cutting depth

切屑厚度

截齿工作时,每次切入煤体或岩体内的深度。

2.23

截深　web;web depth;cut depth

采掘机械截割机构切入煤体或岩体的设计深度。

2.24

截齿损耗率　consumption rate of picks

截割单位质量(单位实体体积)煤岩损耗截齿的数量。

2.25

截割比能耗　specific energy of cutting

截割单位体积煤或岩石所消耗的能量。

2.26

上漂　climbing

采掘机械向上偏离正常工作面底板或底面的现象。

2.27

下扎　dipping

采掘机械向下切入工作面底板或底面的现象。

2.28

进刀　feeding

采掘机械向垂直于煤壁或岩壁的方向推进,进入下一截深截割的作业,如推入进刀、正切进刀和斜切进刀等。

2.29

喷雾系统　water-spraying system

喷水除尘系统（拒用）

将压力水雾化,喷到采掘工作面以降低机械截割、装载煤(岩)时所产生粉尘的系统。

2.30

外喷雾　outer-water-spraying;external spraying

喷嘴设于截割机构外部的喷雾方式。

2.31

内喷雾　inner-water-spraying;internal spraying

喷嘴设于截割机构内部的喷雾方式。

3　采煤机械术语

3.1

采煤机械　coal winning machinery;coal getting machinery

用于采煤工作面,具有截煤(破煤)和装煤等全部或部分功能的机械。

3.2

采煤联动机　coal winning aggregate

采煤工作面中协调地完成采煤、运煤、支护等工艺，运动上相互关联，而在结构上又组成一体的采煤设备。

3.3

风镐　air pick；pneumatic pick

用压缩空气驱动的、冲击破落煤及其他矿体或物体的手持机具。

3.4

煤电钻　electric coal drill

电煤钻（拒用）

用于煤体钻孔的电动机具。

3.5

截煤机　coal cutter

用于煤层内掏槽的采煤机械。

3.6

机面高度　machine height

自采煤工作面底板至采煤机机身上表面的高度。

3.7

过煤面积　underneath clearance；passage height under machine

采煤机与配套输送机中部槽间的过煤断面面积。

3.8

调高　vertical steering

采煤机截割高度的调整。

3.9

调斜　roll steering

采煤机横向倾斜角度的调整。

3.10

[滚筒]采煤机　shearer；shearer loader

以截割滚筒为截割机构的采煤机械。

3.11

爬底板采煤机　floor-based shearer；floorbased in-web shearer

额面式采煤机（拒用）

机身偏置于采煤工作面输送机煤壁侧，沿底板工作的滚筒采煤机。

3.12

骑槽式采煤机　conveyor-mounted shearer

骑溜式采煤机（拒用）

机身骑于采煤工作面输送机中部槽上方工作的滚筒采煤机。

3.13

钻削式采煤机　trepanner；trepan shearer

却盘纳采煤机（拒用）

以钻削头为主要截割机构的采煤机械。

3.14

钻削头　trepanning wheel

截冠（拒用）

端部装截齿以钻削方式工作的环形截割机构。

3.15

钻孔采煤机　coal auger;auger machine;auger miner

以大直径螺旋钻头为截割机构的采煤机械。

3.16

连续采煤机　continuous miner

掘采机

用正面切削式截割机构采煤或掘进的机械。

3.17

内牵引　integral haulage

行走驱动力源于采煤机身内的牵引方式。

3.18

外牵引　independent haulage

行走驱动力源于采煤机身外的牵引方式。

3.19

链牵引　chain haulage

用两端通过张紧装置固定于刮板输送机机头架和机尾架、中部悬置的圆环链使采煤机行走的方式。

3.20

无链牵引　chainless haulage

不用链牵引而采用其他行走机构的采煤机行走方式。如销轨啮合式行走、油缸迈步式行走、履带式行走等。

3.21

截割滚筒　cutting drum

装有截齿或其他破煤工具的圆筒形截割机构。

3.22

[螺旋]滚筒　helical vane drum;drum;helical drum;screw drum

采煤滚筒（拒用）

具有螺旋形装载叶片的截割滚筒。

3.23

摇臂　ranging arm

安装并传动或驱动截割滚筒，靠上、下摆动调整截割滚筒位置高低的部件。

3.24

挡煤板　cowl

配合截割滚筒装煤的弧形板。

3.25

拖缆装置　cable handler;cable carrier

电缆夹（拒用）

电缆拖移装置（拒用）

采煤机械上用于拖曳电缆和水管的装置。

3.26

刨煤机　plough;coal plough;plow;coal planer

以刨削方式破煤,并具有装煤和运煤功能的采煤机械。

3.27

静力刨[煤机]　static plough

刨头借助于刨链的拉力工作的刨煤机。

3.28

动力刨[煤机]　dynamic plough;activated plough

冲击式刨煤机(拒用)

刨头借助于振动装置的冲击力和刨链的拉力工作的刨煤机。

3.29

刮斗刨[煤机]　scraper plough

以刮斗刨煤和运煤的刨煤机。

3.30

拖钩刨[煤机]　drag-hook plough

刨链通过拖板拖动刨头工作的刨煤机。

3.31

滑行刨[煤机]　sliding plough

刨头以滑架为导轨,刨链在滑架内拖动刨头工作的刨煤机。

3.32

滑行拖钩刨[煤机]　sliding drag-hook plough

刨头以滑架为导轨,刨链通过拖板拖动刨头工作的刨煤机。

3.33

刨削深度　ploughing depth

刨刀工作时切入煤壁内的深度。

3.34

刨削阻力　ploughing resistance

刨刀工作时煤体对刨刀的抗力。

3.35

刨削速度　ploughing speed

刨刀工作时的线速度值。

3.36

高速刨煤　rapid ploughing;high-speed ploughing

刨链速度高于输送机刮板链速度的刨煤方式。

3.37

低速刨煤　slow-speed ploughing

刨链速度低于输送机刮板链速度的刨煤方式。

3.38

双速刨煤　dual-speed ploughing

刨头上行和下行采用不同刨削速度的刨煤方式。

3.39

刨头　plough head

煤刨(拒用)

由刨体、刀架、刨刀等组成的刨煤机构。

3.40

拖板 articulated bottom plate;base plate

掌板(拒用)

位于输送机中部槽下面,连接刨头和刨链的板状部件。

3.41

滑架 sliding guide;plough guide

供刨头滑行的导向架。

3.42

定压控制 constant pressure control;fixed-pressure control

推进缸以恒定的压力将刨煤机推向煤壁的控制方式。

3.43

定距控制 constant distance control;fixed-distance control

推进缸以恒定的步距将刨煤机推向煤壁的控制方式。

4 掘进机械术语

4.1

掘进机械 developing machinery; road heading machinery; tunneling machinery

用于掘进工作面,具有钻孔、破落煤岩和装载等全部或部分功能的机械。

4.2

[巷道]掘进机 roadheader; heading machine; roadway ripping machine

用于巷道掘进的机械设备,具有破落、装、转运等功能。

4.3

全断面掘进机 full-section tunneling machine; full-face tunneling machine

隧道掘进机(拒用)

工作机构旋转并连续推进,破落巷道整个断面的掘进机。

4.4

部分断面掘进机 selective roadheader; partial-size tunneling machine

工作机构通过摆动,顺序破落巷道部分断面的岩石或煤,最终完成全断面切割的巷道掘进机。

4.5

悬臂式掘进机 boom-type roadheader; boom roadheader; boom miner

用悬臂来承载截割机构的掘进机。

4.6

横轴式掘进机 transverse cutting-type roadheader

截割头旋转轴线垂直于悬臂轴线的悬臂式掘进机。

4.7

纵轴式掘进机 longitudinal cutting-type roadheader

截割头旋转轴线平行于悬臂轴线的悬臂式掘进机。

4.8

掘锚机[组] bolter-miner

具有掘进和锚杆钻孔安装功能的机械设备。

4.9

掘进转载机 transship conveyor for developing

适用于掘进机械与后配套运输设备之间的转载设备。

4.10

掘进工作面除尘设备 special dust-collector for developing

适用于掘进工作面，与压入式通风配套使用的除尘设备。

4.11

截割头 cutting head；cutter-head

切割头

破碎头（拒用）

掘进机上直接截割、破碎煤和岩石的构件。

4.12

回转台 turret

实现截割部水平摆动的支承装置。

4.13

托梁装置 bearing bai unit

托起支护顶梁的装置。

4.14

龙门高 gantry height

中间输送机中板上表面与龙门机架之间的最小垂直高度。

4.15

装运部 load-conveying unit

装载和中间输送机的总称，具有将掘进机械破落下的物料收集、装载并输送到后配套输送设备的功能。

4.16

装载机构 loading mechanism

将掘进机截割下的物料收集、装载到输送机上的机构。

4.17

拨盘 spinner disc

星轮 loader star

利用旋转的拨盘（星轮），将截割下的物料装载到输送机上的构件。

4.18

悬臂 boom；gib arm

安装和驱动截割头，并能上下左右摆动的臂状部件。

4.19

铲板 apron

铲装板

以铲入方式集装松散煤或岩石的箕状构件。

4.20

附着力 track adhesion

履带与工作面底板（地面）支承面之间无相对位移时行走力的极限值。

4.21

可爬行坡度 passable gradient；climbable gradient

适应掘进机工作的巷道坡度范围。

4.22

最小转弯半径 minimum turn radius

掘进机在适应最大宽度巷道中转弯时，可通过巷道中心线最小半径。

4.23

离地间隙　ground clearance

地隙

机架最低部位距巷道底板或机器支撑面的距离。

4.24

装载机械　loader

将散料装至接续设备上的机械。

4.25

装岩机　rock loader；muck loader

装载松散岩石的装载机械。

4.26

装煤机　coal loader

装载煤炭的装载机械。

4.27

扒爪装载机　gathering-arm loader；collecting-arm type loader

集爪装载机(拒用)

蟹爪装载机(拒用)

用扒爪作为工作机构的装载机械。

4.28

扒爪　gathering-arm；collecting-arm

蟹爪(拒用)

沿封闭曲线运动，扒集松散煤或岩石进行装载的爪状装载机构。

4.29

铲斗装载机　bucket loader

铲式装载机(拒用)

翻斗装载机(拒用)

用铲斗作为工作机构的装载机械。

4.30

铲斗　bucket

以向前推进方式铲取松散煤或岩石进行装载的斗状构件。

4.31

铲入力　bucket thrust force；thrust force

使铲斗插入待装散料堆的水平推力。

4.32

耙斗装载机　scraper loader

耙矸机(禁用)

用耙斗作为工作机构的装载机械。

4.33

耙斗　scraper bucket；scraper

用矿用绞车牵引作往复运动，直接扒取松散岩石或煤的斗状构件。

4.34

侧卸式装载机　side discharge loader

具有侧面卸载功能的装载机械。

4.35

抓岩机 grab；loading grab

立井掘进中抓取岩石装入吊桶的装载机械。

4.36

抓斗 grab

以开合方式抓取岩石的弧形构件，是抓岩机的装载机构。

4.37

钻头 bit；bore bit

安装在钻杆前端，回转破碎煤或岩石的刀具。

4.38

钎头 stem bit；bore bit

安装在钎杆前端，冲击回转钻凿岩孔的刀具。

4.39

一字钎头 chisel bit

钎刃成“一”字形的钎头。

4.40

十字钎头 cruciform bit；cross bit

钎刃成“十”字形的钎头。

4.41

活钎头 interchangeable bit；detachable bit

可以从钎杆上拆下的钎头。

4.42

钻杆 drill rod

向钻头传递动力，随同钻头进入煤体或岩体内钻孔的杆状或管状构件。

4.43

钎杆 stem

向钎头传递动力，随同钎头进入岩体内钻孔的杆状或管状构件。

4.44

钎尾 shank；bit shank；drill shank；drill steel shank

钎杆的尾端。

4.45

凿岩机 hammer drill；percussive rock drill

以冲击回转方式在岩体上钻孔的机具，包括气动凿岩机、液压凿岩机和电动凿岩机等。

4.46

气腿 airleg

用气缸支承和推进凿岩机的装置。

4.47

凿岩台车 jumbo；drill jumbo；drilling jumbo；drill carriage

钻车

支承、推进和移动一台或多台凿岩机并具有自移功能的车辆。

4.48

推进器 feed；drill feed；feeder

在凿岩台车、锚杆钻车上沿导轨推进凿岩机、锚杆钻机的装置。

4.49

岩石电钻 electric rock drill

用于岩体钻孔的电动机具。

4.50

钻孔机械 drilling machine；boring machine

钻机

矿山钻孔作业用的机械。

4.51

潜孔钻机 down-hole percussive drill；down-hole drill；down-hole drilling machine

把钻头和潜孔冲击器一起放入孔内的钻孔机械。

4.52

潜孔冲击器 down hole hammer；down-hole hammer

和钻头一起潜入孔内产生冲击作用的装置。

4.53

探钻装置 probe drilling system

用于巷道掘进工程中钻探勘查水、煤层气等情况的装置。

4.54

锚杆钻机 roofbolter

锚杆打眼安装机(拒用)

具有钻孔并安装锚杆功能的钻机。

4.55

锚杆钻车 jumbolter；bolter jumbo

支承、推进一台或多台锚杆钻机并具有自移功能的车辆。

4.56

牙轮钻机 rotary drilling machine；rotary drilling rig

采用牙轮钻头进行破碎岩石的钻孔机械。

4.57

牙轮钻头 rolling cutter bit；roller cone bit；cone rock bit

牙轮刀具绕钻杆轴线公转和绕自身轴线自转的钻头。

4.58

钻巷机 drift boring machine

穿孔机

用钻销方式钻进通道的钻孔机械。

4.59

钻井机 shaft boring machine；shafe borer

立井钻机

从地面用大直径钻头钻出立井井筒的机器。

4.60

反井钻机 raise boring machine；raise-drilling machine

天井钻机

钻出导孔后，再自下而上扩孔钻凿立井或斜井的钻孔机械。

4.61

钻装机 drill loader；jumbo loader

能完成钻孔和装载作业的机械。

4.62

伞形钻机 drill cyclics

具有可收放伞形工作臂,实现多台凿岩机同时凿岩的钻机。

5 液压支架术语

5.1

液压支架 hydraulic support；powered support

支架 support

机械化支架(拒用)

自移支架(拒用)

动力支架(拒用)

以液压为动力实现升降和自推移等动作,进行顶板支护的设备。

5.2

支撑式支架 chock/frame type support

有顶梁而没有掩护梁的液压支架。

5.3

垛式支架 chock-type powered support；chock support；chock

具有带复位装置的箱式底座,整体移动的支撑式支架。

5.4

节式支架 frame-type support；frame support

由两个以上机械连接的架节组成,各相邻架节互为支点依次移动的支撑式支架。

5.5

架节 support unit；support section

相对独立且彼此结构相似的节式支架的组成单元。

5.6

迈步式支架 walking support

移架时,后、前立柱交互提、伸行走的节式液压支架。

5.7

掩护式支架 shield-type powered support；shield support；shield

具有顶梁和掩护梁,有一排立柱的液压支架。

5.8

支撑掩护式支架 chock-shield-type support；chock-shield support

具有顶梁和掩护梁,有两排立柱的液压支架。

5.9

锚固支架 anchor support

起锚固作用的液压支架。

5.10

放顶煤支架 caving mining support

用于放顶煤工作面具有放煤功能的液压支架。

5.11

铺网支架 meshlying support

具有铺网装置和功能的液压支架。

5.12

履带行走式支架　pedrail powered support

带有履带行走装置的液压支架。

5.13

支架最大高度　maximum support height

最大高度

最大伸出高度(拒用)

立柱处于完全伸出、顶梁处于水平状态下的支架高度。

5.14

支架最小高度　minimum support height

最小高度

最小收缩高度(拒用)

立柱处于完全收缩、顶梁处于水平状态下的支架高度。

5.15

最大工作高度　maximum working height

最大支撑高度(拒用)

液压支架允许使用的最大高度。

5.16

最小工作高度　minimum working height

最小支撑高度(拒用)

液压支架允许使用的最小高度。

5.17

支架伸缩比　extension ratio of support

伸缩系数

液压支架最大高度与最小高度的比值。

5.18

本架控制　local control

操作者在液压支架内操纵本支架的控制方式。

5.19

邻架控制　adjacent control

操作者在液压支架内操纵相邻支架的控制方式。

5.20

顺序控制　sequential control

沿工作面按一定顺序移动液压支架的控制方式。

5.21

成组控制　batch control；bank control

沿工作面以若干架为一组顺序移动支架的控制方式。

5.22

电液控制　electrohydraulic control

用电液系统控制液压支架的技术。

5.23

立柱　leg

在液压支架底座与顶梁或掩护梁之间提供支撑力的液压缸。

5.24

顶梁 canopy

在立柱上方，与顶板接触，支撑顶板的构件。

5.25

掩护梁 debris shield；caving shield；gob shield；waste shield

连接顶梁和底座，承受支架水平力和垮落顶板岩石压力，防止岩石进入支架内的构件。

5.26

前梁 fore-pole

正悬梁(拒用)

铰接在顶梁前方以支护无立柱空间顶板的构件。

5.27

伸缩梁 extensible canopy

伸缩前梁

可以向前滑动伸出，临时支护工作面新暴露顶板的构件。

5.28

护帮板 face guard；sheet guard；guard board

在液压支架前方顶住煤壁，以防止片帮的板状构件。

5.29

底座 base

液压支架接触底板的承载构件。

5.30

四连杆机构 lemniscate linkage；four bar linkage

掩护梁与底座之间用前、后连杆连接形成的四连杆机构。支架升降时，顶梁上各点沿双纽线移动，使端面距变化较小。

5.31

防滑装置 non-skid device；antiskid device

防止液压支架移动时下滑的装置。

5.32

防倒装置 tilting prevention

防止液压支架倾倒的装置。

5.33

推移千斤顶 advancing ram

推拉液压支架和输送机的千斤顶。

5.34

乳化液泵站 emulsion power pack；emulsion pump station

向工作面设备提供带压乳化液的设备。

汉语拼音索引

英 文 索 引

A

B

C

D

E

F

G

H

I

T

U

V

W

ICS 01.040.73
D 04

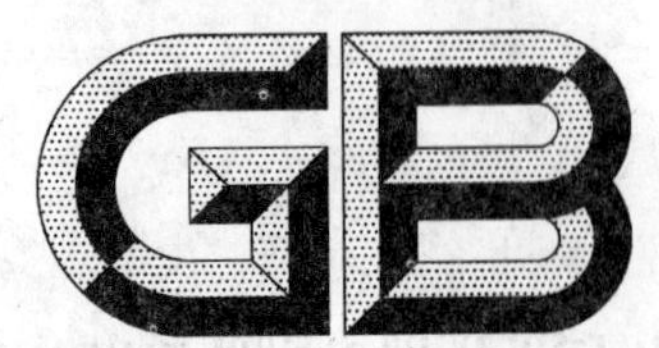

中华人民共和国国家标准

GB/T 15663.11—2008
代替 GB/T 15663.11—1995

煤矿科技术语 第11部分:煤矿电气

Terms relating to coal mining— Part 11:Coal mining electrical engineering

2008-07-29 发布

2009-05-01 实施

中华人民共和国国家质量监督检验检疫总局
中国国家标准化管理委员会
发布

前　　言

GB/T 15663《煤矿科技术语》分为如下几部分：

——第 1 部分：煤炭地质与勘察；

——第 2 部分：井巷工程；

——第 3 部分：地下开采；

——第 4 部分：露天开采；

——第 5 部分：提升运输；

——第 6 部分：矿山测量；

——第 7 部分：开采沉陷与特殊采煤；

——第 8 部分：煤矿安全；

——第 10 部分：采掘机械；

——第 11 部分：煤矿电气。

本部分为 GB/T 15663 的第 11 部分。

本部分代替 GB/T 15663.11—1995《煤矿科技术语　矿山电气工程》。

本部分与 GB/T 15663.11—1995 相比，主要变化如下：

——将标准的名称由《煤矿科技术语　第 11 部分：矿山电气工程》改为《煤矿科技术语　第 11 部分：煤矿电气》；

——修改了章题，将第 2 章的标题改为"煤矿供电"，第 4 章的标题改为"煤矿主要电耗指标"；

——按 GB/T 1.1 及 GB/T 20001.1 的要求，对标准的编写格式进行了相应修改；

——修改了原标准中 3.4、3.5、3.6、3.7、3.9、3.14、3.15、3.16、3.17、3.18、3.19、3.20、3.21、3.22、3.23、3.24、3.37、3.53、3.54、3.55、3.56、3.61、3.64、3.66、3.67 的术语名称及定义，并新增加了术语"最低点燃电压"，列为本版的 3.65 条，删除了原标准中的 3.38 条，使这些术语与现行的关于"爆炸性气体环境用电气设备"的国家标准(等效采用 IEC 标准)相一致；

——适应目前煤矿供电系统和矿用电气设备的现状，对原标准中的 3.41、3.47、3.50 条的定义和 3.52 条的术语名称及定义作了修改，新增加了术语"地下工作面供电系统"、"矿用防爆型电动机"、"矿用防爆型变频器"、"矿用防爆型软起动器"、"矿用防爆型负荷控制中心"和"矿用防爆型动力负荷控制中心"分别列为本版的 2.4、3.36、3.37、3.38、3.39 和 3.40 条。并删除了原标准中的 3.28、3.29、3.30、3.34、3.35、3.36 和 3.62 条；

——在第 5 章和第 6 章中增加了一些新的术语并加以定义。新增加的术语并加以定义的条款是本版的 5.1、5.2、5.3、5.4、5.5、5.6、5.7、5.8、5.9、5.10、5.13、5.20、5.21、5.25、5.26、5.31、5.38、5.39、5.40、5.41、5.42、5.43、5.44、6.16、6.17、6.18、6.19、6.20、6.21、6.22 条。同时对原标准中的 5.8、5.12 条作了修改，然后列为本版的 5.12、5.19 条。还删除了原标准中定义过于笼统的 5.1、5.2、5.3、5.5 条。鉴于第 5 章条款的变化较大，没有变化的条款的排序和编号也相应作了调整；

——将第 7 章的标题改为"煤矿信息化"，删除了原标准中的 7.1、7.3，将原标准中的 7.2、7.4 分别列为本版的 7.1、7.2，并新增加了术语"煤矿地理信息系统"列为本版的 7.3。

本部分由中国煤炭工业协会提出。

本部分由全国煤炭标准化技术委员会归口。

本部分起草单位：天地科技股份有限公司上海分公司、煤炭科学研究总院上海分院、天地(常州)自动化股份有限公司、中国矿业大学(北京)。

本部分主要起草人:许森祥、陈荣中、王文召、孙继平、彭霞、高小桦、陈洪飞。

本部分所代替标准的历次版本发布情况为:

——GB/T 15663.11—1995。

煤矿科技术语
第11部分:煤矿电气

1 范围

GB/T 15663的本部分规定了煤矿供电、煤矿用电气设备、煤矿主要电耗指标、煤矿监测与控制、煤矿通信、煤矿信息化等术语。

本部分适用于与煤矿电气有关的所有文件、标准、规程、规范、书刊、教材和手册。

2 煤矿供电

2.1

矿区供电系统 mining area power supply system

由各种电压的电力线路将矿区的变电所和电力用户联系起来的输电、变电、配电和用电的整体。

2.2

矿井供电系统 mine power supply system

由各种电压的电力线路将矿井的变电所和电力用户联系起来的输电、变电、配电和用电的整体。

2.3

地下供电系统 underground power supply system

井下供电系统

进入矿井地下的供电电缆、供电设备及其所组成的输电、变电、配电和用电的整体。

2.4

地下工作面供电系统 underground face power supply system

井下工作面供电系统

进入矿井地下工作面及其附近巷道的供电电缆、供电设备及其所组成的输电、变电、配电和用电的整体。

2.5

矿区变电所 mining area main substation

矿山区域变电所(拒用)

向几个矿井、露天矿及其他用电单位供电的变电所。

2.6

矿井地面变电所 surface main substation

矿井地面主变电所

设在地面,向全矿供电的变、配电中心。

2.7

中性点有效接地系统 system with effectively earthed neutral

大接地电流系统

中性点直接接地或经一低值阻抗接地的系统。通常其零序电抗与正序电抗的比值小于或等于3;零序电阻与正序电抗的比值小于或等于1。

2.8

中性点非有效接地系统 system with non-effectively earthed neutral

小接地电流系统

中性点不接地,或经高值阻抗接地或谐振接地的系统。通常其系统的零序电抗与正序电抗的比值大于3;零序电阻与正序电抗的比值大于1。

2.9

中性点直接接地配电系统　distribution system with directly earthed neutral

在故障条件下，为了使变压器中性点尽可能不偏移以及其他要求，变压器中性点直接接地的配电系统。

2.10

中性点经电抗接地配电系统　distribution system with earthed neutral through a reactor

为了减少电力网单相接地时的电容电流(稳态值)，在变压器中性点与地之间连接电抗线圈的配电系统。

2.11

中性点经电阻接地配电系统　distribution system with earthed neutral through a resistor

为了提高漏电保护装置选择性和降低电弧接地过电压值等目的，变压器中性点经电阻接地的配电系统。

2.12

中性点绝缘配电系统　distribution system with insulated neutral

变压器中性点与地绝缘的配电系统。当发生单相接地时，通过故障点的电流主要是电容性电流。

2.13

变电亭　small surface substation

小型、简易的地面变电所。

2.14

井下主变电所　underground main substation；pit-bottom main substation；shaft-bottom main substation

井下中央变电所

设置在矿井井底车场或主要开采水平的变、配电中心。

2.15

井下区域变电所　district substation；mine block substation

井下几个采掘区的变、配电中心。

2.16

采区变电所　working section substation

采区的变、配电中心。

2.17

工作面配电点　face power distribution point

工作面及其附近巷道的配电中心。

2.18

矿用隔爆型移动变电站　flameproof mining mobile transformer substation

由变压器及高、低压开关等组成的，可随工作面移动的隔爆型电气设备的整体。

2.19

总接地网　general earthed system

用导体将所有应连接的接地装置连成的一个接地系统。

2.20

井下主接地极　underground main earthed electrode

埋设在矿井井底主、副水仓或集水井内的金属板接地极。

2.21

局部接地极　local earthed electrode

在集中或单个装有电气设备(包括连接动力铠装电缆的接线盒)的地点单独埋设的接地极。

2.22

接地装置　earthing device

各接地极和接地导线、接地引线的总称。

2.23

接地母线 earthed busbar;ground strap;ground bus

与主接地极连接,供井下主变电所、主水泵房等所用电气设备外壳进行连接的母线。

2.24

辅助接地母线 auxiliary earthed busbar

与局部接地极、电缆的接地部分连接,供井下区域、采区变电所,机电硐室和配电点内的电气设备外壳进行连接的母线。

2.25

接地导线 earthing conductor;earth conductor;grounding conductor

主接地极与接地母线之间、局部接地极与辅助接地母线之间连接的导线。

2.26

接地引线 ground lead

电气设备的金属外壳、铠装电缆的铠装金属与接地母线或辅助接地母线连接的导线。

2.27

保护接地 protective earthing

将电气设备正常不带电的外露金属部分用导体与总接地网或与接地装置连接起来。

2.28

总接地网接地电阻 earthing resistance of general earthed system

总接地网上任意点的对地电阻。

2.29

接触电压 touch voltage;touch potential

绝缘损坏时,同时可触及部分之间出现的电压。

2.30

跨步电压 step voltage

人站立在有电流流过的大地上,存在于两足之间的电压。

2.31

安全特低电压 safety extra-low voltage(SELV)

安全电压

为防止触电事故而采用的特定电源供电的电压系列。采用该电压系列的电路中,导体之间或任何一个导体与地之间电压均不超过交流(50 Hz~500 Hz)有效值 50 V。

2.32

间接接触 indirect contact

人或动物与在故障情况下变为带电的外露导电部分的接触。

2.33

触电电流 shock current

通过人体或动物体,可能引起病理、生理效应的电流。

2.34

安全电流 safety current

流经人体致命器官而又不致人于死命的最大电流值。

2.35

泄漏电流 leakage current

在没有故障的情况下,流入大地或电路外部导电部分的电流。

2.36

单相接地电容电流 unbalanced earth fault capacitance current

在中性点绝缘的电网中,当发生单相接地时,由于电网各相对地电容的存在,流入故障点的电容性电流。

2.37

杂散电流 stray current

任何不按指定通路而流动的电流。

2.38

安全距离 safe distance

为了防止人体、车辆或其他物体触及、碰撞或接近带电体造成危险，在两者之间所需保持的一定空间距离。

2.39

静电事故 electrostatic accident

因静电放电或静电力的作用而发生危险或损害的事故。

2.40

静电灾害 electrostatic hazard

因静电放电而导致的比较大或人力无法抵御的灾害，如火灾、爆炸、人体静电电击和二次事故等。

3 煤矿用电气设备

3.1

矿用一般型电气设备 mining electrical apparatus for non-explosive atmospheres

KY

用于煤矿井下无瓦斯和煤尘等爆炸危险场所的电气设备。

3.2

防爆电气设备 explosion-proof electrical apparatus

按规定标准设计制造不会引起周围爆炸性混合物爆炸的电气设备。

3.3

隔爆型电气设备 flameproof electrical apparatus

d [IEC]

具有隔爆外壳的防爆电气设备。

3.4

隔爆外壳 flameproof enclosure

能够承受通过外壳任何接合面或结构间隙渗透到外壳内部的可燃性混合物在内部爆炸而不损坏，并且不会引起外部由一种、多种气体或蒸汽形成的爆炸性环境的点燃的外壳。

3.5

容积 volume

外壳的内部总容积。若外壳和内装部件在使用中不可分开时，其容积是指净容积。

3.6

隔爆接合面 flameproof joint

隔爆外壳不同部件相对应的表面配合在一起(或外壳连接处)，且火焰或燃烧生成物可能会由此从外壳内部传到外壳外部的部位。

3.7

火焰通路长度 length of flame path (width of joint)

接合面宽度

从隔爆外壳内部通过隔爆接合面到隔爆外壳外部的最短通路长度。

注：该定义不适用于螺纹接合面。

3.8

隔爆接合面粗糙度 surface roughness of flameproof joint

隔爆外壳接合面加工时，要求加工表面的粗糙程度。

3.9

隔爆接合面间隙　gap of flameproof joint

隔爆接合面相对应表面之间的距离。对于圆筒形表面,该间隙是直径间隙(两直径之差)。

3.10

最大试验安全间隙　maximum experimental safe gap (MESG)

在标准规定的试验条件下,隔爆外壳内所有浓度的被试验气体或蒸汽与空气的混合物点燃后,通过25 mm宽的接合面均不能点燃壳外爆炸性气体混合物的隔爆接合面的最大间隙。

3.11

最大许可间隙　maximum permitted gap

根据隔爆型电气设备的类别、级别、隔爆外壳的容积和隔爆接合面宽度而规定的间隙最大值。

3.12

平滑压力　smoothed pressure

由隔爆型电气设备进行爆炸试验时记录的压力曲线削去寄生波纹后所画出的曲线图形而得到的压力。

3.13

参考压力　reference pressure

通过试验得出的高于大气压力的最大平滑压力的最高值。

3.14

外壳耐压试验　pressure test

检验隔爆型电气设备外壳能否有效地承受内部爆炸压力的试验。

3.15

静压试验　static test of pressure test;static test

通过缓慢施加气体或液体压力而进行的外壳耐压试验。

3.16

动压试验　dynamic test of pressure test;dynamic test

通过向外壳内充以爆炸性混合物并点燃引爆而进行的外壳耐压试验。

3.17

内部点燃的不传爆试验　test for non-transmission;test non-transmission of internal explosion

检验隔爆型电气设备内部规定的爆炸性气体混合物爆炸能否点燃设备周围同一爆炸性气体混合物的试验。

3.18

增安型电气设备　increased safety electrical apparatus

e[IEC]

在正常运行条件下不会产生电弧或火花,并且进一步采取措施,提高了安全程度,以防止产生危险温度、电弧和火花的可能性的防爆电气设备。

3.19

额定短时发热电流　rated short-time thermal current

I_{th}[IEC]

在最高环境温度下,1 s内使导体从额定运行时的稳定温度上升至极限温度的电流有效值。

3.20

额定动态电流　rated dynamic current

I_{dyn}[IEC]

电气设备所能承受其电动力作用而不损坏的电流峰值。

3.21

t_E 时间　timet_E

t_E[IEC]

交流绕组在最高环境温度下达到额定运行稳定温度后，从开始通过最初起动电流 I_A 时计起直至上升到极限温度所需的时间。

3.22

本质安全电路　intrinsically safe circuit

本安电路

i [IEC]

在规定条件(包括正常工作和规定的故障条件)下产生的任何电火花或任何热效应均不能点燃规定的爆炸性气体环境的电路。

3.23

本质安全设备　intrinsically safe apparatus

本安设备

在其内部的所有电路都是本质安全电路的电气设备。

3.24

关联设备　associated apparatus

装有本质安全电路和非本质安全电路，且结构使非本质安全电路不能对本质安全电路产生不利影响的电气设备。

注：关联设备可以是下列两者中的任何一个：

a)　使用在相适应的爆炸性气体环境中并且有 GB 3836.1 规定的另一个防爆型式的电气设备；

b)　非防爆型式，不能在爆炸性气体环境中使用的电气设备，例如记录仪，它本身不在爆炸性气体环境中，但是它与处在爆炸性气体环境中的热电偶连接，这时只有记录仪的输入电路是本质安全的。

3.25

本质安全设备或关联设备的等级　category of intrinsically safe or associated apparatus

由故障点个数或相关的安全因素确定的本质安全型电气设备或关联电气设备的安全水平，分为“i_a”或“i_b”。

3.26

本质安全连接装置　intrinsically safe interface

本安连接电路

接在非本质安全电路与本质安全电路之间，用来限制能量，以保证本质安全电路本质安全性能的接口。

3.27

隔爆兼本质安全型电源　flameproof and intrinsically safe power supply

具有隔爆外壳而部分电路为本质安全型的矿用电源。

3.28

安全栅　safety barrier

接在本质安全电路和非本质安全电路之间，将供给本质安全电路的电压或电流限制在一定安全范围内的装置。

3.29

火花试验装置　spark test apparatus

在规定的条件下，用来检验电路接通或断开时产生的电火花能量能否点燃规定的爆炸性混合物的装置。

3.30

正压外壳型电气设备　pressurized enclosures electrical apparatus

p[IEC]

用保持内部保护气体的压力高于外部大气压力，以阻止外部爆炸性气体进入外壳的防爆电气设备。

3.31

浇封型电气设备　encapsulated electrical apparatus

m[IEC]

将可能产生点燃爆炸性混合物的火花或过热的部分封入复合物中，使它们在运行或安装条件下不能点燃爆炸性气体环境的防爆电气设备。

3.32

特殊型电气设备　special type electrical apparatus

s[IEC]

异于现有防爆型式，由有关部门制定暂行规定，并经国家认可的检验单位检验认可的防爆电气设备。

3.33

矿用防爆灯具　mining explosion-proof luminaires

适用于有瓦斯(和煤尘)爆炸危险的煤矿井下照明用的灯具。

3.34

矿灯　miner's lamp

帽灯　cap lamp

头灯　head lamp

安全帽灯(拒用)

可固定在矿用安全帽上的照明灯，由光源、蓄电池和壳体等组成。

3.35

矿用隔爆型干式变压器　mining flameproof dry-type transformers

具有隔爆外壳的，不用绝缘油作绝缘和冷却介质的变压器。

3.36

矿用防爆型电动机　mining explosion-proof motor

用于煤矿，不会引起周围爆炸性混合物爆炸的，将电能转换为机械能的电机。

3.37

矿用防爆型变频器　mining explosion-proof frequency converter

用于煤矿，不会引起周围爆炸性混合物爆炸的，将固定电压、频率的交流电变换成频率及电压对应可调的交流电的电气设备。

3.38

矿用防爆型软起动器　mining explosion-proof soft-starter

用于煤矿，不会引起周围爆炸性混合物爆炸的，由电力电子器件、控制器等组成，通过降低异步电动机起动时的端电压而减小电动机起动电流的起动器。

3.39

矿用防爆型负荷控制中心　mining explosion-proof control centre of load

组合开关

用于煤矿，不会引起周围爆炸性混合物爆炸的多回路的交流电动机起动器。

3.40

矿用防爆型动力负荷控制中心　mining explosion-proof control centre of power and load

用于煤矿，不会引起周围爆炸性混合物爆炸的由高压开关、多电压输出的变压器和多回路交流电动机起动器组成的组合电器。

3.41

漏电保护装置　earth-leakage protector; earthleakage protective equipment

检漏装置

矿用隔爆型检漏装置、矿用隔爆型选择性检漏装置、漏电指示器和漏电闭锁装置等的总称。

3.42

矿用隔爆型检漏装置　flameproof leak detection device for mine; flameproof leakage detection device for mine

能实现漏电动作、漏电闭锁功能，并能连续监视其绝缘电阻的保护装置。

3.43

矿用隔爆型选择性检漏装置　flameproof selective leak detection device for mine; flameproof selective leakage detection device for mine

井下多路供电系统中能单独识别并自动切断漏电馈出线的检漏装置。

3.44

漏电指示器　leakage detector

当井下供电系统中漏电电流达到设定值时能自动发出漏电信号的装置。

3.45

漏电闭锁装置　earth-leakage interlock unit; leakage interlocking device

当井下供电系统绝缘电阻低于设定值时，使开关闭锁不能送电的部件。

3.46

综合保护装置　multifunction protector

具有短路、过负荷、断相、漏电等多功能的保护装置。

3.47

超前切断电源装置　quick interruption device of short-circuits

在电缆或电气设备发生故障时，能在电火花(或高温)点燃爆炸性混合物前将电源切断的保护装置。

3.48

矿用橡套软电缆　rubber-sheathed flexible cable for mine

用橡胶类或类似材料作绝缘和护套的各种用途的电缆，一般其护套具有不延燃性。

3.49

矿用橡套屏蔽电缆　rubber-sheathed screened cable for mine

具有分相屏蔽或(和)总屏蔽的矿用橡套软电缆。

3.50

矿用隔爆型高压电缆连接器　flameproof coupling device for high-voltage mine cable

具有隔爆型外壳结构，用于连接矿用高压电缆的装置。

3.51

电缆引入装置　cable entry

允许将一根或多根电缆或光缆引入电气设备内部并能保证其防爆型式的装置。

3.52

导管引入装置　conduit entry

将导管引入电气设备内而仍保持其防爆型式的一种装置。

3.53

直接引入　direct entry

直接接入主外壳内的连接方式。

3.54

间接引入　indirect entry

用接线盒或插接装置连接的方式。

3.55

移动式电气设备　movable electrical equipment; mobile electrical equipment

在工作中不断地移动位置，或安设时不需构筑专门基础并且经常变动其工作地点的电气设备。

3.56

手持式电气设备　portable electrical equipment

在工作中用手保持和移动设备本体或协同工作的电气设备。

3.57

固定式电气设备　stationary electrical equipment

除移动式和手持式以外的，安设在专门基础上的电气设备。

3.58

爬电距离　creepage distance

两个导电部件之间沿绝缘材料表面的最短距离。

3.59

电气间隙　clearance

两个导电部件间最短的直线距离。

3.60

防爆电气设备类别　group of electrical apparatus for explosive atmospheres

根据电气设备使用环境而划分的类别。煤矿用设备为Ⅰ类，其他为Ⅱ类。Ⅱ类隔爆型“d”和本质安全型“i”电气设备又分为ⅡA、ⅡB和ⅡC类。

3.61

防爆型式　type of protection

为防止电气设备引起周围爆炸性气体环境引燃而采取的特定措施。

3.62

点燃温度　ignition temperature

引燃温度

按照爆炸试验方法试验时，点燃爆炸性混合物的最低温度。

3.63

最高表面温度限值　limiting value of maximum surface temperature

电气设备在允许的最不利条件下运行时，其表面或任一部分可能达到的并有可能引燃周围爆炸性气体环境的最高温度限值。

3.64

最小点燃电流　minimum igniting current (MIC)

在规定的火花试验装置中和规定的条件下，能在电阻电路或电感电路中引起爆炸性试验混合物点燃的最小电流。

3.65

最低点燃电压　minimum igniting voltage

在规定的火花试验装置中和规定的条件下，引起试验用爆炸性混合物点燃的电容电路最低电压。

3.66

甲烷爆炸界限　explosive limit of methane

甲烷和空气的混合物发生爆炸的甲烷浓度的上、下限。

3.67

甲烷最小点燃能量　minimum igniting energy of methane

甲烷最小引燃能量

在规定的试验条件下，能够点燃甲烷和空气混合物的最小能量。

3.68

压力重叠　pressure piling

点燃外壳内某一空腔或间隔内的爆炸性气体混合物而引起与之相通的其他空腔或间隔内的被预压的爆炸性气体混合物点燃时呈现的状态。

3.69

爆炸危险场所　hazardous area

爆炸性混合物出现的或预期可能出现的数量达到足以要求对电气设备的结构、安装和使用采取预防措施的场所。

3.70

爆炸性混合物　explosive mixture

在大气条件下，具有爆炸性的气体、蒸气、粉尘或纤维状的易燃物质与空气的混合物。

3.71

爆炸性环境　potentially explosive atmosphere

可能发生爆炸的环境。

3.72

防爆合格证　certificate of conformity

由国家认可的检验机构所颁发的用以证明样机或试样及其技术文件符合有关标准中的一种或几种防爆型式要求的证件。

4　煤矿主要电耗指标

4.1

吨煤电耗　electrical energy consumption per tonne of raw coal

吨煤单耗(拒用)

平均每生产 1 t 原煤所消耗的电量。为直接用于原煤生产的总耗电量除以原煤总产量。

4.2

吨煤电费　electrical energy cost per tonne of raw coal

平均每生产 1 t 原煤所需要的电费。

4.3

通风电耗　electrical energy consumption of ventilation

通风机全压 1 Pa，每排出 1 Mm^3 风量所消耗的电能。以此作为通风机效率的评估指标。

4.4

排水电耗　electrical energy consumption of pumping

垂直高度为 100 m，每排出 1 t 水所消耗的电能。以此作为排水系统效率的评估指标。

4.5

压风比功率　specific power of compressed air

空气压缩机在标称条件下排气量为 1 m^3/min 时所需的功率。以此作为空气压缩机效率的评估指标。

5　煤矿监测与控制

5.1

煤矿安全生产监控系统　supervision system for production safety in the coal mine

煤矿安全生产综合监控系统

用于煤矿通风安全及生产环节监控的系统，包括通风安全、瓦斯抽采(放)、轨道运输、带式运输、提升运输、供电、排水、火灾监控系统，矿山压力、煤与瓦斯突出、井下人员位置、煤炭产量远程监测系统等。

5.2

煤矿通风安全监控系统　supervision system of the mine ventilation safety

矿井通风安全监控系统

监测甲烷浓度、一氧化碳浓度、风速、风压、温度、烟雾、馈电状态、风门状态、风筒状态、局部通风机开停、主通风机开停等，并实现甲烷超限声光报警、断电和甲烷风电闭锁控制等功能的系统。

5.3

煤矿瓦斯抽采监控系统　supervision system of gas suction in the coal mine

煤矿瓦斯抽放监控系统

监测甲烷浓度、压力、流量、温度、抽放泵状态、阀门状态等，并实现甲烷超限声光报警，抽放泵和阀门控制等功能的系统。

5.4

煤矿井下人员位置监测系统　supervision system of locating personel in the coal mine

煤矿井下作业人员管理系统

监测井下人员位置，具有携卡人员出/入井时刻、重点区域出/入时刻、限制区域出/入时刻、工作时间、井下和重点区域人员数量、井下人员活动路线等监测、显示、打印、储存、查询、报警、管理等功能的系统。

5.5

煤炭产量远程监测系统　remote supervising system for the output of coal

煤炭产量监测系统

一般由煤炭产量监测装置、监控中心等组成，具有远距离监测煤炭产量、超产报警、工作异常报警、统计、显示、打印、存储、查询等功能的系统。

5.6

煤矿供电监控系统　supervision system of power supply in the coal mine

矿井供电监控系统

监测电网电压、电流、功率、功率因数、馈电开关状态、电网绝缘状态等，并实现漏电保护、馈电开关闭锁控制、地面远程控制等功能的系统。

5.7

煤矿排水监控系统　supervison system of drainage in the coal mine

矿井排水监控系统

监测水仓水位、水泵开停、水泵工作电压、电流、功率、阀门状态、流量、压力等，并实现阀门开关、水泵开停控制、地面远程控制等功能的系统。

5.8

矿山压力监测系统　supervision system of pressure in the coal mine

矿山压力预报系统

监测地音、顶板位移、位移速度、位移加速度、红外发射、电磁发射等，并实现矿山压力预报等功能的系统。

5.9

煤与瓦斯突出监测系统　supervision system of coal and gas outburst

煤与瓦斯突出预报系统

监测煤岩体声发射、瓦斯涌出量、工作面煤壁温度、红外发射、电磁发射等，并实现煤与瓦斯突出预报等功能的系统。

5.10

煤矿火灾监控系统　fire supervision system in the coal mine

监测一氧化碳浓度、二氧化碳浓度、氧气浓度、温度、风压、烟雾等，并通过风门控制，实现均压灭火控制、制氮与注氮控制等功能的系统。

5.11

矿山轨道运输监控系统　supervision system of track haulage in the mine；mine track haulage supervision system

对煤矿轨道运输进行的集中监控。在对机车位置、信号机、转辙机等状态监测的基础上，实现进路、信号、道岔等的集中联锁和闭锁的系统。

5.12

矿井带式输送监控系统　underground belt conveyor supervision system；supervision system of belt conveyor in the mine

监测输送带速度、轴温、烟雾、堆煤、横向断裂、纵向撕裂、跑偏、打滑、电机运行状态、煤仓煤位等，并实现逆煤流启动，顺煤流停止等闭锁控制和安全保护、地面远程调度与控制、输送带火灾监测与控制等功能的系统。

5.13

煤矿提升运输监控系统　supervision system of hoisting in the coal mine

监测罐笼位置、速度、安全门状态、摇台状态、阻车器状态等，并实现推车和提升闭锁控制等功能的系统。

5.14

矿井生产监控　supervision of the coal mine production；mine production supervision

矿井生产过程监控

对煤矿井下各生产环节进行的集中监控。

5.15

采煤工作面监控　coal mining face supervision；supervision at coal mining face

对采煤工作面的采煤机、输送机和液压支架等机械设备进行的集中监控。

5.16

设备状态监测和故障诊断　health monitoring and fault diagnosis of equipment

对设备运行状况和与潜在故障有关的因素进行的监测。

5.17

中心站　central station

地面数据处理中心

接收系统中各种监测数据，对其进行分析、处理、存储、打印、显示等，并发出控制指令和信号。

5.18

主站　master station

煤矿生产过程或局部生产环节监测、监控系统中的中心数据处理装置。它可接收分站或局部设备传来的各种监测数据，并对其进行处理，也可对分站及有关设备发出控制指令和信号。

5.19

分站　outstation

监控分站

接收来自传感器的信号，并按预先约定的复用方式(时分制或频分制等)远距离传送给传输接口，同时接收来自传输接口的多路复用信号(时分制或频分制等)，具有简单数据处理能力，能控制执行器工作的装置。

5.20

传输接口　transmission interface

既能接收分站远距离发送的信号送主机或中心站处理，又能接收主机或中心站信号并传送至相应分站的装置。

5.21

矿用网络交换机　network switch for mine

用于煤矿，支持以太网等接口的多端口交换设备。

5.22

甲烷传感器　methane transducer

将甲烷浓度按一定规律转换为电信号输出的装置。

5.23

烟雾传感器　smoke transducer

将烟雾浓度按一定规律转换为电信号输出的装置。

5.24

一氧化碳传感器　carbon monoxide transducer

将一氧化碳浓度按一定规律转换为电信号输出的装置。

5.25

二氧化碳传感器　carbon dioxide transducer

将二氧化碳浓度按一定规律转换为电信号输出的装置。

5.26

氧气传感器　oxygen transducer

将氧气浓度按一定规律转换为电信号输出的装置。

5.27

风压传感器　air pressure transducer

将气压按一定规律转换为电信号输出的装置。

5.28

风速传感器　air velocity transducer

将空气的流动速度按一定规律转换为电信号输出的装置。

5.29

煤位传感器　coal level transducer

将煤仓煤位高度按一定规律转换为电信号输出的装置。

5.30

采煤机位置传感器　shearer position transducer

将采煤机在工作面的运行位置按一定规律转换为电信号输出的装置。

5.31

采煤机倾角传感器　shearer obliquitous transducer

将采煤机机身、摇臂的倾角按一定规律转换为电信号输出的装置。

5.32

机车位置传感器　locomotive position transducer

将矿用机车位置按一定规律转换为电信号输出的装置。

5.33

煤岩界面传感器　coal-rock interface transducer

在采掘机械上检测煤岩界面位置，并按一定规律转换为电信号输出的装置。

5.34

输送带打滑传感器　belt track slip transducer

将输送带运行时的打滑状态按一定规律转换为电信号输出的装置。

5.35

输送带撕裂传感器 belt rip transducer

将输送带沿纵向撕裂状态按一定规律转换为电信号输出的装置。

5.36

输送带跑偏传感器 belt disalignment transducer

将输送带跑偏状态按一定规律转换为电信号输出的装置。

5.37

输送带堆煤传感器 conveyor coal blocking transducer

将输送带煤炭堆积状态按一定规律转换为电信号输出的装置。

5.38

设备开停状态传感器 equipment ON/OFF transducer

检测设备的开停状态,并将其按一定规律转换为电信号输出的装置。

5.39

矿用风筒状态传感器 air pipe operation condition transducer for mine

监测风筒是否有风,并转换为电信号输出的装置。

5.40

矿用风门状态传感器 air door operation condition transducer for mine

监测矿井风门开关状态,并转换为电信号输出的装置。

5.41

矿用馈电状态传感器 feed transducer for mine

监测矿井中馈电开关或电磁起动器负荷侧有无电压,并转换为电信号输出的装置。

5.42

便携式甲烷检测报警仪 portable methane alarm detector

具有甲烷浓度数字显示及超限报警功能的携带式仪器。

5.43

甲烷报警矿灯 methane alarm head lamp

具有甲烷浓度超限报警功能的矿灯。

5.44

煤炭产量监测装置 monitoring device of coal gauging

一般由计量仪器、传感器、监视装置和主站等组成,具有产量记录、输煤设备工况监测、超产报警、工作异常报警、信息上传等功能的装置。

5.45

提升信号装置 winding signalling;hoisting signalling

用作矿井提升机房、井口、井下各水平之间信号联络并具有必要闭锁的装置。

5.46

斜井人车信号装置 inclined shaft manrider signalling

供斜井人车与矿井提升机房之间进行信号联络的装置。

6 煤矿通信

6.1

矿区通信 mining area communication

以矿务局(集团公司)为中心,矿区内各单位之间的各类地面通信。

6.2

矿井通信 **mine communication**

以矿为中心，矿内各部门、环节之间的各类地面及井下通信。

6.3

井下通信 **underground communication**

煤矿地面与井下各生产环节和有关辅助环节之间、井下各环节相互之间、或各环节内部的通信。

6.4

矿井调度通信 **mine dispatching communication; underground mine dispatching communication**

专供调度指挥用的，调度室与地面、井下各生产环节和有关辅助环节之间的通信。

6.5

矿井调度通信主系统 **main system of mine dispatching communication; main system of underground mine dispatching communication**

与矿调度室直接联系的通信系统。由调度交换机、与之直接联系的各电话分机或局部通信系统(子系统)的调度通信汇接装置、以及它们之间的传输通道等构成。

6.6

矿井调度通信子系统 **subsystem of mine dispatching communication; subsystem of underground mine dispatching communication**

通过调度通信汇接装置进入调度通信主系统的各生产环节和辅助环节的局部通信系统。

6.7

矿井局部通信系统 **mine local communication system; underground mine local communication system**

地面、井下生产环节，辅助环节局部范围内联络、指挥用的通信系统。

6.8

工作面通信 **face communication**

工作面内部、工作面与采区巷道之间的通信。

6.9

井筒通信 **shaft communication**

井筒内人员与提升房、井口以及井下各水平有关工作人员之间的通信。

6.10

架线式电机车载波通信 **carrier communication for trolley locomotive**

调度室与架线式电机车之间，或架线式电机车相互间利用架空馈线和铁轨作为载波传输线的通信。

6.11

矿山救护通信 **communication of the mine rescue**

矿山救护工作中使用的通信。

6.12

感应通信 **inductive communication**

借助于感应体(沿井筒或巷道敷设的导线、金属管道或其他导体)对电磁波传播的导行作用来实现的通信。

6.13

矿用通信电缆 **communication cable for mine**

具有适用于矿井环境的机械强度、耐潮、防静电和阻燃等性能的矿井专用通信电缆。

6.14

调度通信汇接装置 **interconnecting device for dispatching communication system**

汇接装置

调度通信主系统和子系统间的接口。(用来实现主系统和子系统通信设备之间信号的转换和传递，同时不影响各系统的独立性和本质安全性能。)

6.15

矿用电话机　mine telephone set

具有防爆、防尘、防潮等性能,适合矿井特殊要求的电话机。

6.16

矿井移动通信　mobile communication in the mine

矿井无线通信

使用无线传输或无线传输与有线传输相结合方式,实现煤矿井下移动体之间或移动体与固定体之间的通信。

6.17

矿井漏泄通信　leakage communication in the mine

借助于漏泄电缆来导行电磁波的通信方式。

6.18

漏泄电缆　leakage cable

一种特制的表面疏编、开孔或开槽,具有射频传输线与天线双重功能的同轴电缆,当电磁波沿该电缆传输时能向其周围空间辐射电磁波。

6.19

矿井透地通信　through-the-earth communication in the coal mine

利用低频及甚低频率电磁波可以穿透地层的特性,以大地作为传输媒介的通信方式。

6.20

矿井蜂窝移动通信　cellular mobile communication in the mine

将煤矿井下划分为多个服务小区,每个小区设置一个基站,负责本小区各个移动台的联络与控制,各个基站通过移动交换中心相互联系,并与调度台相连接的通信制式。

6.21

矿用手机　mobile phone for mine

煤矿井下环境中使用的本质安全型手持式移动电话终端。

6.22

基站　base station

煤矿井下环境中使用,有防爆要求的无线电台站,负责无线覆盖区域中移动台的联络与控制,并与移动通信交换中心相连接。

7　煤矿信息化

7.1

煤矿信息处理系统　information processing system for coal mine

在煤矿各级企业和事业单位内、外,具有接收、传送和处理信息等功能的系统。

7.2

煤矿信息检索系统　information retrieval system for coal mine

采用数据处理技术和方法,致力于煤矿信息的产生、收集、评价、存储、检索和分发的有机整体。由硬件(计算机系统和通信网络)、软件(系统软件和应用软件)、库(各种数据库)、系统管理者和用户五个要素构成的系统。

7.3

煤矿地理信息系统　geography information system for coal mine

对煤矿井上、下空间及煤炭赋存环境等信息进行采集、存储、处理、制图、管理和输出,并用于煤矿生产设计、管理和决策支持的一种行业地理信息系统。

汉语拼音索引

K

L

M

英文索引

A

B

C

D

E

F

G

Q

R

S

ICS 77.140.50
H 46

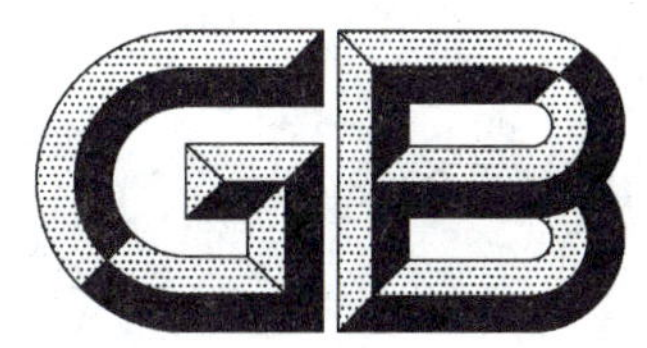

中华人民共和国国家标准

GB/T 15675—2008
代替 GB/T 15675—1995

连续电镀锌、锌镍合金镀层钢板及钢带

Continuously electrolytically zinc/zinc-nickel alloy coated steel sheet and strip

2008-10-10 发布　　2009-05-01 实施

中华人民共和国国家质量监督检验检疫总局
中国国家标准化管理委员会　发布

前　言

本标准是在总结我国连续电镀锌、锌镍合金镀层钢板及钢带的生产、使用情况，同时参考 EN 10152:2003《冷成形用电镀锌冷轧扁平钢材——技术交货条件》(英文版)，EN 10271:1998《电镀锌镍扁平钢材——技术交货条件》(英文版)，EN 10336:2007《连续热浸镀层和电镀镀层钢板及钢带——冷成形用多相钢交货技术条件》(英文版)，JFS A 3021:1998《汽车用电镀锌钢板及钢带》和 JFS A 3041《汽车用电镀锌镍钢板及钢带》的基础上对 GB/T 15675—1995《连续电镀锌冷轧钢板及钢带》进行了修订。

本标准代替 GB/T 15675—1995《连续电镀锌冷轧钢板及钢带》。

本标准与 GB/T 15675—1995 相比，对下列主要技术内容进行了修改：

——标准名称修改为《连续电镀锌、锌镍合金镀层钢板及钢带》；

——范围中增加了锌镍合金镀层的钢板及钢带；

——新增了烘烤硬化钢、高强度无间隙原子钢和双相钢等基板的电镀产品；

——新增了锌镍合金镀层、耐指纹处理的定义；

——修改了牌号命名方式；

——根据实际情况，将表面质量的要求区分为三种级别；

——新增了无铬的环保表面处理方式；

——成分和性能直接参考基板要求，并根据镀层重量不同，对锌镍镀层的钢板性能进行适当调整；

——修改了镀层粘附性的规定；

——修改了镀层重量的要求，并规定了单面单点值要求；

——对于钢带状态交货的产品，其表面有缺陷的部分的长度由 8%调整为 6%。

本标准附录 A 为规范性附录。

本标准由中国钢铁工业协会提出。

本标准由全国钢标准化技术委员会归口。

本标准起草单位：宝山钢铁股份有限公司。

本标准主要起草人：李玉光、涂树林、徐宏伟、孙忠明、施鸿雁、于成峰、许晴。

本标准所替代标准的历次版本发布情况为：

——GB/T 15675—1995。

连续电镀锌、锌镍合金镀层钢板及钢带

1 范围

本标准规定了连续电镀锌、锌镍合金镀层钢板及钢带(以下简称钢板及钢带)的术语和定义、分类和代号、尺寸、外形、重量、技术要求、检验和试验、包装、标志和质量证明书等要求。

本标准适用于汽车、家电、电子等行业使用的电镀锌、锌镍合金镀层钢板及钢带。

2 规范性引用文件

下列文件中的条款通过本标准的引用而成为本标准的条款。凡是注日期的引用文件,其随后所有的修改单(不包括勘误的内容)或修订版均不适用于本标准,然而,鼓励根据本标准达成协议的各方研究是否可使用这些文件的最新版本。凡是不注日期的引用文件,其最新版本适用于本标准。

GB/T 247 钢板和钢带检验、包装、标志及质量证明书的一般规定

GB/T 708 冷轧钢板和钢带的尺寸、外形、重量及允许偏差

GB/T 1839 钢产品镀锌层质量试验方法

GB/T 5213 冷轧低碳钢板及钢带

GB/T 8170 数值修约规则

GB/T 17505 钢及钢产品交货一般技术要求(GB/T 17505—1998,eqv ISO 404:1992)

GB/T 20564.1 汽车用高强度冷连轧钢板及钢带 第1部分:烘烤硬化钢

GB/T 20564.2 汽车用高强度冷连轧钢板及钢带 第2部分:双相钢

GB/T 20564.3 汽车用高强度冷连轧钢板及钢带 第3部分:高强度无间隙原子钢

3 术语和定义

下列术语和定义适用于本标准。

3.1

纯锌镀层 electrolytic zinc coating(ZE)

连续电镀锌生产线通过电镀法生产的由纯锌组成的镀层,镀层不含任何对粘结剂结合力或涂漆性能有害的微量元素。

3.2

锌镍合金镀层 electrolytic zinc-nickel coating(ZN)

连续电镀锌生产线通过电镀法生产的由锌镍合金组成的镀层,镀层中镍的质量分数范围约为8%~15%,其余成分为锌。

3.3

耐指纹处理 anti-fingerprint treatment

对钢板及钢带表面进行电解钝化处理并涂耐指纹膜,以提高电子或电气产品的耐玷污性。

4 分类和代号

4.1 牌号表示方法

钢板及钢带的牌号由基板牌号和镀层种类两部分组成,中间用"+"连接。

示例1:DC01+ZE,DC01+ZN

DC01——基板牌号

ZE,ZN——镀层种类:纯锌镀层,锌镍合金镀层

示例 2:CR180BH+ZE, CR180BH+ZN

CR180BH——基板牌号

ZE,ZN——镀层种类:纯锌镀层,锌镍合金镀层

4.2 钢板及钢带按表面质量区分按表 1 的规定。

表 1

级别	代号
普通级表面	FA
较高级表面	FB
高级表面	FC

4.3 钢板及钢带按镀层种类分为二种:纯锌镀层(ZE)和锌镍合金镀层(ZN)。

4.4 钢板及钢带按镀层形式区分三种:等厚镀层、差厚镀层及单面镀层。

4.5 镀层重量的表示方法示例如下:

钢板:上表面镀层重量(g/m^2)/下表面镀层重量(g/m^2),例如:40/40、10/20、0/30。

钢带:外表面镀层重量(g/m^2)/内表面镀层重量(g/m^2),例如:50/50、30/40、0/40。

4.6 表面处理的种类和代号按表 2 的规定。

表 2

类　别	表面处理种类	代　号
表面处理	铬酸钝化	C
	铬酸钝化+涂油	CO
	磷化(含铬封闭处理)	PC
	磷化(含铬封闭处理)+涂油	PCO
	无铬钝化	C5
	无铬钝化+涂油	CO5
	磷化(含无铬封闭处理)	PC5
	磷化(含无铬封闭处理)+涂油	PCO5
	磷化(不含封闭处理)	P
	磷化(不含封闭处理)+涂油	PO
	涂油	O
	无铬耐指纹	AF5
	不处理	U

5 订货所需信息

5.1 订货时用户需提供下列信息:

a) 本产品标准号;

b) 产品名称;

c) 牌号;

d) 镀层种类及镀层重量;

e) 表面质量级别;

f) 表面处理种类;

g) 规格及尺寸精度；

h) 不平度精度；

i) 重量；

j) 包装方式；

k) 其他特殊要求。

5.2 如订货合同中未注明尺寸及不平度精度、表面质量级别及包装方式，则以普通尺寸及不平度精度、表面质量级别为较高级表面，并按供方指定的包装方式供货。

6 尺寸、外形、重量及允许偏差

6.1 钢板及钢带的公称厚度为基板厚度和镀层厚度之和。

6.2 钢板及钢带的尺寸、外形及其允许偏差应符合 GB/T 708 的规定。

6.3 钢板通常按理论重量交货，也可按实际重量交货，理论重量计算方法见附录 A。钢带通常按实际重量交货。

7 技术要求

7.1 基板

电镀锌/锌镍合金镀层钢板及钢带可采用 GB/T5213、GB/T 20564.1、GB/T 20564.2、GB/T 20564.3 等国家标准中产品作为基板。根据供需双方协商，也可以采用上述标准以外产品作为基板。

7.2 化学成分

钢板及钢带的化学成分应符合相应基板的规定。

7.3 冶炼方法及制造过程

钢板及钢带所用的钢采用氧气转炉或电炉冶炼，除非另有规定，冶炼方式由供方选择。

7.4 力学和工艺性能

7.4.1 对于采用 GB/T5213、GB/T 20564.1、GB/T 20564.2、GB/T 20564.3 等作为基板的纯锌镀层钢板及钢带的力学性能及工艺性能应符合相应基板的规定。

7.4.2 对于采用 GB/T5213、GB/T 20564.1、GB/T 20564.2、GB/T 20564.3 等作为基板的锌镍合金镀层钢板及钢带力学性能，若双面镀层重量之和小于 50 g/m^2，其断后伸长率允许比相应基板的规定值下降 2%（绝对值），r 值允许比相应基板的规定值下降 0.2；若双面镀层重量之和不小于 50 g/m^2，其断后伸长率允许比相应基板的规定值下降 3%（绝对值），r 值允许比相应基板的规定值下降 0.3；其他力学性能及工艺性能应符合相应基板的规定。

7.4.3 对于其他基板的电镀锌、锌镍合金镀层钢板及钢带，其力学和工艺性能的要求，应在订货时协商确定。

7.5 镀层重量

7.5.1 纯锌镀层及锌镍合金镀层的可供重量范围如表 3 的规定。

表 3

单位为克每平方米

镀层形式	镀层种类	
	纯锌镀层(单面)	锌镍合金镀层(单面)
等厚	3～90	10～40
差厚	3～90，两面差值最大值为 40	10～40，两面差值最大值为 20
单面	10～110	10～40
注：50 g/m^2 纯锌镀层的厚度约为 7.1 μm，50 g/m^2 锌镍合金镀层的厚度约为 6.8 μm。		

7.5.2 等厚镀层和单面镀层的推荐的公称镀层重量列于表4中，如需方有特殊要求，经供需双方协议，亦可提供其他镀层重量。对于差厚的纯锌镀层，两面镀层重量的之差最大不能超过 40 g/m²；对于差厚的锌镍镀层，两面镀层重量的之差最大不能超过 20 g/m²。

表 4

单位为克每平方米

镀层形式	镀层种类	
	纯锌镀层	锌镍合金镀层
等厚	3/3，10/10，15/15，20/20，30/30，40/40，50/50,60/60,70/70,80/80,90/90	10/10,15/15,20/20,25/25,30/30,35/35,40/40
单面	10,20,30,40,50,60,70,80,90,100,110	10,15,20,25,30,35,40

7.5.3 对等厚镀层，镀层重量每面三点试验平均值应不小于相应面公称镀层重量，单点试验值不小于相应面公称镀层重量的85%；对差厚及单面镀层，镀层重量每面三点试验平均值应不小于相应面公称镀层重量，单点试验值不小于相应面公称镀层重量的80%。

7.6 镀层附着性

镀层附着性应采用适当的试验方法进行试验，试验方法由供方选择。

7.7 表面质量

7.7.1 各表面质量级别的特征应符合表5的规定。

表 5

代 号	级 别	特 征
FA	普通级表面	不得有漏镀、镀层脱落、裂纹等缺陷，但不影响成形性及涂漆附着力的轻微缺陷，如小划痕、小辊印、轻微的刮伤及轻微氧化色等缺陷则允许存在
FB	较高级表面	产品二面中较好的一面必须对轻微划痕、辊印等缺陷进一步限制，另一面至少应达到FA的要求
FC	高级表面	产品二面中较好的一面必须对缺陷进一步限制，即不能影响涂漆后的外观质量，另一面至少应达到FA的要求

7.7.2 对于钢带，由于没有机会切除带缺陷部分，所以允许带有若干不正常的部分，但有缺陷的部分不得超过每卷总长度的6%。

7.8 表面处理

使用本产品时，用户应根据其加工工艺、涂漆方法、涂漆设备等情况选择合适的表面处理方式，并尽量缩短本产品的储存时间。选择合适的表面处理可减轻运输和储存过程中产生白锈的倾向，同时能够改善涂漆层的粘附性，对镀层起保护作用。对后道加工工序需磷化和喷漆的，不推荐选择铬酸钝化处理方式。

7.8.1 铬酸钝化(C)和无铬钝化(C5)

该表面处理可减少产品在运输和储存期间表面产生白锈。采用铬酸钝化处理方式，存在表面产生摩擦黑点的风险。无铬钝化处理时，应限制钝化膜中对人体健康有害的六价铬成分。

7.8.2 铬酸钝化＋涂油(CO)和无铬钝化＋涂油(CO5)

该表面处理可进一步减少产品表面产生白锈。无铬钝化处理时，应限制钝化膜中对人体健康有害的六价铬成分。

7.8.3 磷化(含封闭处理)(PC)和磷化(含无铬封闭)(PC5)

该表面处理为钢板进一步涂漆作表面准备，起一定的润滑作用，同时可减少产品表面产生白锈。无铬封闭处理时，应限制含对人体健康有害的六价铬成分。

7.8.4 **磷化(含封闭处理)+涂油(PCO)和磷化(含无铬封闭)+涂油(PCO5)**

该表面处理可减少产品表面产生白锈,并可改善钢板的成型性能。无铬封闭处理时,应限制含对人体健康有害的六价铬成分。

7.8.5 **磷化(不含封闭处理)(P)**

该表面处理可减少产品表面产生白锈。

7.8.6 **磷化(不含封闭处理)+涂油(PO)**

该表面处理可减少产品表面产生白锈,并改善钢板的成型性能。

7.8.7 **涂油(O)**

该表面处理可减少产品表面产生白锈。一般不作为后加工用轧制油和冲压润滑油。

7.8.8 **无铬耐指纹(AF5)**

无铬耐指纹膜中应限制含对人体健康有害的六价铬成分,适用于生产电气、电子器件、机箱、机芯等零件用途的电镀锌、锌镍镀层产品。耐指纹处理是对产品表面进行特殊处理,防止在触摸产品时留下指纹及其他痕迹。

7.8.9 **不处理(U)**

不处理方式仅适用于需方在订货时明确提出不进行表面处理的情况,并需在合同中注明。这种情况下,钢板及钢带在运输和储存期间表面较易产生白锈和黑点,用户在选用该处理方式时应慎重。

7.9 其他技术要求

拉伸应变痕等其他技术要求应符合相应基板的规定。

8 检验和试验

8.1 钢板及钢带的外观用肉眼检查。

8.2 钢板及钢带的尺寸、外形应采用合适的测量工具测量。

8.3 每批钢板及钢带的检验项目、试样数量、试样尺寸、试验方法及试样位置应符合表6的规定。

表 6

序号	检验项目	试样数量	试样尺寸	试验方法	取样位置
1	镀层重量	1组3个	单个试样的面积不小于 5 000 mm^2,如图1所示	GB/T 1839	距钢板边部 $L \geqslant 50$ mm
2	成分、力学性能及其他工艺性能	见相应基板标准的规定			

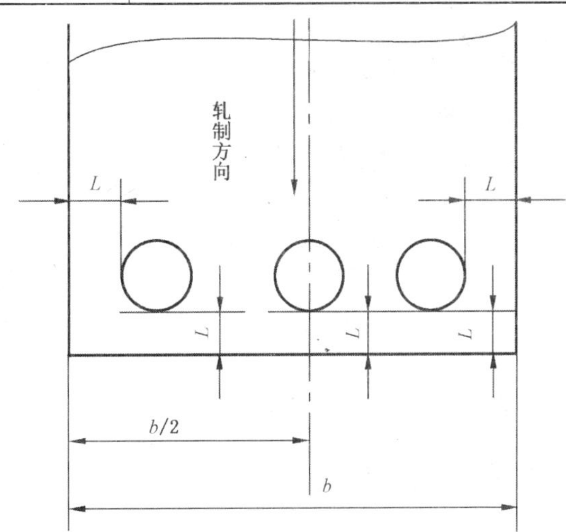

B——钢板或钢带的宽度;

L——试样距边部的距离。

图1 试样的取样位置

8.4　钢板及钢带应按批检验，每批由不大于30 t的同牌号、同一尺寸规格、同一镀层重量和同一表面处理的钢材组成。

8.5　钢板及钢带的复验应符合GB/T 17505的规定。

9　包装、标志及质量证明书

钢板及钢带的包装、标志及质量证明书应符合GB/T 247的规定。

10　数值修约

数值修约按GB/T 8170的规定。

附　录　A
（规范性附录）
理论计重时的重量计算方法

A.1　镀层厚度的计算方法

A.1.1　纯锌镀层厚度计算方法如下：

镀层厚度＝〔镀层上下表面公称重量$(g/m^2)/50(g/m^2)$〕×7.1$(mm\times10^{-3})$

A.1.2　锌镍合金镀层厚度计算方法如下：

镀层厚度＝〔镀层上下表面公称重量$(g/m^2)/50(g/m^2)$〕×6.8$(mm\times10^{-3})$

A.1.3　钢板理论计重时的重量计算方法按表A.1的规定。

表 A.1

计算顺序		计算方法	结果的位数
基本重量/(kg/(mm·m²))		7.85(厚度1 mm,面积1 m²的重量)	—
基板的单位重量/(kg/m²)		基本重量(kg/(mm·m²))×(公称厚度－镀层厚度)(mm)	修约到有效数字4位
镀层后的单位重量/(kg/m²)		基板的单位重量(kg/m²)＋镀层上下表面公称重量(kg/m²)	修约到有效数字4位
钢板	钢板面积/m²	宽度(m)×长度(m)	修约到有效数字4位
	1块钢板的重量/kg	镀层后的单位重量(kg/m²)×面积(m²)	修约到有效数字3位
	1捆的重量/kg	1块钢板的重量(kg)×1捆中同一规格钢板块数	修约到kg的整数值
	总重量/kg	各捆重量相加	kg的整数值
注：钢板的总重量也可以1块钢板的重量(kg)×总块数来求得。			

ICS 67.200.10
X 14

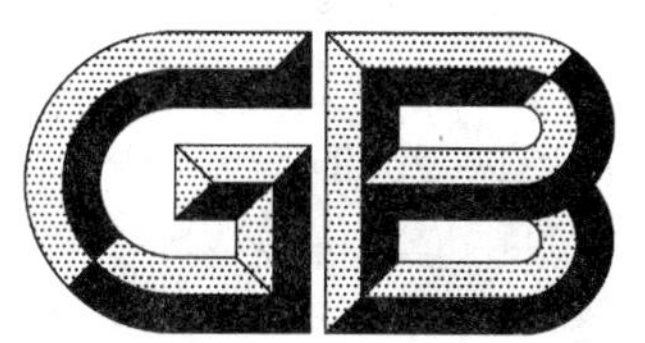

中华人民共和国国家标准

GB/T 15681—2008
代替 GB/T 15681—1995

亚 麻 籽

Flaxseed

2008-11-04 发布 2009-01-20 实施

中华人民共和国国家质量监督检验检疫总局
中国国家标准化管理委员会 发布

前言

本标准代替GB/T 15681—1995《亚麻籽》。

本标准与GB/T 15681—1995的主要技术差异为：

——增加并修改了有关术语和定义；

——增加了检验规则；

——增加了有关标签标识的规定。

本标准由国家粮食局提出。

本标准由全国粮油标准化技术委员会归口。

本标准起草单位：国家粮食局标准质量中心、武汉工业学院、河南工业大学、国家粮食局科学研究院、湖北省粮油食品质量监测站。

本标准主要起草人：唐瑞明、龙伶俐、何东平、刘玉兰、张世宏、薛雅琳、倪姗姗。

本标准所代替标准的历次版本发布情况为：

——GB/T 15681—1995。

亚　　麻　　籽

1　范围

本标准规定了亚麻籽的相关术语和定义、质量要求和卫生要求、检验方法、检验规则、标签标识以及包装、储存和运输要求。

本标准适用于收购、储存、运输、加工和销售的制油用亚麻籽。

2　规范性引用文件

下列文件中的条款通过本标准的引用而成为本标准的条款。凡是注日期的引用文件，其随后所有的修改单(不包括勘误的内容)或修订版均不适用于本标准，然而，鼓励根据本标准达成协议的各方研究是否可使用这些文件的最新版本。凡是不注日期的引用文件，其最新版本适用于本标准。

GB 2715　粮食卫生标准

GB/T 5490　粮食、油料及植物油脂检验　一般规则

GB 5491　粮食、油料检验　扦样、分样法

GB/T 5492　粮油检验　粮食、油料的色泽、气味、口味鉴定

GB/T 5494　粮油检验　粮食、油料的杂质、不完善粒检验

GB/T 5497　粮食、油料检验　水分测定法

GB/T 5512　粮油检验　粮食中粗脂肪含量测定

3　术语和定义

下列术语和定义适用于本标准。

3.1

含油率　oil content

亚麻籽中粗脂肪占试样(干基)的质量分数。

3.2

杂质　foreign material

除亚麻籽以外的其他物质，包括筛下物、无机杂质和有机杂质。

3.2.1

筛下物　throughs

通过直径1.2 mm圆孔筛的物质。

3.2.2

无机杂质　inorganic foreign material

沙石、煤渣、砖瓦块、泥土等矿物质及其他无机类物质。

3.2.3

有机杂质　organic foreign material

无使用价值的亚麻籽、异种油籽、粮粒及其他有机类物质。

3.3

色泽、气味　colour and odour

一批亚麻籽固有的综合颜色、光泽和气味。

3.4

水分 moisture content

水分占试样的质量分数。

4 质量要求和卫生要求

4.1 质量要求

亚麻籽按含油率定等，质量要求见表1。

表1 亚麻籽质量要求

等级	含油率(以干基计)/%	水分/%	杂质/%	色泽、气味
1	≥40.0	≤9.0	≤3.0	正常
2	≥36.0			
3	≥32.0			
等外	<32.0			

4.2 卫生要求

4.2.1 卫生要求按GB 2715及国家有关标准和规定执行。

4.2.2 植物检疫按照国家有关标准和规定执行。

5 检验方法

5.1 扦样、分样：按GB 5491执行。

5.2 色泽、气味检验：按GB/T 5492执行。

5.3 杂质检验：按GB/T 5494执行。

5.4 水分检验：按GB/T 5497执行。

5.5 含油率检验：按GB/T 5512执行。

6 检验规则

6.1 检验的一般规则按GB/T 5490执行。

6.2 检验批为同种类、同产地、同收获年度、同运输单元、同储存单元的亚麻籽。

6.3 判定规则：含油率应符合表1中相应等级的要求，其他指标按国家有关规定执行。其他指标符合表1规定、含油率低于3等的，判定为等外亚麻籽。

7 标签标识

应在包装物上或随行文件中标注产品名称、类别、等级、产地、收获年度。

8 包装、储存和运输

8.1 包装

应清洁、牢固、无破损，封口严密、结实，不应撒漏，不应给产品带来污染和异常气味。

8.2 储存

应储存在清洁、干燥、防潮、防虫、防鼠、无异味的仓房内，不应与有毒有害物质或含水量较高的物质混存。

8.3 运输

应使用符合卫生要求的运输工具，运输过程中应注意防止雨淋和污染。

ICS 67.060
B 20

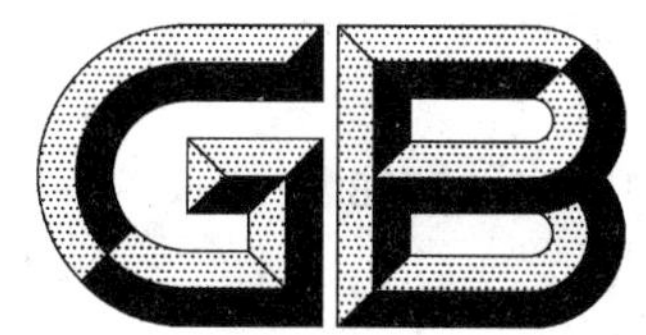

中华人民共和国国家标准

GB/T 15682—2008
代替 GB/T 15682—1995

粮油检验 稻谷、大米蒸煮食用品质感官评价方法

**Inspection of grain and oils—
Method for sensory evaluation of paddy or rice cooking and eating quality**

2008-11-04 发布 2009-01-20 实施

中华人民共和国国家质量监督检验检疫总局
中国国家标准化管理委员会 发布

前 言

本标准代替 GB/T 15682—1995《稻米蒸煮试验品质评定》。

本标准与 GB/T 15682—1995 相比主要变化如下：

——将标准名称更改为《粮油检验　稻谷、大米蒸煮食用品质感官评价方法》；

——增加了小量样品和大量样品米饭的制备方法；

——增加了大米的浸泡步骤；

——修改了大米的加水量与焖制时间；

——修订了原评价体系中的评分项目及权重；

——增加了一种新的评价体系：评分方法二。

本标准的附录 A、附录 B、附录 C 为规范性附录，附录 D 为资料性附录。

本标准由国家粮食局提出。

本标准由全国粮油标准化技术委员会归口。

本标准起草单位：河南工业大学、湖北国家粮食质量监测中心、农业部谷物及制品质量监督检验测试中心（哈尔滨）、国家粮食储备局成都粮食储藏科学研究所。

本标准主要起草人：周显青、张玉荣、卞科、余敦年、熊宁、王志明、王乐凯、李霞辉、程爱华、何学超、杨兰兰。

本标准所代替标准的历次版本发布情况为：

——GB/T 15682—1995。

粮油检验　稻谷、大米蒸煮食用品质感官评价方法

1　范围

本标准规定了稻谷、大米蒸煮试验的术语和定义、原理、仪器和器具、操作步骤、米饭品质的品尝评定内容、顺序、要求及评分结果表示。

本标准适用于稻谷、大米的蒸煮试验及米饭食用品质评定。

2　规范性引用文件

下列文件中的条款通过本标准的引用而成为本标准的条款。凡是注日期的引用文件，其随后所有的修改单(不包括勘误的内容)或修订版均不适用于本标准，然而，鼓励根据本标准达成协议的各方研究是否可使用这些文件的最新版本。凡是不注日期的引用文件，其最新版本适用于本标准。

GB 1354　大米

GB 5491　粮食、油料检验　扦样、分样法

GB/T 10220　感官分析方法总论

GB/T 13868　感官分析　建立感官分析实验室的一般导则

3　术语和定义

下列术语和定义适用于本标准。

3.1

大米食用品质感官评价　sensory evaluation of rice eating quality

大米在规定条件下蒸煮成米饭后，品评人员通过眼观、鼻闻、口尝等方法对所测米饭的色泽、气味、滋味、米饭粘性及软硬适口程度进行综合品尝评价的过程。

3.2

初级评价员　primary assessor

经挑选、培训，具有一定感官分析能力且有一定的感官分析经验的品评人员。

3.3

优选评价员　selected assessor

经挑选、培训，具有较高感官分析能力且有较丰富感官分析经验的品评人员。

4　原理

稻谷经砻谷、碾白，制备成国家标准三等精度的大米作为试样。商品大米直接作为试样。取一定量的试样，在规定条件下蒸煮成米饭，品评人员感官鉴定米饭的气味、外观结构、适口性、滋味及冷饭质地等，评价结果以参加品评人员的综合评分的平均值表示。

5　仪器和器具

5.1　实验砻谷机。

5.2　实验碾米机。

5.3　天平：感量 0.01 g。

5.4 直径为 26 cm～28 cm 单屉铝(或不锈钢)蒸锅。

5.5 电炉:220 V,2 kW 或相同功率的电磁炉。

5.6 蒸饭皿:60 mL 以上带盖铝(或不锈钢)盒。

5.7 直热式电饭锅:3 L,500 W。

5.8 盆:洗米用,500 mL(小量样品米饭制备用)或 3 000 mL(大量样品米饭制备用)。

5.9 沥水筛:CQ16 筛。

5.10 小碗:可放约 50 g 试样。

5.11 圆形白色瓷餐盘:直径 20 cm 左右,盘子边缘均等分地粘上红、黄、蓝、绿四种颜色的塑料粘胶带。

6 操作步骤

6.1 试样制备

6.1.1 扦样

按 GB 5491 执行。

6.1.2 大米样品的制备

取稻谷 1 500 g～2 000 g,用砻谷机(5.1)去壳得到糙米,将糙米在碾米机(5.2)上制备成 GB 1354 中规定的标准三等精度的大米。商品大米则直接分取试样。

6.1.3 样品的编号和登记

随机编排试样的编号、制备米饭的盒号(5.6)和锅号(5.4 或 5.7)。记录试样的品种、产地、收获或生产时间、储藏和加工方式及时间等必要信息。

6.1.4 参照样品的选择

6.1.4.1 稻谷参照样品

选取稻谷脂肪酸值(以 KOH 计)不大于 20 mg/100 g(干基)的样品 3 份～5 份,经样品制备、米饭制作,由评价员按照 8.3.1 的规定,进行 2 次～3 次品评,选出色、香、味正常,综合评分在 75 分左右的样品 1 份,作为每次品评的参照样品。

6.1.4.2 大米参照样品

选取符合 GB 1354 中规定的标准三等精度的新鲜大米样品 3 份～5 份,经米饭制作,由评价员按照 8.3.1 的规定,进行 2 次～3 次品评,选出色、香、味正常,综合评分在 75 分左右的样品 1 份,作为每次品评的参照样品。

6.2 米饭的制备

6.2.1 小量样品米饭的制备

6.2.1.1 称样:称取每份 10 g 试样于蒸饭皿(5.6)中。试样份数按评价员每人 1 份准备。

6.2.1.2 洗米:将称量后的试样倒入沥水筛(5.9),将沥水筛置于盆(5.8)内,快速加入 300 mL 水,顺时针搅拌 10 圈,逆时针搅拌 10 圈,快速换水重复上述操作一次。再用 200 mL 蒸馏水淋洗 1 次,沥尽余水,放入蒸饭皿中。洗米时间控制在 3 min～5 min。

6.2.1.3 加水浸泡:籼米加蒸馏水量为样品量的 1.6 倍,粳米加蒸馏水量为样品量的 1.3 倍。加水量可依据米饭软硬适当增减。浸泡水温 25 ℃左右,浸泡 30 min。

6.2.1.4 蒸煮:蒸锅(5.4)内加入适量的水,用电炉(或电磁炉)(5.5)加热至沸腾,取下锅盖,再将盛放样品的蒸饭皿加盖后置于蒸屉上,盖上锅盖,继续加热并开始计时,蒸煮 40 min,停止加热,焖制 20 min。

6.2.1.5 将制成的不同试样的蒸饭皿放在白瓷盘(5.11)上(每人 1 盘),每盘 4 份试样,趁热品尝。

6.2.2 大量样品米饭的制备

6.2.2.1 洗米:称取 500 g 试样放入沥水筛内,将沥水筛(5.9)置于盆(5.8)中,快速加入 1 500 mL 自来水,每次顺时针搅拌 10 圈,逆时针搅拌 10 圈,快速换水重复上述操作一次。再用 1 500 mL 蒸馏水淋洗1次，沥尽余水，倒入相应编号的直热式电饭锅(5.7)内。洗米时间控制在3 min～5 min。

6.2.2.2 加水浸泡：籼米加蒸馏水量为样品量的1.6倍，粳米加蒸馏水量为样品量的1.3倍。加水量可依据米饭软硬适当增减。浸泡水温25℃左右，浸泡30 min。

6.2.2.3 蒸煮：电饭锅接通电源开始蒸煮米饭，在蒸煮过程中不得打开锅盖。电饭锅(5.7)的开关跳开后，再焖制20 min。

6.2.2.4 搅拌米饭：用饭勺搅拌煮好的米饭，首先从锅的周边松动，使米饭与锅壁分离，再按横竖两个方向各平行滑动2次，接着用筷子上下搅拌4次，使多余的水分蒸发之后盖上锅盖，再焖10 min。

6.2.2.5 将约50 g试样米饭松松地盛入小碗(5.10)内，每人1份(不宜在内锅周边取样)，然后倒扣在白色瓷餐盘(5.11)上不同颜色(红、黄、蓝、绿)的位置，呈圆锥形，趁热品评。

7 品评的要求

7.1 环境

应符合GB/T 10220的规定。

7.2 品尝实验室

应符合GB/T 13868的规定。

7.3 品评人员

依据附录A挑选出5名～10名优选评价员或18名～24名初级评价员。将评价员随机分组，每个评价员编上号码，分成若干组。评价员在品评前1 h内不吸烟、不吃东西，但可以喝水；品评期间具有正常的生理状态，不使用化妆品或其他有明显气味的用品。

7.4 米饭品评份数和品评时间

每次试验品评4份试样(包含1份参照样品和3份被检样品)。当试样为5份以上时，应分两次以上进行试验；当试样不足4份时，可以将同一试样重复品评，但不得告知评价员。同一评价员每天品评次数不得超过2次，品评时间安排在饭前1 h或饭后2 h进行。

7.5 品评样品编号与排列顺序

将全部试样分别编成号码No.1、No.2、No.3、No.4，且参照样品编号为No.1，其他试样采用随机编号。同一小组的评价员采用相同的排列顺序，不同小组之间尽量做到品评试样数量均等、排列顺序一致。

8 样品品评

8.1 品评内容

品评米饭的气味、外观结构、适口性(包括粘性、弹性、软硬度)、滋味和冷饭质地。

8.2 品评顺序及要求

8.2.1 品评前的准备

评价员在每次品评前用温开水漱口，漱去口中的残留物。

8.2.2 辨别米饭气味

趁热将米饭置于鼻腔下方，适当用力地吸气，仔细辨别米饭的气味。

8.2.3 观察米饭外观

观察米饭表面的颜色、光泽和饭粒完整性。

8.2.4 辨别米饭的适口性

用筷子取米饭少许放入口中，细嚼3 s～5 s，边嚼边用牙齿、舌头等各感觉器官仔细品尝米饭的粘性、软硬度、弹性、滋味等项。

8.2.5 冷饭质地

米饭在室温下放置1 h后，品尝判断冷饭的粘弹性、粘结成团性和硬度。

8.3 评分

8.3.1 评分方法一

8.3.1.1 根据米饭的气味、外观结构、适口性、滋味和冷饭质地,对比参照样品(6.1.4)进行评分,综合评分为各项得分之和。评分规则和记录表格式见附录B。

8.3.1.2 根据每个评价员的综合评分结果计算平均值,个别评价员品评误差大者(超过平均值10分以上)可舍弃,舍弃后重新计算平均值。最后以综合评分的平均值作为稻米食用品质感官评定的结果,计算结果取整数。按附录D的格式总结出"结果统计表"。

8.3.1.3 综合评分以50分以下为很差,51分~60分为差,61分~70分为一般,71分~80分为较好,81分~90分为好,90分以上为优。

8.3.2 评分方法二

8.3.2.1 分别将试验样品米饭的气味、外观结构、适口性、滋味、冷饭质地和综合评分与参照样品(6.1.4)一一比较评定。根据好坏程度,以"稍"、"较"、"最"、"与参照相同"的7个等级进行评分。评分记录表格式见附录C。在评分时,可参照表1所列的米饭感官品质评价内容与描述。

表1 米饭感官评价内容与描述

评价内容		描述
气味	特有香气	香气浓郁;香气清淡;无香气
	有异味	陈米味和不愉快味
外观结构	颜色	颜色正常,米饭洁白;颜色不正常,发黄、发灰
	光泽	表面对光反射的程度:有光泽、无光泽
	完整性	保持整体的程度:结构紧密;部分结构紧密;部分饭粒爆花
适口性	粘性	粘附牙齿的程度:滑爽、粘性、有无粘牙
	软硬度	臼齿对米饭的压力:软硬适中;偏硬或偏软
	弹性	有嚼劲;无嚼劲;疏松;干燥、有渣
滋味	纯正性 持久性	咀嚼时的滋味:甜味、香味以及味道的纯正性、浓淡和持久性
冷饭质地	成团性 粘弹性 硬度	冷却后米饭的口感:粘弹性和回生性(成团性、硬度等)

8.3.2.2 整理评分记录表,读取表中画○的数值,如有漏画的则作"与参照相同"处理。

8.3.2.3 根据每个评价员的综合评分结果计算平均值,个别评价员品评误差大者(综合评分与平均值出现正负不一致或相差2个等级以上时)可舍弃,舍弃后重新计算平均值。最后以综合评分的平均值作为稻米食用品质感官评定的结果,计算结果保留小数点后两位。按附录D的格式总结出"结果统计表"。

附 录 A
（规范性附录）
评价员挑选办法

A.1 总体要求

评价员应由不同性别、不同年龄档次的人员组成。通过鉴别试验来挑选，感官灵敏度高的人员可作为评价员。

A.2 挑选办法

按标准规定蒸制四份米饭，其中有两份米饭是同一试样蒸制成的，同时按标准规定进行品评，要求品评人员鉴别找出相同的两份米饭（在两份相同的米饭编号后打√），记录表格及示例见表 A.1。

表 A.1 鉴别试验表及示例

品评人：	日期：
试样号	鉴别结果
1	√
2	
3	
4	√

鉴别试验应重复两次，结果登记表及示例见表 A.2。答对者打“√”，答错者打“×”，如果两次都答错的人员，则表明其品评鉴别灵敏度太低，应予淘汰。

表 A.2 品评人员成绩汇总表及示例

品评人员编号	鉴别试验结果		成绩
	1	2	
P1	×	√	良
P2	√	√	优
P3	√	×	良
P4	×	×	差
P5	√	√	优
P6	√	√	优

挑选出的评价员，按 GB/T 10220 的有关规定进行培训并选定评价人员。

附 录 B
（规范性附录）
米饭感官评价评分规则和记录表（评分方法一）

品评组编号： 姓名： 性别： 年龄： 出生地： 品评时间： 年 月 日 午 时 分

一级指标分值	二级指标分值	具体特性描述：分值	样品得分		
			No. 2	No. 3	No. 4
气味 20分	纯正性、浓郁性 20分	具有米饭特有的香气，香气浓郁：18分～20分			
		具有米饭特有的香气，米饭清香：15分～17分			
		具有米饭特有的香气，香气不明显：12分～14分			
		米饭无香味，但无异味：7分～12分			
		米饭有异味：0分～6分			
外观结构 20分	颜色 7分	米饭颜色洁白：6分～7分			
		颜色正常：4分～5分			
		米饭发黄或发灰：0分～3分			
	光泽 8分	有明显光泽：7分～8分			
		稍有光泽：5分～6分			
		无光泽：0分～4分			
	饭粒完整性 5分	米饭结构紧密，饭粒完整性好：4分～5分			
		米饭大部分结构紧密完整：3分			
		米饭粒出现爆花：0分～2分			
适口性 30分	粘性 10分	滑爽，有粘性，不粘牙：8分～10分			
		有粘性，基本不粘牙：6分～7分			
		有粘性，粘牙；或无粘性：0分～5分			
	弹性 10分	米饭有嚼劲：8分～10分			
		米饭稍有嚼劲：6分～7分			
		米饭疏松、发硬，感觉有渣：0分～5分			
	软硬度 10分	软硬适中：8分～10分			
		感觉略硬或略软：6分～7分			
		感觉很硬或很软：0分～5分			
滋味 25分	纯正性、持久性 25分	咀嚼时，有较浓郁的清香和甜味：22分～25分			
		咀嚼时，有淡淡的清香滋味和甜味：18分～21分			
		咀嚼时，无清香滋味和甜味，但无异味：16分～17分			
		咀嚼时，无清香滋味和甜味，但有异味：0分～15分			
冷饭质地 5分	成团性、粘弹性、硬度 5分	较松散，粘弹性较好，硬度适中：4分～5分			
		结团，粘弹性稍差，稍变硬：2分～3分			
		板结，粘弹性差，偏硬：0分～1分			
综合评分					
备注					

附　录　C
（规范性附录）
米饭感官评价评分记录表（评分方法二）

品评组编号：　　　姓名：　　　性别：　　年龄：　　出生地：　　　品评时间：　年　月　日　午　时　分

参照样品：红　　　　试样编号：No.　　黄

项目	与参照样品比较						
	不好			参照样品	好		
	最	较	稍		稍	较	最
评分	−3	−2	−1	0	+1	+2	+3
气味							
外观结构							
适口性							
滋味							
冷饭质地							
综合评分							
备注							

参照样品：红　　　　试样编号：No.　　蓝

项目	与参照样品比较						
	不好			参照样品	好		
	最	较	稍		稍	较	最
评分	−3	−2	−1	0	+1	+2	+3
气味							
外观结构							
适口性							
滋味							
冷饭质地							
综合评分							
备注							

参照样品:红　　　　试样编号:No.　　绿

<table>
<tr><td rowspan="3">项目</td><td colspan="7">与参照样品比较</td></tr>
<tr><td colspan="3">不好</td><td rowspan="2">参照样品</td><td colspan="3">好</td></tr>
<tr><td>最</td><td>较</td><td>稍</td><td>稍</td><td>较</td><td>最</td></tr>
<tr><td>评分</td><td>−3</td><td>−2</td><td>−1</td><td>0</td><td>+1</td><td>+2</td><td>+3</td></tr>
<tr><td>气味</td><td></td><td></td><td></td><td></td><td></td><td></td><td></td></tr>
<tr><td>外观结构</td><td></td><td></td><td></td><td></td><td></td><td></td><td></td></tr>
<tr><td>适口性</td><td></td><td></td><td></td><td></td><td></td><td></td><td></td></tr>
<tr><td>滋味</td><td></td><td></td><td></td><td></td><td></td><td></td><td></td></tr>
<tr><td>冷饭质地</td><td></td><td></td><td></td><td></td><td></td><td></td><td></td></tr>
<tr><td>综合评分</td><td></td><td></td><td></td><td></td><td></td><td></td><td></td></tr>
<tr><td>备注</td><td colspan="7"></td></tr>
</table>

注 1:与参照样品比较,根据好坏程度在相应栏内画○。

注 2:综合评分是按照评价员的感觉、嗜好和参照样品比较后进行的综合评价。

注 3:"备注"栏填写对米饭的特殊评价(可以不填写)。

附 录 D
（资料性附录）
米饭感官评价结果统计表

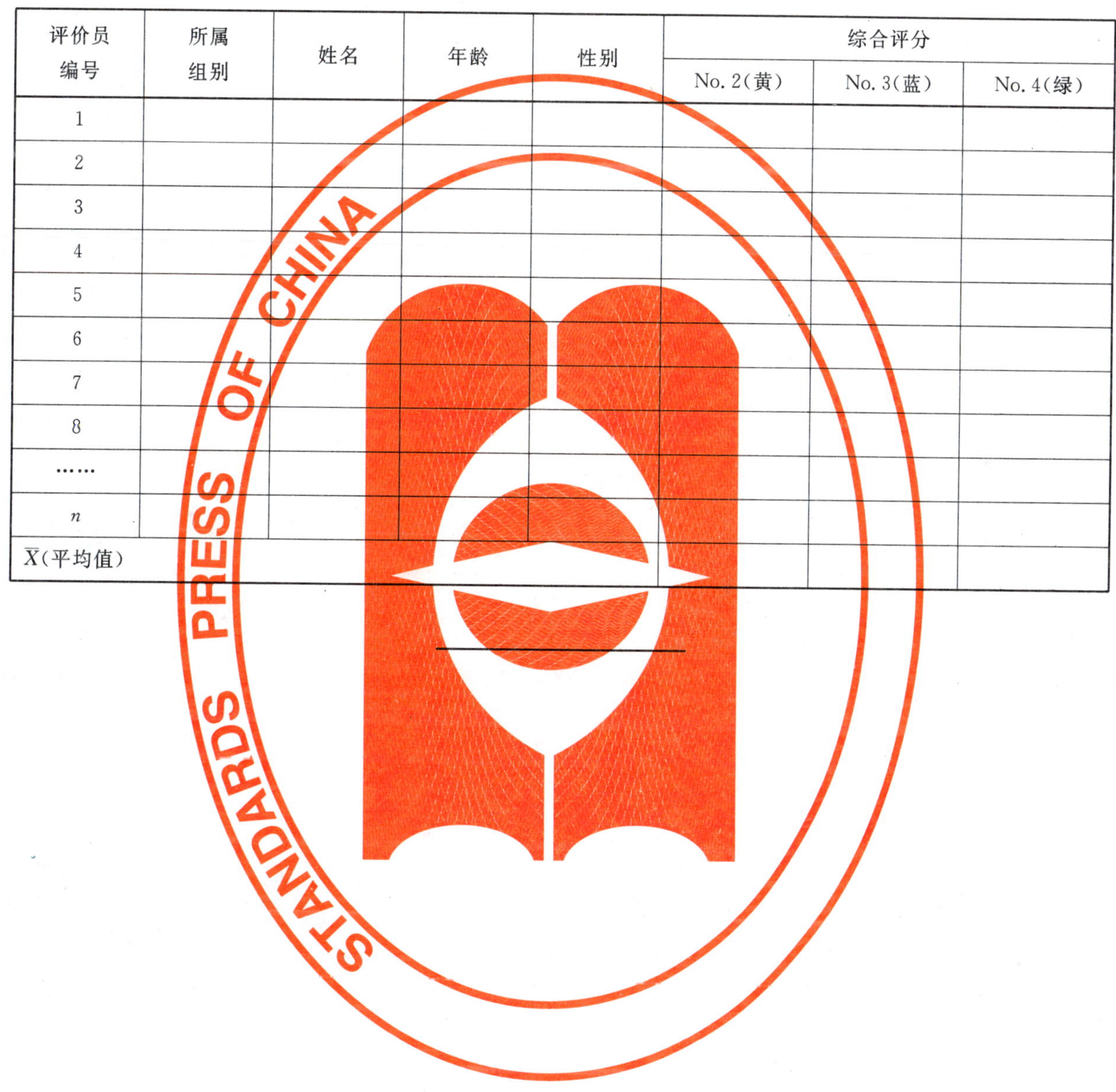

评价员编号	所属组别	姓名	年龄	性别	综合评分		
					No. 2（黄）	No. 3（蓝）	No. 4（绿）
1							
2							
3							
4							
5							
6							
7							
8							
……							
n							
$\overline{X}$（平均值）							

ICS 67.040
B 20

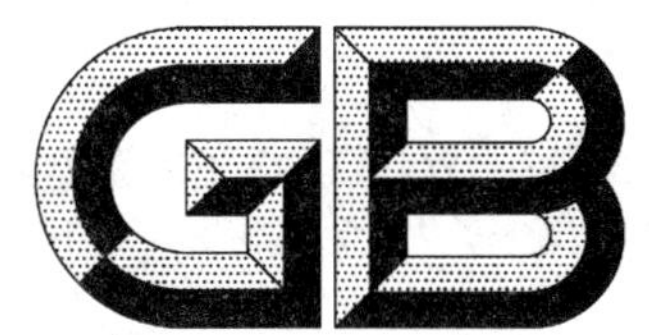

中华人民共和国国家标准

GB/T 15683—2008/ISO 6647-1:2007
代替 GB/T 15683—1995

大米 直链淀粉含量的测定

Rice—Determination of amylose content

(ISO 6647-1:2007, Rice—Determination of amylose content—
Part 1: Reference method, IDT)

2008-11-04 发布 2009-01-20 实施

中华人民共和国国家质量监督检验检疫总局
中国国家标准化管理委员会 发布

前　言

本标准等同采用 ISO 6647-1:2007《大米　直链淀粉含量的测定》(英文版)。

为了便于使用,本标准对 ISO 6647-1:2007 做了如下编辑性修改:

——删除了国际标准的前言;

——“本国际标准”一词改为“本标准”;

——用小数点“.”代替了作为小数点的逗号“,”;

——修改了重复性限和再现性限的计算公式。

本标准代替 GB/T 15683—1995《稻米直链淀粉含量的测定》。

本标准与 GB/T 15683—1995 相比主要变化如下:

——分散方法:本标准采用沸水浴法,而 GB/T 15683—1995 采用 85 ℃水浴或者静置 15 h～24 h;

——检测波长:本标准的检测波长是 720 nm,而 GB/T 15683—1995 的检测波长是 620 nm;

——GB/T 21305 代替 ISO 712。

本标准的附录 A、附录 B 和附录 C 为资料性附录。

本标准由国家粮食局提出。

本标准由全国粮油标准化技术委员会归口。

本标准起草单位:湖北省粮油食品质量监测站、南京财经大学、河南工业大学、河南省粮油饲料产品质量监督检验站、吉林省粮食局、浙江省粮油产品质量检验中心、四川省粮油中心监测站、江苏省粮食局粮油质量监测所、安徽省粮油产品质量监督检测站、贵州国家粮食质量监测中心、福建省粮油质量监测所、广西粮油质量监督检验站、广东国家粮食质量监测中心。

本标准主要起草人:熊宁、刘坚、袁建、周显青、刘勇、余敦年、尹成华、史玮、应美蓉、牟钧、莫晓嵩、周红梅、夏遇秋、郑少华、柳永英、王亚军、王艳、赵武善、倪勇。

本标准所代替标准的历次版本发布情况为:

——GB/T 15683—1995。

大米 直链淀粉含量的测定

1 范围

本标准规定了非熟化大米直链淀粉含量的测定方法——基准方法。

本标准适用于直链淀粉含量高于5%(质量分数)的大米。

本标准在延伸应用范围得到确认后,也可以用于糙米、玉米、小米和其他谷物的测定。

2 规范性引用文件

下列文件中的条款通过本标准的引用而成为本标准的条款。凡是注日期的引用文件,其随后所有的修改单(不包括勘误的内容)或修订版均不适用于本标准,然而,鼓励根据本标准达成协议的各方研究是否可使用这些文件的最新版本。凡是不注日期的引用文件,其最新版本适用于本标准。

GB/T 21305 谷物及谷物制品水分的测定 常规法(GB/T 21305—2007,ISO 712:1998,IDT)

ISO 7301 大米 规格

ISO 8466-1 水质 分析方法定标和评估以及性能特征评估—第1部分:线性定标函数的统计评价

ISO 15914 动物饲料原料 酶解法总淀粉含量测定

3 术语和定义

ISO 7301中确立的以及下列术语和定义适用于本标准。

3.1

直链淀粉 amylose

淀粉中的多聚糖成分,其葡萄糖单元主要以直链状结构连接成的大分子。

3.2

支链淀粉 amylopectin

淀粉中的多聚糖成分,其葡萄糖单元主要以支链结构连接成的大分子。

4 原理

将大米粉碎至细粉以破坏淀粉的胚乳结构,使其易于完全分散及糊化,并对粉碎试样脱脂,脱脂后的试样分散在氢氧化钠溶液中,向一定量的试样分散液中加入碘试剂,然后使用分光光度计于720 nm处测定显色复合物的吸光度。

考虑到支链淀粉对试样中碘-直链淀粉复合物的影响,利用马铃薯直链淀粉和支链淀粉的混合标样制作校正曲线,从校正曲线中读出样品的直链淀粉含量。

注:该方法实际上取决于直链淀粉一碘的亲合力,在720 nm测定的目的是使支链淀粉的干扰作用减少到最小。

5 试剂

除非另有说明,仅使用确认为分析纯的试剂,所用的水为蒸馏水或除去矿物质的水或同等纯度的水。

5.1 85%甲醇溶液。

5.2 95%乙醇溶液。

5.3 氢氧化钠溶液

5.3.1 1.0 mol/L 氢氧化钠溶液。

5.3.2 0.09 mol/L 氢氧化钠溶液。

5.4 脱蛋白溶液

5.4.1 20 g/L 十二烷基苯磺酸钠溶液:使用前加亚硫酸钠至浓度为 2 g/L。

5.4.2 3 g/L 氢氧化钠溶液。

5.5 1 mol/L 乙酸溶液。

5.6 碘试剂:用具盖称量瓶称取 2.000 g±0.005 g 碘化钾,加适量的水以形成饱和溶液,加入 0.200 g±0.001 g 碘,碘全部溶解后将溶液定量移至 100 mL 容量瓶中,加蒸馏水至刻度,摇匀。现配现用,避光保存。

5.7 马铃薯直链淀粉标准溶液:不含支链淀粉,浓度为 1 mg/mL。

5.7.1 用甲醇(5.1)对马铃薯直链淀粉进行脱脂,以 5 滴/s～6 滴/s 的速度回流抽提 4 h～6 h。

马铃薯直链淀粉应很纯,应经过安培滴定或电位滴定测试。有些市售的马铃薯直链淀粉纯度不高,将可能给出不正确的高的直链淀粉含量结果。纯的直链淀粉应能够结合不少于其自身质量的 19%～20%的碘。马铃薯直链淀粉纯度检验参见附录 A。

5.7.2 将脱脂后的直链淀粉放在一个适当的盘子上铺开,放置 2 d,以使残余的甲醇挥发并达到水分平衡。支链淀粉(5.8)和试样(8.1)按同样方法处理。

5.7.3 称取 100 mg±0.5 mg 经脱脂及水分平衡后的直链淀粉于 100 mL 锥形瓶(6.8)中,小心加入 1.0 mL乙醇(5.2),将粘在瓶壁上的直链淀粉冲下,加入 9.0 mL 1 mol/L 的氢氧化钠溶液(5.3.1),轻摇使直链淀粉完全分散开。随后将混合物在沸水浴(6.7)中加热 10 min 以分散马铃薯直链淀粉。分散后取出冷却到室温,转移至 100 mL 容量瓶中(6.6)。加水至刻度,剧烈摇匀。1 mL 此标准分散液含 1 mg 直链淀粉。

当测试样品时,直链淀粉和支链淀粉在相同的条件下进行水分平衡,则不需要进行水分校正,获得测试结果为大米干基结果。如果测试样品和标准品不是在相同的条件下制备的,则样品和标准品的水分都要依据 GB/T 21305 进行水分测试,结果也应相应校正。

5.8 支链淀粉标准溶液:浓度为 1 mg/mL。

备好支链淀粉含量 99%(质量分数)以上的糯性(蜡质)米粉。将糯米浸泡后用捣碎机 (6.1)将它们捣成微细分散状。使用脱蛋白溶液(5.4.1 或 5.4.2)彻底去掉蛋白,洗涤,然后按照 5.7.1,用甲醇(5.1)进行回流抽提脱脂,将脱脂后的支链淀粉平铺在平皿上,放置 2 d,以挥发残余的甲醇,并平衡水分。

用支链淀粉取代直链淀粉,按照 5.7.3,制备支链淀粉标准溶液,1 mL 支链淀粉标准液含 1 mg 支链淀粉。支链淀粉的碘结合量应该少于 0.2% (参见附录 A)。

6 仪器

实验室常用仪器以及以下仪器:

6.1 实验室捣碎机。

6.2 粉碎机:可将大米粉碎并通过 150 μm～180 μm(80 目～100 目)筛,推荐使用配置 0.5 mm 筛片的旋风磨。

6.3 筛子:150 μm～180 μm(80 目～100 目)筛。

6.4 分光光度计:具有 1 cm 比色皿,可在 720 nm 处测量吸光度。

6.5 抽提器:能采用甲醇回流抽提样品,速度为 5 滴/s～6 滴/s。

6.6 容量瓶:100 mL。

6.7 水浴锅。

6.8 锥形瓶:100 mL。

6.9 分析天平:分度值 0.000 1 g。

7 扦样

扦样应具有代表性,并保证样品在运输和储存过程中无损坏和改变。

扦样不是本标准的一部分,推荐按 ISO 13690[1]规定执行。

8 操作步骤

8.1 试样的制备

取至少 10 g 精米,用旋风磨(6.2)粉碎成粉末,并通过规定的筛网(6.3)。

按照 5.7.1,采用甲醇溶液(5.1)回流抽提脱脂。

注:脂类物质会和碘争夺直链淀粉形成复合物,研究证明对米粉脱脂可以有效降低脂类物质的影响,样品脱脂后可获得较高的直链淀粉结果。

脱脂后将试样在盘子或表面皿上铺成一薄层,放置 2 d,以挥发残余甲醇,并平衡水分(见 5.7)。

警告——挥发甲醇时使用通常的安全防护措施,如在通风橱中进行操作。

8.2 样品溶液的制备

称取 100 mg±0.5 mg 试样(8.1)于 100 mL 锥形瓶(6.8)中,小心加入 1 mL 乙醇溶液(5.2)到试样中,将粘在瓶壁上的试样冲下。移取 9.0 mL1.0 mol/L 氢氧化钠溶液(5.3.1)到锥形瓶(6.8)中,并轻轻摇匀,随后将混合物在沸水浴(6.9)中加热 10 min 以分散淀粉。取出冷却至室温,转移到 100 mL 容量瓶(6.6)中。加蒸馏水定容并剧烈振摇混匀。

8.3 空白溶液的制备

采用与测定样品时相同的操作步骤及试剂,但使用 5.0 mL 0.09 mol/L 氢氧化钠溶液(5.3.2)替代样品制备空白溶液。

8.4 校正曲线的绘制

8.4.1 系列标准溶液的制备

按照表 1 混合配制直链淀粉(5.7)和支链淀粉标准分散液(5.8)及 0.09 mol/L 氢氧化钠溶液(5.3.2)的混合液。

表 1 系列标准溶液

大米直链淀粉含量(干基[a])/%	马铃薯直链淀粉标准液(5.7)/mL	支链淀粉标准液(5.8)/mL	0.09 mol/L 氢氧化钠(5.3.2)/mL
0	0	18	2
10	2	16	2
20	4	14	2
25	5	13	2
30	6	12	2
35	7	11	2

[a] 上述数据是在平均淀粉含量为 90%的大米干基基础上计算所得。

8.4.2 显色和吸光度测定

准确移取 5.0 mL 系列标准溶液(8.4.1)到预先加入大约 50 mL 水的 100 mL 容量瓶(6.6)中,加 1.0 mL 乙酸溶液(5.5),摇匀,再加入 2.0 mL 碘试剂(5.6),加水至刻度,摇匀,静置 10 min。

分光光度计(6.4)用空白溶液(8.3)调零,在 720 nm 处测定系列标准溶液的吸光度。

8.4.3 绘制校正曲线

以吸光度为纵坐标，直链淀粉含量为横坐标，绘制校正曲线。直链淀粉含量以大米干基质量分数表示。

8.5 样品溶液测定

准确移取5.0 mL样品溶液(8.2)加入到预先加入大约50 mL水的100 mL容量瓶(6.6)中，从加入乙酸溶液(5.5)开始，按照8.4.2步骤操作。

用空白溶液(8.3)调零，在720 nm处测定样品溶液的吸光度值。

注：可以用全自动分析仪如流动注射仪来代替手工分光光度计测量(参见附录B)。

每一样品溶液应做两份平行测定。

9 结果表示

按照ISO 8466-1，参照校正曲线(8.4.3)的吸光度值(8.5)得到测试结果。直链淀粉含量表示为干基质量分数。

以两次测定结果的算术平均值为测定结果。

10 精确度

10.1 实验室间试验

国际实验室间精确度比对测试详情参见附录C。测试获得的数据可能不适用于其他浓度范围和材料。

10.2 重复性

在同一实验室，由同一操作者使用相同设备，按相同的测试方法，并在短时间内，对同一被试对象，独立进行测试获得的两次独立测试结果差的绝对值，大于重复性限r的情况不超过5%。重复性限r以质量分数表示，按式(1)计算：

$$r = 0.697\,2 \times w^{0.20} \qquad \cdots\cdots(1)$$

式中：

w——两次直链淀粉样品测试结果的平均值，单位为克每百克(g/100 g)。

10.3 再现性

在不同实验室，由不同的操作者使用不同的设备，按相同的测试方法，对同一被测对象相互独立进行测试获得的两次独立测试结果的绝对差值，大于再现性限R的情况不超过5%。再现性限R以质量分数表示，按式(2)计算：

$$R = 1.899 \times w^{0.38} \qquad \cdots\cdots(2)$$

式中：

w——两次直链淀粉样品测试结果的平均值，单位为克每百克(g/100 g)。

11 检测报告

检测报告应包括：

a) 完成测试样品的所有必需信息；

b) 采用的扦样方法；

c) 测试方法及参考本标准的章节；

d) 在本标准中未指定的所有操作的细节及易对结果产生影响的操作的细节；

e) 测试结果或经过重复性检查的最终结果。

附　录　A
（资料性附录）
马铃薯直链淀粉标准品制备方法

A.1　总论

马铃薯直链淀粉标准品应具备：

——直链淀粉应能够结合不少于其自身质量的19%～20%的碘；

——碘-淀粉结合体的最大吸光度值应在640 nm±10 nm之间；

——淀粉的含量在99%以上(以干基计)。

A.2　碘结合力的测试

A.2.1　试剂

除了第5章中的试剂外，还需要下列试剂：

A.2.1.1　碘化钾溶液：0.1 mol/L。

A.2.1.2　标准碘酸钾溶液：0.001 0 mol/L。

A.2.2　仪器

除了第6章中的仪器外，还需要下列仪器：

A.2.2.1　微量滴定管：1 mL或者2 mL。

A.2.2.2　电位计：精确到±0.1 mV，配有铂工作电极和甘汞参比电极。也可选用滴定器。

按照参考文献[8]的方法，也可以测定碘的结合力。

A.2.3　步骤

按照5.7制备马铃薯直链淀粉标准分散液。

移取5.0 mL马铃薯直链淀粉分散液到200 mL烧杯中，加85 mL水，5.0 mL 1 mol/L乙酸溶液(5.5)和5.0 mL碘化钾溶液(A.2.1.1)。然后用微量滴管(A.2.2.1)向烧杯中滴加标准碘酸钾溶液(A.2.1.2)，每滴0.05 mL，每加一滴1 min后用电位滴定法测定，结果以mV计。终点可由滴定曲线的二阶导数图计算。

A.2.4　计算

碘结合力以质量分数表示，可按式(A.1)计算：

$$x=\frac{0.761\,0}{m(1-w_{\mathrm{m}})}\times V\times 100 \qquad \text{(A.1)}$$

式中：

x——碘结合力，%；

0.761 0——每毫升标准碘酸钾溶液(A.2.1.2)相当于碘的质量，单位为毫克(mg)；

V——滴定耗用的标准碘酸钾溶液(A.2.1.2)的体积，单位为毫升(mL)；

m——直链淀粉总量，单位为毫克(mg)；

w_{m}——按照ISO 712测定的直链淀粉的水分含量，%。

A.3　碘-淀粉复合物的分光光度计测定

称0.100 0 g马铃薯直链淀粉加入到100 mL烧杯中，加1.0 mL乙醇溶液(5.2)浸润样品。然后加9 mL氢氧化钠溶液(5.3.1)，样品用水浴锅(6.7)在85 ℃水浴加热，直到其完全分散。冷却并且用水稀释定容到 100 mL 容量瓶(6.6)中,剧烈振摇混匀。

移取 2.0 mL 马铃薯直链淀粉溶液到 100 mL 容量瓶中,加入 3.0 mL 氢氧化钠溶液(5.3.2)、50 mL水、1 mL 乙酸溶液(5.5)和 1 mL 碘试剂(5.6),用水稀释到 100 mL,静置 10 min,用分光光度计测量在波长 500 nm～800 nm 范围吸光度。

溶液最大吸光度应该在 640 nm±10 nm 之间。

A.4 淀粉含量的测定

参照标准 ISO 15914[4] 执行。

附 录 B
（资料性附录）
流动注射分析仪(FIA)测定直链淀粉

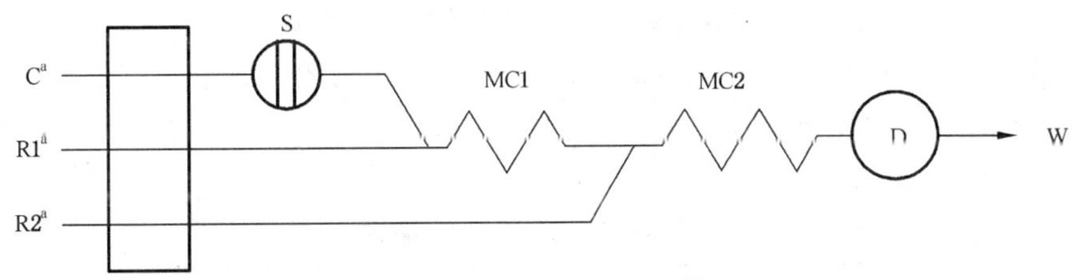

C[a]——载流液(5.3.2)；
D——720 nm 检测器和 1 cm 光程的流动池(体积 18 μL)；
MC1——混合池，长 60 cm，内径 0.7 mm；
MC2——混合池，长 60 cm，内径 0.7 mm；
R1[a]——乙酸溶液(5.5)；
R2[a]——碘液(5.6)；
S——样品注射器，样品进样 300 μL；
W——废液。

[a] 泵的作用下溶液的线形流动速率：C=1.8 mL/min；R1=0.7 mL/min 和 R2=0.9 mL/min。

图 B.1 流动注射分析仪

附　录　C
（资料性附录）
实验室间结果比对

2004年，瑞典福斯公司(FOSS AB)组织了实验室之间的试验分析，涉及来自11个国家包括2个国际组织的23个实验室，分析了6组大米样品。样品由泰国工业标准化协会提供的各浓度直链淀粉。

由匈牙利标准化协会依照ISO 5725-1[2]和ISO 5725-2[3]方法，对得到的结果经过统计分析，给出如下表C.1的精密度数据。

表 C.1　统计分析结果

项目	大米样品					
	A	B	C	D	E	F
实验室个数(排除超差大的实验室)	21	21	21	21	20	17
平均值/(g/100 g)	12.28	22.63	13.85	26.97	0.59	28.22
重复性标准差(S_r)/(g/100 g)	0.31	0.63	0.54	0.62	0.22	0.28
重复性变异系数/%	2.49	2.79	3.89	2.30	38.02	0.99
重复性限值($r=2.8S_r$)/(g/100 g)	0.86	1.76	1.51	1.74	0.62	0.78
再现性标准差(S_R)/(g/100 g)	1.19	2.29	1.61	2.68	0.59	2.71
再现性变异系数/%	9.69	10.12	11.65	9.95	100.16	9.60
再现性限值($R=2.8S_R$)/(g/100 g)	3.33	6.41	4.52	7.51	1.64	7.59

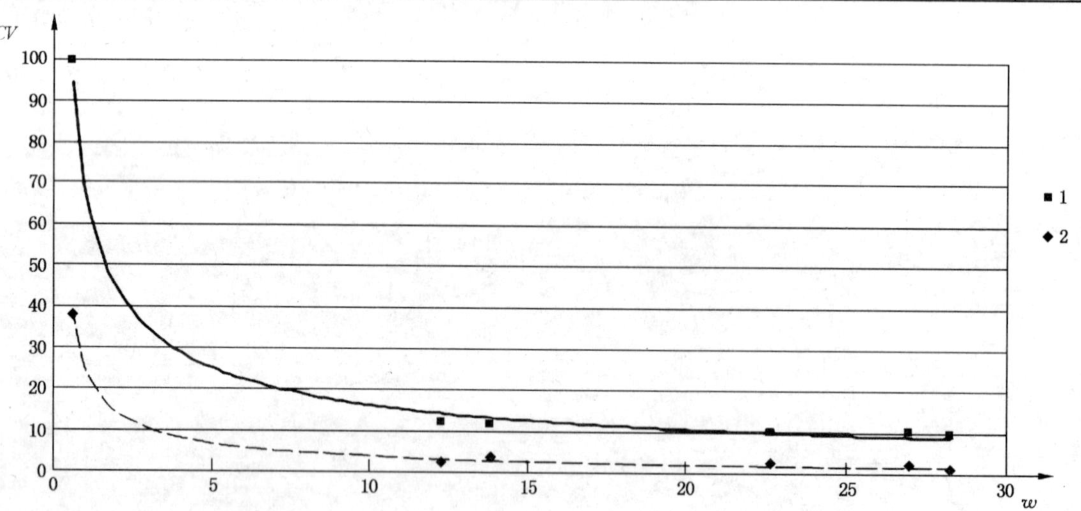

CV——变异系数，以百分比表示；

1——再现性，$y=67.814x^{-0.6180}$，$R^2=0.981$；

2——重复性，$y=24.895x^{-0.8028}$，$r^2=0.920$；

w——直链淀粉含量，以百分比表示。

图 C.1　直链淀粉含量的质量分数与变异系数的相关性

参 考 文 献

[1] ISO 13690:1999,Cereals,pulses and milled products—Sampling of static batches

[2] ISO 5725-1:1994,Accuracy(trueness and precision)of measurement methods and results—Part 1:General principles and definitions

[3] ISO 5725-2:1994,Accuracy(trueness and precision)of measurement methods and results—Part 2:Basic method for the determination of repeatability and reproducibility of a standard measurement method

[4] ISO 15914:2004,Animal feeding stuffs—Enzymatic determination of total starch content

[5] AACC method 61-03 (re-approved 1999; this method is equivalent to the withdrawn ISO 6647:1987)

[6] European Commission Report EUR 16612 EN,1995:The certification of the amylose content(mass fraction) of three rice reference materials as measured according to method ISO 6647. CRM's 465,466 and 467

[7] Juliano B.O. A simplified assay for milled rice amylase,Cereal Sci. Today,16,pp. 334-340, 360(1971)

[8] Schoch T.J. Iodometric determination of amylase. In:Whistler R.L. (ed.). Methods of carbohydrate chemistry,Vol. 4,pp. 157-60,Academic Press,New York,1964

ICS 67.040
B 20

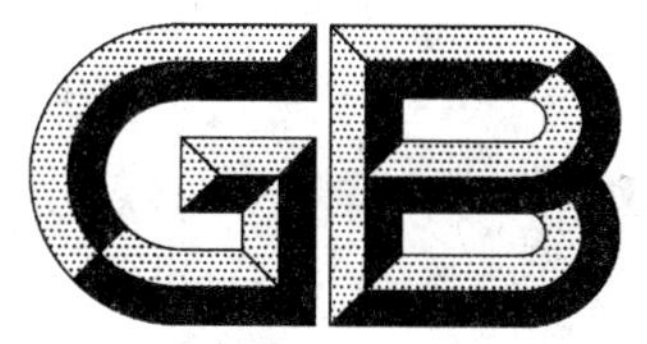

中华人民共和国国家标准

GB/T 15686—2008
代替 GB/T 15686—1995

高粱　单宁含量的测定

Sorghum—Determination of tannin content

(ISO 9648:1988,MOD)

2008-11-04 发布　　2009-01-20 实施

中华人民共和国国家质量监督检验检疫总局
中国国家标准化管理委员会　发布

前　言

本标准修改采用 ISO 9648:1988《高粱　单宁含量的测定》(英文版)。

本标准与 ISO 9648:1988 的技术性差异为:

——由于原标准引用的标准“ISO 950:1979　谷物采样(籽粒)”已经废止,所以改为引用“GB 5491　粮油、油料检验　扦样、分样法”。

为了便于使用,本标准做了下列编辑性修改:

——“本国际标准”一词改为“本标准”;

——删除国际标准的前言,增补新的前言;

——将原文中的“引用标准”改为“规范性引用文件”,并增加“凡是不注日期的引用标准,其最新版本适用于本标准”的文字说明;

——将引用“ISO 712:1985　谷物及谷物产品水分含量测定(常规参考方法)”改为引用“GB/T 21305　谷物及谷物制品水分含量的测定　常规法”;

——为了更清晰地表述,将第 9 章中单宁含量计算公式 $\frac{2c}{m}\times\frac{100}{100-H}$ 改为 $X=\frac{2c}{m}\times\frac{100}{100-H}$。

本标准代替 GB/T 15686—1995《高粱中单宁含量的测定》。

本标准与 GB/T 15686—1995 相比主要变化如下:

——单宁酸标准品采用 ISO 9648:1988 推荐的默克公司的 773 单宁酸;

——单宁提取液与试样分离,采用 3 000 g(3 000 m/s^2×9.81 m/s^2)离心加速度的离心机分离。

本标准由国家粮食局提出。

本标准由全国粮油标准化技术委员会归口。

本标准起草单位:河南工业大学。

本标准主要起草人:霍权恭、范璐、周展明。

本标准所代替标准的历次版本发布情况为:

——GB/T 15686—1995。

高粱　单宁含量的测定

1　范围

本标准规定了一种通用的高粱单宁含量测定方法，这种测定方法并不是针对某一种类型的多酚类物质的测定。用雄鸡进行动物实验测定的高粱代谢能与本方法测定的结果之间，具有很好的负相关性，证明了本方法的有效性。

2　规范性引用文件

下列文件中的条款通过本标准的引用而成为本标准的条款。凡是注日期的引用文件，其随后所有的修改单(不包括勘误的内容)或修订版均不适用于本标准，然而，鼓励根据本标准达成协议的各方研究是否可使用这些文件的最新版本。凡是不注日期的引用文件，其最新版本适用于本标准。

GB 5491　粮食、油料检验　扦样、分样法

GB/T 21305　谷物及谷物制品水分的测定　常规法(GB/T 21305—2007，ISO 712:1998，IDT)

3　原理

用二甲基甲酰胺溶液提取高粱单宁，经离心后，取上清液加柠檬酸铁铵溶液和氨溶液，显色后，以水为空白对照，用分光光度计于 525 nm 处测定吸光度值，用单宁酸作标准曲线测定高粱单宁含量。

4　试剂

所有试剂均为分析纯，水为蒸馏水或与之相当纯度的水。

4.1　2 g/L 单宁酸溶液。该溶液可保存一周。

注：由于不同来源的单宁酸对标准曲线有影响，所以，推荐使用默克公司的 773 单宁酸(Merck reference 773 tannic acid)[1)]作为参考，以便于实验室之间比较测定结果。

4.2　8.0 g/L 氨(NH_3)溶液。

4.3　75 %二甲基甲酰胺溶液：取 75 mL 二甲基甲酰胺溶液于 100 mL 容量瓶中，用水稀释，冷却后加水至刻度。

警告——当二甲基甲酰胺被吸入或与皮肤接触时，有害于健康，并且刺激眼睛。

4.4　3.5 g/L 柠檬酸铁铵(铁含量 17%～20%)溶液：在使用前 24 h 配制。由于柠檬酸盐的铁含量影响测定结果，应特别注意其含量。

5　仪器

实验室常规仪器以及下列仪器：

5.1　粉碎机：粉碎样品并全部通过筛子(5.2)。

5.2　筛子：孔径 0.5 mm。

5.3　离心机：具备 3 000 *g*(3 000 m/s^2×9.81 m/s^2)离心加速度。

5.4　离心管：容量约 50 mL，具密封盖。

5.5　往复式机械搅拌器或磁力搅拌器。

---

1)　默克公司的 773 单宁酸是商品化的产品，为本标准的使用者提供这样的信息，并不意味着它已经是 ISO 认可的产品。

5.6 涡旋式振荡器:可用于试管。

5.7 分光光度计:带 10 mm 比色皿,可在 525 nm 处测定。

5.8 移液管:1 mL、5 mL、20 mL。

5.9 刻度移液管:5 mL、10 mL。

5.10 试管:140 mm×14 mm。

5.11 容量瓶:20 mL。

6 扦样

按照 GB 5491 进行扦样和分样。

测定单宁的高粱样品干燥后,避光可以保存几个月。

7 试样制备

除去试样中的杂质,用粉碎机(5.1)粉碎试样,并全部通过筛子(5.2),充分混合均匀。

试样粉碎后,单宁会迅速氧化,应立即分析测定试样。

注:粉碎的样品最多避光保存几天,最好干燥后保存。

8 操作步骤

8.1 水分测定

试样水分含量按照 GB/T 21305 测定。

8.2 称样量

称取试样(7)约 1 g,精确至 1 mg,置离心管中(5.4)。

8.3 样品测定

8.3.1 用移液管(5.8)取 20 mL 二甲基甲酰胺溶液(4.3)于装有样品的离心管中,盖好密闭盖并用搅拌器(5.5)搅拌提取 60 min±1 min。然后以 3 000 *g* 离心加速度离心 10 min。

8.3.2 用移液管(5.8)取 1 mL 上清液(8.3.1)于试管(5.10)中,用移液管分别加 6 mL 水和 1 mL 氨溶液(4.2),然后用振荡器(5.6)振荡几秒钟。

8.3.3 用移液管(5.8)移取 1 mL 上清液(8.3.1)于试管(5.10)中,用移液管(5.8)分别加 5 mL 水和 1 mL柠檬酸铁铵溶液(4.4),用振荡器(5.6)振荡几秒钟。然后,用移液管(5.8)加 1 mL 氨溶液(4.2),用振荡器(5.6)再振荡几秒钟。

8.3.4 在 8.3.2 和 8.3.3 操作结束 10 min±1 min 后,分别将 8.3.2 和 8.3.3 溶液倒入比色皿中,以水为空白对照,用分光光度计(5.7)于 525 nm 处测定吸光度值。

试样的吸光度值测定结果 A_X 为两个吸光度值之差。

8.4 测定次数

同一样品测定两次。

8.5 绘制标准曲线

在测定试样的当天,按照 8.5.1～8.5.3 的步骤绘制标准曲线。

8.5.1 准备 6 个 20 mL 容量瓶(5.11),用刻度移液管(5.9)分别加入 0 mL、1 mL、2 mL、3 mL、4 mL、5 mL 单宁酸溶液(4.1),加二甲基甲酰胺溶液(4.3)至刻度,所得标准系列溶液的单宁酸含量分别为 0 mg/mL、0.1 mg/mL、0.2 mg/mL、0.3 mg/mL、0.4 mg/mL、0.5 mg/mL。

8.5.2 分别移取 1 mL 以上标准系列溶液于试管(5.10)中,用移液管(5.8)分别加 5 mL 水和 1 mL 柠檬酸铁铵溶液(4.4),用振荡器(5.6)振荡几秒钟。然后,加 1 mL 氨溶液(4.2),用振荡器(5.6)再振荡几秒钟。静置 10 min±1 min 后,将溶液倒入比色皿中,以水为空白对照,用分光光度计(5.7)于525 nm 处测定吸光度值。

8.5.3 以标准系列8.5.1中各溶液的吸光度值为纵坐标,相应的单宁酸浓度(mg/mL)为横坐标,绘制标准曲线。标准曲线不经过原点,而且不需要校正通过原点。

9 结果计算

试样中单宁含量(X)以干基中单宁酸的质量分数(%)表示,按式(1)计算:

$$X = \frac{2c}{m} \times \frac{100}{100 - H} \qquad \cdots\cdots(1)$$

式中:

c——从标准曲线(8.5.3)读取的试样提取液中单宁酸的浓度,单位为毫克每毫升(mg/mL);

m——试样的质量(8.2),单位为克(g);

H——试样的水分含量(8.1),%。

如果两次测试结果满足按表1用线性内插法计算的重复性要求,测试结果用两次测定的算术平均值表示。

10 精密度

法国9个实验室进行了实验室间的比较实验,每个样品测定3次,保留8个实验室测定结果进行统计分析,统计结果(参照ISO 5725[2)]评价)见表1。

表1 以试样干基中单宁酸质量分数表示的结果

样品	样品1	样品2	样品3
平均值	0.05	0.62	1.11
重复性的标准偏差(S_r)	0.01	0.02	0.02
重复性的变异系数	21%	3.3%	1.9%
重复性(2.8S_r)	0.03	0.06	0.06
再现性的标准偏差(S_R)	0.02	0.03	0.07
再现性的变异系数	44%	4.8%	6.1%
再现性(2.8S_R)	0.06	0.08	0.19

11 测试报告

测试报告应明确说明使用的方法,单宁酸的生产商、参考号和测定结果,也应说明所有在本标准中未规定或视为任选的操作细节,以及其他可能已经影响了实验结果的事件。

测试报告应包括完整的识别样品所需的所有信息。

2) ISO 5725:1986 测试方法的精密度 通过实验室间试验确定标准测试方法的重复性和再现性

ICS 67.200.10
X 14

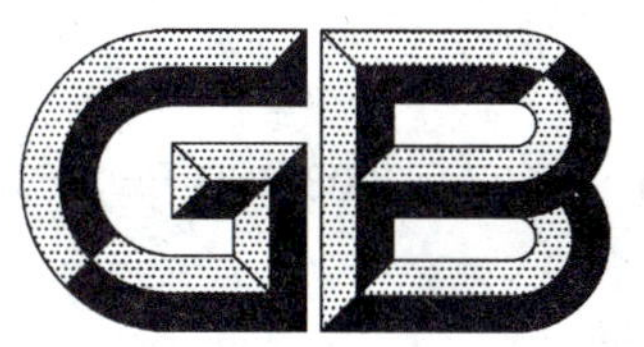

中华人民共和国国家标准

GB/T 15687—2008/ISO 661:2003
代替 GB/T 15687—1995

动植物油脂 试样的制备

Animal and vegetable fats and oils—Preparation of test sample

(ISO 661:2003,IDT)

2008-11-04 发布　　2009-01-20 实施

中华人民共和国国家质量监督检验检疫总局
中国国家标准化管理委员会　发布

前　言

本标准等同采用ISO 661:2003《动植物油脂　试样的制备》(英文版)。

为了方便使用,本标准对ISO 661:2003进行了下列编辑性修改:

——删除了国际标准的前言;

——将“本国际标准”改为“本标准”;

——用小数点“.”代替原文中作为小数点的逗号“,”。

本标准代替GB/T 15687—1995《油脂试样制备》。

本标准与GB/T 15687—1995的主要区别为:

——删除了定义;

——对固态实验室样品制备方法的测定项目适用范围进行了修改;

——对贮存要求进行了统一。

本标准由国家粮食局提出。

本标准由全国粮油标准化技术委员会归口。

本标准负责起草单位:国家粮食局标准质量中心、南京财经大学。

本标准主要起草人:唐瑞明、袁建、鞠兴荣、杨慧萍。

本标准所代替标准的历次版本发布情况为:

——GB/T 15687—1995。

动植物油脂　试样的制备

1　范围

本标准规定了从动、植物油脂的实验室样品制备试样的方法和步骤。

本标准适用于除乳化脂肪(如黄油、人造奶油、蛋黄酱)以外的其他油脂产品。

2　原理

将油脂样品混合,必要时在适当温度下加热。如果需要,可用过滤法分离去除不溶性物质,用无水硫酸钠干燥去除水分。

3　试剂

无水硫酸钠。

4　仪器设备

4.1　电热干燥箱:可调节温度。

4.2　热过滤漏斗。

5　操作步骤

5.1　混合及过滤

5.1.1　澄清、无沉淀物的液态样品

振摇装有实验室样品的密闭容器,使样品尽可能均匀。

5.1.2　混浊或有沉淀物的液态样品

5.1.2.1　测定下列项目时:

a)　水分和挥发物;

b)　不溶性杂质;

c)　质量浓度;

d)　任何需要使用未过滤的样品进行测定或加热会影响测定时。

剧烈摇动装有实验室样品的密闭容器,直至沉积物从容器壁上完全脱落后,立即将样品转移到另一容器,检查是否还有沉积物粘附在容器壁上,如果有,则需将沉淀物完全取出(必要时打开容器),且并入样品中。

5.1.2.2　测定所有的其他项目时,将装有实验室样品的容器置于50 ℃的干燥箱(4.1)内,当样品温度达到50 ℃后按照5.1.1操作。如果加热混合后样品没有完全澄清,可在50 ℃恒温干燥箱内将油脂过滤或用热过滤漏斗(4.2)过滤。为避免脂肪物质因氧化或聚合而发生变化,样品在干燥箱内放置的时间不宜太长。过滤后的样品应完全澄清。

5.1.3　固态样品

5.1.3.1　当测定5.1.2.1中规定的a)～d)项目时,为了保证样品尽可能均匀,可将实验室样品缓慢加温到刚好可以混合后,再充分混匀样品。

5.1.3.2　测定所有的其他项目时,将干燥箱(4.1)温度调节到高于油脂熔点10 ℃以上,在干燥箱中熔化实验室样品。如果加热后样品完全澄清,则按照5.1.1进行操作。如果样品混浊或有沉积物,须在相同温度的干燥箱内进行过滤或用热过滤漏斗过滤。过滤后的样品应完全澄清。

5.2 干燥

如果混合后的样品中含有水分(特别是酸性油脂、脂肪酸、固体脂肪),由于水分会影响某些测定项目(如碘价)的测定结果,因此应对样品进行干燥。采用的干燥方法应避免样品发生氧化。可将充分混合的样品(见 5.1.1、5.1.2.2 或 5.1.3.2)按 10 g 样品加 1 g～2 g 的比例加入无水硫酸钠后,置于高于熔点 10 ℃的干燥箱(4.1)中,干燥时间应尽可能短,最好在氮气流保护下干燥,干燥温度不得超过 50 ℃。

当温度超过 32.4 ℃时,无水硫酸钠将失去干燥能力,因此要在真空下进行干燥。对于需要在 50 ℃以上进行干燥的脂肪,可先将其溶于溶剂然后干燥。

将热样品与无水硫酸钠充分搅拌后,过滤。如果冷却时油脂发生凝固,可在适当温度(但不得超过 50 ℃)的干燥箱(4.1)内或用热过滤漏斗(4.2)进行过滤。

6 贮存

样品的贮存应满足样品类型和试验所需的条件。

ICS 67.040
X 04

中华人民共和国国家标准

GB/T 15688—2008
代替 GB/T 15688—1995

动植物油脂 不溶性杂质含量的测定

Animal and vegetable fats and oils—Determination of insoluble impurities content

(ISO 663:2007,MOD)

2008-11-04 发布 2009-01-01 实施

中华人民共和国国家质量监督检验检疫总局
中国国家标准化管理委员会 发布

前　言

本标准修改采用国际标准 ISO 663:2007《动植物油脂　不溶性杂质含量的测定》(英文版)。

本标准与 ISO 663:2007 的主要差异如下:

——油脂试样制备要求按 GB/T 15687(GB/T 15687—1995,eqv ISO 661:1989)。

为了便于使用,本标准进行了下列编辑性修改:

——删除国际标准的前言;

——将"本国际标准"改为"本标准";

——用小数点"."代替原文中作为小数点的",";

——对有关公式进行了编号。

本标准代替 GB/T 15688—1995《动植物油脂中不溶性杂质含量的测定》。

本标准与 GB/T 15688—1995 相比较的主要变化为:

——增加了有关试样制备的规定;

——修改了精密度要求。

本标准的附录 A 为资料性附录。

本标准由国家粮食局提出。

本标准由全国粮油标准化技术委员会归口。

本标准负责起草单位:华中农业大学、武汉市标准化研究院。

本标准主要起草人:彭光华、黄勇、李顺泉、朱影、黄青、许倩兮。

本标准所代替标准的历次版本发布情况为:

——GB/T 15688—1995。

动植物油脂 不溶性杂质含量的测定

1 范围

本标准规定了动植物油脂中不溶性杂质含量的测定方法。

本标准适用于动植物油脂。如果皂类(特别是钙皂)或氧化脂肪酸不作为不溶性杂质含量进行计算,应采用不同的溶剂和操作方法,使不溶性杂质含量的测定符合相关要求。

2 规范性引用文件

下列文件中的条款通过本标准的引用而成为本标准的条款。凡是注日期的引用文件,其随后所有的修改单(不包括勘误的内容)或修订版均不适用于本标准,然而,鼓励根据本标准达成协议的各方研究是否可使用这些文件的最新版本。凡是不注日期的引用文件,其最新版本适用于本标准。

GB/T 15687 油脂试样制备(GB/T 15687—1995,eqv ISO 661:1989)

3 术语和定义

下列术语和定义适用于本标准。

3.1

不溶性杂质含量 insoluble impurities content

在本标准规定的条件下,不溶于正己烷或石油醚的物质及外来杂质的量。

注 1:含量用质量分数表示。

注 2:这些杂质包括机械杂质、矿物质、碳水化合物、含氮化合物、各种树脂、钙皂、氧化脂肪酸、脂肪酸内酯和(部分)碱皂、羟基脂肪酸及其甘油酯等。

4 原理

用过量正己烷或石油醚溶解试样,对所得试液进行过滤,再用同样的溶剂冲洗残留物和滤纸,使其在 103 ℃下干燥至恒质计算不溶性杂质的含量。

5 试剂

警告:应采用处理危险品的操作规则,遵循各种技术、组织及个人的安全措施。

除另有说明,所用试剂均为分析纯。

5.1 正己烷或石油醚:石油醚的馏程为 30 ℃~60 ℃,溴值小于 1。上述任何一种溶剂,每 100 mL 完全蒸发后的残留物应不超过 0.002 g。

5.2 硅藻土:经纯化、煅烧,其质量损失在 900 ℃(赤热状态)下少于 0.2 %。

6 仪器

实验室常规设备和试验仪器及以下仪器。

6.1 分析天平:分度值 0.001 g。

6.2 电烘箱:可控制在 103 ℃±2 ℃。

6.3 锥形瓶:容量 250 mL,带有磨口玻璃塞。

6.4 干燥器：内装有效干燥剂。

6.5 无灰滤纸：无灰滤纸在燃烧后的最大残留物质量为 0.01%，对尺寸大于 2.5 μm 的颗粒的拦截率可达到 98%。玻璃纤维过滤器为带盖直径为 120 mm 的金属(最好是铝制)或玻璃容器。

6.6 坩埚式过滤器：玻璃，P16 级，(孔径 10 μm～16 μm)，直径 40 mm，容积 50 mL，带抽气瓶。可以替代(6.5)所描述的过滤器来过滤包括酸性油在内的所有产品。

7 扦样

扦样不是本标准规定的内容，推荐采用 GB/T 5524。

实验室收到的样品应具有代表性，在运输或存储过程中不得受损或改变。

8 试样制备

按 GB/T 15687 方法制备试样。

9 操作步骤

9.1 试样

在锥形瓶(6.3)中，称取约 20 g 试样(第 8 章)，精确至 0.01 g。

9.2 测定

9.2.1 将滤纸及带盖过滤器(6.5)或坩埚式过滤器(6.6)置于烘箱(6.2)中，烘箱温度为 103 ℃，加热烘干燥。在干燥器(6.4)中冷却，并称量，精确至 0.001 g。对于酸性油按 9.2.7 准备坩埚，然后再按 9.2.2 操作。

9.2.2 加 200 mL 正己烷或石油醚(5.1)于装有试样(9.1)的锥形瓶中，盖上塞子并摇动。对于蓖麻油可增加溶剂量以便于操作，因此可采用较大的锥形瓶。在 20 ℃下放置 30 min。

9.2.3 在合适的漏斗中通过无灰滤纸过滤，必要时通过坩埚式过滤器抽滤。清洗锥形瓶时要确保所有的杂质都被洗入滤纸或坩埚中。

用少量的溶剂(9.2.2)清洗滤纸或坩埚过滤器，洗至溶剂不含油脂。如有必要，适当加热溶剂，但温度不能超过 60 ℃，用于溶解滤纸上的一些凝固的脂肪。

9.2.4 将滤纸从漏斗移到过滤器(6.5)中，静置，使滤纸上的大部分溶剂在空气中挥发，并在 103 ℃烘箱中使溶剂完全蒸发，然后从烘箱中取出，盖上盖子，在干燥器(6.4)中冷却并称量，精确至 0.001 g。

9.2.5 如果用坩埚式过滤器，使坩埚式过滤器上的大部分溶剂在空气中挥发，并在 103 ℃烘箱中使溶剂完全蒸发，然后在干燥器(6.4)中冷却并称量，精确至 0.001 g。

9.2.6 如果要测定有机杂质含量，必要时使用预先干燥并称量的无灰滤纸，灰化含有不溶性杂质的滤纸，从被测不溶性杂质的质量中减去所得滤纸灰分的质量。

有机杂质含量以质量分数表示，需在计算式中乘以 $100/m_0$，m_0 表示的是质量，单位以克(g)计。

9.2.7 如果要分析酸性油，玻璃坩埚式过滤器要按如下方法涂布硅藻土(5.2)。在 100 mL 的烧杯中用 2 g 硅藻土和 30 mL 石油醚(5.1)混合成膏状。在减压状态下将膏状混合物倒入坩埚式过滤器，使玻璃过滤器上附着一层硅藻土。

将涂有硅藻土坩埚式过滤器置于烘箱(6.2)中，在温度为 103 ℃烘箱内干燥 1 h 后，移入干燥器(6.4)中冷却并称量，精确至 0.001 g。

9.2.8 按上述方法对同一试样(第 8 章)测定两次。

10 结果表示

试样中不溶性杂质含量 w(以质量分数表示)按式(1)计算：

$$w = \frac{m_2 - m_1}{m_0} \times 100\% \quad \cdots\cdots(1)$$

式中：

m_0——试样（9.1）的质量，单位为克（g）；

m_1——带盖过滤器及滤纸，或坩埚式过滤器（9.2.1）的质量，单位为克（g）；

m_2——带盖过滤器及带有干残留物（9.2.4）的滤纸，或坩埚式过滤器及干残留物（9.2.5）的质量，单位为克（g）。

结果保留两位小数。

11 精密度

11.1 实验室间测试

附录A汇总了本方法精密度的实验室间测试情况。从这些测试中得到的值可能不适用于其他浓度范围和其他测试对象。

11.2 重复性

在同一实验室，由同一操作者使用相同设备，按相同的测试方法，并在短时间内对同一被测对象相互独立进行测试获得的两次独立测试结果的绝对差值大于表A.1中所给的重复性限值（r）的情况不超过5%。

11.3 再现性

在不同的实验室，由不同的操作者使用不同的设备，按相同的测试方法，对同一被测对象相互独立进行测试获得的两次独立测试结果的绝对差值大于表A.1中所给的再现性限值（R）的情况不超过5%。

12 测试报告

测试报告中应详细说明：

——测试样品所需的所有有关信息；

——若已知采样方法，则注明；

——采用的检验方法及引用标准；

——使用的溶剂；

——本标准中没有具体说明的，或者被认为是可选的，以及所有可能影响结果的操作细节；

——测定结果。如果进行了重复性试验，应说明两次测定的结果和平均结果。

附　录　A
（资料性附录）
实验室间测试结果

由油类、种子、脂肪协会联盟组织（FOSFA）组织多个实验室根据 ISO 5725-2 对棕榈油、天然棕榈油及棕榈核油中不溶性杂质进行了测定。

结果见表 A.1。

表 A.1　各实验室对不同油的测试结果

样　　品	RDB 棕榈甘油脂肪	RDB 棕榈油	天然棕榈核油	天然棕榈甘油脂	天然鱼油	天然棕榈油
参加的实验室数目	16	35	41	27	41	12
去除异常值保留实验室数目	16	31	33	26	35	11
所有实验室每个样品的单个测试结果	16	93	66	52	70	22
平均值/%	0.004	0.008	0.012	0.016	0.021	0.025
重复性的标准偏差（S_r）	0.003	0.003	0.003	0.005	0.004	0.004
重复性的变异系数/%	57.1	41.1	22.4	30.5	20.4	14.8
重复性限值（r）（$S_r \times 2.8$）	0.007	0.009	0.008	0.013	0.012	0.010
再现性标准偏差（S_R）	0.005	0.010	0.010	0.009	0.009	0.013
再现性变异系数/%	116.6	119.6	81.2	58.2	39.8	52.3
再现性限值（R）（$S_R \times 2.8$）	0.014	0.027	0.028	0.026	0.024	0.037

参 考 文 献

[1] GB/T 5524—2008 动植物油脂 扦样.

[2] ISO 5725-1:1994 Accuracy(trueness and precision) of measurement methods and results—Part 1:General principles and definitions.

[3] ISO 5725-2:1994 Accuracy(trueness and precision) of measurement methods and results—Part 2:Basic method for the determination of repeatability and reproducibility of a standard measurement method.

ICS 67.040
B 30

中华人民共和国国家标准

GB/T 15689—2008
代替 GB/T 15689—1995

植物油料 油的酸度测定

Oilseeds—Determination of acidity of oils

(ISO 729:1988,MOD)

2008-11-04 发布 2009-01-01 实施

中华人民共和国国家质量监督检验检疫总局
中国国家标准化管理委员会 发布

前　　言

本标准修改采用国际标准 ISO 729:1988《油籽中油的酸度测定》(英文版)。

本标准与 ISO 729:1988 相比的主要技术差异如下:

——增加了结果允许差的要求(见本标准 9.2)。

为了便于使用,本标准进行了下列编辑性修改:

——删除国际标准的前言;

——将“本国际标准”改为“本标准”;

——用小数点“.”代替原文中作为小数点的“,”;

——对有关公式进行了编号。

本标准代替 GB/T 15689—1995《油籽中油的酸度测定》。

本标准与 GB/T 15689—1995 相比的主要变化如下:

——增加了 9.1.3 单独分析纯种子或杂质中的油;

——修改了精密度要求。

本标准由国家粮食局提出。

本标准由全国粮油标准化技术委员会归口。

本标准负责起草单位:南京财经大学,江苏省产品质量监督检验研究院。

本标准主要起草人:杨慧萍、袁建、蔡晶、杨晓蓉、王素雅、黄晓风、孟列群。

本标准所代替标准的历次版本发布情况为:

——GB/T 15689—1995。

植物油料　油的酸度测定

1　范围

本标准规定了油籽中油的酸度的测定方法，其结果以酸值或酸度表示。

酸度取决于一般产品中(纯种子和杂质)得到的油；如果需要，也可单独分析纯种子或杂质中得到的油。

本标准不适用于带绒棉籽、油棕榈和油橄榄果中油的酸度测定。

注：由于在实验室间测试中，对月桂酸含量高的种子和果实(干椰肉、棕榈仁)测试数据较少，因此，该方法应用于这些油料还存在疑问。

2　规范性引用文件

下列文件中的条款通过本标准的引用而成为本标准的条款。凡是注日期的引用文件，其随后所有的修改单(不包括勘误的内容)或修订版均不适用于本标准，然而，鼓励根据本标准达成协议的各方研究是否可使用这些文件的最新版本。凡是不注日期的引用文件，其最新版本适用于本标准。

GB/T 14488.1　植物油料　含油量的测定(GB/T 14488.1—2008，ISO 659:1998，MOD)

ISO 542:1990　油籽　取样

3　术语和定义

下列术语和定义适用于本标准。

3.1

酸度　acidity

游离脂肪酸所占油的质量分数。

3.2

酸值　acid value

中和 1 g 油中游离脂肪酸所需氢氧化钾的毫克数。

根据油脂的种类，酸度可按表 1 表示。

表 1　不同种类油脂的酸度表示方法

油脂的种类	表示的脂肪酸	摩尔质量/(g/mol)
椰子油，棕榈仁油和月桂酸含量高的油类	月桂酸	200
其他油脂	油酸	282

当结果写的是“酸度”而又无详细说明时，则这个“酸度”通常是用油酸来表示的。

4　原理

将油籽含油量测定时提取的油，溶解在乙醚和乙醇的混合溶剂中，然后用氢氧化钾标准溶液滴定存在于油中的游离脂肪酸，并计算游离脂肪酸含量，以酸度或酸值表示。

5　试剂

本标准所列试剂均为分析纯，水为蒸馏水或纯度相当的水。

5.1 乙醚与95%乙醇混合溶剂按体积比1∶1混合。

使用前每100 mL混合溶剂中，加入0.3 mL指示剂(5.3)用氢氧化钾标准溶液(5.2)准确中和。

警告：乙醚高度易燃，并能生成爆炸性过氧化物，使用时必须特别谨慎。

注：甲苯可代替乙醚；必要时异丙醇可代替乙醇。

5.2 氢氧化钾标准溶液：[在95%(体积分数)乙醇中]c(KOH)＝0.1 mol/L或必要时c(KOH)＝0.5 mol/L。

最少5天前配制氢氧化钾溶液，移清液于玻璃瓶中贮存，用橡皮塞塞紧。溶液应为无色或浅黄色，并标定其准确浓度。

用下述方法可制备无色、稳定的氢氧化钾溶液：1 000 mL 95%乙醇中加入8 g氢氧化钾和0.5 g铝屑，加热回流1 h，然后立即进行蒸馏。在馏出液中溶解需要量的氢氧化钾，静置几天后，慢慢倒出上层清液，弃去碳酸钾沉淀。

也可不用蒸馏的方法制备此溶液：加入4 mL丁酸铝至1 000 mL 95%乙醇中，静置几天后，慢慢倒出上层清液并溶入所需的氢氧化钾，此溶液配好后即可使用。

5.3 酚酞指示剂溶液：10 g/L的95%乙醇溶液，或碱性蓝6B指示剂溶液(适用于深色油)：20 g/L的95%乙醇溶液。

6 仪器

一般实验室仪器及以下仪器。

6.1 抽提油所需设备。

6.2 滴定管：10 mL，最小刻度0.05 mL。

6.3 分析天平：精确度0.000 1 g。

7 扦样

按ISO 542：1990执行。

8 操作步骤

8.1 油籽中油的提取

按照GB/T 14488.1进行提取。

8.2 试样

由GB/T 14488.1方法所得全部抽提物即为试样，称准至0.000 1 g，称量后立即进行测定(8.3)。

8.3 测定

将试样(8.2)加入50 mL～150 mL预先中和过的乙醚-乙醇混合溶剂(5.1)溶解，然后用氢氧化钾标准溶液(5.2)边滴定边摇动，直到指示剂变色(酚酞变为粉红色或碱性蓝6B变为红色，最少维持10 s不褪)。

注1：如果滴定所需0.1 mol/L氢氧化钾标准溶液体积超过10 mL时，可用浓度为0.5 mol/L氢氧化钾标准溶液。

注2：如果滴定中溶液变混浊可加适量乙醚-乙醇混合溶剂(5.1)至形成清液。

8.4 测定次数

同一试样进行两次测定。

9 结果计算和表达

9.1 计算方法

9.1.1 试样的酸度(3.1)测定用酸值表示时，按式(1)计算：

$$X_1 = \frac{V \times c \times 56.1}{m} \quad \cdots\cdots(1)$$

式中：

X_1——试样的酸值，单位为毫克每克(mg/g)；

V——所用氢氧化钾标准溶液的体积，单位为毫升(mL)；

c——所用氢氧化钾标准溶液的准确浓度，单位为摩尔每升(mol/L)；

m——试样(8.2)的质量，单位为克(g)；

56.1——氢氧化钾的摩尔质量，单位为克每摩尔(g/mol)。

9.1.2 试样的酸度测定用酸度表示时，按式(2)计算：

$$X_2 = \frac{V \times c \times M}{10 \times m} \qquad (2)$$

式中：

X_2——试样的酸度，%；

M——表示结果选用的酸的摩尔质量(见表1)，单位为克每摩尔(g/mol)；

V——所用氢氧化钾标准溶液的体积，单位为毫升(mL)；

c——所用氢氧化钾标准溶液的准确浓度，单位为摩尔每升(mol/L)；

m——试样(8.2)的质量，单位为克(g)。

9.1.3 单独分析纯种子或杂质中的油

测定杂质中油的酸度时，可用10 g杂质抽提油。

试样中油的酸值及酸度可由式(3)和式(4)计算：

a) 试样中油的酸值

$$X_1 = \frac{a_1 w_{x1} w_{h1} + a_2 w_{x2} w_{h2}}{w_{x1} w_{h1} + w_{x2} w_{h2}} \qquad (3)$$

b) 试样中油的酸度，以%表示

$$X_2 = \frac{w_{p1} w_{x1} w_{h1} + w_{p2} w_{x2} w_{h2}}{x_{x1} w_{h1} + w_{x2} w_{h2}} \qquad (4)$$

式中：

X_1——试样的酸值，单位为毫克每克(mg/g)；

X_2——试样的酸度，%；

a_1——纯种子中油的酸值，单位为毫克每克(mg/g)；

a_2——杂质中油的酸值，单位为毫克每克(mg/g)；

w_{h1}——纯种子中油的质量分数，%；

w_{h2}——杂质中油的质量分数，%；

w_{p1}——纯种子中油的酸度，%；

w_{p2}——杂质中油的酸度，%；

w_{x1}——纯种子占样品的质量分数，%；

w_{x2}——杂质占样品的质量分数，%。

对于花生果：

w_{h2}——所有细杂(细杂来自于种子和外来物)以及其他杂质中油的质量分数，%；

w_{x1}——纯种子(不包括粗粉)占样品的质量分数，%；

w_{x2}——所有细杂和其他杂质占样品的质量分数，%。

9.2 结果允许差

9.2.1 酸值表示的允许差

两次同时测定的结果允许差不超过0.4 mg/g，以其算术平均值作为测定结果，测定结果保留一位小数。

9.2.2 酸度表示的允许差

两次同时测定的结果允许差不超过 0.2%，以其算术平均值作为测定结果，测定结果保留一位小数。

10 精密度

有关两次国际实验室间的试验：分别为 14 个实验室，每个实验室完成两次测定(No. 1)；18 个实验室，每个实验室完成三次测定(No. 2)，其统计结果(与 ISO 5725 对照)见表 2。

表 2 国际实验室联合试验结果

作为酸值的结果

样品	椰子		葵花籽		大豆	
	国际实验室测试		国际实验室测试		国际实验室测试	
	No. 1	No. 2	No. 2	No. 1	No. 1	No. 2
实验室数目	13	18	18	12	13	16
平均值	0.98	1.55	1.44	2.26	1.82	1.96
重复性标准差，S_r	0.06	0.09	0.09	0.12	0.07	0.20
重复性变异系数	6.0%	5.8%	6.4%	5.5%	3.7%	10.3%
重复性，$2.83S_r$	0.17	0.25	0.26	0.35	0.19	0.57
再现性标准差，S_R	0.17	0.40	0.43	0.70	0.43	0.43
再现性变异系数	18%	26%	30%	31%	24%	22%
再现性，$2.83S_R$	0.48	1.14	1.23	1.98	1.22	1.21

11 测试报告

测试报告应注明所采用的方法和获得的结果，清楚说明使用的表述方式和结果记录是适用于一般种子中得到的油或纯种子中得到的油。也应提及所有没在此标准中说明的细节，或者认为是可选的测试条件，以及任何可能影响测定结果的因素。

测试报告应包括样本测定所需的全部资料。

ICS 67.200
X 14

中华人民共和国国家标准

GB/T 15690—2008/ISO 5511:1992
代替 GB/T 15690—1995

植物油料　含油量测定　连续波低分辨率核磁共振测定法(快速法)

Oilseeds—Determination of oil content—Method using continuous-wave low-resolution nuclear magnetic resonance spectrometry(Rapid method)

(ISO 5511:1992,IDT)

2008-11-04 发布　　2009-01-20 实施

中华人民共和国国家质量监督检验检疫总局
中国国家标准化管理委员会　发布

前　言

本标准等同采用ISO 5511:1992《植物油料　含油量测定　连续波低分辨率核磁共振测定法(快速法)》及该标准的第1号修改单。

为便于使用,本标准作了下列编辑性修改:

——“本国际标准”一词改为“本标准”;

——用小数点“.”代替作为小数点的逗号“,”;

——删除国际标准的前言。

本标准是对GB/T 15690—1995《油籽含油量核磁共振测定法》的修订。

本标准与GB/T 15690—1995的主要技术差异如下:

——删除了附录A《小测定管的测定法》。

本标准自实施之日起代替GB/T 15690—1995。

本标准由国家粮食局提出。

本标准由全国粮油标准化技术委员会归口。

本标准起草单位:湖北省国家粮食质量监测中心。

本标准主要起草人:刘勇、刘坚、王艳、熊宁、余敦年。

本标准所代替标准的历次版本发布情况为:

——GB/T 15690—1995。

植物油料 含油量测定 连续波低分辨率核磁共振测定法(快速法)

1 范围

本标准规定了用连续波低分辨率核磁共振测定法测定油料含油量的快速方法。

一般情况下,本标准不适用于制取的油脂在20 ℃下不完全呈液态的油料(如:非洲酪脂果、棕榈、雾冰草脂、可可豆等)。

本方法对如下油进行了验证:油菜籽、大豆、向日葵籽、花生。

注1:GB/T 14488.1是油料含油量的标准方法。

2 规范性引用文件

下列文件中的条款通过本标准的引用而成为本标准的条款。凡是注日期的引用文件,其随后所有的修改单(不包括勘误的内容)或修订版均不适用于本标准,然而,鼓励根据本标准达成协议的各方研究是否可使用这些文件的最新版本。凡是不注日期的引用文件,其最新版本适用于本标准。

GB/T 14488.1 植物油料 含油量测定(GB/T 14488.1—2008,ISO 659:1988,MOD)

ISO 664:1990 油料 试验室样品缩分为试样

GB/T 14489.1 油料 水分及挥发物含量测定(GB/T 14489.1—2008,ISO 665:2000,IDT)

GB/T 10358 油料饼粕 水分及挥发物含量的测定(GB/T 10358—2008,ISO 771:1977,IDT)

3 术语和定义

下列术语和定义适用于本标准。

3.1

含油量 oil content

按本标准规定的方法,测得油料在20 ℃下所含液态有机物质的总量占油料的质量分数。

3.2

单独实验结果 single test result

按本标准规定的实验操作步骤,完成一次测试得到的试验结果。

3.3

重复性条件 repeatability conditions

在同一实验室,由同一操作者使用相同设备,按相同的测试方法,并在短时间内对同一样品进行测试取得相互独立测试结果的条件。[ISO 5725:1986,3.1.7]

4 原理

以氢原子在连续波低分辨率核磁共振波谱测定仪中所产生的核磁共振信号为依据,测定油料中液态有机物质的含量。待测样品预先已在103 ℃±2 ℃下干燥,同时考虑固体物质(油粕)的影响。

5 材料

5.1 校准油:从与待测的油料类似产区、类似化学组成的同种油料中,按GB/T 14488.1规定方法进行提取,得到的油储存于干燥条件下以防止氧化,一个月内使用。

5.2　油粕:从与待测的油料类似产区、类似化学组成的同种油料中,按 GB/T 14488.1 规定方法提取油后的残渣,一个月内使用。

6　仪器

实验室常用仪器,以及以下仪器:

6.1　GB/T 14489.1 中干燥所用到的设备。

6.2　连续波低分辨率核磁共振波谱测定仪。

6.3　测定管:由不含氢原子的非导磁材料制作(如玻璃或聚四氟乙烯),能容纳仪器规定的最大体积,能密封,适用于核磁共振含油量测定仪(6.2)。

6.4　干燥器:装有有效干燥剂。

7　扦样

所取样品应具有代表性,且在运输和储藏的过程中无损坏或变质。

本标准不规定扦样方法,推荐采用 ISO 542 的方法。

8　试样制备

按 ISO 664 制备试样后,用磁铁除去试样中铁磁性金属物。

注 2:铁磁性金属物会产生错误的结果。

9　操作步骤

温度对实验结果的影响很大(温度每变化 1 ℃会使油的响应值减少约 0.3%)。仪器的校准和样品测试均要求在同一测试温度下进行。建议在测试前,对所使用的仪器设备和待测样品均保存在同一测试温度条件下以平衡温度。另外,每 30 min 对仪器进行一次简单校准(见 9.2.5)。

9.1　检查重复性

如有需要,检查仪器是否符合重复性要求(第 11 章)。在重复性试验的条件下(见 3.3),进行两次独立试验,每次试验进行两次测试得到两个结果(9.6),测试结果应符合重复性要求。

9.2　仪器校准

9.2.1　根据仪器说明书调整好仪器(6.2),然后在仪器测定探头中放入空测定管(6.3)调整零点。

9.2.2　分别称取校准油(5.1)5 g、10 g、20 g,若仪器允许则增加一个 30 g 校准油,准确至 0.01 g,放于准备好的三(或四)只经过调整一致的测定管(即测定空管响应值为零)(6.3)中待用,注意不要将油滴附在测定管的管壁上。

9.2.3　在仪器测定探头中分别放入按 9.2.2 制备的四只校准油测定管。使用一个适当的射频能量水平,以获得与背景噪声相关的一个符合要求的信号,但不能产生大于约 1% 的饱和。如果仪器的射频能量与饱和间的关系是已知的,则正确的饱和水平选择可由使用者自调。如果以上关系是未知的,则正确的饱和水平选择应从仪器制造商处获得。在仪器积分时间处于最佳重复测定状态时,测定核磁共振信号,求得每只测定管五次测定的平均值,以 $\overline{R}_5$、$\overline{R}_{10}$、$\overline{R}_{20}$ 和 $\overline{R}_{30}$ 表示。

9.2.4　以 9.2.3 测定核磁共振信号 $\overline{R}_x$ 为纵坐标,对应的测定管中校准油的质量为横坐标作图,此图为通过原点的直线。如果不是这样,可根据仪器说明书对仪器进行必要的调整。

9.2.5　定期检查校准仪器(如可能,每天校准一次)。如果仪器和样品的温度无法控制,每隔 30 min 测定 20 g 或 30 g 校准油的响应值,检查校正曲线斜率的变化。

9.3　测试样品

称取至少 20 g 样品(第 8 章),准确至 0.01 g,样品应能装至测定管(6.3)的刻度。

注 3:测试管有效测试高度(大约 20 g 样品)应在仪器的磁场区域内,但是一些仪器不能达到此要求。如果测试管中的测试样品小于 20 g,那么测定结果就不具代表性,这种情况下需进行多次测定。

9.4 干燥

按 GB/T 14489.1 规定测定试样的水分含量，干燥试样。

将放置试样测定管的干燥器(6.4)与核磁共振含油量测定仪(6.2)放在同一房间(通常温度大约 20 ℃)至少 3 h，保证试样和仪器在测定前处在同一测定温度下。房间的温度不能有突然的变化。

注 4：如可能，应使用可控温的房间。

9.5 测定

将干燥后的样品迅速完整转入与校准油用的相同的测定管(6.3)，并加塞防止样品水分的变化。

按照仪器校准时调整好的操作参数，测定五次，平均值为 $\overline{R}$。

9.6 油粕的校正

9.6.1 称取经干燥、冷却的抽提完全的油粕(5.2)m_r，准确至 0.01 g，放入与校准油用的相同的测定管(6.3)中(尽可能装至刻度)，密封并保持在测定的温度下。

注 5：在称取油粕前，应按照 GB/T 10358 于 103 ℃±2 ℃干燥油粕，并在干燥器(6.4)中冷却。

9.6.2 按照仪器校准时调整好的操作参数，在仪器测定探头中放入油粕测定管(9.6.1)，测定五次，平均值记为 R_r。

9.6.3 分别称取相同质量 m_r 的油粕(9.6.1)于 5 只至 10 只测定管中，按照步骤 9.6.2 连续测定，取这些测定平均响应值的平均值为 $\overline{T}$。此值每个月只需测定一次。

注 6：通常，采用此方法测得的未经修正的油菜籽含油量比采用 GB/T 14488.1 测得的结果，平均约高 0.30%(质量分数)。

9.7 测定次数

每份测试样品至少测定两次，特别是不同种类的测试样品。

10 结果计算

10.1 油料表观含油量 W_a 按式(1)计算：

$$W_a = \frac{\overline{R} \times m_x}{\overline{R}_x \times m_0} \times 100\% \quad \cdots\cdots(1)$$

式中：

W_a——油料表观含油量(以质量分数计)；

m_0——干燥前试样的质量(9.3)，单位为克(g)；

m_x——标准油标样的质量(9.2)，单位为克(g)；

$\overline{R}$——试样响应值的平均值(9.5)；

$\overline{R}_x$——校准油响应值的平均值，由仪器校正曲线查得(9.2)。

10.2 油粕表观含油量 W_r 按式(2)计算：

$$W_r = \frac{\overline{T} \times m_x}{\overline{R}_x \times m_r} \times 100\% \quad \cdots\cdots(2)$$

式中：

W_r——油粕表观含油量(以质量分数计)；

m_r——油粕的质量，单位为克(g)；

$\overline{T}$——油粕响应值的平均值。

m_x 和 $\overline{R}_x$ 定义同 10.1。

10.3 油料含油量 W 按式(3)计算：

$$W = \frac{W_a - W_r(1 - \frac{W_H}{100\%})}{1 - \frac{W_r}{100\%}} \quad \cdots\cdots(3)$$

式中：

W——油料含油量(以质量分数计)；

W_H——油料水分含量(以质量分数计)。

W_a 和 W_r 定义分别如 10.1 和 10.2。

若两次测定(9.7)的结果差不超过 0.4%(质量分数)，结果取两次测定的平均值。若双测定的结果差大于 0.4%(质量分数)，按第 9 章重新进行测定。

结果取小数点后一位。

注 7：对于一定品种的油料，通常油粕的响应值是一定的。如测定油菜籽含油量时(见 9.6 注 6)，有近似公式 $W=W_a-0.30\%$(质量分数)。

11 重复性

在重复性条件(3.3)下，两个单独实验结果(3.2)的允许差不得超过 0.6%(质量分数)。

如果两次测定结果差大于 0.6%(质量分数)，则另取两份样品按第 9 章、第 10 章重新测定。

12 测试报告

测试报告应写明所使用的方法、得到的结果、使用核磁共振仪的型号和名称、仪器调试情况。以及包括实验过程中标准中没有提及到，对结果有影响的实验细节。

测试报告应包括所测样品的完整信息。

参 考 文 献

[1] ISO 542:1990 Oilseed—Sampling.

[2] ISO 5725:1986 Precision of test methods—Determination of repeatability and reproducibility for a standard test method by inter-laboratory tests.

ICS 67.220.10
X 44

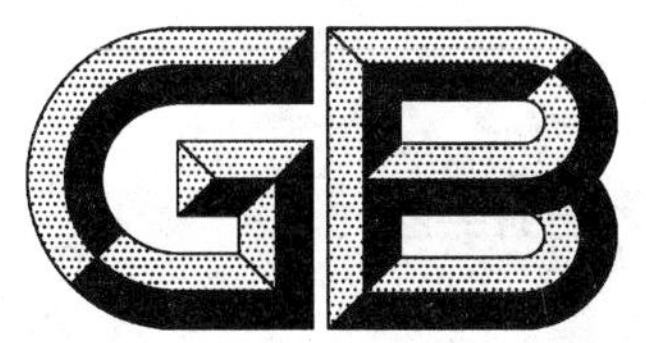

中华人民共和国国家标准

GB/T 15691—2008
代替 GB/T 15691—1995

香辛料调味品通用技术条件

General techniques and standards for spices and condiments

2008-07-16 发布　　　　2008-11-01 实施

中华人民共和国国家质量监督检验检疫总局
中国国家标准化管理委员会　发布

前 言

本标准是对 GB/T 15691—1995《香辛料调味品通用技术条件》的修订，与 GB/T 15691—1995 相比，具体技术内容没有变动，在格式和文字上作了一些编辑性修改，按 GB/T 12729.1 新修订版内容，将 3.1 中香辛料品种数改为 68 种；将“净含量负偏差”列入出厂检验项目中；将“孔/cm^2”换算成孔径。

本标准代替 GB/T 15691—1995。

本标准由中华全国供销合作总社提出并归口。

本标准起草单位：中华全国供销合作总社南京野生植物综合利用研究院。

本标准主要起草人：陈仕荣、张卫明。

本标准所代替标准的历次版本发布情况为：

——GB/T 15691—1995。

香辛料调味品通用技术条件

1 范围

本标准规定了粉状和颗粒状植物性香辛料调味品的术语、产品分类、原料要求、技术要求、试验方法、检验规则和标志、包装、运输、贮存、保质期。

本标准适用于以植物性香辛料为主要原料或配以其他辅料制成的用于食品中的香辛料调味品。

2 规范性引用文件

下列文件中的条款通过本标准的引用而成为本标准的条款。凡是注日期的引用文件，其随后所有的修改单(不包括勘误的内容)或修订版均不适用于本标准，然而，鼓励根据本标准达成协议的各方研究是否可使用这些文件的最新版本。凡是不注日期的引用文件，其最新版本适用于本标准。

GB/T 6388 运输包装收发货标志

GB 7718 预包装食品标签通则

GB/T 12729.1 香辛料和调味品 名称(GB/T 12729.1—2008,ISO 676:1995,NEQ)

GB/T 12729.2 香辛料和调味品 取样方法(GB/T 12729.2—2008,ISO 948:1980,NEQ)

GB/T 12729.6 香辛料和调味品 水分含量的测定(蒸馏法)(GB/T 12729.6—2008,ISO 939:1980,NEQ)

GB/T 12729.7 香辛料和调味品 总灰分的测定(GB/T 12729.7—2008,ISO 928:1997,NEQ)

GB/T 12729.9 香辛料和调味品 酸不溶性灰分的测定(GB/T 12729.9—2008,ISO 930:1997,MOD)

定量包装商品计量监督管理办法 国家质量监督检验检疫总局(2006)第75号令

3 术语和定义

下列术语和定义适用于本标准。

3.1

香辛料调味品 spices and condiments

GB/T 12729.1中规定的68种可用于食品加香调味，能赋予食物以香、辛、辣等风味的天然植物性产品及其混合物。

3.2

粉状香辛料调味品 ground spices and condiments

用0.2 mm孔径的筛子过筛，振筛4 min，筛上残留物量小于或等于2.5 g/100 g。

3.3

颗粒状香辛料调味品 granular spices and condiments

用0.2 mm孔径的筛子过筛，振筛4 min，筛上残留物量大于2.5 g/100 g。

4 产品分类

按单一原料和复合原料，产品分为两类。

4.1 单一型

由单一香辛料制成的调味品。

4.2 复合型

由两种或两种以上香辛料配制而成的调味品。

5 原料要求

5.1 各种原料应干燥、无虫蛀、无霉变、无异味、无污染、无杂质，具有该原料应有的色泽，天然芳香味或辛辣味。

5.2 凡需加工整理的各种原料，应经挑选、风筛去除杂质后方可投产。

6 技术要求

6.1 感官要求

具有该产品应有的色泽、气味和滋味。

6.2 理化指标

理化指标应符合表1的要求。

表1 理化指标

项　　目	指　　标	检验方法
筛上残留量/(g/100 g)	≤2.5	7.2
水分/%	≤14	GB/T 12729.6
总灰分/%	≤10	GB/T 12729.7
酸不溶性灰分/%	≤5	GB/T 12729.9
注：颗粒状产品的磨碎细度不作规定。		

6.3 净含量负偏差

应符合国家质量监督检验检疫总局(2006)第75号令《定量包装商品计量监督管理办法》。

7 试验方法

本试验所用水为蒸馏水，所用试剂除特别注明外，均为分析纯。

7.1 感官要求的检查

感官要求的检查用感官法测定。

随机抽取10 g样品，平铺于洁净的白瓷盘中，在自然光线下，用肉眼观察其色泽，闻其香味，并取少许放于舌尖，涂布满口，仔细品尝其滋味。

7.2 磨碎细度的检验

7.2.1 设备

a) 电动振荡机：转速1 400 r/min。

b) 标准金属丝网筛子：0.2 mm。

c) 天平：感量0.1 g。

7.2.2 测定

称取100 g样品放入装有标准金属丝网筛子的电动振荡机内，振荡4 min，称量筛上残留物的质量。

7.3 水分的测定

按GB/T 12729.6执行。

7.4 总灰分的测定

按GB/T 12729.7执行。

7.5 酸不溶性灰分的测定

按GB/T 12729.9执行。

7.6 净含量负偏差的测定

按国家质量监督检验检疫总局(2006)第75号令《定量包装商品计量监督管理办法》执行。

8 检验规则

8.1 组批

以同一产区、同一收获期、同一班次生产的同一品种的产品为一批。

8.2 取样方法

按GB/T 12729.2的规定执行。

8.3 检验类别

8.3.1 出厂检验

感官要求、磨碎细度、水分、净含量负偏差为出厂检验必检项目。

8.3.2 抽检

总灰分、酸不溶性灰分为每10批次抽检一次。

8.4 判定

检验结果如有不合格,可从该批中加倍抽样,对不合格项进行复验。如仍不合格,则判该批产品为不合格品。

9 标志、包装、运输、贮存和保质期

9.1 标志

产品运输包装上的标志应符合GB/T 6388的规定。

产品销售包装上的标签应符合GB 7718的规定。

9.2 包装

产品包装可分为瓶装、袋装等,各种包装材料不得影响产品质量,符合食品包装卫生要求。

9.3 运输

运输工具应洁净,严禁与有毒、有害、有异味的物品混运,运输中应防雨、防潮、防曝晒。

9.4 贮存

产品应贮存在清洁、通风、阴凉、干燥的仓库内,并应离地离墙,不得与有异味物品一起堆放。

9.5 保质期

在本标准规定的贮存条件下,保质期自生产之日起计,不得低于180天。

ICS 11.120.99
C 90

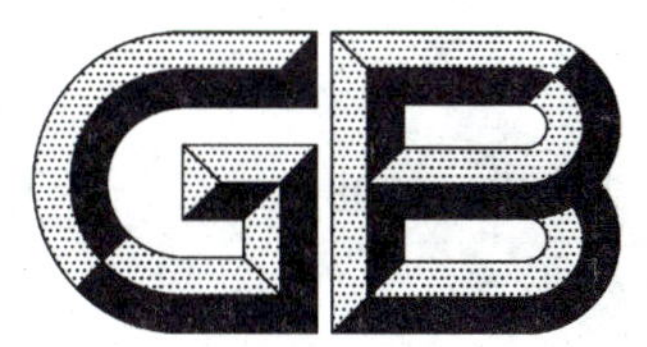

中华人民共和国国家标准

GB/T 15692—2008
代替 GB/T 15692.1～15692.9—1995

制药机械 术语

Terms of pharmaceutical machinery

2008-11-04 发布 2009-05-01 实施

中华人民共和国国家质量监督检验检疫总局
中国国家标准化管理委员会 发布

前　言

本标准是对 GB/T 15692.1～GB/T 15692.9—1995《制药机械名词术语》的修订。

本标准与 GB/T 15692.1～GB/T 15692.9—1995 相比，主要修改内容如下：

——将原标准的 9 个部分整合为一个标准；

——将标准名称改为《制药机械　术语》；

——增加了一般术语及其定义；

——对原标准的分类和排序作了适当调整；

——增加了制药工艺用气（汽）设备的术语及其定义；

——增加了 367 条术语及其定义；

——对原标准的术语及其定义重新进行确认和修订。

本标准由全国制药装备标准化技术委员会提出并归口。

本标准的起草单位：中国制药装备行业协会。

本标准主要起草人：孙金莲、郑国珍。

本标准所代替标准的历次版本发布情况为：

——GB/T 15692.1～GB/T 15692.9—1995。

制药机械　术语

1　范围

本标准规定了制药机械及设备的术语及其定义。

本标准适用于制药机械及设备的设计、制造、流通、使用及监督检验。

2　一般术语

2.1

制药机械　pharmaceutical machinery

完成和辅助完成制药工艺的生产设备。

2.2

制药机械(设备)新产品设计确认　new pharmaceutical machinery(equipment) design qualification

制药机械(设备)新产品的设计符合《药品生产质量管理规范》,满足用户需求标准要求等方面的核实及文件化工作。

2.3

设计确认　design qualification　DQ

使用方对所选制药机械(设备)满足《药品生产质量管理规范》、产品标准、用户需求标准及制造商的确认。

2.4

验证　validation

证实任何程序、生产过程、设备、物料、活动或系统确实能导致预期结果的有文件证明的工作。

2.5

安装确认　installation qualification　IQ

设备安装后进行设备的各种系统检查及技术资料的文件化工作。

2.6

运行确认　operational qualification　OQ

设备或与设备相关的系统达到设定要求而进行的各种运行试验及文件化工作。

2.7

性能确认　performance qualification　PQ

证明设备或与设备相关的系统达到设计性能的试生产试验及文件化工作。

2.8

标准操作规程　standard operating procedures

对制药机械(设备)的操作程序、设备安装调整、维护保养、故障处理等事项作出说明和规定的文件。

2.9

在位清洗　cleaning in place　CIP

系统或设备在原安装位置不拆卸、不移动进行的清洗。

2.10

在位灭菌　sterilization in place　SIP

系统或设备在原安装位置不拆卸、不移动进行的灭菌。

2.11

在位检测　inspection in place

在制品在原系统或设备上不需转位到其他系统或设备，直接进行的质量检测。

2.12

全自动机　full automatic machine

不采用人工辅助操作的机械。

2.13

半自动机　semi automatic machine

需人工进行辅助操作的机械。

2.14

多功能机　multi-functional machine

具有两个及以上功能的机械。

2.15

一体机　integrated machine

将多种操作工序组合于一台机器上完成的机械。

2.16

联动线　production line

由数台单机连接而成的连续生产系统。

2.17

药品　medicine and chemical reagent

用于预防、治疗、诊断人的疾病，有目的的调节人的生理机能并规定有适应症、用法和用量的物质，包括中药材、中药饮片、中成药、化学原料药及其制剂、抗生素、生化药品，放射性药品、血清疫苗、血液制品和诊断药品等。

2.18

药用辅料　additive material

生产药品和调配处方时所用的赋形剂和附加剂。其仅作为间隔体、支撑体、发挥辅助作用、不可单独使用的物料。

2.19

坨料　medicine lump

用于制作中药丸剂的粉状物料加入液体均匀混合成没有流动性，在外力作用下可形成任何形状的混合物。

2.20

药品包装物　medicine packaging material

药品直接装入包装容器内并封口的包装件。

2.21

药品包装　medicine packaging

将药品装入包装容器内并封口，或将药品包装物叠加、捆扎、装箱和在包装容器上或药品包装物上印字贴签的过程。

2.22

充填　filling

将固体制剂药品按预定量装入包装容器内的过程。

2.23

半加塞　half stoppling

将T型胶塞压入瓶内,T型平面不与瓶口接触。

2.24

全加塞　full stoppling

将T型胶塞压入瓶内,T型平面与瓶口平面完全接触。

2.25

封口　sealing

采用各种方式,对充填药物的包装容器进行封闭。

2.26

捆扎　bundle-up

用绳或带将药品包装物缠绕、收紧,并将绳或带的两接头扣牢。

2.27

印字　printing

在药品、药品包装物上印刷商标、色标、批号、有效期等内容。

2.28

炮制　sliced herbal medicine making procedures

药材经净制、切制、炮炙,制成饮片的过程。

2.29

起母　powder-like particle formulation

粉状物料在离心运动状态下,与雾化的、有粘结作用的浆液接触,形成0.2 mm～0.8 mm粒径颗粒的过程。

3

原料药机械及设备　machinery and equipment for pharmaceutical material

利用生物、化学及物理方法,实现物质转化,制取医药原料的机械及工艺设备。

3.1

反应设备　reaction equipment

在一定的条件下,用生物、化学方法实现物质间转化,生成新物质的设备。

3.1.1

机械搅拌反应设备　mechanical stirring reaction equipment

装有机械搅拌装置的反应设备。

3.1.2

气流搅拌反应设备　air-flow stirring reaction equipment

装有气流搅拌装置的反应设备。

3.1.3

磁力搅拌反应设备　reaction equipment with magnetic force mixer

装有磁力搅拌装置的反应设备。

3.1.4

流化床反应器　fluid-bed reactor

流体通过分布板与固体物料接触使其流化并实现物质转化的反应设备。

3.1.5

发酵设备　fermenting equipment

在一定的条件下，使微生物细胞或动植物细胞实现生化反应的设备。

3.1.5.1

摇瓶机　bottle rocker

以往复运动或偏心旋转使装有菌种的瓶子在摇动中育种的机械。

3.1.5.2

机械搅拌式发酵罐　fermenting tank with mechanical stirrer

装有机械搅拌装置的罐式发酵设备。

3.1.5.3

气流搅拌式发酵罐　fermenting tank with air stirrer

装有气流搅拌装置的发酵设备。

3.1.5.4

机械自吸式发酵罐　self-absorption fermenting tank

利用叶轮转动时形成的负压将空气吸入的罐式发酵设备。

3.1.5.5

气升式发酵罐　air lifting fermenting tank

一定压力的空气带动液体在罐内通道间循环流动的罐式发酵设备。

3.1.5.6

塔式发酵罐　tower fermenter

微生物细胞或动植物细胞通过填料和塔板，实现生化反应的塔式发酵设备。

3.1.5.7

固体发酵设备　solid fermenting equipment

微生物细胞或动植物细胞在固体培育基上实现生化反应的发酵设备。

3.1.5.8

流化床发酵器　fluid-bed fermenter

流体通过分布板与接种后的固体培养基接触，使其呈流态化的发酵设备。

3.1.5.9

固定床发酵器　fixed-bed fermenter

培养基循环通过固定细胞床层的发酵设备。

3.1.5.10

中空纤维发酵器　hollow cored fiber fermenter

细胞固定在具有多孔的毛细管纤维束内的发酵设备。

3.1.5.11

固定化细胞流化床发酵器　immobilized cell fluid-bed fermenter

空气、培养基和固定化细胞三者呈流态化的发酵设备。

3.1.5.12

培养罐　culture tank

利用培养基使动植物细胞增殖的设备。

3.1.5.13

培养基连消塔　culture medium sterilizing tower

以一定温度的饱和蒸汽对培养基进行灭菌的塔形设备。

3.1.5.14

培养基配料罐　culture medium dispensing tank

将培养基与适宜的溶剂配制供加料或补料的罐式设备。

3.2

塔设备　column reactor

在一定的条件下，利用填料和塔板，强化传质、实现物质转化的塔式设备。

3.2.1

筛板塔　orifice column reactor

塔板为水平筛孔板的塔形反应器。

3.2.2

浮阀塔　float valve reactor

水平塔板上装有浮动阀的塔形反应器。

3.2.3

泡罩塔　bell-jar type reactor

水平塔板上装有钟罩状泡帽的塔形反应器。

3.2.4

流化床吸附塔　fluid-bed absorption reactor

流体通过分布板与吸附剂接触使其流态化，并被吸附的塔形反应器。

3.2.5

乱堆填料塔　random filling column reactor

填料无规律装填的塔形反应器。

3.2.6

规整填料塔　regular filing column reactor

填料装填整齐规则的塔形反应器。

3.3

结晶设备　crystallizing equipment

使过饱和溶液中溶质析出并形成晶体的设备。

3.3.1

冷却式结晶器　cooling type crystallizer

用冷却方式使溶液过饱和而溶质析出的结晶设备。

3.3.1.1

敞槽结晶器　horizontal open-slot crystallizer

敞口并自然冷却或外装冷却夹套的槽形结晶设备。

3.3.1.2

摇篮式结晶器　bassinet crystallizer

外装冷却夹套并作往复摆动的敞口式结晶设备。

3.3.1.3

鼓式结晶器　rotary-drum crystallizer

转鼓内通冷却剂，表面形成结晶层被剥离移走的结晶设备。

3.3.1.4

内循环搅拌式结晶器　inner-circulation crystallizer with stirrer

外设冷却夹套、装有搅拌装置、料液循环于导流筒内外的罐形结晶设备。

3.3.1.5

长槽搅拌式连续结晶器　long slot stirring crystallizer

内装螺带式搅拌器、外设冷却夹套、长≥12 m连续工作的槽形结晶设备。

3.3.1.6

外循环结晶器　outer-circulation crystallizer

过饱和溶液被强制循环于外冷却器与结晶器之间的结晶设备。

3.3.1.7

回转结晶器　rotary crystallizer

过饱和溶液被回转圆筒中的抄板升举，淋洒于逆向进入的冷空气中被冷却、溶质析出的结晶设备。

3.3.1.8

传导式结晶器　transmission type crystallizer

低温冷却剂经分布板与过饱和溶液直接接触，使其在中央管内外循环形成晶粒的结晶设备。

3.3.2

蒸发结晶器　evaporating crystallizer

常压或真空状态下，加热至沸点使溶液蒸发，达到一定浓度而结晶的结晶设备。

3.3.3

反应结晶器　reaction crystallizer

流体之间发生化学反应，产生固体沉淀的罐形结晶设备。

3.4

分离机械及设备　separating machinery and equipment

对悬浮液、乳浊液、气溶胶及固体颗粒大小进行分级、分开的机械及设备。

3.4.1

过滤离心机械　filtering centrifuge

以离心力为推动力对悬浮液、乳浊液及其他物料进行过滤分离的机械。

3.4.1.1

三足式离心机　three column centrifuge

机壳借助拉杆挂在底座的三根支柱上和三块弹性元件上的立式过滤离心机。

3.4.1.1.1

上部卸料三足式离心机　top discharging three column centrifuge

从转鼓上部卸料的三足式离心机。

3.4.1.1.2

下部自动卸料三足式离心机　lower discharging three supporter centrifuge

从转鼓下部自动排料的三足式离心机。

3.4.1.1.3

直联三足式离心机　direct-coupled three column centrifuge

电机与转鼓直联的三足式离心机。

3.4.1.2

上悬式离心机　top-suspended centrifuge

主轴支点高于旋转部件重心的立式过滤离心机。

3.4.1.3

卧式刮刀卸料离心机　horizontal scraping discharging centrifuge

转鼓装在水平轴上，采用刮刀卸料的过滤离心机。

3.4.1.4

虹吸刮刀式离心机　siphon scraping centrifuge

利用虹吸原理改变过滤推动力的卧式刮刀卸料的过滤离心机。

3.4.1.5

卧式活塞推料离心机　horizontal piston centrifuge

转鼓装在水平轴上，利用活塞的往复运动推料的过滤离心机。

3.4.1.6

锥篮式离心机　conical cradle centrifuge

锥形转鼓装在主轴上，以离心力为推动力完成分离、卸料连续操作的过滤离心机。

3.4.1.7

振动卸料离心机　vibration discharging centrifuge

转鼓在偏心机构的作用下作垂直振动卸料的过滤离心机。

3.4.1.8

进动卸料离心机　rotated drum separating discharging centrifuge

转鼓利用公转和自转的速度差，完成分离、卸料的过滤离心机。

3.4.1.9

螺旋卸料过滤离心机　scroll discharging centrifuge

由转鼓内的螺旋输送器卸料的过滤离心机。

3.4.1.10

翻袋式离心机　filter rolling-over centrifuge

利用转鼓内滤袋的翻动完成卸料的过滤离心机。

3.4.1.11

管式过滤离心机　tubular filtering centrifuge

圆柱形转鼓长径比为4～8的过滤离心机。

3.4.2

沉降离心机械　sedimentary centrifuging machinery

以离心力为推动力，对悬浮液、乳浊液及其他物料进行沉降分离的机械。

3.4.2.1

三足式沉降离心机　solid bowl three column centrifuge

立式无孔转鼓沉降离心机。

3.4.2.2

刮刀卸料沉降离心机　scraping-discharging sedimentary centrifuge

采用刮刀卸料无孔转鼓沉降离心机。

3.4.2.3

螺旋卸料沉降离心机　scroll-discharging sedimentary centrifuge

由无孔转鼓内的螺旋输送器卸料的沉降离心机。

3.4.2.4

室式离心机　chamber type separator

转鼓内具有若干同心分离室的沉降离心机。

3.4.2.5

管式沉降分离机　tubular sedimentary separator

圆柱形转鼓长径比为4～8的沉降离心机。

3.4.2.6

冷冻离心机 freezing centrifuge

低温(低于0 ℃)状态下的沉降离心机。

3.4.2.7

螺旋卸料沉降过滤离心机 scroll discharging sedimentary centrifuge

转鼓内既有沉降段又有过滤段的螺旋卸料离心机。

3.4.3

离心分离机械及设备 centrifugal-separating machinery and equipment

在离心力的作用下,对悬浮液,乳浊液的固、液、液三相进行分离的机械及设备。

3.4.3.1

蝶式分离机 disc separator

转鼓内装有带中心孔的锥形蝶片,对悬浮液或乳浊液进行分离的离心机。

3.4.3.2

人工排渣蝶式分离机 manual slag removing disc separator

以人工方式排渣的蝶式分离机。

3.4.3.3

喷嘴排渣蝶式分离机 nozzle slag removing disc separator

转鼓上装有喷嘴,喷出沉渣的蝶式分离机。

3.4.3.4

环阀排渣蝶式分离机 loop valve slag removing disc separator

利用转鼓内的活塞启闭排渣孔排渣的蝶式分离机。

3.4.4

过滤分离机械 filtration and separation machinery

以一定的压力经多孔过滤介质,将固体微粒从悬浮液或气流中分离的机械及设备。

3.4.4.1

回转水平滤板过滤机 gyring horizontal screening filter

回转轴上水平叠置若干滤板,利用离心力除渣的板式过滤机械。

3.4.4.2

叶滤机 leaf type filter

料液在回转离心力作用下,经轴上叠置的带孔滤叶被分离,滤液由空心轴排出,滤渣由喷嘴排除的过滤机械。

3.4.4.3

压滤机 pressing filter

以一定的压力经过滤介质,将固体微粒从悬浮液中分离的机械。

3.4.4.3.1

厢式压滤机 box-shaped pressing filter

外形为厢体状的压滤机。

3.4.4.3.2

卧式明流板框压滤机 horizontal visible frame type pressing filter

由滤框、过滤介质和滤板交替水平排列组成滤室,滤液经每块滤板底部小管直接排出的板框压滤机。

3.4.4.3.3

卧式暗流板框压滤机　horizontal invisible frame type pressing filter

由滤框、过滤介质和滤板交替水平排列组成滤室，滤液经每块滤板底部小管流出，汇集后经总管排出的板框压滤机。

3.4.4.3.4

立式暗流板框压滤机　vertical invisible frame type pressing filter

由滤框、过滤介质和滤板交替垂直排列组成滤室，滤液经每块滤板底部小管流出，汇集后经总管排出的板框压滤机。

3.4.4.4

转鼓过滤机　rotary-drum filter

水平转动的转鼓表面为过滤面，利用压差进行过滤、洗涤、刮刀卸料连续操作的过滤机械。

3.4.4.4.1

转鼓真空过滤机　rotary-drum vacuum filter

转鼓内呈真空状态的过滤机。

3.4.4.4.2

转鼓加压过滤机　rotary drum pressing filter

以一定的压力为推动力的转鼓过滤机。

3.4.4.4.3

吸附型转鼓过滤机　surface absorption rotary filter

转鼓表面包覆吸附材料，主动吸附待滤物，机械加压解吸脱附的转鼓过滤机。

3.4.4.5

圆盘过滤机　rotary disc filter

转动的盘形转鼓表面为过滤面，利用压差进行过滤、洗涤、刮刀卸料连续操作的过滤机械。

3.4.4.6

膜过滤器　membrane filter

以外界能量或化学位差为推动力，膜为过滤介质，使固体微粒或液滴从悬浮液或气流中分离的设备。

3.4.4.6.1

微孔膜过滤器　micro porous membrane filter

以孔径为微米数量级的膜为过滤介质的设备。

3.4.4.6.2

超微过滤器　ultra-micro porous membrane filter

以孔径在(0.005 μm～1 μm)微米与纳米数量级之间的微孔膜为过滤介质的设备。

3.4.4.6.3

纳米过滤器　nanometer filter

以孔径为纳米数量级的微孔膜为过滤介质的设备。

3.4.4.7

筒式过滤机　cylinder filter

圆筒形容器内装填过滤介质，将固体微粒从悬浮液或气流中的设备。

3.4.4.7.1

真空筒式滤芯过滤机　vacuum cylinder core filter

板上垂直安装滤芯，利用真空为过滤推动力的筒式过滤设备。

3.4.4.7.2

加压筒式滤芯过滤机 press cylinder filtering core filter

板上垂直安装滤芯,以一定外力为推动力的筒式过滤设备。

3.4.4.7.3

真空筒式填料过滤机 vacuum cylinder filled filter

真空为推动力,装有填料的筒式过滤设备。

3.4.4.7.4

加压筒式填料过滤器 press cylinder filled filter

以一定外力为推动力,装有填料的筒式过滤设备。

3.4.4.8

压榨过滤机 squeezing filter

滤饼再经压榨以降低其含液量的过滤设备。

3.4.4.9

管式过滤器 tubular filter

过滤介质为多孔管的过滤设备。

3.4.4.10

板式过滤器 plate filter

过滤介质为硬质孔板的过滤设备。

3.4.5

其他分离设备 other separating equipment

使悬浮的固体微粒或液滴从气流中分离的设备。

3.4.5.1

沉降分离器 sedimentary separator

利用重力作用使悬浮的固体微粒或液滴沉降,从气流中分离的设备。

3.4.5.2

惯性分离器 inertia separator

利用固体微粒或液滴的惯性作用使其从气流中分离的设备。

3.4.5.3

旋风分离器 cyclone separator

利用离心力的作用使悬浮的固体微粒或液滴从气流中分离的设备。

3.4.5.4

袋式除尘器 bag type deduster

以布袋为过滤介质的分离设备。

3.4.5.5

烧结管除尘器 sintered tube dedusting machine

以烧结管为过滤介质的分离设备。

3.4.5.6

金属丝网除尘器 wire net deduster

以金属丝网为过滤介质的分离设备。

3.4.6

筛分机械 sieving machine

对粉粒物料进行筛选分级的机械。

3.4.6.1

破碎振动筛　crushing and vibrating sieve

通过旋转翅板的振动，对物料进行破碎与筛分的机械。

3.4.6.2

卧式滚筒筛　horizontal rotary drum sieve

水平放置的回转圆筒式筛分机械。

3.4.6.3

振荡筛　vibration sieve

采用机械振荡对粉粒物料进行筛分的机械。

3.4.6.4

旋涡式振动筛　eddy type vibrating sieve

采用旋转与垂直振动对物料进行筛分的机械。

3.4.6.5

往复式振动筛　to-and-fro type vibrating sieve

采用往复运动，对物料进行筛分的机械。

3.4.6.6

磁力滚筒式分选机　drum-type magnetic force sorting machine

用磁力滚筒驱动输送带，利用磁性剔除铁磁性杂质的分选机。

3.5

萃取设备　extracting equipment

利用不同物质在同一溶剂中溶解度的不同，以分离物料中有效组分的设备。

3.5.1

液-液萃取设备　liquid-liquid extracting equipment

利用溶质在溶剂中溶解度的不同，分离液体混合物中组分的设备。

3.5.1.1

填料萃取塔　filled extraction column

装有填料的塔式萃取设备。

3.5.1.2

板式萃取塔　plate type extracting column

装有水平板的塔式萃取设备。

3.5.1.3

喷淋萃取塔　spray extracting column

装有喷淋装置的塔式萃取设备。

3.5.1.4

搅拌萃取塔　stirring extracting column

装有机械搅拌装置的塔式萃取设备。

3.5.1.5

脉动萃取塔　pulsation column

使液体产生脉动，分离混合物中各组分的塔式萃取设备。

3.5.1.6

离心萃取塔　centrifugal extracting column

利用离心力分离液体混合物中各组分的塔式萃取设备。

3.5.2

固-液萃取设备　solid-liquid extracting equipment

用溶剂分离固体物料中有效组分的萃取设备。

3.5.2.1

动态提取罐　dynamic extracting tank

利用动力使物料处于运动状态的罐式萃取设备。

3.5.2.2

迴流提取罐　circulation extracting tank

二次蒸汽经冷凝回流罐内，作为溶剂循环使用的罐式萃取设备。

3.5.2.3

平转式连续提取器　horizontal continuous extractor

溶媒逆流进入水平连续转动的多格料槽内，使物料中有效组分溶出的萃取设备。

3.5.2.4

微波提取罐　micro-wave auxiliary extracting tank

微波起辅助作用的罐式萃取设备。

3.5.2.5

超声波提取罐　ultra-sonic wave extracting tank

利用超声波使有效成分浸出的罐式萃取设备。

3.5.2.6

提取浓缩罐　extracting and concentration tank

能同时进行提取及浓缩操作的设备。

3.5.3

超临界萃取设备　supercritical extracting equipment

利用萃取剂在超临界状态下对物料进行萃取的设备。

3.5.4

大孔树脂吸附装置　macro porous resin absorption device

利用大孔树脂的选择吸附性，对药液中的有效成分、目标部位进行提纯、富集和分离的设备。

3.5.4.1

固定床吸附装置　bed-fixed absorption device

床体固定，在常压或一定压力下对吸附药液中的有效成分、目标部位进行提纯、富集和分离的设备。

3.5.4.2

循环流化床吸附装置　circulation fluid-bed absorption device

床体固定，在一定压力作用下，药液通过循环管依次流过各个床体，其中的有效成分、目标部位被吸附、脱附连续操作的设备。

3.6

换热器　heat exchanger

利用流体间的温度差进行热量交换的设备。

3.6.1

直接混合式换热器　direct mixing heat exchanger

冷热流体直接接触，在混合过程中进行热量传递和交换的设备。

3.6.2

列管(管壳)式换热器　tubular heat exchanger

冷热流体被隔开通过平行管束间壁进行热量传递和交换的设备。

3.6.2.1

固定管板式换热器　fixed tube sheet heat exchanger

两端均以管板与壳体固定连接的列管式换热设备。

3.6.2.2

浮头式换热器　floating head heat exchanger

一端以管板与壳体固定连接,另一端管束可自由伸缩部分与壳体间以填料密封的列管式换热设备。

3.6.2.2.1

外浮头式换热器　outside float caput heat exchanger

浮头部分在壳体外的浮头式换热设备。

3.6.2.2.2

内浮头式换热器　inside float caput heat exchanger

浮头部分在壳体内的浮头式换热设备。

3.6.2.3

U 形管式换热器　U-tube heat exchanger

一端以管板与壳体固定连接,管子弯成 U 形,管束可伸缩的列管式换热设备。

3.6.2.4

波纹管式换热器　corrugated tube heat exchanger

用波纹管做换热管的列管式换热设备。

3.6.2.5

双管板换热器　double tube heat exchanger

两端各有两块管板的列管式换热设备。

3.6.2.6

翅片管式换热器　fin tube-type heat exchanger

带有翅片的圆管组成管束,以增大换热面积的列管式换热设备。

3.6.3

套管式换热器　sleeve type heat exchanger

由两种大小不同的标准管组成同心圆套管连接而成,冷热流体被隔开通过壁面进行热量传递和交换的设备。

3.6.4

蛇管式换热器　snake tube type heat exchanger

由肘管连接的直管或由盘成螺旋形的管子组成,冷热流体被隔开通过壁面进行热量传递和交换的设备。

3.6.4.1

沉浸式蛇管换热器　immerse heat exchanger

将蛇管浸没在盛有流体的容器内组成的换热设备。

3.6.4.2

喷淋式蛇管换热器　showing snake-tube heat exchanger

液体自管的上方均匀地喷淋在固定于钢架、位于同一垂直平面上的管表面的蛇管换热设备。

3.6.5

板式换热器　plate type heat exchanger

流体通过平行的板片间壁进行热量交换的换热设备。

3.6.5.1

板翅式换热器　wing type heat exchanger

带有翅片的平行板片组成的板式换热设备。

3.6.5.2

螺旋板式换热器　scroll-plate heat exchanger

通过互相隔开的螺旋板通道间壁进行热交换的板式换热设备。

3.6.5.3

伞板式换热器　umbrella type sheet heat exchanger

伞形板片组成的板式换热设备。

3.6.5.4

夹套式换热器　sleeve type heat exchanger

通过反应器或容器筒体的夹套与筒体构成的通道间壁进行热交换的板式换热设备。

3.7

蒸发设备　evaporating equipment

加热使溶液中部分溶剂汽化被除去的设备。

3.7.1

自然循环蒸发器　natural circulation evaporator

加热时因溶液的重度不同而产生循环的蒸发设备。

3.7.1.1

中央循环管式蒸发器　center-circulation tube-type evaporator

溶液在加热管内受上升的蒸汽带动，在列管与中央循环管内循环的蒸发设备。

3.7.1.2

水平列管式蒸发器　horizontal tubular evaporator

列管水平放置的蒸发器。

3.7.1.3

悬筐式蒸发器　basket hung evaporator

加热室悬挂于下部，加热室外壁与壳体内壁形成自然循环通道的蒸发设备。

3.7.1.4

外加热式蒸发器　evaporator with external heating unit

加热室装在蒸发室外部的蒸发设备。

3.7.1.5

管外沸腾式蒸发器　outside tube boiling evaporator

加热室和循环管装在蒸发室外部，溶液的沸腾在加热管外的蒸发设备。

3.7.2

强制循环蒸发器　compulsive circulation evaporator

加热室和循环管装在蒸发室外部，依靠泵的作用使溶液沿一定的方向循环的蒸发设备。

3.7.3

管式薄膜蒸发器　film tubular evaporator

溶液在加热管壁上呈薄膜状进行蒸发的设备。

3.7.3.1

升膜式蒸发器　steam-film climbing evaporator

溶液在加热管中受上升的蒸汽带动，沿管壁呈膜状上移，进行蒸发的设备。

3.7.3.2

降膜式蒸发器 steam-film falling evaporator

溶液受蒸汽带动和重力作用，沿管壁呈膜状下降进行蒸发的设备。

3.7.3.3

升-降膜式蒸发器 steam-film climbing-falling evaporator

在同一壳体中，即具升膜和降膜蒸发功能的设备。

3.7.4

回转式薄膜蒸发器 rotary film type evaporator

搅拌桨使溶液在壳体内壁呈膜状进行蒸发的设备。

3.7.5

刮板式薄膜蒸发器 scraper film type evaporator

转动轴上刮板固定，溶液在壳体内壁呈膜状进行蒸发的设备。

3.7.6

转子式薄膜蒸发器 rotor film type evaporator

转动轴上的刮板可摆动，溶液在壳体内壁呈膜状进行蒸发的设备。

3.7.7

离心式薄膜蒸发器 centrifugal film evaporator

转子旋转或流体以一定压力由切线方向进入容器内产生的离心力，使溶液在壳体内壁呈膜状进行蒸发的设备。

3.7.8

板式蒸发器 plate type evaporator

通过平行等距的板片传热进行蒸发的设备。

3.7.9

多效蒸发器 multi-effect evaporator

多次利用蒸发产生的二次蒸汽，作为热源进行再蒸发的设备。

3.7.10

热泵蒸发器 heat pump evaporator

压缩二次蒸汽，将温度提升后作为热源进行再蒸发的设备。

3.7.11

真空浓缩罐 vacuum concentrating tank

在真空状态下进行蒸发的设备。

3.8

蒸馏设备 distilling equipment

利用液体混合物中各组分挥发度的不同，分离组分的设备。

3.8.1

分子蒸馏设备(短程蒸馏设备) molecular stilling equipment

在高[100 Pa(1 mbar)]真空下被蒸馏组分，自蒸发面逸出，未经碰撞直接飞至距离很近的冷凝器面而冷凝的蒸馏设备。

3.8.2

蒸馏釜 distiller

加热使液体气化的设备。

3.8.3

精馏塔　rectifying column

顶部装有回流装置，进行精馏操作的塔式设备。

3.9

干燥机械及设备　drying machinery and equipment

利用热能或低温升华，使物料中的湿分气化，获得干燥物料的设备。

3.9.1

对流干燥器　convection dryer

热气流与物料间以对流的方式进行传质、传热，使物料干燥的设备。

3.9.1.1

气流干燥器　pneumatic dryer

一定速度的干热气流，使物料悬浮于其中，在输送过程中进行干燥的对流干燥设备。

3.9.1.2

流化床干燥器　fluid bed dryer

热气流使物料处于流化态，并与之进行热交换的对流干燥设备。

3.9.1.2.1

卧式多室(连续)流化床干燥器　horizontal continuous fluid bed dryer

竖向挡板将床体分割成若干小室的矩形箱式连续流化床干燥设备。

3.9.1.2.2

内加热流化床干燥器　inner heating-up fluid bed dryer

内置热交换器的流化床干燥设备。

3.9.1.2.3

振动流化床干燥器　vibrating fluid bed dryer

振动和热气流的共同作用使固体物料呈流态化的干燥设备。

3.9.1.2.4

真空振动流化床干燥器　vacuum vibrating fluid bed dryer

真空状态下的振动流化床干燥设备。

3.9.1.2.5

惰性粒子流化床干燥器　inertia particle fluid bed dryer

以惰性粒子为载热体的流化床干燥设备。

3.9.1.2.6

离心流化床干燥器　centrifugal fluid bed dryer

离心力作用下的流化床干燥设备。

3.9.1.2.7

旋流流化床干燥器　rotary fluid bed dryer

热气流呈环流状，使物料形成旋涡状有序运动的流化床干燥设备。

3.9.1.2.8

搅拌流化床干燥器　stirring fluid bed dryer

装有搅拌装置的流化床干燥器。

3.9.1.3

旋转闪蒸干燥机　circumgyrate flash distillation dryer

物料受热气流及搅拌的作用，被分成细小颗粒，水或有机溶剂迅速蒸发的塔式对流干燥设备。

3.9.1.4

喷雾干燥器 spray dryer

料液被雾化分散于热气流中，水或有机溶剂迅速蒸发的对流干燥设备。

3.9.1.4.1

离心喷雾干燥器 centrifugal spray dryer

高速旋转的雾化器使料液受离心力作用，被雾化分散于热气流中的喷雾干燥设备。

3.9.1.4.2

压力式喷雾干燥器 pressing spray dryer

料液以一定压力进入雾化器，被雾化分散于热气流中的喷雾干燥设备。

3.9.1.5

转筒干燥器 revolving drum dryer

物料在回转圆筒内和热气流接触的对流干燥设备。

3.9.1.6

厢式干燥器 compartment dryer

料盘置于支架或移动的小车上，外壁隔热的厢形干燥设备。

3.9.1.6.1

热风循环烘箱 hot air circulating oven

热气流通过强制循环，与物料进行热交换的厢式干燥设备。

3.9.1.6.2

真空干燥箱 vacuum drying oven

物料在真空状态下进行干燥的厢式干燥设备。

3.9.1.6.3

圆盘干燥机 disc dryer

有多层旋转圆盘的厢式干燥设备。

3.9.1.6.4

带式翻板干燥机 chain drive drying equipment

有多层转动链板，逐层翻转落料的厢式干燥设备。

3.9.1.6.5

隧道式干燥器 tunnel dryer

物料通过隧道与热气流接触的厢式干燥设备。

3.9.2

传导干燥器 conductive dryer

热能以传导的方式传递给物料的干燥设备。

3.9.2.1

耙式真空干燥器 harrow-type vacuum dryer

通过耙式搅拌器加热，物料在真空状态下干燥的设备。

3.9.2.2

真空带式干燥机 vacuum belt dryer

通过传送带下的换热器加热，物料在真空状态下干燥的设备。

3.9.2.3

真空圆盘干燥机 vacuum disc dryer

通过多层旋转圆盘下的换热器加热，物料在真空状态下干燥的设备。

3.9.2.4

滚筒干燥器　rotary drum dryer

热量通过部分浸于料液中的回转筒壁传递给吸附层的干燥设备。

3.9.2.5

空心桨叶干燥机　hollow blade dryer

热量通过空心搅拌轴桨叶，传递给物料的干燥设备。

3.9.2.6

搅拌干燥机　stirring dryer

热量通过器壁传递，装有搅拌装置的干燥设备。

3.9.2.7

双锥回转式真空干燥机　double conic rotary vacuum dryer

干燥室为双圆锥形回转体，物料在真空状态下干燥的设备。

3.9.2.8

冷冻干燥器　freezing dryer

高真空下，物料被冷冻至冰点以下，升华除去水分的干燥设备。

3.9.3

辐射干燥器　radiation dryer

以电磁波辐射加热物料，使水分气化而干燥的设备。

3.9.3.1

红外干燥器　infrared dryer

辐射波长在 0.72 μm～2.5 μm 区域的红外线干燥器。

3.9.3.2

远红外干燥器　far-infrared dryer

辐射波长在 2.5 μm～1 000 μm 区域的远红外线的干燥器。

3.9.3.3

电磁干燥器　electromagnetic dryer

物料在电磁场的作用下，水分气化的辐射干燥器。

3.9.4

介电加热干燥器　dielectric heating-up dryer

物料在高频电场(频率＜300 MHz)的作用下，水分气化的干燥设备。

3.9.5

微波干燥器　microwave dryer

物料在波长为 1 m～1 mm 的电磁波的作用下，水分气化的干燥的设备。

3.9.6

声波干燥器　sound-wave dryer

利用声波使物料产生振动，经加热除去水分的干燥设备。

3.9.7

热泵干燥器　heat pump dryer

压缩二次蒸汽，将温度提升后作为热源使物料干燥的设备。

3.10

贮存设备　storage equipment

贮存物料的容器。

3.10.1

立式贮存器　vertical storage equipment

壳体轴线与水平面垂直或基本垂直的贮存设备。

3.10.1.1

立式平底平盖容器　vertical vessel with flat top and flat bottom

底和盖均为平板封头的立式容器。

3.10.1.2

立式平盖无折边锥形底容器　vertical vessel with flat cap cone bottom

盖为平板封头，底为无折边锥形封头的立式容器。

3.10.1.3

立式平底锥盖容器　cone-cap vertical vessel with flat bottom

底为平板封头，盖为锥形封头的立式容器。

3.10.1.4

立式无折边球形封头容器　round cap vertical vessel without hem

盖和底均为无折边球形封头的立式容器。

3.10.1.5

立式90°折边锥形底椭圆形封头盖容器　vertical 90° hem taper bottom and ellipse capped end container

盖为椭圆形封头，底为90°折边锥形封头的立式容器。

3.10.1.6

立式椭圆形封头容器　vertical vessel with elliptical head

底、盖均为椭圆形封头的立式容器。

3.10.2

卧式贮存器　horizontal storage equipment

壳体轴线与水平面平行或基本平行的贮存设备。

3.10.2.1

卧式无折边球形封头容器　horizontal flapless spherical head vessel

两端均为无折边球形封头的卧式容器。

3.10.2.2

卧式椭圆形封头容器　horizontal elliptical head vessel

两端均为椭圆形封头的卧式容器。

3.10.3

真空贮存器　vacuum storage equipment

与真空系统连接的贮存设备。

3.10.4

保温贮存器　temperature maintaining equipment

利用夹套或其他绝热材料保持罐内温度的贮存设备。

3.11

灭菌设备　sterilizing equipment

用灭菌源将微生物杀灭或使之下降到某一对数单位的设备。

3.11.1

湿热灭菌柜　moist heating sterilizer

以一定温度的饱和蒸汽为灭菌源的灭菌设备。

3.11.2

干热灭菌柜　dry heating sterilizer

以一定温度和压力的干燥空气为灭菌源的灭菌设备。

3.11.3

臭氧灭菌柜　ozone sterilizer

以臭氧气体为灭菌源的灭菌设备。

3.11.4

隧道式灭菌箱　tunnel sterilizer

在隧道式箱体内，与灭菌源接触进行灭菌的设备。

3.11.5

辐射灭菌器　radiation sterilizer

以辐射剂产生的射线为灭菌源的灭菌设备。

3.11.6

微波灭菌器　microwave sterilizer

以波长为 1 m～1 mm 的电磁波为灭菌源的灭菌设备。

3.11.7

环氧乙烷灭菌器　epoxy ethane sterilizer

以环氧乙烷气体为灭菌源的灭菌设备。

3.11.8

紫外线灭菌器　ultraviolet sterilizer

以波长 10 nm～400 nm 的紫外线为灭菌源的灭菌设备。

3.11.9

电子束灭菌器　electron beam sterilizer

以加速器电子枪发射出的电子束为灭菌源的灭菌设备。

4

制剂机械及设备　preparation machinery and equipment

将药物原料制成各种剂型药品的机械及设备。

4.1

颗粒剂机械　granulating machinery

将药物或与适宜的药用辅料经混合制成颗粒状制剂的机械及设备。

4.1.1

混合机械　mixing machinery

将两种或两种以上的药物或与适宜的药用辅料均匀混合的机械。

4.1.1.1

槽形混合机　slot mixer

通过搅拌桨在混合槽内旋转，使物料均匀混合的机械。

4.1.1.2

回转式混合机　rotary mixer

通过容器或容器的内置抄板回转，使容器内的物料产生流动、相互扩散均匀混合的机械。

4.1.1.2.1

V 形混合机　V-type mixer

容器两端呈圆锥形的回转式混合机。

4.1.1.2.2

双锥形混合机　double conical mixer

混合筒两端呈圆锥形的回转式混合机。

4.1.1.2.3

摇滚式混合机　rocking mixer

容器沿对称轴同时作圆周和摇摆运动的回转式混合机。

4.1.1.2.4

万向式混合机　universal mixer

容器作三维运动的回转式混合机。

4.1.1.3

行星锥形混合机　planet conical mixer

锥形容器内的螺旋轴作自转和公转的混合机。

4.1.1.4

料斗混合机　hopper mixer

料斗与回转轴线成一夹角翻转的混合机。

4.1.1.5

气流混合机　air-flow mixer

物料在气流作用下进行混合的机械。

4.1.2

制粒机械　granulator

将粉状物料或与适宜的药用辅料制成颗粒的机械。

4.1.2.1

湿法制粒机　wet type granulator

将物料或与适宜的药用辅料制成湿颗粒的机械。

4.1.2.1.1

摇摆式制粒机　oscillating granulator

通过滚筒往复摆动，使搅拌混合后的物料挤压通过筛网，制成湿颗粒的机械。

4.1.2.1.2

旋压式制粒机　rotary granulator

搅拌混合后的物料在旋转制粒刀的推动和挤压下，从筛筒挤出或同时受筛筒外固定切刀切割而制成湿颗粒的机械。

4.1.2.1.3

挤压式制粒机　squeezing granulator

搅拌混合后的物料通过机械力挤出筛网，制成湿颗粒的机械。

4.1.2.1.4

离心式制粒机　centrifugal granulator

物料在转盘离心力、摩擦力和气体浮力的作用下，与雾化后的粘合剂粘合聚集成湿颗粒的机械。

4.1.2.1.5

湿法混合制粒机　wet mixing granulator

物料与粘合剂，在搅拌混合的同时，经制粒刀切制成湿颗粒的机械。

4.1.2.2

干法制粒机　dry granulator

干粉经挤压、破碎、整粒，制成干颗粒的机械。

4.1.2.3

流化床制粒机　fluid bed granulator

物料在热气流作用下，与雾化的粘合剂聚集制成干颗粒的机械。

4.1.2.3.1

旋转流化床制粒机　rotary fluid bed granulator

带有离心式转盘的流化床制粒机。

4.1.2.3.2

旋流流化床制粒机　vortex fluid bed granulator

带有涡旋导向板的流化床制粒机。

4.1.2.4

喷雾干燥制粒机　spray dry granulator

液体物料雾化成液滴在热气流作用下，制成干颗粒的机械。

4.1.3

制粒包衣机械　granulating and coating machine

制粒后对颗粒表面喷射包衣辅料的机械。

4.1.3.1

流化床制粒包衣机　fluid bed granulating and coating machine

具有包衣功能的流化床制粒机。

4.1.3.2

离心制粒包衣机　centrifugal granulating and coating machine

具有包衣功能的离心流化床制粒机。

4.1.3.3

旋流流化床制粒包衣机　rotary fluid bed granulating and coating machine

具有包衣功能的旋流流化床制粒机。

4.1.3.4

流化喷动床制粒包衣机　fluidized spray granulating and coating machine

利用喷动床内导向筒的热空气、物料的自重及底部雾化器喷射的联合作用，完成混合、制粒、包衣的机械。

4.1.4

整粒机　granule sizing machine

通过筛筒而获得均匀颗粒的机械。

4.1.5

多功能制粒机　multi-functional granulator

具备混合、制粒、包衣、干燥、整粒、自动进出料的多功能机械。

4.2

片剂机械　tablet machinery

将药物或与适宜的药用辅料混匀压制成各种片状的固体制剂机械及设备。

4.2.1

混合机械　mixing machinery

见4.1.1混合机械。

4.2.2

制粒机械　granulating machinery

见4.1.2制粒机械。

4.2.3

整粒机　granule sizing machine

见4.1.4整粒机。

4.2.4

压片机械　tablet press machinery

将干性颗粒状或粉状物料通过模具压制成片剂的机械。

4.2.4.1

单冲式压片机　single punch tablet press

由一副模具作垂直往复运动的压片机。

4.2.4.2

旋转式压片机　rotary tablet press

由均布于旋转转台的多副模具按一定轨迹作垂直往复运动的压片机。

4.2.4.3

高速旋转式压片机　high speed rotary tablet press

模具的轴心随转台旋转的线速度不低于60 m/min的旋转式压片机。

4.2.4.4

旋转式包芯压片机　core-coated rotary tablet press

干性颗粒物料将芯片或芯料包裹后压制成片状的旋转式压片机。

4.2.5

包衣机械　coating machinery

对片剂表面包裹介质，形成致密光滑包衣薄层的机械。

4.2.5.1

荸荠式包衣机　water chestnut type sugar coating machine

包衣锅体为荸荠状的包衣机。

4.2.5.2

滚筒式包衣机　automatic rotary-drum coating machine

自动完成包衣滚筒的旋转、包衣介质的雾化及对片剂进行包衣、干燥、抛光全过程的机械。

4.2.5.2.1

有孔包衣机　perforated coating machine

包衣滚筒有孔的滚筒式包衣机。

4.2.5.2.2

无孔包衣机　non-perforated coating machine

包衣滚筒无孔的滚筒式包衣机。

4.3

胶囊剂机械　capsule making machinery

将药物或与适宜的药用辅料，充填于空心胶囊或密封于软质囊材中的机械。

4.3.1

硬胶囊剂机械　machinery for hard capsule

将药物充填于空心胶囊内制作成硬胶囊制剂的机械。

4.3.1.1

硬胶囊充填机　hard capsule filling machine

经分囊、插囊、药物定量充填、合囊等过程，制作成硬胶囊制剂的机械。

4.3.1.1.1

半自动硬胶囊充填机　semi-automatic hard capsule filling machine

人工辅助完成合囊的机械。

4.3.1.1.2

间歇插管式全自动硬胶囊充填机　intermittent inserting hard capsule filling machine

在间歇回转过程中，自动完成空心胶囊送囊、定向播囊、真空分囊、插管量取定量容积药粉后进行充填、合囊的硬胶囊充填机。

4.3.1.1.3

连续插管式全自动硬胶囊充填机　full automatic continuous inserting hard capsule filling machine

在连续回转过程中，自动完成空心胶囊送囊、定向播囊、真空分囊、通过同步回转的插管量取定量容积药粉后进行充填、合囊的硬胶囊充填机。

4.3.1.1.4

填塞式全自动硬胶囊充填机　full automatic piston type hard capsule filling machine

在间歇回转过程中，自动完成空心胶囊送囊、定向播囊、真空分囊、并通过多级往复填塞杆对间歇回转粉盘的剂量孔进行充填，量取定量容积药粉后对胶囊充填、合囊、剔废的硬胶囊充填机。

4.3.1.2

胶囊抛光机　capsule polisher

抛除已充填药物的胶囊表面粉末的机械。

4.3.1.3

胶囊开囊取粉机　capsule powder taking machine

完成胶囊壳与药粉分离的机械。

4.3.2

软胶囊(丸)剂机械　machinery for soft capsule(pill)

制造软胶囊制剂的机械。

4.3.2.1

明胶液设备　liquid gelatin making equipment

将明胶加热熔融成溶胶的设备。

4.3.2.1.1

溶胶锅　gelatin melter

将明胶搅拌，熔融成溶胶，并有真空脱泡功能的设备。

4.3.2.1.2

明胶液桶　gelatin tank

盛放明胶液，使其恒温、自然脱泡的容器。

4.3.2.2

软胶囊配料设备　soft capsule dispensing equipment

配制软胶囊药物的设备。

4.3.2.3

胶体磨　colloid mill

由成对磨体(面)的相对运动，对液固相药物进行研磨与混合的机械。

4.3.2.4

软胶囊制造机　soft capsule making machine

经溶胶、成型、定量充填、合囊等过程，将一定量的液体药物直接包封于软质囊材中的机械。

4.3.2.4.1

滴制式软胶囊制造机　gelatin dropping soft capsule machine

明胶液包裹药液后滴入不相混溶的冷却液中，凝成软胶囊的机械。

4.3.2.4.2

脉冲切割滴制式软胶囊制造机　pulse-cutting gelatin dropping soft capsule machine

利用间歇喷出的液体将明胶液柱均匀切断的软胶丸制造机。

4.3.2.4.3

滚模式软胶囊压制机　film rolling soft capsule encapsulating machine

将药液定量灌注于两层连续生成的明胶薄膜带之间，通过模具滚压，制成软质胶囊的机械。

4.3.2.5

软胶囊输送机　soft capsule conveyor

输送软胶囊的机械。

4.3.2.6

转笼式软胶囊定型干燥机　cage type soft capsule dryer

由多级可正反旋转的转笼组成，通过输入冷热风，使软质胶囊定型、干燥、并自动排出的卧式回转机。

4.3.2.7

软胶囊清洗机　soft capsule washer

清洗干燥软胶囊表面的机械。

4.3.2.8

滚模式软胶囊联动线　rolling soft capsule production line

由滚模式软胶囊压制机、软胶囊输送机及转笼式软胶囊定型干燥机组成的联动线。

4.3.2.9

网胶粉碎机　netted gelatin crusher

粉碎网状明胶的机械。

4.4

粉针剂机械　machinery for powder medicine

将无菌粉末药物定量分装于抗生素玻璃瓶内，或将无菌药液定量灌入抗生素玻璃瓶再用冷冻干燥法制成粉末并盖封的机械及设备。

4.4.1

粉剂粉针剂机械　powder medicine filling machinery

经洗瓶、灭菌烘干、分装、压塞、轧盖等过程，将无菌粉末药物定量分装于抗生素玻璃瓶内的机械及设备。

4.4.1.1

抗生素玻璃瓶清洗机　antibiotic vial cleaning machine

采用多次水、气冲洗或与超声波组合清洗的抗生素玻璃瓶清洗机器。

4.4.1.1.1

道轨式抗生素玻璃瓶清洗机　guide-type antibiotic vial cleaning machine

通过翻转形道轨的输送清洗抗生素玻璃瓶的机械。

4.4.1.1.2

立式抗生素玻璃瓶清洗机　vertical antibiotic vial cleaning machine

抗生素玻璃瓶夹持在立式转盘上进行清洗的机械。

4.4.1.1.3

行列式抗生素玻璃瓶清洗机　rowed antibiotic vial cleaning machine

通过行列形式输送清洗抗生素玻璃瓶的机械。

4.4.1.2

抗生素玻璃瓶隧道式灭菌干燥机　antibiotic vial tunnel sterilizing dryer

洗涤后的抗生素玻璃瓶连续输入带净化加热空气装置的隧道箱体内进行干燥与去热原灭菌的机械。

4.4.1.2.1

热风循环型隧道式灭菌干燥机　hot air circulation tunnel sterilizing dryer

利用净化热空气的平行流循环加热的隧道式灭菌干燥机。

4.4.1.2.2

远红外辐射型隧道式灭菌干燥机　far-infrared radiation tunnel sterilizing dryer

利用远红外石英管产生辐射热和净化热空气流双重加热的隧道式灭菌干燥机。

4.4.1.3

抗生素玻璃瓶分装机　antibiotic vial filling machine

将粉剂药物定量装入抗生素玻璃瓶内，并在瓶口塞入胶塞的机械。

4.4.1.3.1

抗生素玻璃瓶螺杆分装机　antibiotic vial screwing-filling machine

利用螺杆的转动，定量输送粉剂装入抗生素玻璃瓶的分装机。

4.4.1.3.2

抗生素玻璃瓶气流分装机　antibiotic vial pneumatic-filling machine

利用真空吸取定量粉剂，气流输送装入抗生素玻璃瓶的分装机。

4.4.1.4

抗生素玻璃瓶轧盖机　antibiotic vial capping machine

通过碾压或挤轧将套在抗生素玻璃瓶上的铝盖(铝塑复合盖)收边包封的机械。

4.4.1.4.1

滚压式抗生素玻璃瓶轧盖机　rolling antibiotic vial capping machine

采用滚轮滚轧方式的抗生素玻璃瓶轧盖机。

4.4.1.4.2

开合式抗生素玻璃瓶轧盖机　open-close type antibiotic vial capping machine

采用开合式爪轧方式的抗生素玻璃瓶轧盖机。

4.4.1.5

抗生素玻璃瓶粉针联动线　antibiotic vial-injection powder production line

由抗生素玻璃瓶清洗机、隧道式灭菌干燥机、分装机、轧盖机，以及转盘与输送带等设备组成的联动线。

4.4.1.6

药用胶塞清洗机　medical stopple cleaning machine

清洗、硅化和灭菌干燥、冷却的药用胶塞清洗机械。

4.4.1.6.1

转笼式药用胶塞清洗机　cage-rotary stopple cleaning machine

清洗容器为卧式转动笼形的药用胶塞清洗机。

4.4.1.6.2

多功能药用胶塞清洗机　multi-purpose stopple cleaning machine

集清洗、硅化、灭菌、干燥、冷却及自动进出料功能于一体的药用胶塞清洗机。

4.4.1.7

药用铝盖清洗机　aluminum cap washing machine

清洗和干燥药用铝盖的机械。

4.4.1.8

药用铝塑复合盖臭氧灭菌柜　aluminum-plastic cap ozone sterilizing equipment

采用臭氧对铝塑复合盖消毒灭菌的箱式设备。

4.4.2

冻干粉针剂机械　injection powder freezing-drying machinery

经洗瓶、灭菌烘干、灌装、半压塞、冷冻干燥、轧盖等过程，将无菌药液定量灌入抗生素玻璃瓶再用冷冻干燥方法制成粉末并盖封的机械及设备。

4.4.2.1

配液设备　liquid-dispensing equipment

将药物配制成无菌注射液的机械及设备。

4.4.2.2

抗生素玻璃瓶清洗机　antibiotic vial cleaning machine

见4.4.1.1抗生素玻璃瓶清洗机。

4.4.2.3

抗生素玻璃瓶隧道式灭菌干燥机　antibiotic vial tunnel sterilizing dryer

见4.4.1.2抗生素玻璃瓶隧道式灭菌干燥机。

4.4.2.4

抗生素玻璃瓶半加塞液体灌封机　half capping antibiotic vial liquid filling machine

将药液定量灌入抗生素玻璃瓶内，并在瓶口半加塞的机械。

4.4.2.5

抗生素玻璃瓶冻干粉针联动线　antibiotic vial injection powder freezing-drying machinery

由抗生素玻璃瓶清洗机、隧道式灭菌干燥机、半加塞灌封机，以及供瓶转盘与输送带等设备组成的联动线。

4.4.2.6

药用真空冷冻干燥机　vacuum injection powder freezing-drying machine

抗生素玻璃瓶内的药液经快速冻结、加温升华干燥、快速冷却而制成无菌粉末或无菌块状物且能对瓶自动压塞的机械。

4.4.2.7

抗生素玻璃瓶轧盖机　antibiotic vial capping machine

见4.4.1.4抗生素玻璃瓶轧盖机。

4.4.2.8

药用胶塞清洗机　stopple cleaning machine

见4.4.1.6药用胶塞清洗机。

4.4.2.9

药用铝盖清洗机　aluminum cap washing machine

见4.4.1.7药用铝盖清洗机。

4.4.2.10

药用铝塑复合盖臭氧灭菌柜　aluminum-plastic cap ozone sterilizing equipment

见4.4.1.8药用铝塑复合盖臭氧灭菌柜。

4.5

小容量注射剂机械及设备　small volume injection medicine machinery and equipment

制成50 mL以下装量的无菌注射液机械及设备。

4.5.1

配液设备　liquid-medicine dispensing machine

见4.4.2.1配液设备。

4.5.1.1

浓配罐　liquid densifying tank

将药物与注射用水加热、搅拌混合成浓配液的设备。

4.5.1.2

稀配罐　liquid diluting tank

将浓配液与注射用水搅拌混合成稀配液的设备。

4.5.1.3

自动配液设备　automatic liquid-medicine dispensing machine

能自动完成原料各组份的称重配料、搅拌混合、溶解，配制成所需浓度药液的设备。

4.5.2

安瓿小容量注射剂机械　ampoule injection medicine machinery

制成50 mL以下装量的安瓿小容量注射剂的机械及设备。

4.5.2.1

安瓿清洗机　ampoule cleaning machine

见4.4.1.1抗生素玻璃瓶清洗机。

4.5.2.1.1

直线式安瓿清洗机　linear ampoule cleaning machine

安瓿在直线输送中清洗的机械。

4.5.2.1.2

回转式安瓿清洗机　rotary ampoule cleaning machine

安瓿夹持在回转转鼓上进行清洗的机械。

4.5.2.1.3

卧式安瓿清洗机　horizontal ampoule cleaning machine

安瓿夹持在卧式滚筒上进行清洗的机械。

4.5.2.1.4

立式安瓿清洗机　vertical ampoule cleaning machine

安瓿夹持在立式旋转转盘上进行清洗的机械。

4.5.2.2

安瓿热风循环型隧道式灭菌干燥机　ampoule hot air-circulation tunnel sterilizing dryer

见4.4.1.2.1热风循环型隧道式灭菌干燥机。

4.5.2.3

安瓿灌封机　ampoule drawing-sealing machine

完成安瓿定量灌液及拉丝封口的机械。

4.5.2.3.1

直线式安瓿灌封机　linear ampoule drawing-sealing machine

安瓿在间歇或连续直线输送中自动完成安瓿灌封的机械。

4.5.2.3.2

旋转式安瓿灌封机　rotary ampoule drawing-sealing machine

安瓿随转盘旋转中自动完成安瓿灌封的机械。

4.5.2.4

安瓿洗、烘、灌、封联动线　ampoule cleaning-drying-filling-sealing production line

由安瓿清洗机、热风循环隧道式灭菌干燥机、安瓿灌封机及输送带等设备组成的联动线。

4.5.2.5

安瓿小容量注射剂灭菌器　ampoule injection liquid sterilizer

对安瓿小容量注射剂进行加温灭菌和检漏的设备。

4.5.2.5.1

小容量注射剂水浴式灭菌器　small volume injection medicine water bath sterilizer

以纯化水为加热介质，对安瓿小容量注射剂进行喷淋加热灭菌和真空检漏的设备。

4.5.2.5.2

安瓿小容量注射剂蒸汽灭菌器　ampoule small volume injection medicine steaming sterilizer

以蒸汽为加热介质，对安瓿小容量注射剂进行加热灭菌和在真空状态下进行检漏的设备。

4.5.2.5.3

安瓿小容量注射剂蒸汽快冷式灭菌器　ampoule small volume injection medicine rapid cooling sterilizer

以蒸汽为加热介质，对安瓿小容量注射剂进行加温灭菌，冷水喷淋快速冷却和在真空状态下进行检漏的设备。

4.5.3

抗生素玻璃瓶小容量注射剂机械　antibiotic vial small volume injection medicine machinery

制成50 mL以下装量的抗生素玻璃瓶小容量注射剂的机械及设备。

4.5.3.1

抗生素玻璃瓶清洗机　antibiotic vial cleaning machine

见4.4.1.1抗生素玻璃瓶清洗机。

4.5.3.2

抗生素玻璃瓶隧道式灭菌干燥机　hot air circulation antibiotic vial tunnel sterilizing dryer

见4.4.1.2抗生素玻璃瓶隧道式灭菌干燥机。

4.5.3.3

抗生素玻璃瓶全加塞灌封机　antibiotic vial full-capping and filling machine

将药液定量灌入抗生素玻璃瓶内，压塞封口的灌装机。

4.5.3.4

抗生素玻璃瓶轧盖机　antibiotic vial capping machine

见4.4.1.4抗生素玻璃瓶轧盖机。

4.5.3.5

药用胶塞清洗机　medical stopple cleaning machine

见4.4.1.6药用胶塞清洗机。

4.5.3.6

药用铝盖清洗机　aluminum cap washing machine

见4.4.1.7药用铝盖清洗机。

4.5.3.7

药用铝塑复合盖臭氧灭菌柜　aluminum-plastic cap ozone sterilizing equipment

见4.4.1.8药用铝塑复合盖臭氧灭菌柜。

4.5.3.8

抗生素玻璃瓶小容量注射剂联动线　antibiotic vial small volume injection medicine cleaning-drying-filling-sealing line

由抗生素玻璃瓶清洗机、隧道式灭菌干燥机、抗生素玻璃瓶全加塞灌装机、轧盖机，以及转盘与输送带等设备组成的联动线。

4.5.4

卡式瓶小容量注射剂机械　cartridge bottle small volume injection medicine machine

制成50 mL以下装量的卡式瓶小容量注射剂的机械及设备。

4.5.4.1

卡式瓶玻璃套筒清洗机　cartridge bottle cleaning machine

见4.4.1.1抗生素玻璃瓶清洗机。

4.5.4.2

卡式瓶玻璃套筒隧道式灭菌干燥机　cartridge bottle hot-air circulation tunnel sterilizing dryer

见4.4.1.2抗生素玻璃瓶隧道式灭菌干燥机。

4.5.4.3

卡式瓶灌封机　cartridge bottle drawing-sealing machine

完成对卡式瓶玻璃套筒加活塞、加玻璃珠、定量灌装、加塞、加盖、轧盖封口的机械。

4.5.4.4

卡式瓶小容量注射剂联动线　cartridge small volume injection medicine cleaning-drying and filling-sealing line

由卡式瓶玻璃套筒清洗机、隧道式玻璃套筒灭菌干燥机、卡式瓶灌封机组成的联动线。

4.5.4.5

卡式瓶用活塞清洗机　stopple cleaning machine

见4.4.1.6药用胶塞清洗机。

4.5.4.6

卡式瓶用铝盖清洗机　aluminum cap washing machine

见4.4.1.7药用铝盖清洗机。

4.5.5

塑料瓶小容量注射剂机械　small volume plastic injection liquid machinery

完成制瓶、定量灌装、封口的塑料瓶小容量注射剂机械。

4.5.6

预灌液注射器注射剂机械　syringe injection machinery

制成50 mL以下装量的注射器小容量注射剂的机械及设备。

4.5.6.1

预灌液注射器玻璃针管清洗机　syringe tube cleaning machine

见4.4.1.1抗生素玻璃瓶清洗机。

4.5.6.2

预灌液注射器玻璃针管隧道式灭菌干燥机　syringe tube tunnel sterilizing dryer

见4.4.1.2抗生素玻璃瓶隧道式灭菌干燥机。

4.5.6.3

预灌液注射器灌封机　syringe filling-sealing machine

完成对预灌液注射器玻璃针管装活塞推杆组合件、定量灌装、注射针座盖封的机械。

4.5.6.4

预灌液注射器活塞清洗机　syringe piston cleaning machine

见4.4.1.6药用胶塞清洗机。

4.6

大容量注射剂机械及设备　large volume injection medicine machinery

制成50 mL及以上装量的注射剂的机械及设备。

4.6.1

配液设备　liquid-dispensing machine

见4.4.2.1配液设备。

4.6.1.1

浓配罐　liquid densifying tank

见4.5.1.1浓配罐。

4.6.1.2

稀配罐　liquid diluting tank

见4.5.1.2稀配罐。

4.6.1.3

自动配液设备　automatic liquid-dispensing machine

见4.5.1.3自动配液设备。

4.6.2

玻璃输液瓶大容量注射剂机械及设备　large volume glass injection bottle machinery and equipment

制成玻璃输液瓶大容量注射剂的机械及设备。

4.6.2.1

玻璃输液瓶理瓶机　glass infusion bottle sorting-conveying machine

能自动整理和输送玻璃输液瓶的机械。

4.6.2.2

玻璃输液瓶清洗机　glass infusion bottle washing machinery

清洗玻璃输液瓶内外壁的机械。

4.6.2.2.1

玻璃输液瓶外清洗机　outside of glass infusion bottle washing machine

清洗玻璃输液瓶外壁的机械。

4.6.2.2.2

滚筒式玻璃输液瓶内洗机　inside of glass infusion bottle rotary washing machine

利用卧式滚筒载瓶，间歇转动，清洗玻璃输液瓶内壁的机械。

4.6.2.2.3

行列式玻璃输液瓶清洗机　rowed glass infusion bottle washing machine

行列式间歇输送，清洗玻璃输液瓶内外壁的机械。

4.6.2.2.4

箱式玻璃输液瓶清洗机　box-shaped glass infusion bottle washing machine

履带连续输送，完成玻璃输液瓶内外壁清洗的机械。

4.6.2.2.5

玻璃输液瓶超声波清洗机 ultra-sonic glass infusion bottle washing machine

采用多次水、气冲洗或与超声波组合清洗的机器。

4.6.2.3

玻璃输液瓶灌装机 glass infusion bottle filling machine

将药液定量灌入玻璃输液瓶的机械。

4.6.2.3.1

直线式玻璃输液瓶灌装机 linear glass infusion bottle filling machine

在直线输送中完成定量灌液的玻璃输液瓶灌装机。

4.6.2.3.2

回转式玻璃输液瓶灌装机 rotary glass infusion bottle filling machine

随转盘旋转中完成定量灌液的玻璃输液瓶灌装机。

4.6.2.3.3

玻璃输液瓶负压灌装机 glass infusion bottle vacuum filling machine

采用负压定量灌装的玻璃输液瓶灌装机。

4.6.2.3.4

玻璃输液瓶压力时间式灌装机 glass infusion bottle pressure-time filling machine

采用恒压贮液罐送液,通过时间和流速的乘积来计量灌装的机械。

4.6.2.4

玻璃输液瓶灌装压塞机 glass infusion bottle stoppling-sealing machine

完成玻璃输液瓶定量灌装和压塞封口的机械。

4.6.2.5

玻璃输液瓶压塞机 glass infusion bottle stopple press machine

将药用胶塞,塞封已灌药液的玻璃输液瓶瓶口的机械。

4.6.2.6

玻璃输液瓶翻塞机 Y-stopple down-bending machine

将塞入瓶口内的玻璃输液瓶Y型胶塞向下翻边的机械。

4.6.2.7

玻璃输液瓶压塞、翻塞机 glass infusion bottle Y-stopple press-bending machine

将Y型胶塞压入已灌药液的玻璃输液瓶瓶口内并同时向下翻边的机械。

4.6.2.8

玻璃输液瓶轧盖机 glass infusion bottle capping machine

通过碾压或挤轧将套在玻璃输液瓶上的铝盖(铝塑复合盖)收边包封的机械。

4.6.2.8.1

玻璃输液瓶铝盖振荡落盖机 glass infusion bottle vibrating capping machine

采用电磁振荡输送,将铝盖落挂在玻璃输液瓶瓶口的机械。

4.6.2.8.2

玻璃输液瓶铝盖落盖揿盖机 glass infusion bottle vibrating-pressing capping machine

采用电磁振荡输送,将铝盖落挂在玻璃输液瓶瓶口并揿平铝盖的机械。

4.6.2.8.3

玻璃输液瓶多功能轧盖机 glass infusion bottle multi-functional capping machine

对已塞封的玻璃输液瓶瓶口挂上铝盖、揿平铝盖、碾压轧紧封口的机械。

4.6.2.9

玻璃输液瓶洗、灌、塞封一体机　glass infusion bottle washing-filling-stoppling integrated machine

将玻璃输液瓶精洗、灌装、压塞封口在一台机器上连续完成的机械。

4.6.2.10

玻璃输液瓶洗、灌、封联动线　glass infusion bottle washing-filling-sealing production line

由玻璃输液瓶理瓶机、清洗机、灌装机、压塞封口机、轧盖机和辅助输送机等组成的联动线。

4.6.2.11

药用胶塞清洗机　cage-rotary stopple cleaning machine

见(4.4.1.6)药用胶塞清洗机。

4.6.2.12

药用铝盖清洗机　aluminum cap washing machine

见(4.4.1.7)药用铝盖清洗机。

4.6.2.13

玻璃输液瓶灭菌车上瓶机　glass infusion bottle loading-to-sterilizer machinery

将灌封后的玻璃输液瓶输送于灭菌车上的机械。

4.6.2.14

玻璃输液瓶灭菌车卸瓶机　glass infusion bottle unloading-from-sterilizer machinery

将灭菌车上的玻璃输液瓶卸入贮瓶台的机械。

4.6.3

塑料输液瓶大容量注射剂机械及设备　large volume injection plastic bottle machinery

制成塑料输液瓶大容量注射剂的机械及设备。

4.6.3.1

塑料输液瓶瓶坯注塑机　plastic infusion bottle moulding machine

由塑料粒料熔融后，在模腔内注塑成塑料输液瓶瓶坯的机械。

4.6.3.2

塑料输液瓶半自动焊环机　plastic infusion bottle half-automatic welding machine

人工将瓶坯套上随行夹具，再将塑料环套在瓶坯尾部，机器输送至加热工位熔融焊牢的机械。

4.6.3.3

塑料输液瓶吹塑成形机　plastic infusion bottle blow molding machine

塑料瓶坯经过整理、加热、送入模腔，洁净空气吹塑成形的机械。

4.6.3.3.1

直线式塑料输液瓶吹塑成形机　linear plastic infusion bottle blow molding machine

塑料瓶坯经过整理、加热、中转机构送入模腔，用洁净空气间隙式吹塑成形的机械。

4.6.3.3.2

转盘式塑料输液瓶吹塑成形机　rotary plastic infusion bottle blow molding machine

塑料瓶坯经过整理、加热、直接送入模腔，用洁净空气旋转连续式吹塑成形的机械。

4.6.3.4

塑料输液瓶清洗机　plastic infusion bottle cleaning machine

用净化的带电离子空气吹吸或制药工艺用水冲洗，洁净空气吹干瓶内壁的清洗机。

4.6.3.5

塑料输液瓶组盖机　plastic infusion bottle stopple cap combining machine

将胶塞(垫)和盖压合成组合盖的机械。

4.6.3.6

塑料输液瓶灌封机　plastic infusion bottle filling-sealing machine

完成塑料输液瓶定量灌装、加塞、加盖、焊盖封口的机械。

4.6.3.7

塑料输液瓶洗灌封联动线　plastic infusion bottle washing-filling-sealing line

由塑料输液瓶清洗机、组盖机、灌封机组成的联动线。

4.6.3.8

塑料输液瓶吹瓶、洗灌封一体机　plastic infusion bottle blow molding-washing-filling-sealing integrated line

集塑料瓶坯吹塑成形、带电离子空气吹吸清洗、定量灌装、加盖、焊盖封口等多功能于一体的机械。

4.6.3.9

塑料输液瓶成形灌封机　plastic infusion bottle forming-filling-sealing machine

自动完成塑料粒料熔融后注塑成瓶坯,吹塑成形,定量灌装药液、加盖、焊盖封口的多功能机械。

4.6.3.10

胶塞垫清洗机　stopple cleaning machine

见 4.4.1.6 药用胶塞清洗机。

4.6.3.11

塑料输液瓶盖清洗机　infusion plastic bottle cap washing machine

见 4.4.1.7 药用铝盖清洗机。

4.6.4

非 PVC 膜软袋大容量注射剂机械及设备　non-PVC large volume film bag making machinery

制成非 PVC 膜软袋大容量注射剂的机械及设备。

4.6.4.1

非 PVC 膜软袋管口注塑机　non-PVC film bag nozzle injection moulding machine

由塑料粒料熔融后,在模腔内注塑成非 PVC 膜软袋管口的机械。

4.6.4.2

非 PVC 膜软袋管口清洗机　non-PVC film bag nozzle cleaning machine

采用多次水、气或超声波组合清洗非 PVC 膜软袋管口的机械。

4.6.4.3

非 PVC 膜软袋制袋机　non-PVC film bag making machine

将非 PVC 膜按规定尺寸热压封边、剪切废料、焊管口成形的机械。

4.6.4.4

非 PVC 膜软袋大容量注射剂灌封机　non-PVC large volume injection film bag filling and sealing machine

完成非 PVC 膜软袋的定量灌装和加塞、加盖、焊盖封口的机械。

4.6.4.5

非 PVC 膜软袋大容量注射剂制造机　non-PVC large volume injection film bag production line

自动完成非 PVC 膜软袋的送膜、印标签、一次或多次制袋、一次或多次灌装、排气封口的机械。

4.6.4.5.1

非 PVC 膜单室袋大容量注射剂制造机　non-PVC large volume single cavity injection film bag making machine

同一袋中只有一个装药室的非 PVC 膜软袋大容量注射剂制造机械。

4.6.4.5.2

非 PVC 膜多室袋大容量注射剂制造机　non-PVC large volume multi-cavities film bag making machine

同一袋中有两个及以上装药室的非 PVC 膜软袋大容量注射剂制造机械。

4.6.4.5.3

非 PVC 膜粉/液袋大容量注射剂制造机　non-PVC film powder/liquid large volume bag injection production line

同一袋中有两个及以上装药室，分别装入药液和粉剂药物的非 PVC 膜软袋大容量注射剂制造机械。

4.6.4.6

非 PVC 膜软袋灭菌车上袋机　non-PVC bag loading-on-sterilizer machine

将装有非 PVC 膜软袋大容量注射剂的灭菌盘依次推入灭菌车的机械。

4.6.4.7

非 PVC 膜软袋灭菌车下袋机　non-PVC film bag unloading-from-sterilizer machine

将灭菌车上的装有非 PVC 膜软袋大容量注射剂的灭菌盘依次推入输送机的机械。

4.6.5

大容量注射剂灭菌设备　large volume injection sterilizing equipment

对大容量注射剂进行加温、加压灭菌的设备。

4.6.5.1

大容量注射剂水浴式灭菌器　large volume injection water bath sterilizer

以纯化水为加热介质，对玻璃输液瓶、塑料输液瓶、非 PVC 膜软袋大容量注射剂以喷淋方式进行加温、加压灭菌的设备。

4.6.5.2

大容量注射剂回转水浴式灭菌器　large volume injection rotary water bath sterilizer

灭菌腔内装载灭菌车的滚筒架可转动的大容量注射剂水浴式灭菌器。

4.6.5.3

玻璃输液瓶大容量注射剂蒸汽灭菌器　large volume glass bottle injection steam sterilizer

以蒸汽为加热介质，对玻璃输液瓶大容量注射剂进行加温、加压灭菌的设备。

4.6.5.4

玻璃输液瓶大容量注射剂蒸汽快冷式灭菌器　large volume glass bottle injection fast-cooling steam sterilizer

以蒸汽为加热介质，对玻璃输液瓶大容量注射剂进行加温、加压灭菌，冷水喷淋快速冷却的设备。

4.6.5.5

非 PVC 膜软袋烘干机　non-PVC film bag drying machine

烘干非 PVC 膜软袋外表残留水分的机械。

4.7

丸剂机械　pill machinery

将药物或适宜的药用辅料以适当的方法制成滴丸、糖丸、小丸(水丸)等丸剂的机械及设备。

4.7.1

配料罐　material-dispensing tank

混匀药物与药用辅料的容器。

4.7.2

制丸机　pill making machine

将药物与药用辅料混合，制成丸剂的机械及设备。

4.7.2.1

离心式制丸机　centrifugal pill making machine

粉状物料受转盘离心力、摩擦力和热空气的浮力作用，与粘合剂混合、粘合聚集，完成起母、制丸、丸粒放大的机械。

4.7.2.2

小蜜丸机　small honey pill making machine

将坨料制条、切割、搓制或辊模，制成重量在0.5 g以下药丸的机械。

4.7.2.3

大蜜丸机　large honey pill making machine

将坨料制条、切割、搓制或辊模，制成重量在0.5 g及以上药丸的机械。

4.7.2.4

小丸机　small pill making machine

制成直径为0.5 mm～3.5 mm药丸的机械。

4.7.2.5

丸粒整形、干燥与筛选机械　pill sizing-drying-sieving machinery

药丸成型后，对其进行整形、干燥与筛选的机械及设备。

4.7.2.5.1

离心滚圆机（抛丸机）　centrifugal pill rolling machine (pill polishing machine)

药丸受旋转圆筒内离心转盘上齿条的推力、转盘离心力、与筒壁及丸粒之间的摩擦力而处于三维螺旋滚动中被圆整光滑的机械。

4.7.2.5.2

选丸机　pill sorting　machine

对丸粒进行分级筛选的机械。

4.7.2.6

丸粒干燥机　pill drying machine

对丸粒进行干燥消毒的设备。

4.7.2.7

滚筒式丸粒筛选机　cylinder pill sieve

筛网为滚筒式的筛选机。

4.7.3

滴丸机　pill dropping machine

将药物与辅料加热熔融混匀后，滴入不相混溶的互不作用的冷凝液中，收缩冷凝成球形、类球形药丸的机械。

4.7.3.1

滴丸去油、干燥与筛选机械　dropped pill deoiling-drying-sieving machinery

滴丸成型后，除去滴丸表面冷凝液、干燥与筛选的机械及设备。

4.7.3.1.1

擦丸机　pill wiping machine

除去滴丸表面油污的机械。

4.7.3.1.2

滴丸离心去油机　dropped pill centrifugal deoiling machine

用离心分离的方法,除去滴丸表面冷凝液的机械。

4.7.3.1.3

滴丸筛选干燥机　dropped pill sieving-drying machine

对滴丸进行筛选和干燥的机械。

4.7.3.2

滴丸联动线　dropped pill production line

由配料罐、滴丸机、擦丸机、筛选干燥机组成的联动线。

4.8

栓剂机械　suppository machinery

将药物与适宜的基质制成供腔道给药的栓剂机械及设备。

4.8.1

基质熔融罐　base material melting tank

将栓剂基质熔融、过滤、搅拌、保温的设备。

4.8.2

真空乳化搅拌机　vacuum emulsive homogenizing mixer

真空均质机

在真空容器内对物料搅拌使其均质乳化、脱泡的机械。

4.8.3

冷挤压制栓机　cold extrusion suppository making machine

将药物与基质混合后,压入栓模,制成栓剂的机械。

4.8.4

热熔式制栓机　hot melting suppository making machine

将药物与熔融基质混合后,注入栓模,经冷却后制成栓剂的机械。

4.8.5

栓壳成形制栓机　suppository shell forming and filling-sealing machine

将药物与基质混合后,定量置于两层膜成形的栓壳中,经冷却、封口、冲切成栓剂的机械。

4.9

软膏剂机械　unguent medicine machinery

将药物与适宜的基质混合制成外用制剂的机械及设备。

4.9.1

膏体配料罐　unguent dispensing tank

通过夹套加热,搅拌使融化的油相或水相药物乳化与药用辅料混匀的容器。

4.9.2

制膏机　unguent making machine

将药物与适宜的基质制成半固体外用制剂的机械。

4.9.2.1

滚辗式制膏机　rolling unguent making machine

使药物与基质在滚筒之间滚辗、研磨、混匀为半固体外用制剂的制膏机。

4.9.2.2

真空均质制膏机　vacuum emulsive unguent making machine

见4.8.2真空乳化搅拌机。

4.9.2.3

高压均质器　high pressure homogenizing machine

通过高压泵的作用使药液均质、乳化的设备。

4.9.2.4

胶体磨　colloid mill

见4.3.2.3胶体磨。

4.9.2.5

乳化罐　emulsive tank

将两种不相溶的液体，在高速搅拌作用下，形成乳状液的容器。

4.9.3

软膏灌封机　unguent filling-sealing machine

对已旋盖的软管定位、定量灌注软膏并封尾的机械。

4.9.3.1

管座链回转式金属软管灌封机　flexible metal tube chain-rotary filling-sealing machine

管座坐落在链条上，以间歇回转形式完成上管、对标、灌装、折叠封尾、打印批号的软膏灌封机。

4.9.3.2

管座链回转式金属复合管灌封机　metal composite tube chain-rotary filling-sealing machine

管座坐落在链条上，以间歇回转形式完成上管、对标、灌装、热熔封尾、打印批号的软膏灌封机。

4.9.3.3

管座链回转式塑料软管灌封机　plastic soft tube chain-rotary filling-sealing machine

管座坐落在链条上，以间歇回转形式完成上管、对标、灌装、加热封尾、打印批号的软膏灌封机。

4.9.3.4

圆盘回转式金属软管灌封机　flexible metal tube round disc rotary filling-sealing machine

管座坐落在圆盘上，在连续回转中完成上管、对标、灌装、折叠封尾、打印批号的软膏灌封机。

4.9.3.5

圆盘回转式金属复合管灌封机　metal composite tube rotary filling-sealing machine

管座坐落在圆盘上，在连续回转中完成上管、对标、灌装、热熔封尾、打印批号的软膏灌封机。

4.9.3.6

圆盘回转式塑料软管灌封机　plastic soft tube round disc rotary filling-sealing machine

管座坐落在圆盘上，在连续回转中完成上管、对标、灌装、加热封尾、打印批号的软膏灌封机。

4.9.3.7

盒装软膏灌封机　unguent filling-boxing-sealing machine

将软膏定量灌注于盒内并盖封的机械。

4.9.3.8

袋装软膏灌封机　bag packaged unguent filling-sealing machine

将软膏定量灌注于袋内并封口的机械。

4.10

口服液体制剂机械　liquid oral medicine preparation machinery

将药物与适宜的药用辅料制成供口服的液体制剂的机械及设备。

4.10.1

口服液配制设备　liquid oral medicine dispensing equipment

将药物与适宜的药用辅料配制成口服溶液剂、口服混悬剂和口服乳剂的机械及设备。

4.10.1.1

清糖浆制造设备　simple syrup producing equipment

将蔗糖溶解、煮沸灭菌、过滤、冷却成清糖浆的设备。

4.10.1.1.1

熔糖罐　sugar melting tank

加热将蔗糖熔融成糖液的设备。

4.10.1.1.2

清糖浆保温过滤器　simple syrup temperature maintain filter

用于除去清糖浆杂质并带保温的过滤设备。

4.10.1.1.3

糖浆配制罐　syrup dispensing tank

将药物和适宜的辅料溶解与清糖浆配制成糖浆溶液并作贮存的设备。

4.10.1.2

酒剂配制罐　alcoholic liquid dispensing tank

将药物与酒浸取制成酒剂并作贮存的设备。

4.10.1.3

合剂配制罐　mixture dispensing tank

将药物提取物与适宜的溶剂配制成合剂并作贮存的设备。

4.10.2

玻璃口服液瓶液体制剂机械　glass bottle liquid oral preparation machinery

制成玻璃瓶口服液体制剂的机械及设备。

4.10.2.1

玻璃口服液瓶清洗机　liquid oral glass bottle cleaning machine

见4.4.1.1抗生素玻璃瓶清洗机。

4.10.2.1.1

道轨式玻璃口服液瓶清洗机　liquid oral glass bottle guide type cleaning machine

见4.4.1.1.1道轨式抗生素玻璃瓶清洗机。

4.10.2.1.2

立式玻璃口服液瓶清洗机　vertical liquid oral glass bottle cleaning machine

见4.4.1.1.2立式抗生素玻璃瓶清洗机。

4.10.2.1.3

行列式玻璃口服液瓶清洗机　row type liquid oral glass bottle cleaning machine

见4.4.1.1.3行列式抗生素玻璃瓶清洗机。

4.10.2.1.4

旋转式玻璃口服液瓶清洗机　liquid oral glass bottle rotary cleaning machine

玻璃口服液瓶在旋转转盘中，用水、气对瓶内外壁清洗的机械。

4.10.2.2

玻璃口服液瓶隧道式灭菌干燥机　liquid oral glass bottle tunnel sterilizing dryer

洗涤后的玻璃口服液瓶连续输入带净化加热空气装置的隧道箱体内进行干燥与消毒的机械。

4.10.2.2.1

热风循环型隧道式灭菌干燥机　hot air circulation tunnel sterilizing dryer

见4.4.1.2.1热风循环型隧道式灭菌干燥机。

4.10.2.2.2

远红外辐射型隧道式灭菌干燥机　far infrared radiation tunnel sterilizing dryer

见4.4.1.2.2远红外辐射型隧道式灭菌干燥机。

4.10.2.3

玻璃口服液瓶灌装机　liquid oral glass bottle filling machine

将药液定量灌注于玻璃口服液瓶内的机械。或灌装加压内盖的机械。

4.10.2.3.1

直线式玻璃口服液瓶灌装机　liquid oral glass bottle linear filling machine

玻璃口服液瓶在直线输送中完成定量灌液或加压内盖的机械。

4.10.2.3.2

回转式玻璃口服液瓶灌装机　liquid oral glass bottle rotary filling machine

玻璃口服液瓶随转盘旋转中自动完成定量灌液或可加压内盖的机械。

4.10.2.4

玻璃口服液瓶轧盖机　liquid oral glass bottle capping machine

见4.4.1.4抗生素玻璃瓶轧盖机。

4.10.2.5

玻璃口服液瓶旋盖机　liquid oral glass bottle cap-turning machine

将套在玻璃口服液瓶口颈上的铝盖,旋合在瓶颈上的机械。

4.10.2.6

玻璃口服液瓶灌封机　liquid oral glass bottle filling-sealing machine

自动完成玻璃口服液瓶输瓶、定量灌装、轧盖或旋盖的机械。

4.10.2.7

玻璃口服液瓶联动线　liquid oral glass bottle production line

由玻璃口服液瓶清洗机、隧道式灭菌干燥机、灌装机、轧盖或旋盖机、贴标签机、印字机等组成的联动线。

4.10.2.8

玻璃口服液瓶外壁清洗烘干机　liquid oral glass bottle external washing-drying machine

清洗灌封后的玻璃口服液瓶外壁并烘干的机械。

4.10.3

塑料口服液瓶液体制剂机械　liquid oral plastic bottle preparation machinery

制成塑料口服液瓶液体制剂的机械及设备。

4.10.3.1

塑料口服液瓶成形灌封机　liquid oral plastic bottle forming and filling-sealing machine

由塑料粒料熔融后注塑成口服液瓶,灌液、封口、脱模成塑料瓶口服液体制剂的机械。

4.10.3.2

塑料口服液瓶灌装旋盖机　liquid oral plastic bottle filling and cap-turning machine

完成塑料口服液瓶的输送、定量灌装、加盖、旋盖的机械。

4.10.3.3

易折塑料口服液瓶灌封机　easily-broken liquid oral plastic bottle filling-sealing machine

完成易折塑料口服液瓶的理瓶输送、定量灌装、加盖、热熔封口的机械。

4.10.3.4

铝箔封口机　aluminum foil sealing machine

将衬有铝箔的瓶盖旋在瓶口上,通过感应加热使铝箔与瓶口密封的机械。

4.11

气雾剂机械　aerosol medicine making machinery

将药物与适宜的抛射剂共同灌注于具有特制阀门的耐压容器中，制作成药物以雾状喷出的机械及设备。

4.11.1

气雾剂灌封机　aerosol medicine filling-sealing machine

定量灌装气雾剂、落盖、旋盖封口的机械。

4.11.1.1

药液灌装机　liquid medicine filling machine

将药液灌装于耐压容器内的机械。

4.11.1.2

喷雾阀门轧口机　spray valve rolling-installing machine

将气动喷雾阀门轧封于装有药液的耐压容器口颈上的机械。

4.11.1.3

抛射剂压装机　prospellent press-filling machine

将抛射剂经阀门压注于装有药液的耐压容器内的机械。

4.11.1.4

稳压罐　pressure regulating tank

调节控制压力稳定的设备。

4.11.2

旋转式气雾剂灌封机　aerosol rotary filling-sealing machine

在旋转式转盘上自动完成药液定量灌注、安置阀门、轧口、压注抛射剂的机械。

4.11.3

气雾剂冷灌装机　aerosol cool filling machine

将冷却后的药液及抛射剂定量灌装于耐压容器内、并安置阀门、轧口的气雾剂灌装机。

4.12

眼用制剂机械　eye medicine preparation machinery

将药物制成滴眼剂和眼膏剂的机械及设备。

4.12.1

滴眼剂机械　eye drop machinery

将药物与适宜的药用辅料制成无菌眼用液体制剂的机械及设备。

4.12.1.1

配液设备　dispensing machine

见4.4.2.1配液设备。

4.12.1.2

滴眼剂瓶清洗机　eye drop tube cleaning machine

用水、气冲洗滴眼剂瓶的机器。

4.12.1.3

滴眼剂瓶内嘴(塞)清洗机　eye drop in-tube nozzle(cork) cleaning machine

利用水、气清洗滴眼剂瓶内嘴(塞)的机械。

4.12.1.4

眼用液体制剂灌装压塞旋盖机　eye liquid filling-pressing and cap turning machine

对滴眼剂瓶定量灌装药液、压入内嘴(塞)和旋外盖的机械。

4.12.1.5

塑料滴眼剂瓶成形灌封机　eye drop plastic tube forming and filling-sealing machine

由塑料粒料熔融后注塑成滴眼瓶，定量灌液、封口、脱模成塑料瓶眼用制剂的机械。

4.12.1.6

眼用液体制剂联动线　eye liquid production line

由理瓶机、清洗机、臭氧灭菌干燥机、灌封机、贴标签机组成的联动线。

4.12.2

眼膏剂机械　oculentum making machine

将药物与适宜的基质混匀，制成无菌眼用软膏，定量灌封于相应药包材内的机械及设备。

4.12.2.1

膏体配料罐　unguents dispensing tank

见(4.9.1)膏体配料罐。

4.12.2.2

制膏机　unguent making machine

见(4.9.2)制膏机。

4.12.2.3

软膏灌封机　unguent filling-sealing machine

对已旋盖的软管灌注定量眼膏剂并封尾的机械。

4.12.2.3.1

管座链回转式金属软管灌封机　metal flexible tube chain-rotary filling-sealing machine

见(4.9.3.1)管座链回转式金属软管灌封机。

4.12.2.3.2

管座链回转式金属复合管灌封机　metal composite tube chain-rotary filling-sealing machine

见(4.9.3.2)管座链回转式金属复合管灌封机。

4.12.2.3.3

圆盘回转式金属软管灌封机　metal flexible tube round disc rotary type filling-sealing machine

见(4.9.3.4)圆盘回转式金属软管灌封机。

4.12.2.3.4

圆盘回转式金属复合管灌封机　metal composite tube round disc rotary filling-sealing machine

见(4.9.3.5)圆盘回转式金属复合管灌封机。

4.13

药膜剂机械　medicine film making machinery

将药物和药用辅料与适宜的成膜材料制成膜状制剂的机械及设备。

4.13.1

纸型药膜机　paper medicine film making machine

将可食性纸浸入药槽，吸附药物经加热除去溶媒，制成纸型药膜的机械。

4.13.2

纸型药膜分格包装机　paper medicine film cutting-packaging machine

将纸型药膜分格、切割后包封于覆合膜内的机械。

4.13.3

制膜机　medicine film making machinery

将浆状药物流涎涂布于膜材上，经加热除去溶媒，制成药膜的机械。

4.13.4

药膜包装机 medicine film packaging machine

将药膜加在二层包装纸内,并完成打印、分格、切割的机械。

5

药用粉碎机械 pharmaceutical crushing machinery

以机械力、气流、研磨的方式粉碎药物的机械。

5.1

机械式粉碎机 mechanical crushing machinery

以机械力粉碎药物的机械。

5.1.1

齿式粉碎机 tooth crusher

由固定齿圈与转动齿盘的相对运动,粉碎物料的机械。

5.1.2

锤式粉碎机 hammer crusher

由高速旋转的活动锤与固定圈的相对运动,粉碎物料的机械。

5.1.3

刀式粉碎机 knife crusher

由旋转的刀板(块、片)与固定齿圈的相对运动,粉碎物料的机械。

5.1.4

涡轮式粉碎机 turbo-crusher

由旋转的涡轮叶片与固定齿圈的相对运动,对物料进行粉碎、分级过筛的粉碎机械。

5.1.5

压磨式粉碎机 grinding crusher

由磨轮与固定磨面的相对运动,粉碎物料的机械。

5.1.6

铣削式粉碎机 milling cutter crusher

通过铣刀架的旋转运动,粉碎物料的机械。

5.1.7

碾压式破碎机 rolling drum crusher

两个相向转动的带齿滚柱,碾压破碎物料的机械。

5.1.8

鄂式破碎机 jaw crusher

借助动静颚板,将物料挤压破碎的机械。

5.2

气流粉碎机 pneumatic crusher

利用气流的强烈冲击,使药物间产生摩擦、挤压被粉碎的机械。

5.2.1

粗粉气流粉碎机 rough pneumatic crusher

粉碎粒度达到 850 μm 以下的气流粉碎机。

5.2.2

细粉气流粉碎机 fine pneumatic crusher

粉碎粒度达到 150 μm±6.6 μm 的气流粉碎机。

5.2.3

超细气流粉碎机　super-fine pneumatic crusher

粉碎粒度达到 125 μm±5.8 μm 的气流粉碎机。

5.2.4

超微气流粉碎机　super-micro pneumatic crusher

粉碎粒度达到 75 μm±4.1 μm 的气流粉碎机。

5.3

研磨机械　lapping machinery

通过研磨介质在研磨体内的运动，使物料受挤压和剪切被粉碎成超细度混合物的机械。

5.3.1

微粒研磨机　fine particle lapping machine

通过高速运转的粉碎轮，使颗粒物料受撞击和剪切被粉碎的机械。

5.3.2

球磨机　ball mill

球体连续滚压，使物料研磨成细粉的机械。

5.3.3

乳钵研磨机　mortar grinder

由立式磨头对乳钵的相对运动，对药物进行研磨的机械。

5.4

低温粉碎机　low-temperature crusher

将物料冷却至脆化点以下，再进行粉碎的机械。

6

饮片机械　machinery for making herbal medicine

中药材通过净制、切制、炮炙、干燥等方法，改变其形态和性状制取中药饮片的机械及设备。

6.1

净制机械　decontamination machine（非药物 non-ready-made medicine）

药材通过挑选、风选、水选、筛选、剪切、刮削、剔除、刷搽、碾串及泡洗等方法去除杂质和分离药材非有效部位的机械。

6.1.1

挑选机械　herbal material selecting and sorting machine

用于分离药材杂质和非有效部位或对其分级的机械。

6.1.2

风选机　air flow selecting and sorting machine

用空气流对药材进行选别或分级的机械。

6.1.2.1

立式风选机　vertical air flow sorting machine

风选空气流与地平面呈一定夹角的风选机。

6.1.2.2

卧式风选机　horizontal air flow sorting machine

风选空气流与地面平行的风选机。

6.1.2.3

吹送式风选机　air blowing sorting machine

一定压力的气流吹送中选别或分级药材的风选机。

6.1.2.4

吸送式风选机　air suction sorting machine

在负压气流吸送中选别或分级药材的风选机。

6.1.2.5

变频式风选机　frequency conversion air flow sorting machine

通过变频调节风力大小的风选机。

6.1.3

水选机　water floating sorting machine

利用浮力来选别或分级药材的机械。

6.1.4

洗药机械　herbal material washing machinery

通过翻滚、碰撞、刷搽、喷射、泡洗等方法，用水清洗药材的机械。

6.1.4.1

滚筒式洗药机　roller type herbal material washing machine

带抄板、长径比大于2，滚筒内装有可调角度喷淋装置的洗药机。

6.1.4.2

转鼓式洗药机　rotary-drum herbal material washing machine

带抄板、长径比小于等于2，滚筒内装有可调角度喷淋装置的洗药机。

6.1.5

筛选机械　sieving machinery

用筛网对物料进行选别或分级的机械。

6.1.5.1

回转筛　rotary sieving machine

筛盘作回转运动的筛选机。

6.1.5.2

往复筛　to-and-fro sieving machine

筛盘作往复运动的筛选机。

6.1.5.3

斜面筛　sloping sieving machine

筛面呈倾斜状作回转运动的筛选机。

6.1.5.4

旋涡式振动筛　eddy vibrating sieve

采用旋转与垂直振动使物料呈旋涡运动筛选机。

6.1.6

磁选机　magnetic sorting machine

用磁力剔除药材中的铁磁性杂质并对药材进行选别或分级的机械。

6.1.6.1

带式磁选机　conveying-belt magnetic sorting machine

用磁力转鼓驱动输送带，药材经过转鼓时，铁磁性杂质被吸而剔除的磁选机。

6.1.6.2

棒式磁选机 stick type magnetic-sorting machine

用磁力棒接触药材进行选别的机械。

6.1.7

干法净制机械 dry method decontamination machine

不用水,去除药材杂质和非有效部位的机械。

6.1.7.1

圆筒形干洗机 column dry washing machine

清洗室截面为圆形的滚筒干洗机。

6.1.7.2

多角筒干洗机 multi-angle column dry washing machine

截面为多角形的滚筒干洗机。

6.1.7.3

脱壳机 vertical exuviating machine

转动轴上装有多层齿爪的圆筒形干法净制机械。

6.2

切制机械 herbal slicing machinery

采用剪切方式改变药材形态的机械。

6.2.1

润药机 herbal infiltrating machinery

以水或水蒸汽与药材接触并渗入其组织间,使体积膨胀,机械强度减弱而软化的机械。

6.2.1.1

真空润药机 vacuum herbal infiltrating machine

利用负压抽出药材组织间隙中的气体,再通入水蒸汽的润药机。

6.2.1.2

加压润药机 pressed herbal material infiltrating machine

加压使水或水蒸汽渗入药材组织的润药机。

6.2.2

切药机 herbal slicing machinery

利用切刀的往复运动、摆动、旋转等方式,将药材切制成所需形状及尺寸的机械。

6.2.2.1

往复式切药机 to-and-fro type herbal material slicing machine

切刀作往复运动的切药机。

6.2.2.2

旋转式切药机 rotary herbal slicing machine

切刀或药材作旋转运动的切药机。

6.2.2.2.1

旋料式切药机 rotation herbal slicing machine

药材作旋转运动的切药机。

6.2.2.2.2

转盘式切药机 rotary disc herbal slicing machine

切刀作旋转运动的切药机。

6.2.2.3

刨片机械　flaking machinery

切制薄片的切药机械。

6.3

炮炙机械　herbal medicine making machinery

根据中医药理论制定的法则和规定的工艺，加温改变净药材形态和性状的机械。

6.3.1

蒸煮设备　steam and cooking machine

内置多孔栅板，以水或水蒸气为蒸煮介质，蒸汽或电能为热源的炮炙设备。

6.3.1.1

可倾式蒸煮锅　tilting boiler

夹套锅可翻转，蒸汽为热源的蒸煮设备。

6.3.1.2

蒸汽型蒸药箱　steaming cabinet

以水蒸气为蒸煮介质和热源，直接加热的箱式蒸药设备。

6.3.1.3

电热型蒸药箱　electric-steaming cabinet

以水为蒸煮介质，以电能为热源，间接加热的箱式蒸药设备。

6.3.2

炒药机　herbal roaster

对药材间接加热翻炒的机械。

6.3.2.1

转筒式炒药机　rotary-cylinder herbal roaster

截面为圆形转筒的炒药机。

6.3.2.2

转鼓式炒药机　rotary-drum herbal roaster

炒药筒为鼓形转筒的炒药机。

6.3.2.3

立式炒药机　vertical herbal roaster

炒药筒垂直安装，配有机械搅拌装置的炒药机。

6.3.3

煅药机械　herbal ustulation machinery

对容器中的药材加热烘烤，使其改变性状的机械。

6.3.3.1

中温煅药锅　middle temperature herbal ustulation kettle

温度低于 600 ℃的煅药机械。

6.3.3.2

高温煅药炉　high temperature herbal ustulation oven

温度低于 1 200 ℃、高于等于 600 ℃的煅药机械。

6.4

药材烘干机械　herbal material baking machine

利用热源除去药材中水分的机械及设备。

6.4.1

转筒烘干机　rotary drum herbal baking machine

干燥室为回转筒的烘干机械。

6.4.2

厢式烘干机　compartment herbal baking machine

料盘置于支架或移动的小车上，外壁具有隔热结构的厢式烘干机。

6.4.2.1

热风循环烘箱　hot air circulation herbal baking oven

热气流通过强制循环，以对流的方式烘干药材的厢式烘干机。

6.4.2.2

真空烘箱　vacuum herbal baking oven

药材在真空状态下干燥的厢式烘干机。

6.4.2.3

隧道式烘箱　tunnel baking oven

药材通过隧道与热气流接触的厢式干燥设备。

6.4.2.4

带式翻板烘干机　multi-chain rolling-over baking machine

有多层转动链板，逐层翻转落料的厢式干燥设备。

6.4.3

远红外烘干机　far-infrared baking machine

辐射波长在 2.5 μm～1 000 μm 区域的远红外线的作用下，水分气化的干燥设备。

6.4.4

微波烘干机　microwave baking machine

药材在波长为 1 m～1 mm 的电磁波的作用下，水分气化的干燥的设备。

7

制药用水、气(汽)设备　water treatment equipment for pharmaceutical use

采用适宜的方法，制取制药用水和制药工艺用气(汽)的机械及设备。

7.1

制药工艺用气(汽)设备　pharmaceutical used gas (steam) producing equipment

采用适宜的方法，制取制药工艺用气(汽)的机械及设备。

7.1.1

药用制氮机　pharmaceutical used nitrogen producing machine

制取的高纯度氮气再经高精度过滤的设备。

7.1.2

纯蒸汽发生器　pure steam generator

利用注射用水或纯化水制取纯蒸汽的设备。

7.1.3

充气装置　gas-filling device

将二氧化碳、氮气等气体充入已装药物的容器内，以置换容器内部空气的装置。

7.2

纯化水设备　water purifying equipment

采用适宜的方法，制取纯化水的设备。

7.2.1

电渗析设备 electric-dialysis water purifications equipment

以电能为推动力，利用膜的选择透过性，使离子通过膜转移来制备纯化水的设备。

7.2.2

EDI 电离子交换装置 EDI exchanger

将离子交换和电渗析膜技术相互有机地结合在一起，用电来除去水中离子的脱盐净水设备。

7.2.3

反渗透设备 reverse osmosis equipment

采用孔径≤10^{-10} m 的反渗透膜为过滤介质来制取纯化水的设备。

7.3

注射用水设备 injection water producing equipment

采用适宜的方法，制取注射用水的设备。

7.3.1

列管式多效蒸馏水机 tubular multi-effect water distiller

采用升膜或降膜的列管式多效蒸发并分离热源，制取注射用水的设备。

7.3.2

盘管式多效蒸馏水机 coil multi-effect water distiller

采用盘管式多效蒸发并分离热源，制取注射用水的设备。

7.3.3

热压式蒸馏水机 thermo compression water distiller

利用机械动力对二次蒸汽进行压缩、吸收其低温热能，将温度提升后作为热源循环利用，制取注射用水的设备。

7.4

离子交换设备 ion-exchange equipment

通过离子交换剂，以其所含可交换离子与溶液中的同种符号的离子进行交换，制取纯化水的设备。

8

药品包装机械 pharmaceutical packaging machinery

完成药品直接包装和药品包装物外包装及药包材制造的机械及设备。

8.1

药品直接包装机械 direct medicine packaging machinery

直接接触药品的包装机械。

8.1.1

药品印字机械 medicine printing machinery

直接在药品上印字的机械。

8.1.1.1

药片印字机 tablet printing machine

将商标、文字印刷在药片表面的机械。

8.1.1.2

胶囊印字机 capsule printing machine

将商标、文字印刷在胶囊表面的机械。

8.1.2

瓶包装机械　bottle packaging machinery

用于片、丸、胶囊等制剂直接装瓶的机械。

8.1.2.1

理瓶机　bottle sorting machine

能整理和排列瓶子，并调节输瓶速度的机械。

8.1.2.2

瓶装容器(袋)计数充填机　bottle/bag counting-filling machine

将片(丸)胶囊等制剂按预定量计数、充填到瓶装容器(袋)内的机械。

8.1.2.2.1

转盘式计数充填机　rotary disk type counting-filling machine

利用转盘上的计数孔板对片、丸、胶囊等制剂进行计数、充填的机械。

8.1.2.2.2

履带式计数充填机　belt type counting-filling machine

利用履带上的计数孔板对片、丸、胶囊等制剂进行计数、充填的机械。

8.1.2.2.3

电子计数充填机　electronic counting-filling machine

利用光电传感器，对片、丸、胶囊等制剂进行计数、充填的机械。

8.1.2.2.4

量杯式计量充填机　measuring glass filling machine

采用量杯对粉剂、颗粒、小丸计量、充填的机械。

8.1.2.3

瓶装容器塞封机械　medicine bottle stoppling-sealing machinery

对已充填药物的瓶装容器进行塞封的机械。

8.1.2.3.1

塞纸机　paper inserting machine

对已充填药品的瓶装容器塞纸的机械。

8.1.2.3.2

塞棉机　cotton inserting machine

对已充填药品的瓶装容器填塞脱脂棉的机械。

8.1.2.3.3

塞带机　silica gel strip inserting machine

对已充填药品的瓶装容器填塞硅胶带的机械。

8.1.2.3.4

塞塞机　bottle stoppling machine

对已充填药品的瓶装容器塞塞的机械。

8.1.2.4

瓶装容器封口机械　bottle sealing machinery

对已充填药品的瓶装容器密封瓶口的机械。

8.1.2.4.1

电磁感应铝箔封口机　electric-magnetic interaction al-foil sealing machine

利用电磁感应原理，将铝箔加热密封瓶口的机械。

8.1.2.4.2

旋盖机 cap turning machine

将螺旋盖旋合在瓶装容器口径上的机械。

8.1.2.4.3

压盖机 cap pressing machine

将保险螺纹盖压制在瓶口径上的机械。

8.1.2.5

多功能药用瓶包装机 multi-functional medicine bottle packaging machine

用于药物装瓶的机器。能完成理瓶、计量、充填、塞封、盖封等工序的机械。

8.1.2.5.1

微丸装瓶机 micro pellet bottling machine

用于微丸装瓶的机器。能完成理瓶、计量、充填、塞封、盖封等工序的机械。

8.1.2.5.2

小丸剂装瓶机 small honey pill bottle filling machine

用于小丸装瓶的机器。能完成理瓶、输瓶、计量、充填、塞封等工序的机械。

8.1.2.5.3

筒管瓶片剂装瓶机 bobbin tablet bottle filling machine

用于直径大、厚度薄的片剂单排重叠装入筒管瓶的机器。能完成理瓶、计数、充填、塞封、盖封等工序的机械。

8.1.2.6

药用瓶包装联动线 automatic bottle packaging line

由理瓶机、输瓶机、计数充填机、塞封机械、盖封机械、贴标签机、印字机等组成的联动线。

8.1.2.6.1

玻璃瓶包装联动线 glass bottle automatic packaging line

用于玻璃瓶包装的联动线。

8.1.2.6.2

塑料瓶包装联动线 plastic bottle automatic packaging line

用于塑料瓶包装的联动线。

8.1.3

袋包装机械 bag packaging machinery

采用可热封复合的材料，自动完成制袋、计量、充填、封合、分切、热压批号等功能，对药物进行袋包装的机械。

8.1.3.1

三边封袋包装机 3-sided sealing packaging machinery

采用三边封合方式的袋包装机械。

8.1.3.2

四边封袋包装机 4-sided sealing packaging machinery

采用四边封合方式的袋包装机械。

8.1.3.3

背封袋包装机 bag-back sealing packaging machinery

采用背面封合方式的袋包装机械。

8.1.3.4

三角袋包装机　triangle bag packaging machine

包装袋呈三角形的袋包装机械。

8.1.3.5

带状包装机　strip packaging machine

完成药物充填于两层包装材料之间，经纵横方向热封合切割成形的机械。

8.1.3.6

软双铝包装机　soft al-al packaging machine

将片剂、胶囊充填于两层软铝复合材料之间，经纵横方向热封合切割成形的机械。

8.1.3.7

行列式袋包装机　cortege bag packaging machine

以多列形式完成多袋包装的机械。

8.1.4

泡罩包装机械　blister packaging machine

将底材成型为泡罩，用热合方法将药品封合在泡罩与复合膜之间，经打印批号，冲切成泡罩板的机械。（可分为 PVC 片/铝箔；铝/铝；铝/塑/铝三种包装形式。）

8.1.4.1

铝塑泡罩包装机　aluminum-plastic blister packaging machine

将无毒塑料硬片成型为泡罩，用热合方法将药品封合在泡罩与药用铝箔复合膜内，经打印批号，冲切成泡罩板的机械。

8.1.4.1.1

滚筒式泡罩包装机　rotary type blister packaging machine

泡罩由滚筒模具真空吸塑成型，泡罩成型到热封合过程为连续运动的泡罩包装机。

8.1.4.1.2

平板式泡罩包装机　flat plate blister packaging machine

泡罩由平板模具吹塑成型，泡罩成型到热封合过程为间歇运动的泡罩包装机。

8.1.4.1.3

滚板式泡罩包装机　rolling flat plate blister packaging machine

泡罩由平板模具间隙吹塑成型，由滚筒连续热封合的泡罩包装机。

8.1.4.2

铝、铝泡罩包装机　Al-Al blister packaging machine

用复合成型铝做底材，经冷冲压成型为泡罩的泡罩包装机。

8.1.4.3

铝、塑、铝泡罩包装机　Al-plastic-Al blister packaging machine

把吹塑成型的塑料泡罩放在复合铝冷冲压成型的泡罩里，用热合方法将药品封合在铝箔膜下的泡罩包装机。

8.1.4.4

泡罩包装联动线　blister packaging line

由泡罩包装机与装盒机、裹包机、装箱机、卧式制袋充填封口包装机等分别组成的联动线。

a) 泡罩包装机＋装盒机；

b) 泡罩包装机＋装盒机＋裹包机；

c) 泡罩包装机＋装盒机＋裹包机＋装箱机；

d) 泡罩包装机＋卧式制袋充填封口包装机。

8.1.5

蜡壳包装机　waxy pill packaging machine

将蜡制成壳，装入药丸后再封固的机械。

8.1.6

饮片包装机械　sliced herbal medicine packaging machinery

对称量的饮片进行包装的机械。

8.1.6.1

链斗式饮片包装机　chain type sliced herbal medicine packaging machine

对已称量的饮片装入链条上的料杯，在链条输送过程中自动完成包装的机械。

8.1.6.2

称量式饮片包装机　sliced herbal medicine measuring-packaging machine

由多个称量器和给料装置自动完成饮片称量和包装的机械。

8.1.6.3

容积式饮片包装机　volume measuring sliced herbal medicine packaging machine

通过容积计量，自动完成饮片包装的机械。

8.2

药品包装物外包装机械　machines for packaging packaged products

对药品包装物实行装盒(袋)、印字、贴标签、裹包、装箱等功能的机械及设备。

8.2.1

装盒机械　packed products boxing machinery

能完成开盒，插入使用说明书，对瓶子、泡罩板、软管等药品包装物装盒、封盒的机械。

8.2.1.1

说明书折叠机　synopsis folding machine

能自动将堆码的说明书分张取出，并进行折叠的机械。

8.2.1.2

多功能折纸机　multiple-functional folding machine

能按标准纸尺寸和非标准尺寸将纸张折成单折、双折或多折等形式的折纸机械。

8.2.1.3

连续式插舌装盒机　box lingua continuous inserting and sealing machine

采用连续运行，插舌式封盒的机械。

8.2.1.4

间歇式插舌装盒机　intermittent box tag inserting and sealing machine

采用间歇运行，插舌式封盒的机械。

8.2.1.5

连续式浆糊粘贴装盒机　continuous paste adhesive boxing machine

采用连续运行，浆糊粘贴式封盒的机械。

8.2.1.6

间歇式浆糊粘贴装盒机　intermittent paste adhesive boxing machine

采用间歇运行，浆糊粘贴式封盒的机械。

8.2.2

卧式软袋包装机　horizontal soft bag packaging machine

采用卧式制袋方式，插入使用说明书，充填泡罩板块、膏贴类药品并封口的软袋包装机。

8.2.3

药品包装物印字机械　medicine package printing machinery

将商标及文字印刷在瓶身或包装盒上的机械。

8.2.3.1

安瓿印字机　ampoule printing machine

将商标及文字印刷在安瓿或管形瓶身上的机械。

8.2.3.2

安瓿色标机　ampoule colour marker

在安瓿颈部印刷色点或色环的机械。

8.2.3.3

安瓿印字装盒机　ampoule printing and boxing machine

用于安瓿及管形瓶印字、自动落盒、关盒的机械。

8.2.3.4

安瓿印字包装机　ampoule printing and packaging machine

用于安瓿及管形瓶印字、自动落盒、关盒、贴标签、打印批号、叠盒、捆扎的多功能包装机。

8.2.3.5

制盒安瓿印字包装机　box making and printing-packaging machine for ampoule

完成纸带制盒、安瓿印字、自动落盒、关盒的多功能包装机。

8.2.3.6

标签/塑料袋批号印字机　label/plastic bag batch number printing machine

在标签/塑料袋上印刷批号、有效期等标记的机械。

8.2.3.7

纸盒批号印字机　carton batch number printing machine

在药品外包装纸盒上印刷批号的机械。

8.2.4

药品包装物贴标签机械　medicinal package labeling machinery

将标签贴在药品包装物上的机械。

8.2.4.1

不干胶药用瓶贴标签机　medicine bottle self-adhesive labeling machine

把标签带上的单个不干胶标签剥离下来，粘贴在药用瓶身上的机械。

8.2.4.2

不干胶外盒贴标签机　carton self-adhesive labeling machine

把标签带上的单个不干胶标签剥离下来，粘贴在药品包装盒上的机械。

8.2.4.3

转鼓式贴标签机　drum type labeling machine

利用真空转鼓吸签并涂上浆胶，贴在药品包装物上的机械。

8.2.4.4

龙门式贴标签机　gantry type labeling machine

利用摩擦轮分签并涂上浆胶，贴在龙门架下直线运行的药用瓶身上的机械。

8.2.4.5

外盒贴标签机　carton labeling machine

涂上浆胶的标签粘贴在药品包装物的大包装盒上的机械。

8.2.5

薄膜收缩包装机　film shrinking packaging machine

用热收缩薄膜，将药品包装物叠加集合裹包的机械。

8.2.5.1

四边封热收缩包装机　4-side sealed heat shrinking packaging machine

采用四边封合的小盒包装机。

8.2.5.2

六面封热收缩包装机　6-side sealed heat shrinking packaging machine

采用六面封合的小盒包装机。

8.2.5.3

开式六面封热收缩包装机　open type 6-side sealed heat shrinking packaging machine

采用六面封合且封合后在长端的两侧有开口的小盒包装机。

8.2.6

药用透明膜包装机　medical transparent film packaging machine

采用透明薄膜包装材料，可对药品包装物自动送料、裹包、折叠、热封、计数，叠加集合裹包的机械。

8.2.7

药用枕式包装机　medical pillow-type packaging machine

自动完成筒状卷膜、制袋、裹包非 PVC 膜软袋大容量注射剂或其他剂型药品的机械。

8.2.8

大包装机械　large packaging machinery

将已装盒或裹包的药品包装物再叠加捆扎包装或装箱包装的机械。

8.2.8.1

捆盒包装机　box bundling-up machine

用捆扎带将药品包装物的一个或多个包装盒捆扎的机械。

8.2.8.2

捆箱包装机　case bundling-up machine

用捆扎带将药品包装物的一个或多个包装箱捆扎的机械。

8.2.8.3

装箱机　pharmaceuticals package boxing machine

将药品包装物装入包装箱内的机械。

8.2.8.4

胶带封箱机　adhesive tape case sealer

用胶带自动封箱包装的机械。

8.2.8.5

多功能装箱机　multi-functional automatic case loading line

完成药品包装物的装箱、打批号、捆扎的多功能机械。

8.2.8.6

大包装联动线　big packaging line

由捆盒(箱)包装机、装箱机、胶带封箱机等组成的联动线。

8.3

药包材制造机械　packaging container and material making machinery

制造药用包装容器、包装材料的机械及设备。

8.3.1

药用玻璃容器制造机械 glass container making machine

制造药用玻璃容器的机械。

8.3.1.1

立式安瓿制造机 vertical ampoule making machine

通过立式导向传动机构,将玻璃管制成安瓿的机械。

8.3.1.2

卧式安瓿制造机 horizontal ampoule making machine

通过卧式导向传动机构,将玻璃管制成安瓿的机械。

8.3.1.3

管制瓶制造机 glass bottle making machine

由玻璃管制成抗生素、口服液等药用瓶的机械。

8.3.1.4

模制瓶制造机 glass bottle molding machine

由熔融玻璃液注入瓶模内经压缩空气吹制成药用玻璃瓶的机械。

8.3.1.5

预灌液注射器用玻璃针管退火装置 pre-filled injection glass tube annealing machine

将硼硅玻璃管退火的设备。

8.3.1.6

预灌液注射器用玻璃针管切割成型机 filled injection tube cutting and forming machine

将硼硅玻璃管印制计量标记并按预定长度(容积)切割制成注射器针筒的机械。

8.3.1.7

卡式瓶玻璃套筒制造机 cartridge bottle glass sleeve making machine

将塑料粒熔融后,注入瓶模内,经压缩空气吹制成卡式瓶玻璃套筒的机械。

8.3.2

药用塑料容器制造机械 plastic container making machine

制造药用塑料包装容器的机械。

8.3.2.1

塑料瓶制造机 plastic bottle making machine

将塑料粒料熔融后,挤注于瓶模内,经压缩空气吹制药用塑料瓶的机械。

8.3.2.2

塑料盖制造机 plastic cap making machine

将塑料粒料熔融后,挤注于瓶盖模内,压制成瓶盖的机械。

8.3.2.3

药用塑料管膜制造机 plastic tube film making machine

将塑料粒料熔融后,由模头挤出,经压缩空气吹制药用塑料管膜的机械。

8.3.3

药用金属容器制造机械 medical metal container making machine

制造药用铝管及其他药用金属容器的机械。

8.3.3.1

药用铝管制造机 aluminum tube making machine

制造药用铝管的机械。

8.3.3.1.1

退火炉　annealing hearth

将铝片退火的设备。

8.3.3.1.2

铝管冲挤机　aluminum tube extrusion machine

将铝片冲挤压成铝管毛坯的机械。

8.3.3.1.3

铝管螺纹机　aluminum tube screw thread making machine

完成铝管毛坯螺纹加工、切尾成型的机械。

8.3.3.1.4

铝管印刷机　aluminum tube printing machine

将文字、图案、色标印刷在铝管外壁的机械。

8.3.3.1.5

铝管烘干机　aluminum tube drying machine

对印刷后的铝管进行烘干的机械。

8.3.3.2

金属复合铝管制造机　metal composite aluminum tube making machine

制造金属复合铝管的机械。

8.3.3.2.1

卷材制造机　metal composite film rolling machine

制造金属复合膜卷材的机械。

8.3.3.2.2

螺纹头铝管制造机　machine for making aluminum tube with threaded head

将卷材制成带螺纹头的金属复合铝管制造机。

8.3.3.3

铝盖制造机　aluminum cap making machine

将铝片冲制成铝盖的机械。

8.3.3.4

铝塑复合盖制造机　aluminum cap and plastic cap combining machine

将铝盖与塑料盖结合在一起的机械。

8.3.3.5

铝管旋盖机　aluminum tube cap turning machine

在铝管上旋盖的机械。

8.3.3.6

其他药用金属容器制造机　other metal container making machine

制造其他药用金属容器的机械。

8.3.4

空心胶囊制造机　hollow capsule making machine

将食用明胶制成圆筒形囊体、帽，并相互套合成空心胶囊的机械。

8.3.4.1

溶胶锅　gelatin dissolver

见 4.3.2.1.1 溶胶锅。

8.3.4.2

明胶液桶 gelatin tank

见4.3.2.1.2明胶液桶。

8.3.4.3

空心胶壳制造机 capsule shell making machine

能完成胶壳模杆蘸胶、整形、干燥、定长切割、帽体套合、模杆上油等工序的机械。

9

药物检测设备 medicine inspection instrument

检测各种药物质量的仪器与设备。

9.1

硬度测试仪 hardness tester

对片剂进行挤压直至破碎,测定片剂承受最大压力值的仪器。

9.2

溶出度试验仪 dissolution tester

测试药物从片剂、胶囊剂等固体制剂在规定溶剂中溶出的速度和程度的试验仪器。

9.3

除气仪 gas removing instrument

用于溶解介质除气的仪器。

9.4

崩解仪 disintegration tester

测定片剂等固体制剂在规定条件下的崩解时限的仪器。

9.5

脆碎仪 brittleness tester

检测非包衣片的脆碎度及机械稳定性、抗磨性、耐滚轧、碰撞性等物理性能的试验仪器。

9.6

片剂外观检查机 tablet appearance tester

检查片剂外观质量的机械。

9.7

厚度测试仪 thickness tester

检查片剂厚度及胶囊、丸剂直径的测试仪器。

9.8

片剂综合测试仪 tablet comprehensive tester

具有溶出度试验仪、崩解仪、脆碎仪及硬度测定仪功能的测试仪器。

9.9

冻力仪 freezing strength tester

检测胶囊明胶冻力值(凝冻强度)的仪器。

9.10

勃氏粘度测试仪 Brunel viscosity tester

测试和计算明胶勃氏粘度值的仪器。

9.11

明胶透明度测试仪 gelatin transparency tester

采用恒定光源和稳定亮度,从标准玻璃测定管内自动测试和计算明胶透明度值的仪器。

9.12

胶囊重量分选机 **capsule weighing and sorting machine**

具有分离出装量不合格胶囊的机械。

9.13

融变时限测试仪 **melting time-limit tester**

测定栓剂等固体制剂在规定条件下的融变时限的仪器。

9.14

重金属检测仪 **heavy metal detector**

检测药物中重金属杂质含量的仪器。

9.15

水分测试仪 **water content measuring instrument**

采用称重法测量药物含水量的仪器。

9.16

粒度分析仪 **particle size analyzer**

测定药物的粒子大小和粒度分布的仪器。

9.17

澄明度测试仪 **clarity inspector**

检查药液可见异物和不溶性微粒的仪器。

9.18

微粒检测仪 **fine particle inspector**

利用光阻法原理检测注射液中不溶性微粒含量的仪器。

9.19

热原测定仪 **pyrogen inspector**

通过电子探头检测家兔体温变化来判断药品所含热原限度的仪器。

9.20

细菌内毒素测定仪 **bacterial endotoxin inspector**

利用鲎试剂定量或定性检测细菌内毒素的仪器。

9.21

振实仪 **tap density inspector**

通过振实后检测粉末、颗粒密度的仪器。

9.22

渗透压测定仪 **osmotic pressure inspector**

通过测量溶液的冰点下降来间接测定其主摩尔浓度的仪器。

9.23

无菌检查仪 **asepsis inspector**

用于无菌检查中加压、过滤的仪器。

9.24

膏药软化点测定仪 **plaster bating temperature inspector**

检测膏药软化温度的仪器。

9.25

熔点测试仪 **melting point measuring instrument**

测试药物、试剂及其他有机结晶物熔点的仪器。

9.26

药材硬度计 medicine material hardness measuring instrument

采用压入法和蠕变量相结合的方法测定药材硬度的仪器。

9.27

电子眼测色仪 electric colour measuring instrument

运用光学原理和排除镜面反射的测量方法，测量药材、饮片颜色的仪器。

9.28

电子舌味觉仪 electric tongue tasting instrument

运用电子化学液体传感器和数据分析系统，能够分辨出酸、甜、苦、咸味道和组合味道的仪器。

9.29

电子鼻气味仪 electric nose odor telling instrument

由一组气敏元件组成的气体传感器阵列，测量药材、饮片气味的仪器。

9.30

远红外光谱分析仪 far-infrared spectrum analyzer

测定药物在远红外光谱区(波长范围约 780 mm～2 500 mm)的光谱特征的仪器。并利用适宜的化学计量学的方法提取相关信息后对被测药物进行定性、定量的分析仪器。

9.31

安瓿注射液异物检查设备 ampoule injection impurity detecting equipment

检查安瓿注射液内异物的设备。

9.31.1

安瓿注射液异物检查仪 ampoule injection impurity detecting instrument

利用光电原理，检测安瓿注射液内异物大小，并将其数据显示和打印的仪器。

9.31.2

安瓿注射液异物半自动检查机 ampoule injection semi-automatic impurity detecting machine

利用光照投影放大原理，将安瓿注射液内异物放大并显示于屏幕上，由人工剔除废品的机械。

9.31.3

安瓿注射液异物自动检查机 automatic ampoule injection impurity detecting machine

利用光电原理，检查安瓿注射液装量及异物，并能自动剔除废品的机械。

9.32

玻璃输液瓶大容量注射剂异物半自动检查机 semi-automatic impurity detecting machine for large volume glass bottle infusion

利用光照投影放大原理，目测大容量注射剂内异物大小。由人工剔除废品的机械。

9.33

塑料输液瓶大容量注射剂检漏器 leakage detector for large volume infusion plastic bottle

利用高压放电原理，检测塑料输液瓶大容量注射剂密封性能的设备。

9.34

非 PVC 膜软袋大容量注射剂检漏机 large volume non-PVC injection film bag leakage detector

采用压力或真空原理，检测非 PVC 膜软袋大容量注射剂的密封性能的机械。

9.35

F_0 值监测仪 F_0 value monitoring machine

由精确测温传感器、温度记录仪和 F_0 值计算系统组成的用于测定 F_0 值(即标准灭菌时间)的仪器。

9.36

泡罩包装检测器　detector for aluminum-plastic blister package

泡罩包装件在真空状态下检测密封性能的设备。

10

其他制药机械及设备　other pharmaceutical machinery and equipment

与制药生产相关的其他机械及设备。

10.1

输送机械及装置　conveying machinery and device

利用机械力或空气流，运载固体物料或输送液体的机械及装置。

10.1.1

机械输送机　mechanical conveyor

由机械装置来运载物料的输送机。

10.1.1.1

平板链式输送机　plate-chain conveyor

采用平板链式带传送物料的输送机械。

10.1.1.2

皮带输送机　belt conveyor

采用皮带传送物料的输送机械。

10.1.1.3

螺旋输送机　screwing conveyor

利用螺旋叶片的推力运送物料的输送机械。

10.1.1.4

振动输送机　vibrating conveyor

机械或其他方式产生的振动使物料受抛掷力向前运送的输送机械。

10.1.1.5

料斗提升机　hopper lifter

料斗提升到位，水平旋转或翻转卸料的输送机械。

10.1.2

气流输送机　pneumatic conveyor

利用气体在管道内的流动，推动物料沿指定的路线运送的装置。

10.1.2.1

吸送式气流输送机　suction-feeding conveyor

引风设在系统末端使系统形成负压，利用管道始末端的压差吸送物料的气流输送装置。

10.1.2.2

压送式输送机　pneumatic-pressure conveyor

风机设在系统始端，利用气体压力输送物料的气流输送装置。

10.1.3

液体输送机械　fluid conveyor

用于液体输送或增压的机械。

10.1.3.1

离心泵　centrifugal pump

依靠叶轮旋转产生的离心力增加液体的动能和压力能来输送液体的机械。

10.1.3.2

轴流泵　axial flow pump

叶轮旋转的作用力使液体沿着轴线方向输送的机械。

10.1.3.3

旋涡泵　vortex pump

叶轮旋转的作用力,在液体运动方向上给以冲量传递动能,输送液体的机械。

10.1.3.4

齿轮泵　gear pump

依靠泵缸与啮合齿轮间所形成的工作容积变化和移动来输送液体,或使液体增压的机械。

10.1.3.5

螺杆泵　screw pump

依靠泵体与螺杆间所形成的啮合空间容积变化和移动来输送液体或使液体增压的机械。

10.2

辅助机械　auxiliary machinery

辅助制药生产的机械及设备。

10.2.1

在位清洗、灭菌设备　in-position cleaning-sterilizing machine

与气、液管道、换热器、贮存容器及生产设备等组成闭合回路,对其进行在位清洗、灭菌的清洗系统。

10.2.2

玻璃输液瓶揭盖机　injection glass bottle cap opening machine

玻璃输液瓶进入清洗前的揭盖装置。

10.2.3

安瓿擦瓶机　ampoule wiping machine

将检漏后的安瓿外壁擦净、擦干的机械。

中 文 索 引

A

B

C

D

H

J

K

M

N

P

Q

R

S

Y

Z

英 文 索 引

A

B

C

D

E

F

G

H

I

J

K

L

M

N

O

P

R

S

T

U

V

ICS 35.100.60
L 79

中华人民共和国国家标准

GB/T 15695—2008/ISO/IEC 8822:1994
代替 GB/T 15695—1995

信息技术 开放系统互连 表示服务定义

Information technology—Open Systems Interconnection—Presentation service definition

(ISO/IEC 8822:1994,IDT)

2008-09-01 发布 2009-02-01 实施

中华人民共和国国家质量监督检验检疫总局
中国国家标准化管理委员会 发布

前　　言

本标准等同采用国际标准 ISO/IEC 8822:1994《信息技术　开放系统互连　表示服务定义》,仅有编辑性修改。

本标准代替 GB/T 15695—1994《信息处理系统　开放系统互连　面向连接的表示服务定义》。

本标准与 GB/T 15695—1995 的差异如下:

——变更标准名为《信息技术　开放系统互连　表示服务定义》;

——增加了无连接信息传送的技术内容(见 7.6);

——增加了附录 B 抽象语法的登记。

本标准的附录 A 和附录 B 是规范性附录。

本标准由中华人民共和国信息产业部提出。

本标准由全国信息技术标准化技术委员会归口。

本标准起草单位:信息产业部电子工业标准化研究所。

本标准主要起草人:张晖、张翠、吴东亚、郭楠、徐冬梅。

本标准于 1995 年首次发布。

引　言

本标准是为了便于信息系统互连而制定的一组标准中的一个，它与开放系统互连参考模型(GB/T 9387)定义的一组标准中的其他标准相关。参考模型将互连标准化的领域细分为一系列具有可管理规模的规范层。

开放系统互连的目的是使得各种信息处理系统能够用尽可能少的互连标准之外的技术协定实现互连，这些系统可以

——来自不同厂家；

——采用不同管理方式；

——具有不同级别的复杂程度；

——属于不同的时期。

本标准定义了参考模型中应用层内的实体可使用的服务。

本标准注意到，应用实体会有各种理由希望彼此通信，但并非所有系统都使用同一种方法来表示它们希望相互通信的信息，因此应就通信的主要事项及赋予该信息的意义达成一致。表示服务提供了传送信息的适当方法，以保证在传送过程中语义不变。

要认识到，对第9章中描述的表示服务质量(QOS)而言，有关工作仍在进行，以便对涉及参考模型中所有各层的QOS提供综合处理，并保证各层中的个别处理能一致满足QOS的整体目标。因此要给本标准增添一个补篇，以反映QOS的进一步发展和综合。

信息技术 开放系统互连 表示服务定义

1 范围

1.1 本标准(以抽象的方式)根据下列各项来定义 OSI 表示层提供的外部可见的服务:

a) 在用户/服务边界上的原语动作与事件;

b) 与各原语动作和事件相关的参数数据;

c) 这些动作和事件的相互关系及其有效顺序。

1.2 本标准定义的服务是由 OSI 表示协议(与 OSI 会话服务共同)提供的,并可供各 OSI 应用协议使用。

1.3 本标准不是各实现或产品的规范,也不约束计算机系统内实体和接口的实现,因而不存在是否与本标准一致的问题。

2 规范性引用文件

下列文件中的条款通过本标准的引用而成为本标准的条款。凡是注日期的引用文件,其随后所有的修改单(不包括勘误的内容)或修订版均不适用于本标准。然而,鼓励根据本部分达成协议的各方研究是否可使用这些文件的最新版本。凡是不注日期的引用文件,其最新版本适用于本标准。

GB/T 9387.1—1998 信息技术 开放系统互连 基本参考模型 第1部分:基本模型(idt ISO/IEC 7498-1:1994)

GB/T 9387.3—1995 信息处理系统 开放系统互连 基本参考模型 第3部分:命名和编址(idt ISO/IEC 7498-3:1989)

GB/T 15128 信息处理系统 开放系统互连 会话服务定义(GB/T 15128—2008,idt ISO 8326:1996)

GB/T 15696—1995 信息处理系统 开放系统互连 面向连接的表示协议规范(idt ISO 8823:1988)

GB/T 16262(所有部分) 信息技术 开放系统互连 抽象语法记法一(ASN.1)(idt ISO/IEC 8824:2002)

GB/T 17546.1 信息技术 开放系统互连 无连接表示协议 第1部分:协议规范(GB/T 17546.1—1998,idt ISO/IEC 9576-1:1995)

GB/T 17969.1—2000 信息技术 开放系统互连 OSI登记机构的操作规程 第1部分:一般规程(eqv ISO/IEC 9834-1:1993)

ISO/TR 8509:1987 信息处理系统 开放系统互连 服务约定

CCITT 建议 X.410—1984 信报处理系统 远程操作和可靠传送服务

3 术语

本标准使用下列术语。

3.1 基本参考模型术语

本标准以 GB/T 9387 提出的概念为基础,并使用其中定义的下列术语:

a) 应用实体 application-entity;

b) 应用协议控制信息 application-protocol-control-information;

c) 表示连接 presentation-connection;

d) 表示实体 presentation-entity;

e) 表示层 presentation-layer;

f) 表示服务 presentation-service;

g) 表示服务访问点 presentation-service-access-point;

h) 表示服务数据单元 presentation-service-data-unit;

i) 会话连接 session-connection;

j) 会话服务 session-service;

k) 传送语法 transfer-syntax;

l) 具体语法 concrete-syntax;

m) 开放实系统 real-open-system;

n) (N)无连接方式传输 (N)-connectionless-mode transmission。

注:第4章中的缩写适用于上述的某些术语。

3.2 服务约定术语

本标准使用ISO/TR 8509:1987中定义并适用于表示层的下列术语:

a) 服务用户 service-user;

b) 服务提供者 service-provider;

c) 服务原语 service-primitive;

d) 请求 request;

e) 指示 indication;

f) 响应 response;

g) 证实 confirm;

h) 非证实型服务 nonconfirmed-service;

i) 证实型服务 confirmed-service;

j) 提供者发起型服务 provider-initiated-service。

3.3 命名和编址术语

本标准使用GB/T 9387.3—1995中定义的下列术语:

a) 主呼表示地址 calling-presentation-address;

b) 被呼表示地址 called-presentation-address;

c) 响应表示地址 responding-presentation-address。

3.4 表示服务术语和定义

本标准使用下列术语和定义。

3.4.1

破坏型 destructive

如果调用某个服务可能造成其他服务原语的未交付数据丢失,则该服务是破坏型的。

3.4.2

非破坏型 non-destructive

如果调用某个服务不造成数据丢失,则该服务是非破坏型的。

3.4.3

抽象语法 abstract syntax

应用层数据或应用协议控制信息的规范,使用独立于表示这些数据或信息编码技术的表记规则。

3.4.4

抽象语法名　abstract syntax name

无歧义标识抽象语法的名字。

3.4.5

传送语法名　transfer syntax name

无歧义标识传送语法或从给定的抽象语法产生传送语法的一组规则的名字。

3.4.6

表示数据值　presentation data value

用抽象语法规定、并由表示服务传送的信息单元。

3.4.7

表示上下文　presentation context

抽象语法与传送语法的结合。

注1：从表示服务用户的观点看，表示上下文代表了一种环境，在其中可无歧义地(以位串形式)传送抽象语法的表示数据值。

注2：表示数据值可以在抽象语法允许之处包含嵌入的域。每个域都载有符合(可能彼此不同)的抽象语法的表示数据值。

注3：从表示服务用户的观点看，一个表示上下文代表了抽象语法的一个特定用法。可以为同一抽象语法(对应于相同的或不同的传送语法)定义多个表示上下文，分别在这些上下文中传输的表示数据值也分别在这些上下文中交付。

3.4.8

已定义上下文集合　defined context set

由表示服务提供者和两个表示服务用户三方就一次通信商定的表示上下文集合。

注：在已定义上下文集合中，包含表示上下文意味着该表示上下文抽象语法可为表示服务用户双方所接受，并且合作的表示实体已就该表示上下文的可接受的传送语法达成一致。

3.4.9

活动间已定义上下文集合　inter-activity defined context set

当选择了会话活动管理功能单元时，为一个表示连接而定义的一组表示上下文。它的初始值为表示连接建立时的已定义上下文集合的值，尔后只由在活动外发出的P-ALTER-CONTEXT服务原语加以修改。

3.4.10

缺省上下文　default context

缺省上下文是在给定的表示连接上的表示服务提供者和两个表示服务用户三方默认的表示上下文，它总是用于P-EXPEDITED-DATA服务原语的用户数据参数。仅当已定义上下文集合为空时，它才用于其他服务原语的用户数据参数。

注：在没有说明缺省上下文名时，使用隐含的缺省上下文。

3.4.11

功能单元　functional unit

本标准为下列目的而定义服务的逻辑分组：

——在表示连接建立期间协商，在该表示连接上使用；

——供其他标准引用。

3.4.12

扰乱　disrupt

如果一个服务导致另一个服务的服务原语不能按其服务过程确定的那样使用，则称第一个服务扰乱第二个服务。

3.4.13

X.410—1984 方式　X.410—1984 mode

表示层操作的一种受限方式,使得能够与符合 CCITTX.410—1984 建议的系统交互工作。

3.4.14

常规方式　normal mode

表示层操作的一种方式,提供了表示服务的所有业务。

3.4.15

发起者　initiator

发起表示连接建立过程的表示实体或表示服务用户。

3.4.16

响应者　responder

响应表示连接建立建议的表示实体或表示服务用户。

3.4.17

请求者　requestor

发起一个特定动作的表示实体或表示服务用户。

3.4.18

接受者　acceptor

接受一个特定动作的表示实体或表示服务用户。

3.4.19

表示上下文标识　presentation context identification

在概念上的服务边界处特定表示上下文的标识。

4 缩略语

ASN.1　抽象语法表记法(见 GB/T 16262)

DCS　已定义上下文集合

PCEP　表示连接端点

PS　表示服务

PSAP　表示服务访问点

PS-user　表示服务用户

SS　会话服务

5 约定

本标准使用 ISO/TR 8509:1987 中定义的描述性约定。

第一篇　总　　述

6 表示服务概述

6.1 目的

表示层涉及开放系统之间传送信息的表示(见 GB/T 9387)。

6.2 与应用层的关系

注:从表示层来看,应用层可在下面描述。

6.2.1　应用协议是通过使用表示服务原语的用户数据参数在应用实体(PS 用户)之间传送表示数据值来规定。

6.2.2 与应用协议相关的表示数据值定义的集合构成了抽象语法。两个应用实体要成功地通信,则必须就它们要使用的抽象语法达成协定。在通信期间,它们可以决定修改这种协定。因此,正在使用中的抽象语法的集合是可以改变的。

6.2.3 抽象语法规范标识了一组表示数据值的信息内容。它并不标识在表示实体间传送表示数据值时所使用的传送语法,也不关心表示数据值的本地表示。

6.2.4 设置表示层用以保证表示数据值的信息内容在传送期间保持不变。合作的应用实体负责决定通信时使用的抽象语法集,并把这一协定通知给表示实体。表示实体在得知应用实体要使用的抽象语法集后,负责选择可为双方接受的能保持表示数据值的信息内容不变的传送语法。

注:表示实体对于确定应用实体要使用的抽象语法集不起任何作用。

6.2.5 对于无连接方式传输,所用的抽象语法由发送端应用实体决定。为使通信能够成功,这些抽象语法必须能够被接收端应用实体接受。

6.2.6 对于无连接方式传输,表示实体不协商传送语法。所用的传送语法由发送端应用实体决定。为使通信能够成功,这些传送语法必须能够被接收端应用实体接受。抽象语法和所关联的传送语法必须在"表示上下文定义列表"参数中被明确声明为用户可选项。

6.3 与会话层的关系

为了向表示服务提供GB/T 9387中描述的业务,表示实体支持用以增强OSI会话服务的协议,向PS用户提供对会话服务的访问,以使其能利用全部会话服务,包括对会话功能单元的协商和访问。

表示层在提供这种访问中的作用包括在会话服务原语的用户数据参数中表达表示数据值。

注:表示层不再增强会话服务提供的对话控制和数据传送功能。

6.4 表示层特性

表示层代表PS用户执行两个功能:

a) 传送语法的协商;

b) 传送语法的变换。

传送语法协商功能由表示协议支持,并提供表示上下文定义业务。语法变换是包含在表示实体中的功能,对于表示协议设计没有影响。

注1:约束和规定特定的开放系统支持的抽象语法和传送语法已超出表示服务和表示协议标准的范围。开放系统支持的语法依赖于该系统涉及的应用的性质。

注2:在任何开放实系统中,表示数据值符合本地具体语法。传送语法的变换就是与本地具体语法之间的变换。

6.5 语法协商

当PS用户提供了要求传送语法的抽象语法名时,在两个表示实体间进行传送语法的协商。协商成功的结果是由已命名抽象语法与相容的传送语法的结合而组成的表示上下文。从PS用户来看,表示上下文代表了抽象语法的不同的特殊用法。

通常抽象语法和传送语法的结合不必是唯一的。可能用一个或多个传送语法代表一个特定的抽象语法,也可能用一个传送语法代表一个或多个抽象语法。

6.6 信息传送

6.6.1 用户信息由表示服务原语的用户数据参数携带,每个用户数据参数包含一个或多个表示数据值。这些表示数据值的顺序在传送中不变。

6.6.2 如果有表示上下文使用的抽象语法的支持,则可以这样构造表示数据值,使其嵌套其他表示上下文中的表示数据值。

注:表示服务原语的用户数据参数的结构在服务一级不能更显式地定义,开放实系统中的任何接口(如果存在)都将定义一个具体形式。

6.7 表示上下文定义

6.7.1 表示服务为表示上下文的定义提供设施,以满足其用户的信息传送需求。一个或多个表示上下文的定义充分描述了表示连接用户的信息传送要求。

6.7.2 有两种服务用以定义表示上下文。它们是P-CONNECT和P-ALTER-CONTEXT服务,后者也可用于删除不再需要的表示上下文。

6.7.3 一旦表示上下文被定义即被加入到DCS中，表示上下文定义这一动作使得表示上下文立即可用，这使得PS用户能够标识为充分描述PS用户间的信息流所要求的一组表示上下文。

6.7.4 如果DCS为空，仍可用表示服务用户数据参数传送表示数据值，此时所有表示数据值来自缺省上下文。仅当DCS为空或使用P-EXPEDITED-DATA服务原语时，表示数据值才在缺省上下文中传送。缺省上下文可以使用表示连接建立服务定义或通过事先协商来建立。但不能用其他任何表示服务来重新定义。使用P-EXPEDITED-DATA服务传送的表示数据值总是取自缺省上下文。

6.8 DCS管理

如果未选定表示上下文管理功能单元，则在表示连接期间DCS不变，因而6.8的余下部分不再适用。

6.8.1 上下文管理功能单元

6.8.1.1 如果选择了上下文管理功能单元，则可在连接期间用P-ALTER-CONTEXT服务改变DCS，表示层负责保证在表示连接两端DCS完全相同，因而P-ALTER-CONTEXT服务是一个证实型服务。然而，某些破坏型服务有可能与P-ALTER-CONTEXT服务发生冲突或取代P-ALTER-CONTEXT服务。

6.8.1.2 如果在等待P-ALTER-CONTEXT confirm服务原语时收到了P-RESYNCHRONIZE indication服务原语，则P-RESYNCHRONIZE服务优先并扰乱P-ALTER-CONTEXT服务，向PS用户指示DCS，如果在等待对P-ALTER-CONTEXT请求的证实原语时发出TP-RESYNCHRONIZE request服务原语，则P-RESYNCHRONIZE服务优先并扰乱P-ALTER-CONTEXT服务，向PS用户指示DCS。

6.8.1.3 与P-ALTER-CONTEXT服务一起进行的P-ACTIVITY-INTERRUPT服务和P-ACTIVITY-DISCARD服务的交互作用可能会造成DCS的错位，并使以后在不为PS用户之一所知的表示上下文中传送数据。PS用户可以使用活动权标和适当的顺序规则来避免这种情况。

6.8.2 上下文恢复功能单元

6.8.2.1 PS用户可以选择上下文恢复功能单元。如果未选择上下文恢复功能单元，则DCS仅能通过P-ALTER-CONTEXT服务来改变，6.8的余下部分不再适用。如果选择了上下文恢复功能单元，表示服务提供者在连接期间将记住特定点上的DCS，如果PS用户要求返回到其中一点，则将DCS恢复到该点起作用的DCS。

6.8.2.2 对表示服务提供者所知点的P-RESYNCHRONIZE(重启)或(置位)将DCS恢复到该点已知的DCS。如果该指定点低于表示服务提供者已知的那些点，则将DCS恢复到表示连接建立时定义的DCS。如果该指定点高于表示服务提供者已知的那些点，或者请求P-RESYNCHRONIZE服务(废弃)，则DCS不变。如果指定了一个未知点(即虽然在已知点的范围内，但不为表示服务提供者所知)，则表示服务提供者将通知PS用户并且不改变DCS。

6.8.2.3 各活动之外的DCS是活动间DCS。活动间DCS在表示连接建立时定义并由活动之外发出的P-ALTER-CONTEXT request服务原语修改。在活动开始时，其初始DCS等于活动间DCS，随后该活动内部发出的P-ALTER-CONTEXT request服务原语仅改变该活动的DCS。

6.8.2.4 P-ACTIVITY-END，P-ACTIVITY-INTERRUPT，P-ACTIVITY-DISCARD服务使表示服务提供者将DCS恢复到活动间DCS。

6.8.2.5 P-ACTIVITY-RESUME服务将DCS恢复到指定的活动中的指定的同步点(如果该点为表示服务提供者所知)。由于这个服务是非证实型，因而有可能接收到处于未知表示上下文中的数据，如果发生了这种情况，则向两个PS用户发出P-P-ABORT indication。

注：对活动标识符的控制是PS用户关心的问题。

7 服务业务

表示服务由若干业务组成。下面对每一业务予以概述,组成各个业务的服务在表1中加以标识。

7.1 连接建立业务

连接建立业务提供的服务允许一个PS用户与另一个PS用户建立表示连接,该服务允许PS用户通过交换参数来建立表示连接的特征,特别是:

a) 已选定的表示功能单元;

b) 初始DCS;

c) 会话连接的特征;

d) 缺省上下文定义。

表1 表示设施及其服务与目的

服务名称	服务类型	目的
连接建立业务		建立连接
P-CONNECT	证实型	
连接终止业务		
P-RELEASE	证实型	释放连接
P-U-ABORT	非证实型	用户发起废弃
P-P-ABORT	提供者发起型	提供者发起废弃
上下文管理业务		
P-ALTER-CONTEXT	证实型	上下文添加和删除
信息传送业务		
P-DATA	非证实型	
P-TYPED-DATA	非证实型	
P-EXPEDITED-DATA	非证实型	
P-CAPABILITY-DATA	证实型	
对话控制业务		
P-TOKEN-GIVE	非证实型	
P-TOKEN-PLEASE	非证实型	
P-CONTROL-GIVE	非证实型	
P-SYNC-MINOR	可选证实型	
P-SYNC-MAJOR	证实型	
P-RESYNCHRONIZE	证实型	
P-U-EXCEPTION-REPORT	非证实型	
P-P-EXCEPTION-REPORT	提供者发起型	
P-ACTIVITY-START	非证实型	
P-ACTIVITY-RESUME	非证实型	
P-ACTIVITY-END	证实型	
P-ACTIVITY-INTERRUPT	证实型	
P-ACTIVITY-DISCARD	证实型	

7.2 连接终止业务

连接终止业务提供的服务允许：

a) 由 PS 用户以非破坏型方式有序释放表示连接；

b) 可能以破坏型方式终止一个表示连接，可由两个 PS 用户之一或表示服务提供者来发起终止。

7.3 上下文管理业务

上下文管理业务提供的服务允许：

a) 根据两个 PS 用户与表示服务提供者之间的协定，将表示上下文加入到 DCS 中。将每一个已定义的表示上下文配以一个标识，但该标识在此表示连接之外没有任何意义。

b) 从 DCS 中删除表示上下文。

7.4 信息传送业务

信息传送业务提供的服务允许 PS 用户在一个表示连接之上交换信息，如果选定了相应的会话功能单元，则这些服务允许带权标控制的数据、不带权标控制的数据、特权数据、能力数据和加速数据。

7.5 对话控制业务

如果选定了相应的会话功能单元，对话控制业务提供的服务允许权标管理、同步、重新同步、异常报告和活动管理，这些服务被映射到对应的会话服务上。本标准仅描述它们与其他表示服务的关系以及对其他表示服务的影响。在某些情况下，表示服务对直接调用会话服务的那个服务的使用另加限制。这些服务的使用也影响到表示实体的状态。会话服务定义（见 GB/T 15128）更详尽地描述了这些服务。

7.6 无连接信息传送业务

无连接模式信息传送业务提供以下服务，即允许一个 PS 用户向另一个 PS 用户传送单一的表示服务数据单元，而不需要建立连接。

8 功能单元

8.1 本标准使用功能单元以在表示连接建立期间标识 PS 用户请求。

8.2 存在两类功能单元：

a) 会话功能单元，如 GB/T 15128 的定义。包括：

——核心功能单元；

——半双工功能单元；

——双工功能单元；

——加速数据功能单元；

——次同步功能单元；

——对称同步功能单元；

——数据分隔功能单元；

——主同步功能单元；

——重新同步功能单元；

——活动管理功能单元；

——协商释放功能单元；

——能力数据单元；

——异常功能单元；

——特权数据功能单元。

对会话功能单元可能做出的选择受到会话服务所施加的限制，见 GB/T 15128。

注：在表示连接建立期间决定使用哪些会话功能单元。

b) 表示功能单元，与表示层提供的服务相对应，包括：

——核心功能单元；
——上下文管理功能单元；
——上下文恢复功能单元。

8.3 核心功能单元总是可用的，它支持在所选功能单元的任何服务原语用户数据参数中的信息传送。上下文管理功能单元和上下文恢复功能单元是任选的，并且其使用是可协商的，如果未在表示连接上选用上下文管理功能单元，则不应选用上下文恢复功能单元。

8.4 如果PS用户选择了某一会话功能单元，则相应的表示服务和功能对PS用户是可用的。

8.5 P-UNIT-DATA服务独立地对所有定义的表示功能单元进行操作。

9 服务质量

服务质量概念、相关的参数及在表示连接建立时对它们进行协商的方式与会话服务定义GB/T 15128中定义的概念、参数和协商机制严格一致。

注：本标准的进一步扩充可能在决定要使用的传送语法时建立服务质量参数的用法。

第二篇 服务原语定义

10 表示服务原语

本标准使用ISO/TR 8509关于层服务定义的抽象模型。该模型定义了PS用户和表示服务提供者之间在两个PSAP处的交互，通过可携带参数的服务原语在PS用户与表示服务提供者之间传递信息。

表2列出的表示服务原语用于传送PS用户的来往信息。

所有服务的顺序规程在第11章中加以规定。

注：除P-DATA和P-TYPED-DATA之外，其他所有携带用户数据的服务或许不可能交换PS用户数据，这取决于使用的传送语法和下层会话服务所支持的PS用户数据长度限制。如何通知PS用户这一点是本地事态。

表2 表示服务原语

服务原语	参数
P-CONNECT request	主呼表示地址 被呼表示地址 表示上下文定义表 缺省上下文名 服务质量 表示需求 方式 会话需求 初始同步点序号 初始权标分配 会话连接标识符 用户数据
P-CONNECT indication	主呼表示地址 被呼表示地址 表示上下文定义表 表示上下文定义结果表 缺省上下文名 服务质量 表示需求

表 2（续）

服务原语	参　　数
	方式 会话需求 初始同步点序号 初始权标分配 会话连接标识符 用户数据
P-CONNECT response/confirm	响应表示地址 表示上下文定义结果表 缺省上下文结果 服务质量 表示需求 会话需求 初始同步点序号 初始权标分配 会话连接标识符 结果 用户数据
P-RELEASE request/indication	用户数据
P-RELEASE response/confirm	结果 用户数据
P-RELEASE response/confirm	结果 用户数据
P-U-ABORT request/indication	用户数据
P-P-ABORT indication	提供者理由
P-ALTER-CONTEXT request	表示上下文增加表 表示上下文删除表 用户数据
P-ALTER-CONTEXT indication	表示上下文增加表 表示上下文删除表 表示上下文增加结果表 用户数据
P-ALTER-CONTEXT response/confirm	表示上下文增加结果表 表示上下文删除结果表 用户数据
P-DATA request/indication	用户数据
P-TYPED-DATA request/indication	用户数据
P-EXPEDTTED-DATA request/indication	用户数据
P-CAPABILITY-DATA request/indication/response/confirm	用户数据
P-TOKEN-GIVE request/indication	权标
P-TOKEN-PLEASE request/indication	权标 用户数据

表 2（续）

服务原语	参　数
P-CONTROL-GIVE request/indication	类型 同步点序号 用户数据
P-SYNC-MINOR request/indication	
P-SYNC-MINOR response confirm	同步点序号 用户数据
P-SYNC-MAJOR request/indication	同步点序号 用户数据
P-SYNC-MAJOR response/confirm	用户数据
P-RESYNCHRONIZE request	重新同步类型 同步点序号 权标 用户数据
P-RESYNCHRONIZE indication	重新同步类型 同步点序号 权标 表示上下文标识表 用户数据
P-RESYNCHRONIZE response	同步点序号 权标 用户数据
P-RESYNCHRONIZE response	用户数据
P-RESYNCHRONIZE confirm	同步点序号 权标 表示上下文标识表 用户数据
P-U-EXCEPTION-REPORT request/indication	理由 用户数据
P-P-EXCEPTION-REPORT indication	理由
P-ACTIVITY-START request/indication	活动标识符 用户数据
P-ACTIVITY-RESUME request/indication	活动标识符 旧活动标识符 同步点序号 旧会话连接标识符 用户数据
P-ACTIVITY-END request/indication	同步点序号 用户数据
P-ACTIVITY-END response/confirm	用户数据

表 2（续）

服务原语	参　数
P-ACTIVITY-INTERRUPT request/indication	理由
P-ACTIVITY-INTERRUPT response/confirm	
P-ACTIVITY-DISCARD request/indication	理由
P-ACTIVITY-DISCARD response/confirm	
P-UNIT-DATA request	主呼表示地址 被呼表示地址 表示上下文定义列表 服务质量 用户数据
P-UNIT-DATA indication	主呼表示地址 被呼表示地址 表示上下文定义列表 用户数据

10.1 用户数据参数

P-EXPEDITED-DATA request 和 indication 服务原语的用户数据参数中的信息总是取自缺省上下文的一个或多个表示数据值，所有其他表示服务原语的用户数据参数中的信息，是一个或多个表示数据值，取自由管制 DCS 的规则决定的上下文。任何嵌入的表示数据值均来自由这些规则决定的表示上下文，这些规则是：

a) 如果 DCS 为空并且 d)不成立，则每一表示数据值(包括任何嵌套的表示数据值)取自缺省上下文。

b) 如果 DCS 非空且没有修改 DCS 内容的规程在进行，则每一表示数据值(包括任何嵌套的表示数据值)取自 DCS 中的一个表示上下文。

c) 如果包含用户数据参数的服务原语的规程修改 DCS，则每一表示数据值(包括任何嵌套的表示数据值)可取自因修改而形成的 DCS 中的表示上下文。或者，如果这种修改导致 DCS 为空，则取自缺省上下文。

d) 如果等待一个证实型服务原语来证实对 DCS 提出的修改，则每一表示数据值(包括任何嵌套的表示数据值)取自 DCS 中一个未被建议删除的表示上下文。如果这种修改导致所有的表示上下文都不可用，则服务原语中不出现用户数据参数。

10.2 P-CONNECT 服务

该服务使两个被标识的 PS 用户开始通信，其成功使用将导致在它们之间建立一个具有初始 DCS 的表示连接，该连接用于它们随后的通信。该服务是非破坏型的服务。

10.2.1 结构

注：该表示服务可能会受到与会话服务数据长度有关的限制，这可能阻止 P-CONNECT indication 和(或)confirm 服务原语的交付。

本服务诸原语的结构见表 3。

表 3　P-CONNECT 服务

参数名	请求	指示	响应	证实
主呼表示地址	M	M		
被呼表示地址	M	M		
响应表示地址			M	M
表示上下文定义表	U	C(=)		
表示上下文定义结果表		C	C	C(=)

表 3（续）

参数名	请求	指示	响应	证实
缺省上下文名	U	C(=)		
缺省上下文结果[a]			C	C(=)
服务质量	S	S	S	S
表示需求	U	C	U	C(=)
方式	M	M(=)		
会话需求	S	S	S	S
初始同步点序号	S	S	S	S
初始权标分配	S	S	S	S
会话连接标识符	S	S	S	S
用户数据	U	C(=)	U	C(=)
结果			M	M(=)

M： 必备参数；
U： 用户可选的参数；
C： 参数的出现是有条件的；
S： 参数遵从支持该服务的会话服务原语(见 GB/T 15128)；
(=)： 当与上面符号中的某个一起使用时，该参数的值等于相邻左栏指示的参数的值；
空白： 该参数不出现。

[a] 当表示服务提供者拒绝表示连接建立请求时，该参数值由提供者产生。

10.2.1.1 **主呼表示地址**

这是一个表示地址(见 GB/T 9387.3—1995)。

10.2.1.2 **被呼表示地址**

这是一个表示地址(见 GB/T 9387.3—1995)。

10.2.1.3 **响应表示地址**

这是一个表示地址(见 GB/T 9387.3—1995)。

10.2.1.4 **表示上下文定义表**

如果 PS 用户在表示连接建立时请求在 DCS 中加入一个或多个表示上下文，则出现该参数。它是含一个或多个项的表，其中每项含有两个成分：表示上下文标识和抽象语法名。

本参数的表示上下文标识成分用以在 PS 用户和本地表示实体之间的通信中区分表示上下文。要求对要建立的表示上下文作无歧义的标识。在开放实系统中如何做到这一点是实现中的事项。

注：对于表示上下文定义表参数的名字表中的每个抽象语法名，都有一个独立的表示上下文与之关联。如果同一名字多次出现，则为每一次出现都产生一个其有不同标识的独立的表示上下文。

10.2.1.5 **表示上下文定义结果表**

本参数指出接受或拒绝表示上下文定义表参数中建议的各上下文定义，仅当表示上下文定义表参数出现在请求和指示服务原语中时它才出现。参数取结果值表的形式，这些表元素与表示上下文定义表参数内容一一对应，每一结果值代表“接受”、“用户拒绝”或者“提供者拒绝”。该参数中的元素由指示原语的表示服务提供者和响应原语的 PS 用户来赋值。

本参数出现在指示原语中时，用来给响应 PS 用户标识那些表示服务提供者不能支持的建议的表示上下文定义，这是通过给相应的表元素赋值“提供者拒绝”来完成的。其他的所有元素赋值为“接受”，并且限定响应 PS 用户只能修改这些接受的元素的值。

在响应原语中的该参数的值不加改变地在证实原语中交付。

10.2.1.6 **缺省上下文名**

本参数在 PS 用户要求显示地标识由缺省上下文支持的抽象语法时出现。它标识抽象语法名。

10.2.1.7 缺省上下文结果

本参数由响应PS用户或表示服务提供者提供。它指出接受或拒绝建议的缺省上下文并且当且仅当缺省上下文名参数出现在请求和指示服务原语中时该参数出现。在响应服务原语中它根据PS用户的选择取值为“接受”或“用户拒绝”；在证实服务原语中，它取在响应服务原语中的值，或者，如果表示服务提供者拒绝了建议的缺省上下文，它取值为“提供者拒绝”。

10.2.1.8 服务质量

本参数提供给PS用户对会话服务的服务质量参数的访问，并如GB/T 15128描述。

10.2.1.9 表示需求

当PS用户请求选择表示服务的可选功能单元时，本参数出现。

10.2.1.10 方式

本参数指示表示层的操作方式，它取值“常规”或“X.410—1984”。如果值为“常规”，则表示层操作方式为常规方式，如果值为“X.410—1984”，则表示层的操作方式为X.410—1984方式，在该操作方式下有如下限制：

a) 下列参数不在P-CONNECT request服务原语中出现：表示上下文定义表，缺省上下文名和表示需求；

b) 对某些表示服务原语的用户数据参数的限制，列于附录A。

10.2.1.11 会话需求

本参数提供给PS用户对会话服务的会话需求参数的访问，并如GB/T 15128所描述。

10.2.1.12 初始同步点序号

本参数提供给PS用户对会话服务的初始同步点序号参数的访问，并如GB/T 15128所描述。

10.2.1.13 初始权标分配

本参数提供给PS用户对会话服务的初始权标分配参数的访问，并如GB/T 15128所描述。

10.2.1.14 会话连接标识符

本参数提供给PS用户对会话服务的会话连接标识符参数的访问，并如GB/T 15128所描述。

10.2.1.15 用户数据

在所有的P-CONNECT服务原语中，如果表示上下文定义表参数存在，则用户数据参数是一个或多个表示数据值(包括任何嵌套的表示数据值)，这些值取自表示上下文定义表参数中建议的表示上下文，如果表示上下文定义表参数不存在，则用户数据参数是一个或多个表示数据值，这些值取自建议的缺省上下文(显式或隐式地在P-CONNECT request中定义)。

10.2.1.16 结果

本参数由响应PS用户或表示服务提供者提供，它指出使用P-CONNECT服务的结果，取下列值之

a) “接受”；

b) “用户拒绝”；

c) “提供者拒绝”。

拒绝表示连接的理由有待于定义[1)]。

10.2.2 连接规程

10.2.2.1 表示服务提供者将主呼表示地址、被呼表示地址、方式、初始同步点序号、初始权标分配、会话连接标识符以及用户数据等参数不加改变地由发起PS用户运送到响应PS用户。表示服务提供者将响应表示地址、初始同步点序号、初始权标分配、会话连接标识符以及用户数据等参数不加改变地从响应PS用户运送到发起PS用户。

---

1) 关于理由的值，要认识到有关的工作仍在进行，以提供穿越OSI参考模型所有各层的综合处理。因此在以后可为本标准增添一个补篇，以反映进一步的发展和一体化工作。

10.2.2.2 由表示需求、会话需求和服务质量参数规定的连接特性服从PS用户与表示服务提供者之间的协定。这种协定通过协商机制完成。在这种机制中，表示服务提供者保留如下权力，即在指示原语中的参数交付之前，可以修改在请求原语中规定的这些参数的值。在响应原语中的这些参数值不加改变地交付给证实原语，并且服从下列条件：

a) 对于表示需求和会话需求参数，PS用户不会在响应原语中选择一个未在指示原语中选择的功能单元；

b) 服务质量参数的值服从由GB/T 15128确定的协商规则。

10.2.2.3 在P-CONNECT request服务原语中表示上下文定义表参数是可选的。不选时，DCS为空。选择时，它所确定的表示上下文可在用户数据参数中使用，而不选时，仅缺省上下文可用。

如果表示上下文定义表参数在P-CONNECT request服务原语中出现，则如果发出P-CONNECT indication服务原语，该参数与表示上下文定义结果表参数一起在其中出现，在这种情况下，表示上下文定义结果表参数也出现在P-CONNECT response和confirm服务原语中。

10.2.2.4 在P-CONNECT request服务原语中的缺省上下文名参数是可选的，如果不选，则表示服务提供者假定对于缺省上下文定义事前有约定；如果选择，则该参数确定由缺省上下文支持的抽象语法。

如果该参数在P-CONNECT request服务原语中出现但不为表示服务提供者支持，则不发出指示原语，而发起PS用户将接到P-CONNECT confirm服务原语，其缺省上下文结果参数值为“提供者拒绝”，其结果参数值为“提供者拒绝”。

如果表示服务提供者支持该缺省上下文，则向响应PS用户发出指示。如果在响应和证实服务原语中，缺省上下文结果参数取值为“用户拒绝”，则这些服务原语的结果参数也取值为“用户拒绝”。

10.2.2.5 如果P-CONNECT request服务原语中的用户数据参数有任何一部分不能传送给响应PS用户，则不发出指示，发起PS用户将接到P-CONNECT confirm服务原语，其结果参数值为“提供者拒绝”。

10.2.2.6 如果PS用户发出了结果参数值为“接受”的P-CONNECT response服务原语，则发出结果参数值为“接受”的P-CONNECT confirm服务原语，并且建立表示连接。如果PS用户发出了结果参数值为“用户拒绝”的P-CONNECT response服务原语，则发出结果参数值为“用户拒绝”的P-CONNECT confirm服务原语，并且还含有出现在响应服务原语中的任何用户数据，且不建立表示连接。响应PS用户不会发出结果参数值为“接受”和缺省上下文结果参数值为“用户拒绝”的P-CONNECT response服务原语。

10.2.2.7 如果PS用户不能接受P-CONNECT confirm服务原语，则PS用户可随后发出P-U-ABORT request服务原语。

10.3 P-U-ABORT服务

本服务可被任一PS用户用来在任何时刻强迫释放表示连接，并且把这种终止通知给对等PS用户。本服务可能导致与先前的服务调用无顺序关系的效果，而且其调用是破坏型的。

10.3.1 结构

本服务诸原语的结构见表4。

表4 P-U-ABORT服务

参数名	请求	指示
用户数据	U	C(=)

U： 用户可选的参数；

C： 参数的出现是有条件的；

(=)： 当与上面的符号中某个一起使用时，该参数的值等于相邻左栏中指示的参数的值。

10.3.1.1 用户数据

本参数中的表示数据值(包括任何嵌套的表示数据值)在PS用户之间传递，并且遵从10.1的规则,对此数据的解释是应用层事项,表示服务对该数据不附加任何其他含义。因而本参数可用来传递用户理由信息。

注:如果表示数据值是在一个已建议的但尚未确认的表示上下文中收到的,则假定 P-U-ABORT 取代此确认,在此情况下。就像收到确认一样接受和交付数据。

10.4 P-P-ABORT 服务

本服务提供让表示服务提供者能够因其内部的理由而指示表示连接终止的手段,本服务可能导致与先前的服务调用无顺序关系的效果,其调用是破坏型的。

10.4.1 结构

本服务诸原语的结构见表 5。

表 5 P-P-ABORT 服务

参数名	指示
提供者理由	M
M: 必备参数。	

10.4.1.1 提供者理由

本参数指出终止表示连接的理由。关于理由的值,要认识到有关的工作仍在进行,以提供穿越 OSI 参考模型所有各层的综合处理。因此在以后可为本标准增添一个补篇,以反映进一步的发展和一体化工作。

10.5 P-ALTER-CONTEXT 服务

注:本服务仅当表示连接建立期间已选定了上下文管理功能单元时才可用。

本服务提供下列表示上下文管理业务:

a) 创建表示上下文并将其加入到 DCS 中;

b) 从 DCS 中删除表示上下文。

本服务不导致与先前的服务调用无顺序关系的效果,其调用是非破坏型的。

10.5.1 结构

本服务诸原语的结构见表 6。

表 6 P-ALTER-CONTEXT 服务

参数名	请求	指示	响应	证实
表示上下文增加表	U	C(=)		
表示上下文删除表	U	C(=)		
表示上下文增加结果表		C	U	C(=)
表示上下文删除结果表			U	C(=)
用户数据	U	C(=)	U	C(=)
U: 用户可选的参数; C: 参数的出现是有条件的; (=): 当与上面的符号中某个一起使用时,该参数的值等于相邻左栏中指示的参数的值; 空白: 该参数不出现。				

10.5.1.1 表示上下文增加表

本参数规定表示上下文增加请求,它取表的形式。表中的每一项都代表一个要创建并加入到 DCS 中的表示上下文的说明。每项包括两个成分:表示上下文标识和抽象语法名。两者都由服务的请求者提供。

本参数的表示上下文标识成分用于在 PS 用户与本地表示实体的通信中区分表示上下文。要求对建立的表示上下文进行无歧义的标识。在开放实系统中如何做到这一点是实现中的事项。

注：对表示上下文增加表参数的名字表中的每个抽象语法名，都有一个独立的表示上下文与之关联。如果同一名字多次出现，或已在以前的表示上下文增加上使用过，则为其每一次出现产生一个具有不同标识的独立的表示上下文。

10.5.1.2 **表示上下文删除表**

本参数规定表示上下文删除请求，它取表的形式。表中的每一项都是要从 DCS 中删除的表示上下文标识。

10.5.1.3 **表示上下文增加结果表**

本参数指出接受或拒绝在表示上下文增加表参数中建议要增加的各个表示上下文，仅当表示上下文增加表参数出现在请求和指示服务原语中时它才出现。本参数取结果值表的形式，这些表元素和表示上下文增加表的内容一一对应，并保持顺序关系。每个结果值表示“接受”、“用户拒绝”或“提供者拒绝”。本参数中的元素值由表示服务提供者在指示原语中以及由 PS 用户在响应原语中赋值。

本参数出现在指示原语中时，用来为接受方 PS 用户标识那些表示服务提供者不能支持的建议要增加的表示上下文。这通过给相应的表元素赋值“提供者拒绝”来完成。其他所有元素则赋值为“接受”，并且限制接受方 PS 用户为只能修改那些接受的元素。

不出现本参数等价于接受所有建议增加的表示上下文。本参数在响应原语中的值不加改变地在证实原语中交付。

10.5.1.4 **表示上下文删除结果表**

本参数指出接受或拒绝表示上下文删除表参数中建议要增加的各个表示上下文。仅当表示上下文删除表参数出现在请求和指示服务原语中时它才出现。本参数取结果值表的形式，这些表元素和表示上下文删除表的内容一一对应，并保持顺序关系。每个结果值代表被 PS 用户接受或拒绝。

不出现本参数等价于接受所有的表示上下文删除建议。本参数在响应原语中的值不加改变地在证实原语中交付。

10.5.1.5 **用户数据**

本参数包含表示数据值（包括任何嵌入的表示数据值）。这些表示数据值取自 DCS 中的表示上下文。或者，当 DCS 为空时，取自缺省上下文。见 10.5.2。

10.5.2 **改变上下文规程**

10.5.2.1 对 DCS 的已接受的修改对以下二者有效：

a) 接受者发出了响应原语时；

b) 请求者接收到证实原语时。

加入到 DCS 中的表示上下文可以为 P-ALTER-CONTEXT response 和 confirm 服务原语的用户数据参数的表示数据值所用。从 DCS 中删除的表示上下文不可为 P-ALTER-CONTEXT response 和 confirm 服务原语的用户数据参数的表示数据值所用。

10.5.2.2 如果在调用 P-ALTER-CONTEXT request 服务原语之前 DCS 为空，则请求者的用户数据参数仅使用缺省上下文。另外，请求者在等待 P-ALTER-CONTEXT confirm 服务原语时不发出除 P-EXPEDITED-DATA，P-U-EXCEPTION-REPORT，P-RESYNCHRONIZE 或 P-U-ABORT 之外的含有用户数据参数的表示服务原语。

10.5.2.3 如果 DCS 由于本服务的调用而变空，则接受者在响应和证实原语的用户数据参数中只使用缺省上下文。

10.6 **P-TYPED-DATA 服务**

本服务提供给 PS 用户对会话服务定义（见 GB/T 15128）描述的会话层的 S-TYPED-DATA 服务的访问。本服务不导致与先前的服务调用无顺序关系的效果，是非破坏型的。

10.6.1 **结构**

本服务诸原语的结构见表 7。

表 7 P-TYPED-DATA 服务

参数名	请求	指示
用户数据	M	M(=)
M： 必备参数； (=)： 当与上面的符号中某个一起使用时，该参数的值等于相邻左栏中指示的参数的值。		

10.6.1.1 用户数据

本参数中的表示数据值(包括任何嵌套的表示数据值)在 PS 用户之间传递，并且遵从 10.1 的规则。对此数据的解释是应用层事项，表示服务对该数据不附加任何其他含义。

10.7 P-DATA 服务

本服务提供给 PS 用户对会话服务定义(见 GB/T 15128)中描述的会话层 S-DATA 服务的访问。本服务不导致与先前的服务调用无顺序关系的效果，是非破坏型的。

10.7.1 结构

本服务诸原语的结构见表 8。

表 8 P-DATA 服务

参数名	请求	指示
用户数据	M	M(=)
M： 必备参数； (=)： 当与上面符号中某个一起使用时，该参数的值等于其相邻左栏指示的参数的值。		

10.7.1.1 用户数据

本参数中的表示数据值(包括任何嵌入的表示数据值)在 PS 用户间传递，并服从 10.1 规则。对此数据的解释是应用层事项，表示服务对该数据不附加任何其他含义。

10.8 P-RESYNCHRONIZE 服务

本服务提供给 PS 用户对会话服务定义(见 GB/T 15128)中描述的 S-RESYNCHRONIZE 会话服务的访问。本服务可能导致与先前的服务调用无顺序关系的效果，是破坏型的。

10.8.1 结构

本服务诸原语的结构见表 9。

表 9 P-RESYNCHRONIZE 服务

参数名	请求	指示	响应	证实
重新同步类型	S	S		
同步点序号	S	S	S	S
权标	S	S	S	S
表示上下文标识表		C	C	
用户数据	U	C(=)	U	C(=)
U： 用户可选的参数； C： 参数的出现是有条件的； S： 参数遵从支持该服务的会话服务原语(见 GB/T 15128)的要求； (=)： 当与上面的符号中某个一起使用时，该参数的值等于其相邻左栏指示的参数的值； 空白： 该参数不出现。				

10.8.1.1 重新同步类型

本参数向 PS 用户提供对 GB/T 15128 描述的重新同步会话服务的重新同步类型参数的访问。

10.8.1.2 同步点序号

本参数向 PS 用户提供对 GB/T 15128 描述的重新同步会话服务的同步点序号参数的访问。

10.8.1.3 权标

本参数向 PS 用户提供对 GB/T 15128 描述的重新同步会话服务的权标参数的访问。

10.8.1.4 表示上下文标识表

本参数由一个含有零个、一个或多个项的表组成，每个项含有一个表示上下文标识。本参数由表示服务提供者提供，见 10.8.2.3。

10.8.1.5 用户数据

本参数中的表示数据值(包括任何嵌入的表示数据值)在 PS 用户间传递，并服从 10.1 规则。对此数据的解释是应用层事项，表示服务对该数据不附加任何其他含义。

10.8.2 重新同步规程

10.8.2.1 表示服务提供者在 PS 用户之间运送由会话层定义的参数，这些参数如会话服务所规定。

10.8.2.2 如果未选择上下文管理功能单元，则不出现表示上下文标识表参数，在这种情况下，DCS 的内容在表示连接期间不发生变化。

10.8.2.3 如果选择了上下文管理功能单元，则表示上下文标识表参数出现在 P-RESYNCHRONIZE indication 和 confirm 服务原语中，本参数列出了作为 DCS 成员的所有表示上下文。

P-RESYNCHRONIZE 服务原语中的用户数据参数包含表示数据值，这些表示数据值分别取自调用请求或响应服务原语时的 DCS 中的表示上下文。但如果在等待 P-ALTER-CONTEXT confirm 服务原语时，则不能使用建议删除的表示上下文。

10.8.2.4 如果选择了上下文恢复功能单元而且重新同步类型是“重启”或“置位”，则在请求、指示和证实服务原语被调用时，DCS 按下述规则恢复：

a) 如果规定的同步点序号小于或等于在表示连接上已使用的最小同步点序号，并且未在当前表示连接上的 P-SYNC-MINOR 或 P-SYNC-MAJOR request 或 indication 服务原语中规定，则 DCS 恢复到表示连接刚建立时的 DCS；

b) 如果规定的同步点序号减去 1 已在当前的表示连接上的 P-SYNC-MINOR 或 P-SYNC-MAJOR request 或 indication 服务原语中规定，则 DCS 恢复到 P-SYNC-MINOR 或 P-SYNC-MAJOR 服务被调用时的 DCS；

c) 如果规定的同步点序号大于任一 PS 用户当前的同步点序号或在表示连接上使用的最小同步点序号，但不为表示实体之一所知，则结果 DCS 不变。

此后，在执行 P-RESYNCHRONIZE 和 P-ACTIVITY-RESUME 规程时不再考虑先前曾规定的更大的同步点序号的任何 P-SYNC-MINOR 或 P-SYNC-MAJOR 服务原语。

如果表示连接选用了活动管理功能单元，则仅考虑当前活动的 P-SYNC-MINOR 和 P-SYNC-MAJOR 服务原语。

又见 10.22.2。

10.9 P-ACTIVITY-START 服务

本服务提供给 PS 用户对 GB/T 15128 描述的 S-ACTIVITY-START 会话服务的访问。本服务不导致与先前的服务调用无顺序关系的效果，是非破坏型的。

10.9.1 结构

本服务诸原语的结构见表 10。

表 10 P-ACTIVITY-START 服务

参数名	请求	指示
活动标识符	S	S
用户数据	U	C(=)

U: 用户可选的参数;
C: 参数的出现是有条件的;
S: 参数遵从支持该服务的会话服务原语(见 GB/T 15128)的要求;
(=): 当与上面符号中的某个一起使用时,该参数的值等于其相邻左栏指示的参数值。

10.9.1.1 活动标识符

如果选择了上下文恢复功能单元,则本参数唯一地标识以前被中断的一组活动中的活动。

注:如果任一 PS 用户能恢复已中断的活动,则该活动标识符参数值应不同于所有已中断的、并且最初是由该 PS 用户启动的活动的活动标识符参数值。

10.9.1.2 用户数据

本参数中的表示数据值(包括任何嵌入的表示数据值)在 PS 用户之间传递,并服从 10.1 规则。

对此数据的解释是应用层事项,表示服务对该数据不附加任何其他含义。

10.10 P-ACTIVITY-RESUME 服务

本服务向 PS 用户提供对 GB/T 15128 描述的 S-ACTIVITY-RESUME 会话服务的访问。本服务不导致与先前的服务调用无顺序关系的效果,是非破坏型的。

10.10.1 结构

本服务诸原语的结构见表 11。

表 11 P-ACTIVITY-RESUME 服务

参数名	请求	指示
活动标识符	S	S
旧活动标识符	S	S
同步点序号	S	S
旧会话连接标识符	S	S
用户数据	U	C(=)

U: 用户可选的参数;
C: 参数的出现是有条件的;
S: 参数遵从支持该服务的会话服务原语(见 GB/T 15128)的要求;
(=): 当与上面符号中的某个一起使用时,该参数的值等于其相邻左栏指示的参数的值。

10.10.1.1 活动标识符

本参数向 PS 用户提供对 GB/T 15128 描述的会话活动恢复服务的活动标识符参数的访问。

10.10.1.2 旧活动标识符

本参数向 PS 用户提供对 GB/T 15128 描述的会话活动恢复服务的旧活动标识符的访问。本参数唯一地标识被中断的一组活动中的活动。

10.10.1.3 同步点序号

本参数向 PS 用户提供对 GB/T 15128 描述的会话活动恢复服务的同步点序号参数的访问。

10.10.1.4 旧会话连接标识符

本参数向 PS 用户提供对 GB/T 15128 描述的会话活动恢复服务的旧会话连接标识符参数的访问。

10.10.1.5 用户数据

本参数中的表示数据值(包括任何嵌入的表示数据值)在PS用户之间传递,并服从10.1规则。对此数据的解释是应用层事项,表示服务对该数据不附加任何其他含义。

10.10.2 活动恢复规程

10.10.2.1 表示服务提供者在PS用户之间运送由会话层定义的参数,这些参数如会话服务所规定。

10.10.2.2 如果未选择上下文恢复功能单元,则DCS不变。

10.10.2.3 如果选择了上下文恢复功能单元,则DCS规定如下:

a) 如果旧活动标识符参数等于在该表示连接内被中断活动的活动标识符参数,则DCS恢复到该活动内S-SYNC-MINOR或S-SYNC-MAJOR服务中规定的同步点序号参数值时的DCS;

b) 如果同步点序号参数值未在该表示连接的活动内规定,则DCS不变。

此后,在执行P-RESYNCHRONIZE和P-ACTIVITY-RESUME规程时,不再考虑先前曾规定的更大的同步点序号的任何P-SYNC-MINOR或P-SYNC-MAJOR服务。

注:当选择了上下文恢复功能单元时,使用这种非证实型服务,如果没有防止与P-DATA或P-TYPED-DATA服务发生冲突的措施,则结果可能会由于不可读的用户数据而引起P-P-ABORT,通过严格区分活动外交换的数据与活动内交换的数据可以避免这样的冲突。

10.11 P-ACTIVITY-INTERRUPT 服务

本服务向PS用户提供对GB/T 15128描述的S-ACTIVITY-INTERRUPT会话服务的访问。本服务可能导致与先前的服务调用无顺序关系的效果是破坏型的。

10.11.1 结构

本服务诸原语的结构见表12。

表12 P-ACTIVITY-INTERRUPT 服务

参数名	请求	指示	响应	证实
理由	S	S		
S: 参数遵从支持该服务的会话服务原语(见GB/T 15128)的要求; 空白:该参数不出现。				

10.11.1.1 理由

本参数向PS用户提供对GB/T 15128描述的会话活动中断服务的理由参数的访问。

10.11.1.2 用户数据

在此参数内的表示数据值(包括任何嵌入的表示数据值)在PS用户之间传递,并遵守规则10.1;负责此数据的解释是应用层的事情。表示服务对该数据不附加任何其他含义。

10.11.2 会话中断规程

10.11.2.1 如果未选择上下文恢复功能单元,则对DCS不采取任何动作。

10.11.2.2 如果选择了上下文恢复功能单元,则在发出该服务的响应和证实服务原语时,DCS与活动间DCS一致。

10.11.2.3 任何在活动外发出的P-ACTIVITY-INTERRUPT服务原语对DCS没有影响。

10.12 P-ACTIVITY-DISCARD 服务

本服务向PS用户提供对GB/T 15128描述的S-ACTIVITY-DISCARD会话服务的访问。本服务可能导致与先前的服务调用无顺序关系的效果,是破坏型的。

10.12.1 结构

本服务诸原语的结构见表13。

表 13 P-ACTIVITY-DISCARD 服务

参数名	请求	指示	响应	证实
理由	S	S		
S: 参数遵从支持该服务的会话服务原语(见 GB/T 15128)的要求; 空白: 该参数不出现。				

10.12.1.1 **理由**

本参数向 PS 用户提供对 GB/T 15128 描述的会话活动丢弃服务的理由参数的访问。

10.12.1.2 **用户数据**

在此参数内的表示数据值(包括任何嵌入的表示数据值)在 PS 用户之间传递,并遵守规则 10.1;负责此数据的解释是应用层的事情。表示服务对该数据不附加任何其他含义。

10.12.2 **活动丢弃规程**

10.12.2.1 如果未选择上下文恢复功能单元,则对 DCS 不采取任何动作。

10.12.2.2 如果选择了上下文恢复功能单元,则在发出该服务的响应和证实服务原语时,DCS 与活动间 DCS 一致。

10.13 **P-ACTIVITY-END 服务**

本服务向 PS 用户提供对 GB/T 15128 描述的 S-ACTIVITY-END 会话服务的访问。本服务不导致与先前的服务调用无顺序关系的效果,是非破坏型的。

10.13.1 **结构**

本服务诸原语的结构见表 14。

表 14 P-ACTIVITY-END 服务

参数名	请求	指示	响应	证实
同步点序号	S	S		
用户数据	U	C(=)	U	C(=)
U: 用户可选的参数; C: 参数的出现是有条件的; S: 参数遵从支持该服务的会话服务原语(见 GB/T 15128)的要求; (=): 当与以上符号中的某个一起使用时,该参数的值等于其相邻左栏指示的参数的值; 空白: 该参数不出现。				

10.13.1.1 **同步点序号**

本参数向 PS 用户提供对 GB/T 15128 描述的会话活动结束服务的同步点序号参数的访问。

10.13.1.2 **用户数据**

本参数中的表示数据值(包括任何嵌入的表示数据值)在 PS 用户之间传递,并服从 10.1 规则。对此数据的解释是应用层事项,表示服务对该数据不附加任何其他含义。

10.13.2 **活动结束规程**

10.13.2.1 表示服务提供者在 PS 用户之间运送由会话层定义的参数,这些参数如 GB/T 15128 所规定的。

10.13.2.2 如果未选择上下文恢复功能单元,则对 DCS 不采取任何动作。

10.13.2.3 如果选择了上下文恢复功能单元,则在发出该服务的响应和证实服务原语时 DCS 与活动间 DCS 一致。

10.14 **P-CAPABILITY-DATA 服务**

本服务向 PS 用户提供对 GB/T 15128 描述的会话层 S-CAPABILITY-DATA 服务的访问。本服务不导致与先前的服务调用无顺序关系的效果,是非破坏型的。

10.14.1 结构

本服务诸原语的结构见表15。

表15 P-CAPABILITY-DATA 服务

参数名	请求	指示	响应	证实
用户数据	U	C(=)	U	C(=)
U：用户可选的参数； C：参数的出现是有条件的； (=)：当与上面符号中的某个一起使用时，该参数的值等于其相邻左栏指示的参数的值。				

10.14.1.1 用户数据

本参数中的表示数据值(包括任何嵌入的表示数据值)在PS用户之间传递，并服从10.1规则。对此数据的解释是应用层事项，表示服务对该数据不附加任何其他含义。

10.15 P-CONTROL-GIVE 服务

本服务向PS用户提供对GB/T 15128描述的会话层的S-CONTROL-GIVE服务的访问。本服务不导致与先前的服务调用无顺序关系的效果，是非破坏型的。

10.15.1 结构

本服务诸原语的结构见表16。

表16 P-CONTROL-GIVE 服务

参数名	请求	指示
用户数据	U	C(=)
U：用户可选的参数； C：参数的出现是有条件的； (=)：当与上面符号中的某个一起使用时，该参数的值等于其相邻左栏指示的参数的值。		

10.15.1.1 用户数据

在此参数内的表示数据值(包括任何嵌入的表示数据值)在PS用户之间传递，并遵守规则10.1；负责此数据的解释是应用层的事情。表示服务对该数据不附加任何其他含义。

10.16 P-TOKEN-GIVE 服务

本服务向PS用户提供对GB/T 15128所描述的会话层的S-TOKEN-GIVE服务的访问。本服务不导致与先前的服务调用无顺序关系的效果，是非破坏型的。

10.16.1 结构

本服务诸原语的结构见表17。

表17 P-TOKEN-GIVE 服务

参数名	请求	指示
权标	U	C(=)
U：用户可选的参数； C：参数的出现是有条件的； (=)：当与上面符号中的某个一起使用时，该参数的值等于其相邻左栏指示的参数的值。		

10.16.1.1 权标

本参数与会话服务的权标参数相对应，见GB/T 15128。

10.16.1.2 用户数据

在此参数内的表示数据值(包括任何嵌入的表示数据值)在PS用户之间传递，并遵守规则10.1；负责此数据的解释是应用层的事情。表示服务对该数据不附加任何其他含义。

10.17 P-TOKEN-PLEASE 服务

本服务向 PS 用户提供对 GB/T 15128 描述的会话层的 S-TOKEN-PLEASE 服务的访问。本服务不导致与先前的服务调用无顺序关系的效果,是非破坏型的。

10.17.1 结构

本服务诸原语的结构见表 18。

表 18 P-TOKEN-PLEASE 服务

参数名	请求	指示
权标	S	S
用户数据	U	C(=)

U: 用户可选的参数;
C: 参数的出现是有条件的;
S: 参数遵从支持该服务的会话服务原语(见 GB/T 15128)的要求;
(=): 当与上面符号中的某个一起使用时,该参数的值等于其相邻左栏指示的参数的值。

10.17.1.1 权标

本参数与会话服务的权标参数相对应,见 GB/T 15128。

10.17.1.2 用户数据

本参数中的表示数据值(包括任何嵌入的表示数据值)在 PS 用户之间传递,并服从 10.1 规则。对此数据的解释是应用层事项,表示服务对该数据不附加任何其他含义。

10.18 P-U-EXCEPTION-REPORT 服务

本服务向 PS 用户提供对 GB/T 15128 描述的会话层的 S-U-EXCEPTION-REPORT 服务的访问。本服务导致与先前的服务调用无顺序关系的效果,是破坏型的。

10.18.1 结构

本服务诸原语的结构见表 19。

表 19 P-U-EXCEPTION-REPORT 服务

参数名	请求	指示
理由	S	S
用户数据	U	C(=)

U: 用户可选的参数;
C: 参数的出现是有条件的;
S: 参数遵从支持该服务的会话服务原语(见 GB/T 15128)的要求;
(=): 当与上面符号中的某个一起使用时,该参数的值等于其相邻左栏指示的参数的值。

10.18.1.1 理由

本参数与会话服务的理由参数相对应,见 GB/T 15128。

10.18.1.2 用户数据

本参数中的表示数据值(包括任何嵌入的表示数据值)在 PS 用户之间传递,并服从 10.1 规则。对此数据的解释是应用层事项,表示服务对该数据不附加任何其他含义。

10.19 P-P-EXCEPTION-REPORT 服务

本服务向 PS 用户提供对 GB/T 15128 描述的会话层的 S-P-EXCEPTION-REPORT 服务的访问。

本服务是破坏型的。

10.19.1 结构

本服务诸原语的结构见表 20。

表 20 P-P-EXCEPTION-REPORT 服务

参数名	指示
理由	S
S: 参数遵从支持该服务的会话服务原语(见 GB/T 15128)的要求。	

10.19.1.1 理由

本参数与会话服务的理由参数相对应,见 GB/T 15128。

10.20 P-EXPEDITED-DATA 服务

本服务向 PS 用户提供对 GB/T 15128 描述的会话层的 S-EXPEDITED-DATA 服务的访问。本服务不导致与先前的服务调用无顺序关系的效果,是非破坏型的。

10.20.1 结构

本服务诸原语的结构见表 21。

表 21 P-EXPEDITED-DATA 服务

参数名	请求	指示
用户数据	M	M(=)
M: 必备参数; (=): 当与上面符号中的某个一起使用时,该参数的值等于其相邻左栏指示的参数的值。		

10.20.1.1 用户数据

本参数中的表示数据值(包括任何嵌入的表示数据值)取自缺省上下文并在 PS 用户之间传递,对此数据的解释是应用层事项。表示服务对该数据不附加任何其他含义。

10.21 P-SYNC-MINOR 服务

本服务向 PS 用户提供对 GB/T 15128 描述的会话层的 S-SYNC-MINOR 服务的访问,本服务不导致与先前的服务调用无顺序关系的效果,是非破坏型的。

10.21.1 结构

本服务诸原语的结构见表 22。

表 22 P-SYNC-MINOR 服务

参数名	请求	指示	响应	证实
类型	S	S		
同步点序号	S	S	S	S
用户数据	U	C(=)	U	C(=)
U: 用户可选的参数; C: 参数的出现是有条件的; S: 参数遵从支持该服务的会话服务原语(见 GB/T 15128)的要求; (=): 当与上面符号中的某个一起使用时,该参数的值等于其相邻左栏指示的参数的值; 空白: 该参数不出现。				

10.21.1.1 类型

本参数与会话服务的类型参数相对应,见 GB/T 15128。

10.21.1.2 同步点序号

本参数与会话服务的同步点序号参数相对应,见 GB/T 15128。

10.21.1.3 用户数据

本参数中的表示数据值(包括任何嵌入的表示数据值)在 PS 用户之间传递,并服从 10.1 规则。对此数据的解释是应用层事项,表示服务对该数据不附加任何其他含义。

10.22 P-SYNC-MAJOR 服务

本服务向PS用户提供对GB/T 15128描述的会话层的S-SYNC-MAJOR服务的访问,本服务不导致与先前的服务调用无顺序关系的效果,是非破坏型的。

10.22.1 结构

本服务诸原语的结构见表23。

表23 P-SYNC-MAJOR服务

参数名	请求	指示	响应	证实
同步点序号	S	S		
用户数据	U	C(=)	U	C(=)

U: 用户可选的参数;
C: 参数的出现是有条件的;
S: 参数遵从支持该服务的会话服务原语(见GB/T 15128)的要求;
(=): 当与上面符号中的某个一起使用时,该参数的值等于其相邻左栏指示的参数的值;
空白: 该参数不出现。

10.22.1.1 同步点序号

本参数与会话服务的同步点序号参数相对应,见GB/T 15128。

10.22.1.2 用户数据

本参数中的表示数据值(包括任何嵌入的表示数据值)在PS用户之间传递,并服从10.1规则。对此数据的解释是应用层事项,表示服务对该数据不附加任何其他含义。

10.22.2 主同步规程

任何先前的P-SYNC-MINOR和P-SYNC-MAJOR服务在处理以后的P-RESYNCHRONIZE和(或)P-ACTIVITY-RESUME规程时将被忽略。

10.23 P-RELEASE 服务

本服务向PS用户提供对GB/T 15128描述的会话层的S-RELEASE服务的访问,本服务不导致与先前的服务调用无顺序关系的效果,是非破坏型的。

本服务也用来有序地终止表示连接。

10.23.1 结构

本服务诸原语的结构见表24。

表24 P-RELEASE服务

参数名	请求	指示	响应	证实
结果			S	S
用户数据	U	C(=)	U	C(=)

U: 用户可选的参数;
C: 参数的出现是有条件的;
S: 参数遵从支持该服务的会话服务原语(见GB/T 15128)的要求;
(=): 当与上面符号中的某个一起使用时,该参数的值等于其相邻左栏指示的参数的值;
空白: 该参数不出现。

10.23.1.1 结果

本参数与会话服务的结果参数相对应,见GB/T 15128。

10.23.1.2 用户数据

本参数中的表示数据值(包括任何嵌入的表示数据值)在PS用户之间传递,并服从10.1规则。对此数据的解释是应用层事项,表示服务对该数据不附加任何其他含义。

10.23.2 释放规程

当释放会话连接后(如 GB/T 15128 所描述),释放表示连接。

注:决定 P-RELEASE request,indication,response 和 confirm 表示服务原语的行为的规程分别与决定 GB/T 15128 所描述的 S-RELEASE request,indication,response 和 confirm 会话服务原语的行为的规则相对应。

10.24 P-UNIT-DATA 服务

本服务用来从单个表示服务访问的一个 PSAP 向另一个 PSAP 传输自备的表示服务数据单元(PSDU)。从以下意义而言 PSDU 是自备的,即在单个服务接入期间,需要用来传送此 PSDU 的所有信息和要传输的用户数据一起被呈现给表示服务提供者。

本服务诸原语的结构见表 25。

表 25 P-UNIT-DATA 服务

参数名	请求	指示
主呼表示地址	M	M
被呼表示地址	M	M
表示上下文定义列表	U	C(=)
服务质量	S	
用户数据	M	M(=)

M: 必备参数;
U: 用户可选的参数;
C: 参数的出现是有条件的;
S: 参数遵从支持该服务的会话服务原语(见 GB/T 15128)的要求;
(=): 当与上面符号中的某个一起使用时,该参数的值等于其相邻左栏指示的参数的值;
空白: 该参数不出现。

10.24.1.1 主呼表示地址

这是一个表示地址(见 GB/T 9387.3)。

10.24.1.2 被呼表示地址

这是一个表示地址(见 GB/T 9387.3)。

10.24.1.3 表示上下文定义列表

当 PS 用户需要使用一个或多个支持命名抽象语法的表示上下文来发送表示数据值时,将使用此参数。它包含一个或多个表项的列表,每个表项包含两个部分,即表示上下文标识符和抽象语法名。

本参数的表示上下文标识部分用来在 PS 用户和本地表示实体之间的通信中区分出表示上下文。建立起明确的表示上下文标识是必要的。在开放实系统中达到此目的的方法是一种实现。

注:单个的表示上下文与表示上下文定义列表参数的名称列表中的每个抽象语法名相联系。如果同样的名称出现超过一次,则对于每次出现时,都产生一个独立的和清楚识别的表示上下文。

10.24.1.4 服务质量

本参数向 PS 用户提供接入到会话服务的服务质量参数。此内容在 GB/T 15128 中描述。

10.24.1.5 用户数据

本参数由一个或多个表示数据值组成(包括任意嵌入表示数据值),这些数据值来自于表示上下文定义列表参数(如果存在)中定义的表示上下文。如果表示上下文定义列表参数不存在,则用户数据参数是一个或多个表示数据值,这些值来自于缺省上下文。对此数据负责解释是应用层的事情。表示服务不对数据赋予其他意义。

注:能够传送的用户数据量受限于表示服务提供者所提供的"会话服务"。同样见 GB/T 15696—1995。

10.24.2 单元数据规程

10.24.2.1 表示服务提供者将主呼表示地址、被呼表示地址和用户数据参数从发送方的 PS 用户传送给接收方的 PS 用户。

10.24.2.2 如果表示服务提供者不能支持请求原语的用户数据参数中使用的所有抽象语法,则不发出 indication 指示原语。

11 顺序

本章定义表示层的业务和服务之间的相互关系。

它规定一个服务(或一组"类似的"服务)在哪些条件下不能在特定的 PCEP 处被调用,哪些服务规程被该服务调用扰乱,以及哪些服务调用扰乱该服务调用规程。

另外,使用如下的通用规则:

a) 仅在表示连接建立期间选定了相应的功能单元时,服务才能被调用,(会话和表示)核心功能单元的服务总是可用的;

b) 如果在本章中不另行说明,则服务的调用独立于任何权标。

会话服务所有顺序规则的使用都是隐含的,使用哪些附加的顺序规则依赖于到会话服务的映射。本标准仅规定那些尚未被会话服务决定的顺序规则。

注:特别地,这隐含着在等待 P-SYNC-MAJOR,P-RESYNCHRONIZE,P-ACTIVITY-INTERRUPT,P-ACTTVITY-END,P-ACTIVITY-DISCARD 或 P-RELEASE confirm 服务原语时不应调用 P-ALTER-CONTEXT,P-TYPED-DATA 和 P-DATA request 服务原语。

不被本章显式禁止的(而且不被会话服务禁止的)所有服务调用顺序都是允许的,因而不需在本章中显式地规定。

注:表示服务到会话服务的映射在 GB/T 15696—1995 中给出。会话服务(见 GB/T 15128)施加顺序规则以防止在等待 P_SYNC-MAJOR,P-ACTIVITY-END,P-CAPABILITY-DATA 或 P-RELEASE confirm 服务原语时调用 PALTER-CONTEXT request 或 response 服务原语。因此,为遭免死锁,P-ALTER-CONTEXT request 服务原语的请求者应对 P-SYNC-MAJOR,P-ACTIVITY-END,P-CAPABILITY-DATA 或 P-RELEASE indication 服务原语作出响应,而不用等待 P-ALTER-CONTEXT confirm 服务原语。

11.1 P-CONNECT 服务

11.1.1 服务类型

这是一个证实型服务。

11.1.2 调用限制

不能在已建立的表示连接上调用本服务。

11.1.3 被扰乱的服务规程

本服务不扰乱任何表示服务规程。

11.1.4 扰乱服务

P-U-ABORT 或 P-P-ABORT 服务能扰乱本服务。

11.1.5 其他顺序信息

表示服务提供者独立地处理两个 PS 用户同时要建立一个表示连接的企图,视 PS 用户的活动而定,这可能会导致建立零个、一个或两个表示连接。

11.2 P-U-ABORT 服务

11.2.1 服务类型

这是一个非证实型服务。

11.2.2 调用限制

本服务可在任何时候由任何一个 PS 用户调用。

11.2.3 被扰乱的服务规程

本服务扰乱所有的表示服务规程。当在一个 PCEP 处调用的 P-P-ABORT 服务与 P-U-ABORT 服务发生冲突时,仅在对等 PCEP 处调用 P-P-ABORT indication 服务原语。

在两个 P-U-ABORT 服务调用发生冲突时,不交付任何指示原语,因为表示连接已在两端结束了。

11.2.4 扰乱服务

在两个 P-U-ABORT 服务调用发生冲突时,不交付任何指示原语,因为表示连接已在两端结束了。

在 P-P-ABORT 与 P-U-ABORT 服务调用发生冲突时,P-U-ABORT 服务规程被扰乱。

11.3 P-P-ABORT 服务

11.3.1 服务类型

这是一个提供者发起型服务。

11.3.2 调用限制

表示服务提供者可在任何时候调用本服务。

11.3.3 被扰乱的服务规程

本服务扰乱所有的表示服务规程。

11.3.4 扰乱服务

P-P-ABORT 服务与 P-U-ABORT 服务在一个 PCEP 处发生冲突时,仅在对等 PCEP 处调用 P-PABORT indication 服务原语。

11.4 P-ALTER-CONTEXT 服务

11.4.1 服务类型

这是一个证实型服务。

11.4.2 调用限制

只能在已建立的表示连接上调用本服务。在等待 P-ALTER-CONTEXT confirm 服务原语时不能调用 P-ALTER-CONTEXT request 服务原语。

11.4.3 被扰乱的服务规程

本服务不扰乱任何表示服务规程。

11.4.4 扰乱服务

本服务规程可被下列服务扰乱:P-U-ABORT,P-P-ABORT,P-U-EXCEPTION-REPORT,P-P-EXCEPTION-REPORT,P-RESYNCHRONIZE,P-ACTIVITY-INTERRUPT 和 P-ACTIVITY-DISCARD 服务。

如果释放表示连接,则 P-ALTER-CONTEXT 规程被扰乱。

11.4.5 其他顺序限制

多个 P-ALTER-CONTEXT 服务可能发生冲突,表示服务提供者独立地处理这些冲突服务。

11.5 P-TYPED-DATA 和 P-DATA 服务

11.5.1 服务类型

这两个服务是非证实型服务。

11.5.2 调用限制

只能在已建立的表示连接上调用这两个服务。

P-DATA 服务可能受数据权标控制。

11.5.3 被扰乱的服务规程

这两个服务不扰乱任何表示服务规程。

11.5.4 扰乱服务

这两个服务规程可被下列服务扰乱:P-U-ABORT,P-P-ABORT,P-U-EXCEPTION-REPORT,P-P-EXCEPTION-REPORT,P-RESYNCHRONIZE,P-ACTIVITY-INTERRUPT 和 P-ACTIVITY-DISCARD 服务。

11.5.5 依赖于上下文的限制

如果在等待 P-ALTER-CONTEXT confirm 服务原语时 DCS 为空,则不应调用本服务。

11.6 P-CAPABILITY-DATA 服务

11.6.1 服务类型

这是一个证实型服务。

11.6.2 调用限制

只能在已建立的表示连接上调用本服务。

P-CAPABILITY-DATA 服务受会话服务施加的权标控制。

11.6.3 被扰乱的服务规程

本服务不扰乱任何表示服务规程。

11.6.4 扰乱服务

本服务规程可被下列服务扰乱:P-U-ABORT,P-P-ABORT,P-U-EXCEPTION-REPORT, P-P-EXCEPTION-REPORT 和 P-ACTIVITY-INTERRUPT 服务。

11.6.5 依赖于上下文的限制

如果在等待 P-ALTER-CONTEXT confirm 服务原语时 DCS 为空,则不应调用本服务。

11.7 P-EXPEDITED-DATA 服务

11.7.1 服务类型

这是一个非证实型服务。

11.7.2 调用限制

除了会话服务(见 GB/T 15128)对本服务施加的调用限制之外,没有任何其他调用限制。

11.7.3 被扰乱的服务规程

本服务不扰乱任何表示服务规程。

11.7.4 扰乱服务

除会话服务描述的以外,没有其他顺序规则。

11.8 P-SYNC-MINOR, P-SYNC-MAJOR, P-RELEASE, P-ACTIVITY-START, P-PLEASE-TOKENS, P-GIVE-TOKENS, P-GIVE-CONTROL, P-ACTIVITY-END 和 P-ACTIVITY-RESUME 服务

11.8.1 服务类型

这些服务的类型在 GB/T 15128 中描述。

11.8.2 调用限制

除了会话服务对这些服务施加的调用限制之外,当选择了上下文恢复功能单元时,还有下述调用限制:

如果在等待 P-ALTER-CONTEXT confirm 服务原语时,则不应调用 P-SYNC-MINOR,P-SYNC-MAJOR,P-ACTIVITY-START,P-ACTIVITY-END 和 P-ACTIVITY-RESUME request 服务原语。

11.8.3 被扰乱的服务规程

除了会话服务描写的以外,没有其他顺序规则。

11.8.4 扰乱服务

除会话服务描述的以外,没有其他顺序规则。

11.9 P-RESYNCHRONIZE, P-U-EXCEPTION-REPORT, P-P-EXCEPTION-REPORT, P-ACTIVITY-INTERRUPT 和 P-ACTIVITY-DISCARD 服务

11.9.1 服务类型

这些服务的类型在 GB/T 15128 中描述。

11.9.2 被扰乱的服务规程

除会话服务描述的顺序规则以外,这些服务还可能会破坏表示服务的上下文管理业务规程和信息传送业务规程。

11.9.3 扰乱服务

除了会话服务描述的以外,没有其他顺序规则。

11.10 P-UNIT-DATA 服务

11.10.1 服务类型

此服务是非确认的。

11.10.2 调用限制

此服务能够被双方PS用户中的任一方在任何时间进行调用。

11.10.3 被扰乱的服务规程

本服务不扰乱任何表示服务规程。

11.10.4 扰乱服务

这些服务的规程不能被任何表示服务扰乱。

附 录 A
(规范性附录)
在 X.410—1984 方式下的表示服务的使用限制

表示层的 X.410—1984 操作方式的使用对于某些表示服务原语的用户数据参数中使用的表示数据值的抽象语法有所限制。

A.1 P-CONNECT 服务

这些表示服务原语的用户数据参数限制为 ASN.1 的 SET 类型的单一表示数据值。

A.2 P-U-ABORT 服务

这些表示服务原语的用户数据参数限制为 ASN.1 的 SET 类型的单一表示数据值。

A.3 P-TOKEN-PLEASE 服务

这些表示服务原语的用户数据参数限制为 ASN.1 的 INTEGER 类型的单一表示数据值。

A.4 P-DATA 服务

这些表示服务原语的用户数据参数限制为 ASN.1 的 OCTET STRING 类型的单一表示数据值。

注:OCTET STRING 值可以被语法匹配服务(见 GB/T 9387.1—1998 中 7.2.4.1)的本地应用产生出其他类型值。这种应用不在本标准范围之内。

附　录　B
（规范性附录）
抽象语法的注册

B.1　引言

用在表示连接的抽象语法标识需要抽象语法的无二义性命名。本附录规定了给所定义的抽象语法分配上述无二义性标识符的注册规程。

B.2　抽象语法的命名

本标准的此版本规定了抽象语法的注册，来支持标准中指定的信息客体和某个需要抽象语法的组织用到的信息客体。对于抽象语法，在此阶段不需要国际注册机构。

B.2.1　国家标准中的注册

在一些情形下，抽象语法规范的名称由参考本标准的国家 OID 注册中心分配。此名称应当按照 GB/T 17969.1—2000 来定义，但是不需要注明参考 GB/T 17969.1—2000。

B.2.2　有需要的某组织的注册

其他情形下，抽象语法规范名称的分配方式应当与通用规程一致，并且具有 GB/T 17969.1—2000 指定的形式。

希望分配这些名称的组织应当在 GB/T 17969.1—2000 的命名树中来寻找合适的上级组织，并且可以请求将一个弧作为注册授权分配给它们。

注：这样的“上级组织”包括 ISO/IEC 国家成员体、按照 ISO6523 分配的带有国际代码标志符的组织，国家 OID 注册中心负责 iso(1). member-body(2). cn(156)和 joint-iso-itu-t(2). country(16). cn(156)弧的注册。

B.3　抽象语法的注册形式

B.3.1　抽象语法的注册应当至少包括以下信息：

a)　分配给抽象语法的名称；

b)　抽象语法的规范，或包含此规范的文档引用，二者之一。

例 1：

“本标准定义了抽象语法并且将客体标识符值 oooo 分配给它。抽象语法 ssss 的表示数据值集合包含且仅包含在本标准 cccc 章节中定义的 ASN.1 数据类型 aaaa 的可能值。ISO/IEC 8825 中定义的传送语法{joint-iso-ccitt asn1 (1) basic-encoding (1)}是一个联合传送语法，对于支持抽象语法 ssss 的实现来说，此联合传送语法的支持是强制性的。”

对于抽象语法，ssss 将是一个本地名称，oooo 是分配的客体标识符，aaaa 是单 ASN.1 数据类型的名称。托管的传送语法不必来源于 ASN.1 基本编码规则。如果选择了某个其他的传送语法，则应当相应地调整文本。

例 2：

“本文档规定了抽象语法 ssss。其按照 GB/T 17969.1—2000 中的规程，由国家 OID 注册中心来分配客体标识符 oooo。抽象语法 ssss 的表示数据值集合包含且仅包含下面指定的值。这些表示数据值的比特编码，同样如下面所规定的构成了一个名为 tttt 的联合传送语法，对于支持抽象语法 ssss 的实现来说，此联合传送语法的支持是强制性的。此传送语法按照 GB/T 17969.1—2000 中的规程，由国家 OID 注册中心来分配客体标识符 pppp。为了遵从 ISO/IEC 8823-1，它是(/不是)自分界的。”

tttt 是传送语法的本地名称，pppp 是分配的客体标识符。与传送语法相联系的文本是用来满足 ISO/IEC 8823-1 附录 B 的需要(传送语法的注册)。国家 OID 注册中心是一个注册机构的名称，它按照 GB/T 17969.1—2000 规程来执行注册授权。

B.3.2 当且仅当一个抽象值包含的表示数据值的集合已经被无二义性地标识出来,此抽象值才被称为是完全指定的。

注:这样的标识可以使用一个正式的或半正式的符号来表示,或可以使用人类语言文本来表示。

ICS 23.040.70
J 15

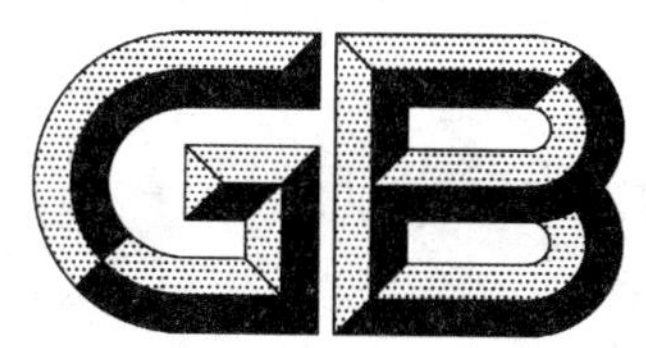

中华人民共和国国家标准

GB/T 15700—2008
代替 GB/T 15700—1995

聚四氟乙烯波纹补偿器

Polytetrafluoroethylene bellows compensators

2008-08-25 发布　　　　2009-04-01 实施

中华人民共和国国家质量监督检验检疫总局
中国国家标准化管理委员会　发布

前　言

本标准代替 GB/T 15700—1995《聚四氟乙烯波纹补偿器通用技术条件》。

本标准与 GB/T 15700—1995 相比主要变化如下：

——标准名称中删除通用技术条件；

——标准适用的温度范围改为按产品类型确定；

——增加了聚四氟乙烯金属网复合波纹补偿器及聚四氟乙烯金属钢套复合波纹补偿器两类产品；

——增加了命名方式；

——明确了聚四氟乙烯筒状制件壁厚要求；

——按壁厚修改了耐电压值；

——耐压试验中增加了气压的试验方法及免做耐压试验的条件；

——取消了耐温试验要求；

——修改了气密性试验要求及方法；

——修改了真空试验、耐真空疲劳性能爆破试验要求及方法；

——删除了补焊规定；

——增加了包装、贮存标志，明示了运输和贮存要求。

本标准由中国机械工业联合会提出。

本标准由全国管路附件标准化技术委员会归口。

本标准起草单位：南京晨光东螺波纹管有限公司、中机生产力促进中心、温州市氟塑设备制造厂、温州市防腐设备有限公司、湖北艾克尔工程塑料有限公司、莱芜钢铁股份有限公司热电厂、温州赵氟隆有限公司、江苏省特种设备安全监督检验研究院。

本标准主要起草人：陈立苏、钱允山、李俊英、程秀萍、张锡波、吴良全、张化宾、陈国龙、缪春生。

本标准所代替标准的历次版本发布情况为：

——GB/T 15700—1995。

聚四氟乙烯波纹补偿器

1 范围

本标准规定了聚四氟乙烯波纹补偿器(又称聚四氟乙烯膨胀节,以下简称"补偿器")的分类与标记、材料、要求、试验方法、检验规则及标志包装、运输和贮存。

本标准适用于安装在管道或设备中用于补偿管道与设备的热位移以及吸振降噪而采用的耐腐蚀的聚四氟乙烯波纹补偿器。

2 规范性引用文件

下列文件中的条款通过本标准的引用而成为本标准的条款。凡是注日期的引用文件,其随后所有的修改单(不包括勘误的内容)或修订版均不适用于本标准。然而,鼓励根据本标准达成协议的各方研究是否可使用这些文件的最新版本。凡是不注日期的引用文件,其最新版本适用于本标准。

GB/T 191 包装储运图示标志(GB/T 191—2008,ISO 780:1997,MOD)

GB/T 1033 塑料密度和相对密度试验方法(GB/T 1033—1986,eqv ISO/DIS 1183:1984)

GB/T 1040(所有部分) 塑料 拉伸性能的测定

GB/T 1804—2000 一般公差 未注公差的线性和角度尺寸的公差(eqv ISO 2768-1:1998)

GB/T 9124 钢制管法兰 技术条件

GB/T 12777 金属波纹管膨胀节通用技术条件

GB/T 14525 波纹金属软管通用技术条件

QB/T 3624—1999 聚四氟乙烯管材

QB/T 3625—1999 聚四氟乙烯板材

QB/T 3627—1999 聚四氟乙烯薄膜

3 分类与标记

3.1 分类

补偿器根据其外表面有无加强及加强方式分为以下5类:

a) 聚四氟乙烯波纹补偿器,类型代号为FB;

b) 聚四氟乙烯橡胶复合波纹补偿器,类型代号为FX;

c) 金属波纹管内衬聚四氟乙烯波纹补偿器,类型代号为FJ;

d) 聚四氟乙烯金属网复合波纹补偿器,类型代号为FW;

e) 聚四氟乙烯金属钢套复合波纹补偿器,类型代号为FG。

3.2 标记

补偿器的代号标记方式如下:

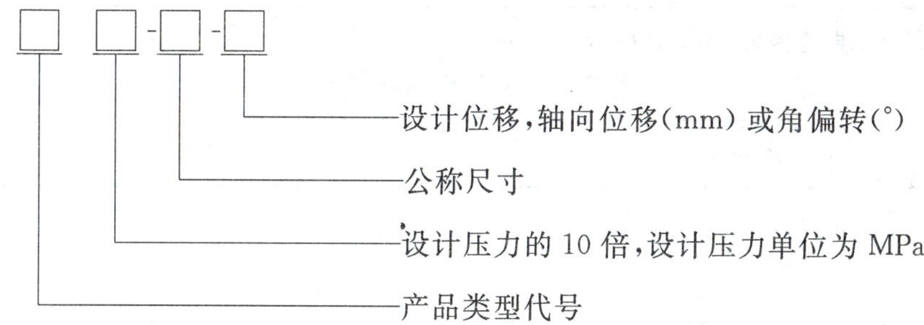

示例：FX10-1200-50

表示：设计轴向位移 50 mm、公称尺寸 DN1200、设计压力为 1 MPa 的聚四氟乙烯橡胶复合波纹补偿器。

3.3 设计温度

补偿器的设计温度不宜超过表 1 的规定。

表 1 设计温度

产品类型代号	设计温度
FX	−30 ℃～100 ℃
FB、FJ、FW、FG	−20 ℃～230 ℃

4 材料

4.1 补偿器的所有材料均应符合有关标准的规定，并具有相应的合格证书。

4.2 补偿器用的聚四氟乙烯材料应符合 QB/T 3624—1999、QB/T 3625—1999、QB/T 3627—1999 的规定，并应满足耐腐蚀性要求。

4.3 对 FX 类补偿器橡胶层应采用与供货合同要求相适应的耐温、耐腐蚀和抗老化的橡胶。

5 要求

5.1 外观

5.1.1 制造补偿器用的聚四氟乙烯筒状制件仅允许有纵向接缝，且内表面应光滑，应无分层、气泡、金属杂质和裂纹等缺陷存在。

5.1.2 聚四氟乙烯波纹管的翻边密封面应与法兰贴合平整，不得有大于板厚负偏差的划痕和凹凸皱纹存在。对小于板厚负偏差的划痕和凹凸皱纹应修理平整。

5.1.3 FX、FJ、FW、FG 类补偿器的内衬与外壳应贴合平整，内衬波纹及其他部位应无异常变形。

5.1.4 FX 类补偿器的橡胶层应无裂纹、杂质、起泡脱层、外部损伤。

5.1.5 FJ 类补偿器的金属波纹管膨胀节部分的外观应符合 GB/T 12777 的规定。

5.1.6 FW 类补偿器的金属网部分的外观应符合 GB/T 14525 的规定。

5.2 尺寸

5.2.1 FB、FW、FG 类补偿器的波高、波距尺寸的极限偏差为其基本尺寸的 ±8%，且不应超过 ±5 mm。

5.2.2 FX 类补偿器的波高、波距尺寸的极限偏差为其基本尺寸的 ±10%，且不应超过 ±8 mm。

5.2.3 FB、FX、FW、FG 类补偿器的内径尺寸的极限偏差应符合 GB/T 1804—2000 中 V 级的要求。

5.2.4 聚四氟乙烯筒状制件壁厚应符合表 2 规定。

表 2 聚四氟乙烯筒状制件壁厚　　单位为毫米

公称尺寸 DN	≤50	>50
筒状制件壁厚 δ	≥1.2	≥2.0

5.2.5 补偿器制造长度的极限偏差应符合表 3 规定。

表 3 制造长度极限偏差　　单位为毫米

制造长度	极限偏差
≤1 000	±4
>1 000	±6

5.2.6 FJ 类补偿器的金属波纹管膨胀节部分应符合 GB/T 12777 的相关规定。

5.2.7 FW 类补偿器的金属网部分的尺寸极限偏差应符合 GB/T 14525 的相关规定。

5.2.8 聚四氟乙烯波纹管的翻边密封面的尺寸极限偏差应符合 GB/T 9124 的相关规定。

5.3 力学性能

聚四氟乙烯筒状制件及纵向接缝的力学性能应符合表 4 的规定。

表 4 力学性能

项　目	指　标
密度/(g/cm^3)	2.1～2.3
拉伸强度/MPa	≥15.0
断裂伸长率/%	≥150

5.4 耐电压

聚四氟乙烯筒状制件及纵向接缝的耐电压值应符合表 5 的规定。

表 5 耐电压值

筒状制件壁厚 δ/mm	耐电压值/kV
$\delta=1.2$	10
$1.2<\delta\leqslant2.0$	15
$\delta>2.0$	18

5.5 耐压试验

补偿器应进行耐压试验。试验一般采用水压试验，对于不适合做水压试验的应进行气压试验，气压试验时应采取有效安全措施。补偿器在表 6 规定的试验压力下应无损伤、无渗漏、无异常变形。压力试验后，FJ 类补偿器聚四氟乙烯部分的耐电压值应符合表 5 的规定。当设计压力≤0.015 MPa 且公称尺寸≥1 500 mm 时，可免做耐压试验。

表 6 试验压力

补偿器类型	设计温度 T/℃	水压试验压力/MPa	气压试验压力/MPa
FB	$T\leqslant50$	1.5 P	1.1 P
	$50<T\leqslant120$	2.0 P	1.5 P
	$T>120$	2.7 P	2.0 P
FX、FJ、FW、FG	—	1.5 P	1.1 P
注：P 为设计压力，单位为 MPa。			

5.6 气密性试验

对工作介质为易燃、易爆、中等危害以上的有毒介质，补偿器应进行气密性试验。试验压力等于设计压力，试验时补偿器应无泄漏、无异常变形。试验后，FJ 类补偿器聚四氟乙烯部分的耐电压值应符合表 5 的规定。

5.7 真空试验

对有真空要求的补偿器，应进行抽真空试验。试验压力等于设计压力，试验时补偿器应无泄漏、无异常变形。试验后，FJ 类补偿器聚四氟乙烯部分的耐电压值应符合表 5 的规定。

5.8 耐真空

补偿器在表 7 规定的试验真空度下，补偿器内、外表面应无异常变形、无泄漏。

表 7　试验真空度

公称尺寸 DN	≤100	>100～300	>300～1 200	>1 200～1 600
真空度/kPa	93	60	40	32

5.9　**疲劳性能**

补偿器的试验疲劳寿命应≥1 000 次。产品在设计疲劳寿命的位移循环试验中应无裂纹、无泄漏。试验位移循环次数达到后，FJ 类补偿器聚四氟乙烯部分的耐电压值应符合表 5 的规定。

5.10　**爆破试验**

补偿器在表 8 的压力下，进行水压试验。试验时补偿器应无破损、无渗漏。

表 8　爆破试验压力

补偿器类型	设计温度 T/℃	水压试验压力/MPa
FB	$T \leqslant 50$	3.0 P
	$50 < T \leqslant 120$	4.0 P
	$T > 120$	5.4 P
FX、FJ、FW、FG	—	3.0 P
注：P 为设计压力，单位为 MPa。		

6　试验方法

6.1　**外观**

用目视法和手感进行检查。

6.2　**尺寸**

在常温下，用精度符合尺寸偏差要求的通用量具进行检查。

6.3　**力学性能**

6.3.1　**密度**

按 GB/T 1033 的规定进行。

6.3.2　**拉伸强度和断裂伸长率**

按 GB/T 1040 的规定进行。

6.4　**耐电压**

耐电压试验采用高频电火花微孔探伤仪，试验时将探头在聚四氟乙烯表面缓慢连续移动，其速度不超过 50 mm/s，试验电压按表 5 规定，试验时无击穿现象。

6.5　**耐压试验**

6.5.1　试验时应将补偿器两端固定和有效密封，产品处于出厂长度状态。

6.5.2　试验在常温下进行，水压试验介质为洁净的自来水，气压试验介质为干燥洁净的压缩空气。

6.5.3　试验时宜缓慢升压，达到规定试验压力后保压至少 10 min。

6.5.4　试验压力下目视检查有无破损、有无渗漏、有无异常变形。

6.5.5　气压试验结束后，FJ 类补偿器聚四氟乙烯部分按 6.4 的方法进行耐电压测试。

6.6　**气密性试验**

试验应在水压试验合格后进行，当压力试验采用气压试验方法时可不再进行气密性试验。

6.6.1　试验时应将补偿器两端固定和有效密封，产品处于出厂长度状态。

6.6.2　试验在常温下进行，气密性试验介质为干燥洁净的压缩空气。

6.6.3　试验时宜缓慢升压，达到规定试验压力后保压至少 10 min。

6.6.4 试验压力下目视检查有无异常变形。

6.6.5 FJ 类补偿器聚四氟乙烯部分按 6.4 的方法进行耐电压测试。

6.7 真空试验

6.7.1 试验时应将补偿器两端固定和有效密封,产品处于出厂长度状态。

6.7.2 试验时宜缓慢抽真空,达到规定试验压力后保压至少 10 min。

6.7.3 试验压力下目视检查有无异常变形。

6.7.4 FJ 类补偿器聚四氟乙烯部分按 6.4 的方法进行耐电压测试。

6.8 耐真空

6.8.1 当真空试验的真空度高于耐真空试验时,可不再进行耐真空试验。

6.8.2 试验时应将补偿器两端固定和有效密封,补偿器处于出厂长度状态。试验在常温下进行,真空度应符合表 7 的规定,保压 0.5 h,检查有无泄漏,保压完毕后检查补偿器内、外表面有无异常变形。

6.9 疲劳性能

6.9.1 除 FX 类补偿器外,其试验用波纹管波数不少于 3 个。

6.9.2 试验时将补偿器两端分别固定在专用疲劳试验机上,内充 1 倍设计压力且试验过程中压力波动值不应超过设计压力的±10%,试验介质为水。

6.9.3 试验时波纹管每波的平均位移量为设计单波当量轴向位移量,试验位移的速率应保证位移平稳、均匀且应小于 25 mm/s。

6.9.4 在规定循环次数的疲劳试验中检查产品是否有穿透波纹管壁厚的裂纹,在波纹管外壁有无可见试验介质的泄漏。

6.9.5 FJ 类补偿器聚四氟乙烯部分按 6.4 的方法进行耐电压测试。

6.10 爆破试验

6.10.1 试验时应将补偿器两端固定和有效密封,产品处于出厂长度状态。

6.10.2 试验在常温下进行,水压试验介质为洁净的自来水。

6.10.3 试验时应缓慢升压,达到规定试验压力后保压至少 3 min。

6.10.4 试验压力下目视检查有无破损、有无渗漏。

7 检验规则

7.1 检验分类

产品的检验分为出厂检验和型式检验。

7.2 出厂检验

出厂检验应逐件按表 9 进行。

表 9 出厂检验项目

序号	检验项目	要求	试验方法
1	外观	5.1	6.1
2	尺寸	5.2	6.2
3	耐电压	5.4	6.4
4	耐压试验	5.5	6.5
5	气密性试验	5.6	6.6
6	真空试验	5.7	6.7

7.3 型式检验

7.3.1 有下列情况之一时,应进行型式检验:

a） 新产品鉴定定型，投入批量生产时；

b） 产品工艺、材料、结构有较大改变，可能影响产品性能时；

c） 产品停产1年以上，恢复生产时；

d） 出厂检验结果与上次型式检验有较大差异时；

e） 国家质量监督机构提出型式检验要求时。

7.3.2 型式检验按表10的规定进行。

表10 型式检验项目

序号	检验项目	要求	试验方法
1	外观	5.1	6.1
2	尺寸	5.2	6.2
3	力学性能	5.3	6.3
4	耐电压	5.4	6.4
5	耐压试验	5.5	6.5
6	气密性试验	5.6	6.6
7	真空试验	5.7	6.7
8	耐真空	5.8	6.8
9	疲劳性能	5.9	6.9
10	爆破试验	5.10	6.10

7.3.3 抽样与判定

7.3.3.1 型式检验的样本应从出厂检验合格的产品中随机抽取2件，一件按表10中的序号1～9，另一件按序号1～8及序号10进行检验；也允许抽取1件按表9的全部项目进行。

7.3.3.2 型式检验中除耐真空、疲劳性能、爆破试验项目不得复检外，若有任一不合格项，可加倍抽样，对不合格项进行复检，若仍有任一项不合格时，则判该次型式检验不合格。

8 标志、包装、运输和贮存

8.1 标志

8.1.1 产品标志

产品上应有产品铭牌，铭牌上至少应包括下列各项：

a） 产品名称、型号；

b） 生产厂名及商标；

c） 执行标准编号；

d） 出厂日期及出厂编号。

8.1.2 包装、贮存标志

产品的包装、贮存标志至少应包括下列各项，且应符合GB/T 191的规定：

a） 防雨、防晒、防尘、防倒置；

b） 生产厂名、厂址及商标；

c） 执行标准编号；

d） 出厂日期及出厂编号。

8.2 包装

8.2.1 产品出厂时应对两连接法兰端口有效封闭，波纹管外表面有效保护后，产品可裸装或木箱包装。

8.2.2 产品出厂时应附合格证明书、使用说明书。合格证明书中应包括产品名称、型号和产品检验数据。

8.3 运输

产品可用一般交通工具运输，运输时产品应固定，避免机械损伤，防雨、防晒、防倒置。

8.4 贮存

8.4.1 产品应贮存在通风、干燥的室内，且贮存温度应符合表11的规定，不得与有腐蚀性的酸、碱等物质相接触。

表 11 贮存温度

产品类型代号	贮存温度
FX	−15 ℃～35 ℃
FB、FJ、FW、FG	−20 ℃～50 ℃

8.4.2 产品安装前应有效保持两端连接法兰端口的封闭状态，不得随意打开或解除。

ICS 77.080.20
H 40

中华人民共和国国家标准

GB/T 15712—2008
代替 GB/T 15712—1995

非调质机械结构钢

Microalloyed medium carbon steels

(ISO 11692:1994,MOD)

2008-05-13 发布 2008-11-01 实施

中华人民共和国国家质量监督检验检疫总局
中国国家标准化管理委员会 发布

前　言

本标准修改采用 ISO 11692:1994《热加工的析出强化铁素体—珠光体工程用钢》。

本标准根据 ISO 11692:1994 重新起草。为了方便比较，在资料性附录 B 中列出了本标准条款和 ISO 11692:1994 标准条款的对照一览表。

本标准在采用 ISO 11692:1994 标准时进行了修改。这些技术性差异用垂直单线标识在它们所涉及的条款的页边空白处。在附录 B 中给出了技术差异及其原因的一览表以供参考。

本标准代替 GB/T 15712—1995《非调质机械结构钢》。本标准与 GB/T 15712—1995 相比主要变化如下：

——英文名称修改为：Microalloyed medium carbon steels（见封面和 3.1）；

——修改了“非调质机械结构钢”的定义（见第 3 章）；

——将“切削加工用钢”修改为“直接切削加工用钢”（见第 4 章）；

——取消切削加工用钢牌号表示方法中的“Y”，用尾部加“S”表示含硫钢，即牌号表示方法“YF...”修改为“F...S”（见表 1）；

——增加了“订货内容”（见第 5 章）；

——增加了银亮钢及相关要求（见第 1 章，6.2，7.8.3 等）；

——增加了 F30MnVS、F38MnVS、F49MnVS 和 F12Mn2VBS 等牌号及相关要求，将 YF45V 与 F45V、YF35MnV 与 F35MnVN、YF40MnV 与 F40MnV 分别合并为 F45VS、F35MnVS 和 F40MnVS（见表 1）；

——增加了直接切削加工用钢成分可以协商的内容（见 7.1.1）；

——化学成分增加了“经供需双方协商，可以用铌或钛代替部分或全部钒含量。在部分代替情况下，钒的下限含量应由双方协商”（见 7.1.2）；

——化学成分允许偏差按 GB/T 222—1984 表 2 列出，并补充了硫含量和氮含量的允许偏差（1995 年版的 6.1.2；本版的表 2）；

——冶炼方法修改为由供方选择（1995 年版的 6.2；本版的 7.2）；

——钢材交货状态取消了锻制状态，增加了银亮状态交货（1995 年版的 6.3；本版的 7.3）；

——热压力加工用钢的力学性能由基本保证项目改为协议保证项目；

——取消了“淬火断口”检验低倍组织（1995 年版的 6.5.1；本版的 7.5.1）；

——热压力加工用钢的脱碳层检验由协议保证项目修改为基本保证项目（1995 年版的 6.7；本版的 7.6.1）；

——非金属夹杂物由协议保证项目修改为基本保证项目，并将 A 类细系放宽 1 级，B 类加严 0.5 级，DS 类提供实测数据（1995 年版的 6.6；本版的 7.7）；

——增加本标准牌号与 1995 版标准牌号和 ISO 11692 标准牌号的对照（见附录 A）。

本标准附录 A 和附录 B 均为资料性附录。

本标准由中国钢铁工业协会提出。

本标准由全国钢标准化技术委员会归口。

本标准主要起草单位：东北特殊钢集团有限责任公司、钢铁研究总院、中信金属公司、冶金工业信息标准研究院。

本标准主要起草人：真娟、董瀚、乔兵、惠卫军、栾燕、王伟哲。

本标准 1995 年 10 月首次发布。

非调质机械结构钢

1 范围

本标准规定了非调质机械结构钢的定义、分类、订货内容、尺寸、外形及允许偏差、技术要求、试验方法、检验规则、包装、标志及质量证明书等。

本标准适用于非调质机械结构钢热轧钢材及银亮钢材。

2 规范性引用文件

下列文件中的条款通过本标准的引用而成为本标准的条款。凡是注日期的引用文件，其随后所有的修改单(不包括勘误的内容)或修订版均不适用于本标准，然而，鼓励根据本标准达成协议的各方研究是否可使用这些文件的最新版本。凡是不注日期的引用文件，其最新版本适用于本标准。

GB/T 223.3 钢铁及合金化学分析方法 二安替吡啉甲烷磷钼酸重量法测定磷量

GB/T 223.4 钢铁及合金化学分析方法 硝酸铵氧化容量法测定锰量

GB/T 223.5 钢铁及合金化学分析方法 还原型硅钼酸盐光度法测定酸溶硅含量

GB/T 223.11 钢铁及合金化学分析方法 过硫酸铵氧化容量法测定铬量

GB/T 223.12 钢铁及合金化学分析方法 碳酸钠分离-二苯碳酰二肼光度法测定铬量

GB/T 223.13 钢铁及合金化学分析方法 硫酸亚铁铵滴定法测定钒含量

GB/T 223.14 钢铁及合金化学分析方法 钽试剂萃取光度法测定钒含量

GB/T 223.16 钢铁及合金化学分析方法 变色酸光度法测定钛量

GB/T 223.17 钢铁及合金化学分析方法 二安替吡啉甲烷光度法测定钛量

GB/T 223.18 钢铁及合金化学分析方法 硫代硫酸钠分离-碘量法测定铜量

GB/T 223.19 钢铁及合金化学分析方法 新亚酮灵 二氯甲烷萃取光度法测定铜量

GB/T 223.23 钢铁及合金化学分析方法 丁二酮肟分光光度法测定镍量

GB/T 223.24 钢铁及合金化学分析方法 萃取分离-丁二酮肟分光光度法测定镍量

GB/T 223.37 钢铁及合金化学分析方法 蒸馏分离-靛酚蓝光度法测定氮量

GB/T 223.40 钢铁及合金 铌含量的测定 氯磺酚S分光光度法

GB/T 223.53 钢铁及合金化学分析方法 火焰原子吸收分光光度法测定铜量

GB/T 223.54 钢铁及合金化学分析方法 火焰原子吸收分光光度法测定镍量

GB/T 223.58 钢铁及合金化学分析方法 亚砷酸钠-亚硝酸钠滴定法测定锰量

GB/T 223.59 钢铁及合金化学分析方法 锑磷钼蓝光度法测定磷量

GB/T 223.60 钢铁及合金化学分析方法 高氯酸脱水重量法测定硅含量

GB/T 223.61 钢铁及合金化学分析方法 磷钼酸铵容量法测定磷量

GB/T 223.62 钢铁及合金化学分析方法 乙酸丁酯萃取光度法测定磷量

GB/T 223.63 钢铁及合金化学分析方法 高碘酸钠(钾)光度法测定锰量(GB/T 223.63—1998，neq ISO R 629)

GB/T 223.64 钢铁及合金化学分析方法 火焰原子吸收光谱法测定锰量

GB/T 223.68 钢铁及合金化学分析方法 管式炉内燃烧后碘酸钾滴定法测定硫含量

GB/T 223.69 钢铁及合金化学分析方法 管式炉内燃烧后气体容量法测定碳含量

GB/T 223.71 钢铁及合金化学分析方法 管式炉内燃烧后重量法测定碳含量

GB/T 223.72 钢铁及合金化学分析方法 氧化铝色层分离-硫酸钡重量法测定硫量

GB/T 223.74 钢铁及合金化学分析方法 非化合碳含量的测定

GB/T 223.75 钢铁及合金化学分析方法 甲醇蒸馏-姜黄素光度法测定硼量

GB/T 223.76 钢铁及合金化学分析方法 火焰原子吸收光谱法测定钒量

GB/T 223.78 钢铁及合金化学分析方法 姜黄素直接光度法测定硼含量

GB/T 224 钢的脱碳层深度测定法(GB/T 224—1987,eqv ISO 3887:1976)

GB/T 226 钢的低倍组织及缺陷酸蚀检验法(GB/T 226—1991,neq ISO 4969:1980,Steel-Macroscopic examination by etching with strong mineral acids)

GB/T 228 金属材料 室温拉伸试验方法(GB/T 228—2002,eqv ISO 6892:1998)

GB/T 229 金属材料 夏比摆锤冲击试验方法(GB/T 229—2007,ISO 148-1:2006,MOD)

GB/T 231.1 金属布氏硬度试验 第1部分:试验方法(GB/T 231.1—2002,eqv ISO 6506-1:1999)

GB/T 702—2004 热轧圆钢和方钢尺寸、外形、重量及允许偏差(GB/T 702—2004 ,ISO 1035/1:1980,Hot-rolled steel bar—Part 1:Dimension of round bars,ISO 1035/2:1980 Hot-rolled steel bar—Part 1:Dimension of square bars,ISO 1035/4:1982,Hot-rolled steel bar—Part 4:Tolerances,MOD)

GB/T 1979 结构钢低倍组织缺陷评级图

GB/T 2101 型钢验收、包装、标志及质量证明书的一般规定

GB/T 2975 钢及钢产品力学性能试验取样位置及试样制备(GB/T 2975—1998,eqv ISO 377:1997)

GB/T 3207—1988 银亮钢

GB/T 4336 碳素钢和中低合金钢火花源原子发射光谱分析方法(常规法)

GB/T 6394 金属平均晶粒度测定法

GB/T 7736 钢的低倍组织及缺陷超声波检验法

GB/T 10561 钢中非金属夹杂物含量的测定 标准评级图显微检验法(GB/T 10561—2005,ISO 4967:1998,IDT)

GB/T 15574 钢产品分类(GB/T 15574—1995,eqv ISO 6929:1987)

GB/T 17505 钢及钢产品交货一般技术要求(GB/T 17505—1998,eqv ISO 404:1992)

GB/T 20066 钢和铁 化学成分测定用试样的取样和制样方法(GB/T 20066—2006,ISO 14284:1996,IDT)

GB/T 20123 钢铁 总碳硫含量的测定 高频感应炉燃烧后红外吸收法(常规方法)(GB/T 20123—2006,ISO 15350:2000,IDT)

3 术语和定义

GB/T 15574 确立的以及下列术语和定义适用于本标准。

非调质机械结构钢 microalloyed medium carbon steels

通过微合金化、控制轧制(锻制)和控制冷却等强韧化方法,取消了调质热处理,达到或接近调质钢力学性能的一类优质或特殊质量结构钢。

4 分类

钢材按使用加工方法不同分为两类:

a) 直接切削加工用非调质机械结构钢 UC;

b) 热压力加工用非调质机械结构钢 UHP。

5 订货内容

按本标准订货的合同应包含以下内容:

a) 本标准号；
b) 牌号；
c) 尺寸；
d) 重量；
e) 加工用途；
f) 交货状态；
g) 精度级别；
h) 其他特殊要求(必要时)。

6 尺寸、外形及其允许偏差

6.1 热轧钢材的尺寸、外形及其允许偏差应符合 GB/T 702—2004 的规定，尺寸精度要求应于合同中注明，未注明时按 2 组精度执行。

6.2 银亮钢材的尺寸、外形及允许偏差应符合 GB/T 3207—1988 的规定，尺寸精度要求应于合同中注明，未注明时按 11 级精度执行。

7 技术要求

7.1 牌号及化学成分

7.1.1 热压力加工用钢的牌号及化学成分(熔炼分析)应符合表 1 的规定。直接切削加工用钢的化学成分通常应符合表 1 规定，但是为了保证力学性能合格，经供需双方协商，可超出表 1 规定的化学成分范围。

表 1 钢的牌号及化学成分

序号	统一数字代号	牌号	化学成分(质量分数)/%								
			C	Si	Mn	S	P	V	Cr	Ni	Cu[b]	其他[c]
1	L22358	F35VS	0.32~0.39	0.20~0.40	0.60~1.00	0.035~0.075	≤0.035	0.06~0.13	≤0.30	≤0.30	≤0.30	
2	L22408	F40VS	0.37~0.44	0.20~0.40	0.60~1.00	0.035~0.075	≤0.035	0.06~0.13	≤0.30	≤0.30	≤0.30	
3	L22468	F45VS[a]	0.42~0.49	0.20~0.40	0.60~1.00	0.035~0.075	≤0.035	0.06~0.13	≤0.30	≤0.30	≤0.30	
4	L22308	F30MnVS	0.26~0.33	≤0.80	1.20~1.60	0.035~0.075	≤0.035	0.08~0.15	≤0.30	≤0.30	≤0.30	
5	L22378	F35MnVS[a]	0.32~0.39	0.30~0.60	1.00~1.50	0.035~0.075	≤0.035	0.06~0.13	≤0.30	≤0.30	≤0.30	
6	L22388	F38MnVS	0.34~0.41	≤0.80	1.20~1.60	0.035~0.075	≤0.035	0.08~0.15	≤0.30	≤0.30	≤0.30	
7	L22428	F40MnVS[a]	0.37~0.44	0.30~0.60	1.00~1.50	0.035~0.075	≤0.035	0.06~0.13	≤0.30	≤0.30	≤0.30	
8	L22478	F45MnVS	0.42~0.49	0.30~0.60	1.00~1.50	0.035~0.075	≤0.035	0.06~0.13	≤0.30	≤0.30	≤0.30	
9	L22498	F49MnVS	0.44~0.52	0.15~0.60	0.70~1.00	0.035~0.075	≤0.035	0.08~0.15	≤0.30	≤0.30	≤0.30	

表 1（续）

序号	统一数字代号	牌号	化学成分(质量分数)/%									
			C	Si	Mn	S	P	V	Cr	Ni	Cu[b]	其他[c]
10	L27128	F12Mn2VBS	0.09～0.16	0.30～0.60	2.20～2.65	0.035～0.075	≤0.035	0.06～0.12	≤0.30	≤0.30	≤0.30	B 0.001～0.004

a 当硫含量只有上限要求时，牌号尾部不加“S”。

b 热压力加工用钢的铜含量不大于 0.20%。

c 为了保证钢材的力学性能，允许钢中添加氮，推荐氮含量为 0.008 0%～0.020 0%。

7.1.2 经供需双方协商，可以用铌或钛代替部分或全部钒含量。在部分代替情况下，钒的下限含量应由双方协商。

7.1.3 钢材化学成分允许偏差应符合表 2 的规定。

表 2 钢材化学成分允许偏差

质量分数，%

化学成分	C	Si	Mn	S	P	V	Cr	Ni	Cu	B	Nb	Ti	N
允许偏差	±0.01	≤0.37：±0.03；>0.37：±0.04	≤1.00：±0.03；>1.00～≤2.00：±0.04；>2.00：±0.05	规定上下限时：±0.005；仅有上限时：+0.005	+0.005	≤0.10：±0.01；>0.10：±0.02	+0.03	+0.03	+0.03	±0.000 5	±0.005	+0.02 −0.01	±0.002 0

7.2 冶炼方法

钢的冶炼方法通常由供方选择。根据需方要求并在合同中注明，可以采用特殊要求的冶炼方法。

7.3 交货状态

钢材以热轧或银亮状态交货，具体要求应在合同中注明。

7.4 力学性能

7.4.1 直接切削加工用钢材，直径或边长不大于 60 mm 钢材的力学性能应符合表 3 的规定。直径不大于 16 mm 的圆钢或边长不大于 12 mm 的方钢不做冲击试验；直径或边长大于 60 mm 的钢材力学性能可由供需双方协商。

7.4.2 热压力加工用钢材，根据需方要求可检验力学性能及硬度，其试验方法和验收指标由供需双方协商，表 3 仅供参考。但直径不小于 60 mm 的 F12Mn2VBS 钢，应先改锻成直径 30 mm 圆坯，经 450℃～650℃回火，其力学性能应符合：抗拉强度 R_m≥685 N/mm²，下屈服强度 R_{eL}≥490 N/mm²，断后伸长率 A≥16%，断面收缩率 Z≥45%。

表 3 直接切削加工用非调质机械结构钢力学性能

序号	牌号	钢材直径或边长/mm	抗拉强度 R_m/(N/mm²)	下屈服强度 R_{eL}/(N/mm²)	断后伸长率 A/%	断面收缩率 Z/%	冲击吸收能量[a] KU_2/J
1	F35VS	≤40	≥590	≥390	≥18	≥40	≥47
2	F40VS	≤40	≥640	≥420	≥16	≥35	≥37
3	F45VS	≤40	≥685	≥440	≥15	≥30	≥35

表 3（续）

序号	牌号	钢材直径或边长/mm	抗拉强度 R_m/(N/mm^2)	下屈服强度 R_{eL}/(N/mm^2)	断后伸长率 A/%	断面收缩率 Z/%	冲击吸收能量[a] KU_2/J
4	F30MnVS[a]	≤60	≥700	≥450	≥14	≥30	实测
5	F35MnVS	≤40	≥735	≥460	≥17	≥35	≥37
		>40～60	≥710	≥440	≥15	≥33	≥35
6	F38MnVS[a]	≤60	≥800	≥520	≥12	≥25	实测
7	F40MnVS	≤40	≥785	≥490	≥15	≥33	≥32
		>40～60	≥760	≥470	≥13	≥30	≥28
8	F45MnVS	≤40	≥835	≥510	≥13	≥28	≥28
		>40～60	≥810	≥490	≥12	≥28	≥25
9	F49MnVS[a]	≤60	≥780	≥450	≥8	≥20	实测

a F30MnVS、F38MnVS、F49MnVS 钢的冲击吸收能量报实测数据，不作判定依据。

7.5 低倍组织

7.5.1 钢材的横截面酸浸低倍组织试片上不应有目视可见的缩孔、气泡、裂纹、夹杂、翻皮及白点。供直接切削加工用钢材允许有不超过表面缺陷允许深度的皮下夹杂等缺陷。

7.5.2 酸浸低倍组织合格级别应符合表 4 的规定。

7.5.3 供方如能保证低倍组织检验合格，可采用超声波检验法或其他无损检验法代替酸浸低倍检验。

表 4 低倍组织合格级别

中心疏松	一般疏松	锭型偏析
≤3 级	≤3 级	≤3 级

7.6 脱碳层

7.6.1 含碳量大于 0.30% 的热压力加工用钢，应检验钢材的脱碳层，每边总脱碳层深度不大于钢材公称直径或边长的 1.5%。

7.6.2 根据需方要求，并在合同中注明，直接切削加工用钢材可检验脱碳层，每边总脱碳层深度由双方协商。

7.7 非金属夹杂物

钢材应检验非金属夹杂物，其合格级别应符合表 5 的规定。DS 类非金属夹杂物提供实测数据，不作判定依据。

表 5 非金属夹杂物合格级别

A		B		C		D	
细系[a]	粗系	细系	粗系	细系	粗系	细系	粗系
≤4.0 级	≤3.0 级	≤2.5 级	≤2.5 级	≤2.0 级	≤2.0 级	≤2.0 级	≤2.0 级

a 当硫含量只有上限要求时，A 系(细系)≤3.0 级。

7.8 表面质量

7.8.1 热压力加工用钢材的表面不得有深度大于 0.2 mm 的裂纹，不应有结疤、折叠及夹渣。对上述缺陷必须清除，清除深度从钢材实际尺寸算起应不超过表 6 的规定，清除宽度不小于深度的 5 倍，同一截面达到最大清除深度不得多于一处。允许有从实际尺寸算起不超过公差之半的个别细小划痕、压痕、麻点及深度不超过 0.2 mm 的小裂纹存在。

表 6　热压力加工用钢材表面缺陷允许清除深度

钢材公称直径或边长/mm	允许清除的最大深度/mm
≤80	钢材公称尺寸公差的 1/2
>80～140	钢材公称尺寸公差
>140～200	钢材公称尺寸的 5%
>200	钢材公称尺寸的 6%

7.8.2　直接切削加工用钢材表面允许有从钢材公称尺寸算起，不超过表 7 规定的局部缺陷。

表 7　直接切削加工用钢材表面局部缺陷允许深度

钢材公称直径或边长/mm	局部缺陷允许最大深度/mm
<100	钢材公称尺寸负偏差
≥100	钢材公称尺寸公差

7.8.3　银亮钢材表面应洁净、光滑，不得有裂纹、发纹、折叠、刮痕、凹面、结疤、锈蚀和氧化皮等外部缺陷存在，允许有深度不超过公差之半的个别轻微划痕和螺旋纹存在，经热处理后的银亮钢允许有氧化色。

7.9　特殊要求

根据需方要求，经供需双方协商，并在合同中注明，可供应下列特殊要求的钢材：

a)　加严对脱碳层的指标要求；

b)　晶粒度；

c)　其他。

8　试验方法

钢材的检验项目、取样数量、取样部位及试验方法应符合表 8 的规定。

9　检验规则

9.1　检验和验收

9.1.1　钢材出厂的检查和验收由供方质量技术监督部门进行。

9.1.2　供方必须保证交货的钢材符合本标准或合同的规定，需方有权对本标准或合同所规定的任一检验项目进行检查和验收。

9.2　组批规则

钢材应按批检查和验收，每批由同一牌号、同一炉号、同一加工方法、同一尺寸、同一交货状态、同一热处理炉次的钢材组成。

9.3　取样数量及取样部位

每批钢材的取样数量及取样部位应符合表 8 的规定。

表 8　钢材的检验项目、取样数量、取样部位及试验方法

序号	检验项目	取样数量	取样部位	试验方法
1	化学成分	1/炉	GB/T 20066	GB/T 223 GB/T 4336、GB/T 20123
2	拉伸试验	2	不同支钢材，GB/T 2975	GB/T 228
3	冲击试验	2	不同支钢材，GB/T 2975	GB/T 229

表 8（续）

序号	检验项目	取样数量	取样部位	试验方法
4	硬度	2	不同支钢材	GB/T 231.1
5	低倍组织	2	模铸钢:相当于钢锭头部的不同支钢材或钢坯;连铸钢:任意不同支钢材	GB/T 226,GB/T 1979
6	超声波探伤	2		GB/T 7736
7	非金属夹杂物	2	不同支钢材	GB/T 10561
8	脱碳层	2	不同支钢材	GB/T 224 金相法
9	晶粒度	1	任一支钢材	GB/T 6394
10	尺寸	逐支	—	适宜精度的卡尺、千分尺
11	表面	逐支	—	目视

9.4 复验和判定规则

9.4.1 钢材的复验和判定规则按 GB/T 17505 的规定进行。

9.4.2 供方若能保证钢材合格时，对同一炉号的钢材或钢坯的力学性能、低倍组织、非金属夹杂物的检验结果，允许以坯代材，以大代小。

10 包装、标志和质量证明书

钢材的包装、标志和质量证明书应符合 GB/T 2101 的规定。

附 录 A
（资料性附录）
本标准牌号与 1995 版标准牌号及 ISO 11692 牌号的对照

A.1 本标准牌号与 1995 版标准牌号及 ISO 11692 牌号的对照见表 A.1。

表 A.1 本标准牌号与 1995 版标准牌号及 ISO 11692 牌号的对照表

序号	本标准牌号	1995 版标准牌号	ISO 11692 牌号
1	F35VS	YF35V	—
2	F40VS	YF40V	—
3	F45VS	YF45V,F45V	—
4	F30MnVS	—	30MnVS6
5	F35MnVS	YF35MnV,F35MnVN	—
6	F38MnVS	—	38MnVS6
7	F40MnVS	YF40MnV,F40MnV	—
8	F45MnVS	YF45MnV	—
9	F49MnVS	—	(49MnVS3)[a]
10	F12Mn2VBS	—	—

[a] 为德国 THYSSEN 公司牌号。

附 录 B
（资料性附录）
本标准与 ISO 11692:1994 标准的技术性差异及其原因

本标准与 ISO 11692:1994 技术性差异及其原因见表 B.1。

表 B.1 本标准与 ISO 11692:1994 标准的技术性差异及其原因

本标准的章条编号	技术性差异	原　因
标准名称	本标准为"非调质机械结构钢"，ISO 11692 为"热加工的析出强化铁素体-珠光体工程用钢"	以适合我国国情。 除铁素体-珠光体钢外，本标准还包括了贝氏体钢
前言	删除了 ISO 11692 的"前言"	适应我国标准版式
1	删除 ISO 11692 第 1 章	这种叙述不适于我国标准
2	引用了采用国标标准的我国标准，并增加引用了化学分析等标准	以适应我国引用标准的规定
3	增加"非调质机械结构钢"的术语及定义	适应我国实际需求
4	与 ISO 11692 的表 1 相对应	适应我国标准版式
5	与 ISO 11692 的第 4 章相对应，但内容简单扼要	适应我国标准版式
6	与 ISO 11692 的第 5.6 相对应，但编写按我国标准，并增加了对"银亮钢"的规定	适应我国标准版式和实际需要
7	与 ISO 11692 的第 5 章相对应，但编写顺序按我国标准版式作了相应调整	适应我国标准版式
7.1	与 ISO 11692 的第 5.2.1 相对应，牌号 ISO 有 5 个，我国标准有 9 个，其中有 2 个采用 ISO(见表 A.1)	适应我国标准版式和实际需要
7.3	ISO 11692 无单独章节	适应我国标准版式
7.4.1	与 ISO 11692 的第 5.2.2 相对应，但 ISO 最大规格 120 mm，我国增加了"冲击吸收能量"	适应我国实际需求
7.4.2	与 ISO 11692 的第 5.2.1 和附录 B 相对应，ISO 11692 不要求力学性能，我国标准根据需方要求可检验力学性能	适应我国实际需求
7.5～7.6	与 ISO 11692 的第 5.3 和第 5.4 相对应，但内容按我国标准版式编写	适应我国实际需求
7.7	与 ISO 11692 的第 5.3.2 相对应，但 ISO 为协议要求，我国为基本要求	适应我国实际需求
7.8	与 ISO 11692 的第 5.5 相对应，但内容按我国标准版式编写	适应我国实际需求
7.9	与 ISO 11692 的附录 A 相对应	适应我国标准版式
8	与 ISO 11692 的第 6.2 相对应，但内容按我国标准版式编写	适应我国标准版式
9～10	与 ISO 11692 的第 6.1 相对应，但内容按我国标准版式编写	适应我国标准版式
附录 A 和 B	ISO 11692 无此规定	适应我国标准版式

ICS 55.040
A 82

中华人民共和国国家标准

GB/T 15718—2008
代替 GB/T 15718—1995

现场发泡包装材料

Foam-in-place packaging materials

2008-07-18 发布　　　　2009-01-01 实施

中华人民共和国国家质量监督检验检疫总局
中国国家标准化管理委员会　发布

前　　言

本标准主要参照美军标 MIL-PRF-83671B《现场发泡包装通用技术条件》。

本标准代替 GB/T 15718—1995《现场发泡包装材料》。

本标准与 GB/T 15718—1995《现场发泡包装材料》相比，主要变化如下：

——对于材料特性的项目和参数等进行了适当修改；

——对压缩强度的参数、存放温度范围、试验预处理条件等进行了适当修改；

——将产品的标识规定的内容调整到要求条款中；

——在“要求”条款中，取消了试验样品质量要求，将其内容并入适当条款中；

——取消了原标准的检验规则的要求；

——修改了包装、标志、运输和贮存的有关内容。

本标准的附录 A 为资料性附录。

本标准由全国包装标准化技术委员会(SAC/TC 49)提出并归口。

本标准起草单位：机械科学研究总院、中机生产力促进中心、中国包装联合会。

本标准主要起草人：黄雪、张晓建、刘萍、丁嘉怡、李越。

本标准所代替标准的历次版本发布情况为：

——GB/T 15718—1995。

现场发泡包装材料

1 范围

本标准规定了现场发泡包装材料的分类、技术要求、试验方法等内容。

本标准适用于以两种液体现场发泡(FIP)系统形式提供的聚氨酯泡沫材料。

2 规范性引用文件

下列文件中的条款通过本标准的引用而成为本标准的条款,凡是注日期的引用文件,其随后所有的修改单(不包括勘误的内容)或修订版均不适用于本标准,然而,鼓励根据本标准达成协议的各方研究是否可使用这些文件的最新版本。凡是不注日期的引用文件,其最新版本适用于本标准。

GB/T 191 包装储运图示标志(GB/T 191—2008,ISO 780:1997,MOD)

GB/T 265 石油产品运动粘度测定法和动力粘度计算法

GB/T 4122.1 包装术语 第1部分:基础

GB/T 4857.2 包装 运输包装件基本试验 第2部分:温湿度调节处理(GB/T 4857.2—2005,ISO 2233:2000,MOD)

GB/T 8167 包装用缓冲材料动态压缩试验方法

GB/T 8168 包装用缓冲材料静态压缩试验方法

GB/T 8332 泡沫塑料燃烧性能试验方法 水平燃烧法(GB/T 8332—1987,eqv ISO 3582:1978)

GB/T 9641 硬质泡沫塑料拉伸性能试验方法(GB/T 9641—1988,eqv ISO 1926:1979)

GB/T 14745 包装 缓冲材料 蠕变特性试验方法(GB/T 14745—1993,neq ASTM D 2221:1984)

GB/T 15719 现场发泡包装(GB/T 15719—1995,neq MIL-F-45216)

QB/ T 1649 聚苯乙烯泡沫塑料包装材料

SJ/Z 3216 电子产品防护、包装和装箱等级

3 术语和定义

GB/T 4122.1 确立的以及下列术语和定义适用于本标准。

3.1

乳白时间 cream time

从A、B二组分料混合均匀到开始发泡所需时间。

3.2

升起时间 rise time

从A、B二组分料混合均匀到大部分(95%)泡沫膨胀所需时间。

3.3

脱粘时间 tack-free time

从A、B二组分料混合均匀到半固化泡沫体可以轻触而不粘的时间。

4 产品分类

现场发泡包装材料按其材质的软硬程度分为三类,见表1。

表 1 现场发泡包装材料的分类

类别	软硬程度	型式或级别	特点
1类	硬质	1型	普通强度
		2型	高强度
2类	软质	A级	其缓冲特性曲线参见附录A图A.1
		B级	其缓冲特性曲线参见附录A图A.2
3类	半硬质	—	其缓冲特性曲线参见附录A图A.3

5 技术要求

5.1 材料

5.1.1 成分

成分为聚合异氰酸酯(A料)和聚氨酯树脂(B料)双组分料组成。A、B两料应按GB/T 15719规定的发泡程序在符合聚氨酯现场发泡包装系统要求的发泡设备里混合,且成分不应有杂质。

5.1.2 材料特性

产品的材料特性应符合表2的要求。

表 2 材料特性

序号	特 性	1类(硬质)	2类(软质)		3类(半硬质)
			A级	B级	
1	调节处理温度/℃	15～29	15～32	15～35	15～24
2	乳白时间/s	≤40	≤30	≤30	≤5
3	升起时间/s	≤120	≤90	≤90	≤30
4	脱粘时间/s	≤150	≤150	≤150	≤35
5	反应温度/℃	≤205	≤177	≤177	≤163
6	具有全部机械特性的固化时间/h	≤72	≤72	≤72	≤72

5.1.3 温度

泡沫应具有表2所示的特性,除非另有规定,所列特性的环境温度均为18 ℃～27 ℃。

5.1.4 毒性

成分里不应包含甲苯二异氰酸盐(TDI)及TDI衍生物、亚甲氯化物(二氯甲烷)或任何作为怀疑致癌物质的物质。首次产品试验的组成成分初次混合前,应确定没有甲苯二异氰酸盐及其衍生物。

5.2 密度

必要时,应规定现场发泡材料的密度,其偏差在±10%。

5.3 水解稳定性

除非另有规定,材料的水解稳定性应满足5.3.1或5.3.2的要求。

5.3.1 1类

按6.3.2.1老化处理后,压缩强度的变化不应超过老化处理前的10%。

5.3.2 2类和3类

按6.3.2.2老化处理后,并按6.3.2.2试验.压缩变形20%～40%所需的应力不应超过老化处理前的±10%。

5.4 吸水性(1类)

当按6.3.3测定时,吸水后样品质量不应超过170%。

5.5 蠕变(2、3类)

当按6.3.4进行试验时,在压缩变形20%的应力连续作用下,材料的最大蠕变应小于15%。

5.6 永久变形(2、3类)

永久变形不应超过原始厚度的20%。

5.7 柔韧性(2、3类)

当按6.3.6进行试验时,不应出现裂痕、撕破或脱落,适用于密度不大于6.4 kg/m^{3}的材料。

5.8 保质期

组成成分从交货开始到原包装存放在10 ℃～35 ℃的环境中1年以后,仍符合本标准的要求。

5.9 低温尺寸稳定性(1类)

按6.3.14试验时,平均线性变化不应超过5%。

5.10 体积变化

老化处理后材料的平均体积变化不应超过老化处理前原始体积的7%(见6.3.7)。

5.11 相对燃烧性

泡沫材料的相对燃烧性应按6.3.8进行,每个试验样品的火焰前沿不应超过试验中规定的125 mm的标记。超过125 mm的标记点,样品不应存在可见的燃烧或熔化痕迹。

5.12 压缩强度(1类)

1型最小压缩强度:

——150 kPa(与上升方向平行);

——85 kPa(与上升方向垂直);

2型最小压缩强度:

——200 kPa(与上升方向水平);

——100 kPa(与上升方向垂直)。

当没有规定哪一型时,应采用1型要求。

5.13 动态缓冲特性(2、3类)

当按照6.3.10试验时2类A、B级和3类的最大加速度-静应力曲线应在±15%误差范围内(参见附录A图A.1、图A.2、图A.3)。

5.14 拉伸强度(1类)

按6.3.13中的规定进行试验,拉伸强度在平行样品方向最小为240 kPa,垂直样品方向最小为200 kPa。

5.15 防油(1类)

按6.3.15中的规定进行试验,样品浸入油中后不应出现软化(如:形状、尺寸变化或物理性能变化等)现象。

5.16 产品说明书

产品说明书上至少要提供产品的化学和物理特性、操作说明及注意事项,也应包括发泡前化学成分必需的预处理和温度范围等材料特性(见表2)。产品说明书应提供给使用方。

5.17 产品标识

5.17.1 在每个容器上应贴有防水标签,标签上边应记录以下信息:

a) 毛重和净重(kg);

b) 制造厂名称和地址;

c) 型号;

d) 操作措施:每个聚合异氰酸酯应有下列的标签:"注意:如果吸入会引起呼吸过敏、皮肤发炎。

应采用适当的防护，避免进入眼睛、皮肤和衣服上；避免吸入气体”；

e) 存贮时间和有效日期(年、月、日)；

f) 制造日期(年、月、日)；

g) 重量或体积的混合比；

h) 制造的量或批数；

i) 操作和存贮温度范围；

j) 组成成分规定(“A”为聚合异氰酸酯，“B”为聚氨酯树脂)。

5.17.2 所有的容器应按下述规定在顶和侧面上注以颜色：

a) “A”组成成分：红色或黄色；

b) “B”组成成分：蓝色。

6 试验方法

6.1 试验样品的准备

按照5.1.1的要求将原料混合并注入300 mm×300 mm×300 mm或更大容器中，应能自由发起，泡沫固化24 h后方可取样，试样样品应从距泡沫材料六面体40 mm处开始取样。

除另有规定外，每组试验样品的数量为5件。

6.1.1 试验样品的选择

试验样品应随机地抽取，所有试验样品应无表皮并切割好，避免打卷或压边并符合下列要求：

a) 样品泡孔应均匀，无固结线；

b) 气穴孔的最大直径为13 mm，直径为13 mm气穴孔的密集度在100 cm^2(10 cm×10 cm)范围内不应超过1个。

6.1.2 试验样品的尺寸

试验样品为规则的直方体形状，底面积至少为100 mm×100 mm。一般情况下试验样品的厚度不小于25 mm。当试验样品的厚度小于25 mm时允许叠放使用。

6.1.3 试验样品的测量

6.1.3.1 长度和宽度

分别沿试验样品的长度和宽度方向，用最小分度值不大于0.05 mm的量具测量两端及中间三个位置的尺寸，分别求出平均值，并精确到0.1 mm。

6.1.3.2 厚度

在试验样品的上表面上放置一块平整的刚性平板，使试验样品受到0.20 kPa±0.02 kPa的压缩载荷，30 s后在载荷状态下用最小分度值不大于0.5 mm的量具测量四角的厚度，求出平均值，并精确到0.1 mm。

6.2 试验样品的预处理

除另有规定外，试验前按GB/T 4857.2中选定一种条件，对试验样品进行24h以上的预处理。

6.3 试验方法

6.3.1 密度

按6.1准备三件试样，按6.1.3.2确定每个样品厚度，测量样品重量，精确到0.01g。样品的密度应按式(1)确定：

$$D=\frac{m}{L\times W\times T} \qquad \cdots\cdots(1)$$

式中：

D——密度，单位为克每立方毫米(g/mm^3)；

m——样品质量，单位为克(g)；

L——样品长度，单位为毫米(mm)；

W——样品宽度，单位为毫米(mm)；

T——样品厚度，单位为毫米(mm)。

一批材料的密度应是三个样品密度的平均值。

6.3.2 水解稳定性

6.3.2.1 1类

试验样品应在70 ℃± 1 ℃、95%±5%相对湿度的条件下放置14 d后，再放入49 ℃+1 ℃的环境中保持24 h，然后，在室温下放置至少30 min后，进行压缩试验。

6.3.2.2 2类和3类

应按6.1准备三件试验样品，并放置在压力机上，试验样品试验前应预压缩，即在两平行刚性板间进行加压。对于2、3类泡沫材料以5 mm/min～50 mm/min的压缩速度压缩10次，每次压缩量为原始厚度的40%，恢复3 min后，加预压负载0.20 kPa±0.02 kPa后，测量样品的厚度，精确到0.1 mm，应以预压缩的厚度为零点，以50 mm/min的速度加载试样，并记录在加载开始前厚度的20%、40%应变处的负载。

6.3.3 吸水性(1类)

试验样品为三件，将试样放入干燥器内24 h后在天平上称量，结果作为浸水前的重量G_1。然后将试样浸入盛有蒸馏水的玻璃容器内50 mm深处，浸水到规定的时间后，将试样从水中取出，放到150 mm×150 mm的筛网上，滴水1 min后，将湿试样称得结果作为吸水后重量G_2，用式(2)计算试样的吸水率：

$$W_s = \frac{G_2 - G_1}{G_1} \times 100 \qquad (2)$$

式中：

W_s——试样吸水率，%；

G_1——试样浸水前的重量，单位为克(g)；

G_2——试样浸水后的重量，单位为克(g)。

试验条件应符合下列要求：

a) 使用精度为0.01 g的天平；

b) 试验样品称量精确到0.01 g；

c) 试验样品的体积应是100 mm×100 mm×(25 +1)mm；

d) 试验样品应浸在保持23 ℃～27 ℃的蒸馏水容器中；

e) 浸水时间为96 h±1 h。

6.3.4 蠕变(2、3类)

蠕变试验按GB/T 14745进行。

6.3.5 永久变形(2、3类)

本试验用的样品是经过按6.3.4规定试验后的样品，卸去负载4 h后，按6.1.3.2测量样品厚度，并由式(3)计算永久变形：

$$\varepsilon = \frac{T_i - T_f}{T_i} \times 100 \qquad (3)$$

式中：

ε——永久变形，%；

T_i——初始厚度(无负载)，单位为毫米(mm)；

T_f——卸载 4 h 后测量的厚度，单位为毫米(mm)。

6.3.6 **柔韧性(2、3 类)**

每个样品的尺寸应为 150 mm×150 mm×13 mm，厚度误差应为 1 mm，厚度应在平行于泡沫上升方向截取。应将样品尽量迅速地沿直径为 13 mm 的圆棒折弯 180°。试验应在室温和－40 ℃的条件下分别进行。在低温下试验时，样品应在－40 ℃下调节处理至少 4 h，然后，进行测量。

6.3.7 **体积变化**

按 6.1.3 测量三件试验样品，计算并记录体积，然后按 6.3.2 中规定的温度和湿度调节。计算其体积，并与初始体积之比的百分数表示。

6.3.8 **相对燃烧性**

泡沫材料燃烧性的试验方法按 GB/T 8332 进行。试验样品的尺寸为 150 mm×150 mm×2 mm。

6.3.9 **压缩强度(1 类)**

按 GB/T 8168 进行压缩试验。

6.3.10 **动态缓冲特性(2、3 类)**

按 GB/T 8167 进行动态缓冲特性试验。

6.3.11 **原料的粘度**

原料的粘度应按 GB/T 265 的方法确定。

6.3.12 **最大反应温度**

将混合的化学物质在 300 mm×300 mm×300 mm 容器中膨胀并完全充满整个容器，在容器的中心放置一温度传感器、热电偶或温度计监控 2 h，并记录最大温度。

6.3.13 **拉伸强度(1 类)**

在与泡沫上升方向平行和垂直各取三个样品，并按 GB/T 9641 进行试验。

6.3.14 **低温尺寸稳定性(1 类)**

在泡沫上升方向截取样品，应在－40 ℃±3 ℃的试验温度下，按 QB/T 1649 的规定进行试验。

6.3.15 **防油**

6.3.15.1 **样品准备**

应浇铸一个尺寸为 300 mm×300 mm×300 mm 的泡沫发泡体。发泡体应从四面切去至少50 mm，从顶和底至少切去 75 mm 使其整齐。用内径为 27 mm 的圆模切出厚度为 25 mm 的样品。试验样品应在 23 ℃±1 ℃和相对湿度 50%±5%下调节处理至少 24 h。

6.3.15.2 **试验程序**

将样品浸入苯胺点为 93 ℃±3 ℃，运动粘度为 19.2 mm^2/s～21.5 mm^2/s，燃点为 240 ℃的油中，试验室的温度为 23 ℃±1 ℃，相对湿度为 50%±5%。70 h 后取出样品，与没有浸油的进行比较，看是否有软化或腐蚀现象。

7 标志、包装、运输、贮存

7.1 标志

运输包装箱上应有储运图示标志，标志应符合 GB/T 191 的规定。

7.2 包装

7.2.1 装箱

装箱应为 A 级装箱或规定的装箱等级，装箱等级见 SJ/Z 3216。

A 级装箱的 A 料、B 料两组分原料应分别装入符合有关规定的金属容器中，且容器应能承受20.7 kPa 的压力。

7.2.2 单元载荷

当有规定时，容器应加垫木等，以便于机械化搬运。

7.3 运输

A 料和 B 料的包装件可采用汽车、火车等运输工具运输，运输时，要求有布遮盖。

7.4 贮存

A 料和 B 料的包装件要求在库房中贮存，库房的环境温度为 10 ℃～35 ℃，贮存时间为 1 年。

附 录 A
（资料性附录）
2类、3类现场发泡包装材料缓冲曲线

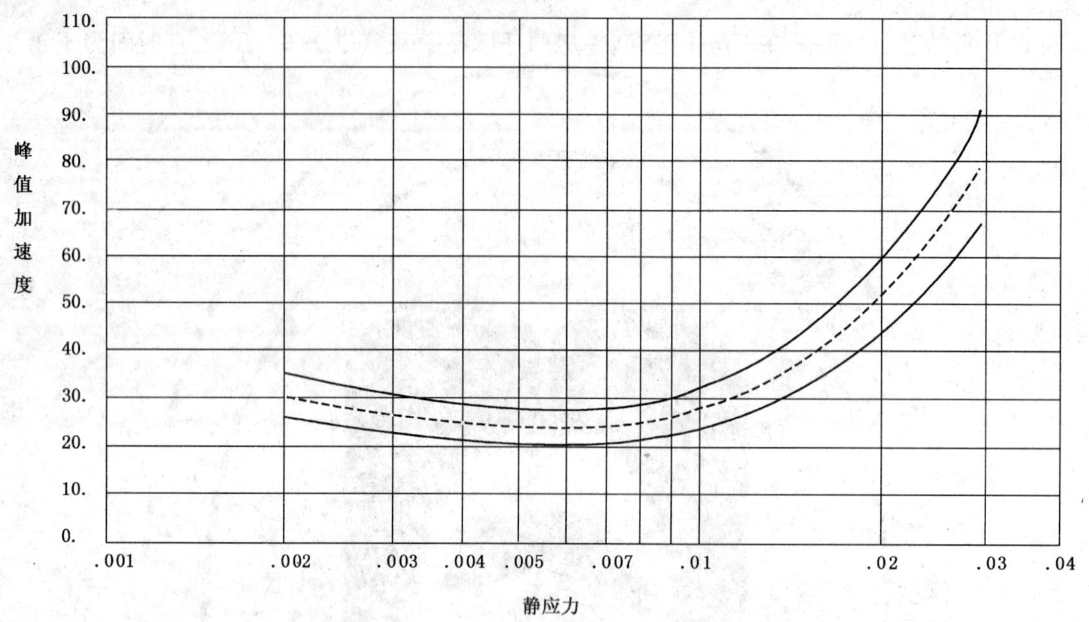

跌落高度：600 mm　　　　试件尺寸大小：200 mm×200 mm×75 mm

图 A.1　2类A级聚氨酯泡沫特性曲线

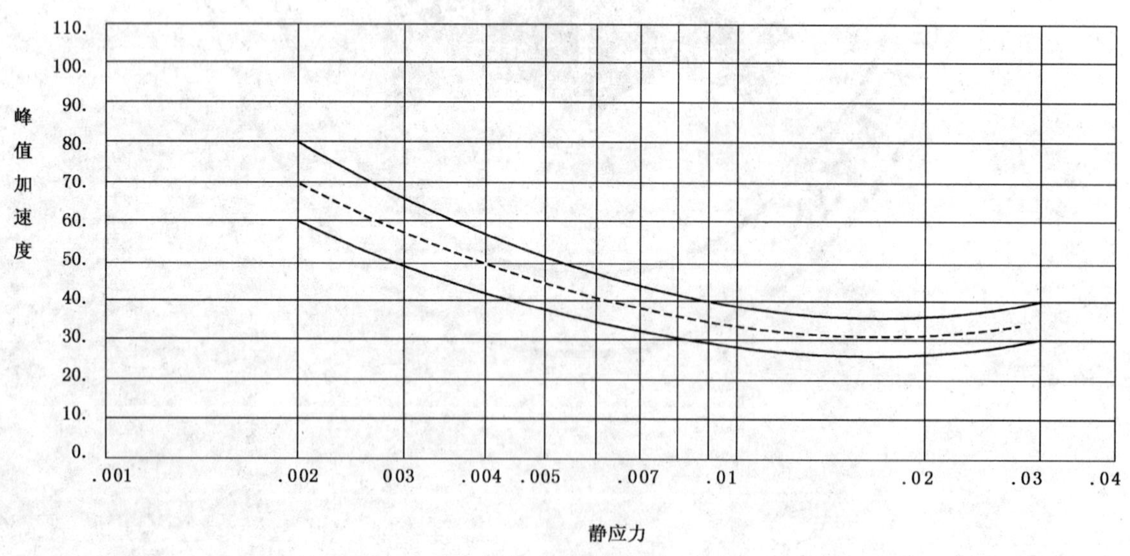

跌落高度：600 mm　　　　试件尺寸大小：200 mm×200 mm×75 mm

图 A.2　2类B级聚氨酯泡沫特性曲线

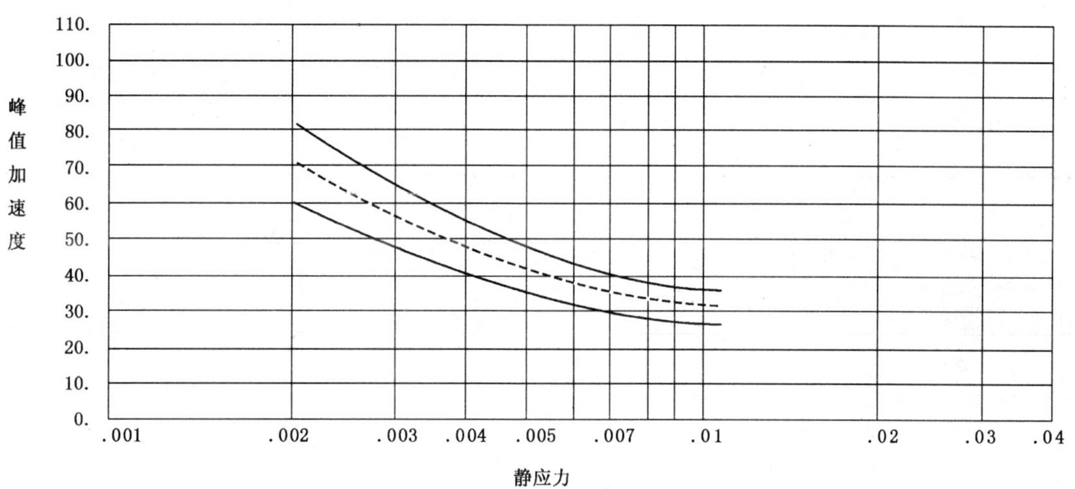

跌落高度:600 mm　　　　试件尺寸大小:200 mm×200 mm×75 mm

图 A.3　3类聚氨酯泡沫特性曲线

ICS 01.140.10
A 22

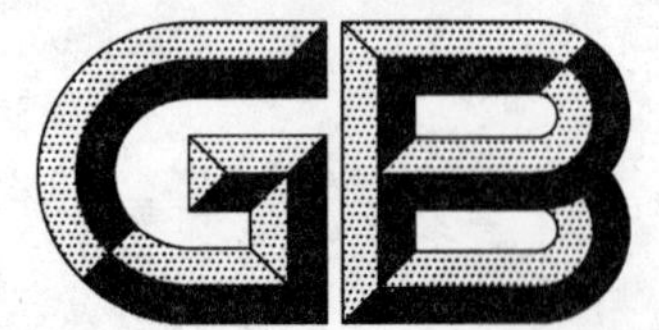

中华人民共和国国家标准

GB/T 15720—2008
代替 GB/T 15720—1995

中 国 盲 文

Chinese Braille

2008-09-19 发布　　　　2009-03-01 实施

中华人民共和国国家质量监督检验检疫总局
中国国家标准化管理委员会　发布

前　言

本标准代替 GB/T 15720—1995《中国盲文》。

本标准与原 GB/T 15720—1995 相比有以下变化：

——修订了现行盲文的拼法规则；

——规范了部分定义的表述；

——规范了部分标点符号的名称及用法；

——调整了版式，以明确汉字与盲文的对应关系。

本标准中附录 A、附录 B、附录 D、附录 F 为规范性附录；附录 C、附录 E、附录 G 为资料性附录。

本标准由中华人民共和国民政部提出。

本标准由全国残疾人康复和专用设备标准化技术委员会(SAC/TC 148)归口。

本标准起草单位：中国盲人协会、国家康复器械质量监督检验中心、中国盲文出版社、北京联合大学特殊教育学院等。

本标准主要起草人：李伟洪、滕伟民、贾亚玲、吴亮、高旭、韩萍。

本标准 1995 年首次发布。本标准为第一次修订。

引　言

中国盲文是我国视力残疾人使用的触觉凸点文字。本标准是依据“现行盲文方案”和“汉语双拼盲文方案”编制的。

“现行盲文方案”已使用了50多年，目前仍被我国视力残疾人广泛使用。为使我国盲文更加科学、完善，在经过改革后，产生了“汉语双拼盲文方案”，该方案已在一定范围内使用。考虑到现行盲文和汉语双拼盲文并存使用的现状，现将两方案均编入本标准，以适应我国国情。

中 国 盲 文

1 范围

本标准规定了中国盲文的盲符结构与参数、现行盲文方案、汉语双拼盲文方案、分词连写规则及书写格式等。

本标准适用于视力残疾人使用的触觉凸点文字。

2 术语和定义

下列术语和定义适用于本标准。

2.1

盲字 braille

以六个凸点为基本结构，按一定规则排列，靠触觉感受的文字，亦称点字。

2.2

中国盲文 chinese braille

以点字的形式用拼音的方法，按照中国语言特点制定的盲字体系，包括文字方案等。

2.3

盲符 braille character

一方中以六点制体系按不同排列组合成的符形。

2.4

方 cell

一个盲符所占的长方形位置。

2.5

点 dot

构成盲符的每一个凸起部分，即盲符中的凸点。

2.6

点位 position of dot

一方六个点中，每个点所处的位置。

2.7

点序 order of dot

一方六个点的排列次序，即点位序号。以阿拉伯数字1～6表示。

2.8

点高 dot height

盲符凸点顶部到底面的垂直距离。

2.9

点径 diameter of dot

盲符凸点底面圆的直径。

2.10

点距 dot spacing

一方盲符内相邻两个点位上凸点底面圆心间的距离。

2.11

方距　cell spacing

左右相邻两方盲符邻近两个点位上凸点底面圆心间的距离。

2.12

行距　row spacing

上下相邻两行盲符邻近点位上凸点底面圆心间的距离。

2.13

现行盲文方案　current braille system

现行盲文方案(简称现行盲文)是1953年由中华人民共和国教育部颁布并在全国推行的盲文方案。该方案是以北京语音为标准,以普通话为基础,以词为单位,以声、韵、调三方表示一个完整音节,采用分词连写规则记录汉语的一套盲文方案。

2.14

汉语双拼盲文方案　chinese double-phonic braille system

汉语双拼盲文方案(简称汉语双拼盲文)是1988年由国家语言文字工作委员会同意试行推广的盲文改革方案。方案可在两方盲符内表示汉语声、韵、调三要素,整个体系包括:字母表、标点符号、同音分化法、简写法、哑音定字法等。同时也采用分词连写规则。

2.15

哑音定字法　rules of word identification with mute

汉语双拼盲文中规定的一种盲文注解方法。哑音定字是行文中的附加成分,分为定字哑音与解释哑音。

2.16

定字哑音　mute for word identification

在音节前加写特定符号⠘(45)表示该音节为“哑音”,与邻近音节组成一个双音节词,以明确被注音节是什么字。

注1:盲符中实心点为凸起点的位置,空心圈为无凸起点的位置。

注2:括号中的阿拉伯数字为实心点所处的点位号,用于明眼人阅读使用,同方中数字之间不加符号,不同方之间用逗号隔开。本标准其他处均采用此标法,不另标注。

2.17

解释哑音　mute for word identification

在音节前加写⠸(456)表示后面的词是用以解释前面一个词的意思。

2.18

同音分化法　rules for separating homophone

区别盲文中某些同音汉字的表示方法。

2.19

分词连写　word segmentation and link writing

在盲文中以词为单位,有分、有连的特殊书写规则。

3　盲符结构与参数

3.1　盲符结构

盲符是由6个位置固定的凸点按不同排列组合方法组成的。6点分布为上、中、下三行,左右两列,左列自上而下的点位称为1点、2点、3点,右列自上而下的点位称为4点、5点、6点(见图1)。

1 ● ● 4
2 ● ● 5
3 ● ● 6

图 1　盲符结构

3.2　盲符的技术参数

盲符的技术参数见附录 A(规范性附录)。

4　现行盲文方案

4.1　字母

4.1.1　声母

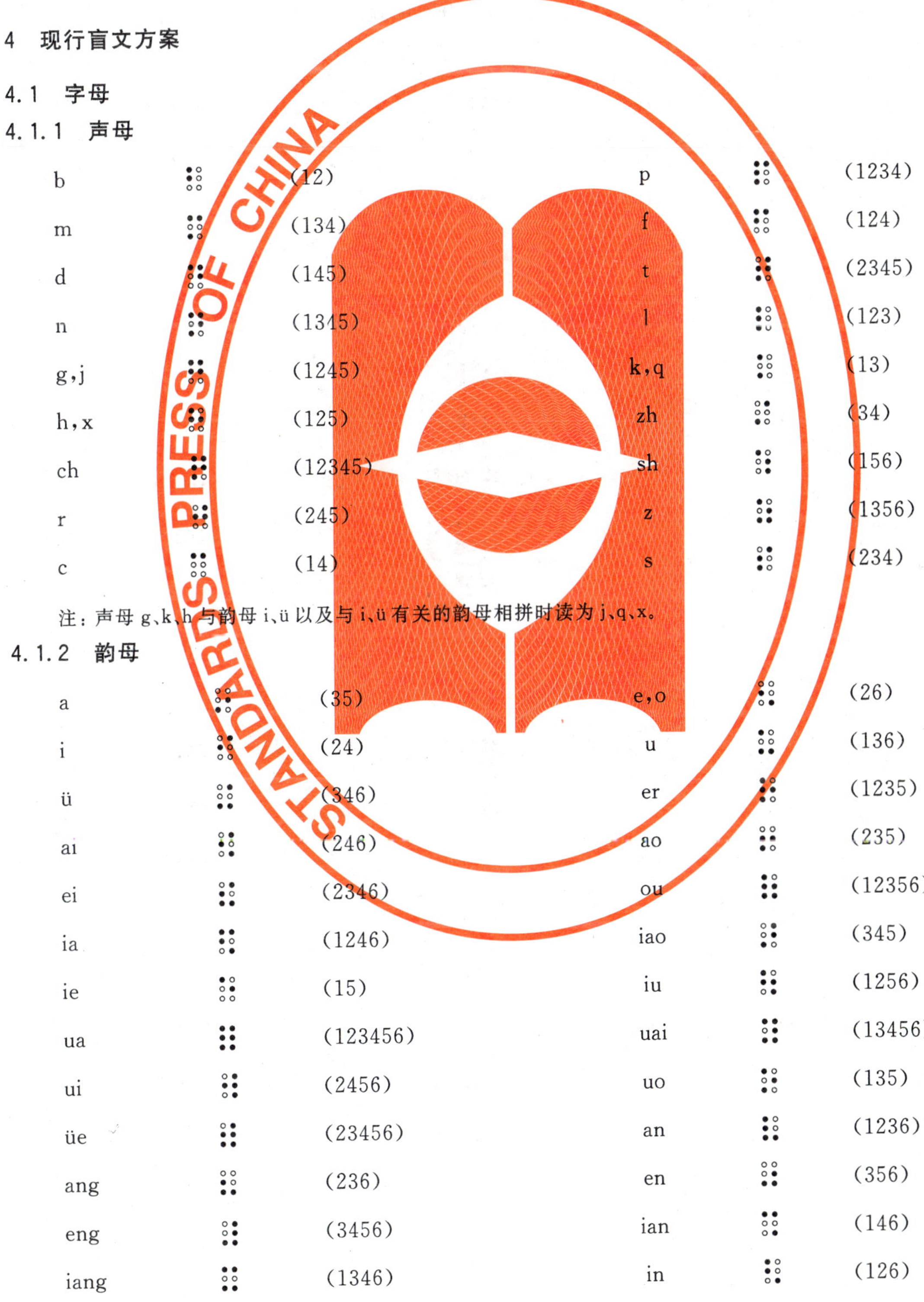

声母	点位	声母	点位
b	(12)	p	(1234)
m	(134)	f	(124)
d	(145)	t	(2345)
n	(1345)	l	(123)
g,j	(1245)	k,q	(13)
h,x	(125)	zh	(34)
ch	(12345)	sh	(156)
r	(245)	z	(1356)
c	(14)	s	(234)

注：声母 g、k、h 与韵母 i、ü 以及与 i、ü 有关的韵母相拼时读为 j、q、x。

4.1.2　韵母

韵母	点位	韵母	点位
a	(35)	e,o	(26)
i	(24)	u	(136)
ü	(346)	er	(1235)
ai	(246)	ao	(235)
ei	(2346)	ou	(12356)
ia	(1246)	iao	(345)
ie	(15)	iu	(1256)
ua	(123456)	uai	(13456)
ui	(2456)	uo	(135)
üe	(23456)	an	(1236)
ang	(236)	en	(356)
eng	(3456)	ian	(146)
iang	(1346)	in	(126)

ing	(16)	uan	(12456)
uang	(2356)	un	(25)
ong	(256)	üan	(12346)
ün	(456)	iong	(1456)

4.2 声调

阴平(1)；阳平(2)；上声(3)；去声(23)；轻声不标调。

4.3 标点符号

句号	。	(5,23)
逗号	，	(5)
顿号	、	(4)
分号	；	(56)
问号	？	(5,3)
叹号	！	(56,2)
冒号	：	(36)
双引号	“ ”	(45)(45)
单引号	‘ ’	(45,45)(45,45)
圆括号	（ ）	(56,3)(6,23)
方括号	[ ]	(56,23)(56,23)
破折号	——	(6,36)
省略号	……	(5,5,5)
连接号	—	(36)
	——	(36)
	-	(36)
浪纹（范围号）	～	(26)
着重号	.	(5)
双书名号	《 》	(5,36)(36,2)
单书名号	〈 〉	(5,3)(6,2)
间隔号	·	(6,3)
黑体字号		(6)
拉丁字母大写号		(6)

拉丁字母小写号 (字母号)		⠰⠰	(56)
注释号 1	*	⠶⠔	(2356,35)
注释号 2	○	⠰⠤ ⠤⠆	(56,36)(36,23)

4.4 数号及阿拉伯数字

4.4.1 数号

行文中如出现阿拉伯数字,需在数字前加数号。数号的表示方法:⠼(3456)。

4.4.2 阿拉伯数字

阿拉伯数字表示方法:

1	⠼⠁	(3456,1)
2	⠼⠃	(3456,12)
3	⠼⠉	(3456,14)
4	⠼⠙	(3456,145)
5	⠼⠑	(3456,15)
6	⠼⠋	(3456,124)
7	⠼⠛	(3456,1245)
8	⠼⠓	(3456,125)
9	⠼⠊	(3456,24)
0	⠼⠚	(3456,245)

示例:

3 ⠼⠉　　46 ⠼⠙⠋　　125 ⠼⠁⠃⠑

4.5 拼法规则

4.5.1 一个声母和一个韵母相拼成为一个音节。声母在左,韵母在右。

示例:

好　　标准

4.5.2 zh ch sh r z c s 自成音节。其他声母不能独立成音节。

示例:

是　　日　　吃

4.5.3 韵母都能自成音节。

示例:

安　　月　　英

4.5.4 以词为单位书写,每词之间空一方,分词的依据是“分词连写规则”(见第 6 章)。

示例:

全校　师生　积极　参加了　植树　造林　。

4.5.5 在音节的右边标调。标调的依据参见“标调规则”(见 4.6)和“单音节词声调定型的一般规则”(见附录 B 规范性附录)。

示例：

好（hǎo）

4.6 标调规则

4.6.1 对于生疏的词语、成语应标调。

4.6.2 古汉语实词(包括古诗文、医古文)应标调。

4.6.3 在文内首次出现的专有名词(极普通的除外)应标调。

4.6.4 为了区别同音、同形字，对一些词应标调。

示例：

山西（shān） 陕西（shǎn）

同志 通知（tōng） 统治（tǒng）

治病 致病（zhì）

至于（zhì） 置于（zhì yú）

4.6.5 以两个单字母组成的词语，前者为声母，后者为韵母，其间必须标调。

示例：

食物（shí） 植物（zhí）

自我（zì） 使用（shǐ） 时而（shí）

4.6.6 单音节词一般应标调，经常使用的单音节词可不标调。见附录 B(规范性附录)。

4.6.7 双音节词和多音节词需标调时，首先考虑在第一个字上标调；但有时为了区分同形字，则其他字也可标调。

示例：

时间 事件（shì）

4.6.8 代词、副词、时态助词、结构助词、介词、连词、叹词、象声词(4.6.5 规定除外)一般不标调。

4.6.9 外国专有名词(4.6.5 规定除外)一般均不标调。

4.7 现行盲文拼法举例

现行盲文拼法举例见附录 C(资料性附录)。

5 汉语双拼盲文方案

5.1 字母、声调和标点符号

5.1.1 字母

以两方盲符拼写汉语的一个实有音节，即带调音节。声方在左、韵方在右。声方有声母、半声母、零声符和介母；韵方有韵母、零韵符和调号。

5.1.1.1 声母与零声符

a) 声母

b[bu]	⠊	(24)	p[pu]	⠦	(236)
m[mu]	⠪	(246)	f[fu]	⠖	(235)
d	⠌	(34)	t	⠎	(234)
n	⠏	(1234)	l	⠇	(123)
g	⠁	(1)	k	⠅	(13)

h ⠃ (12)

zh[zhi] ⠉ (14)　　ch[chi] ⠍ (134)

sh[shi] ⠋ (124)　　r[ri] ⠔ (35)

z[zi] ⠙ (145)　　c[ci] ⠝ (1345)

s[si] ⠛ (1245)

注：g、k、h 同介母 i、ü 组成声介合母时变读为 j、q、x。

配零韵符时，读它们的名称音(名称音标于方括号内)，b、p、m、f 的名称音是 bu、pu、mu、fu。

b) 零声符

⠾(23456)。

韵母自成音节时，在声方需配写零声符⠾。

5.1.1.2 半声母和介母

a) 半声母

y(i)⠒(25)；　w(u)⠢(26)；　yu⠲(256)。

可配写零韵符自成音节，或与韵母相拼。

b) 介母

i⠐(5)；　u⠠(6)；　ü⠰(56)。

本身不是独立的字母，它和声母共同组成声介合母后，方能配写零韵符自成音节或与韵母相拼。声介合母表见附录 D(规范性附录)。

5.1.1.3 韵母和零韵符

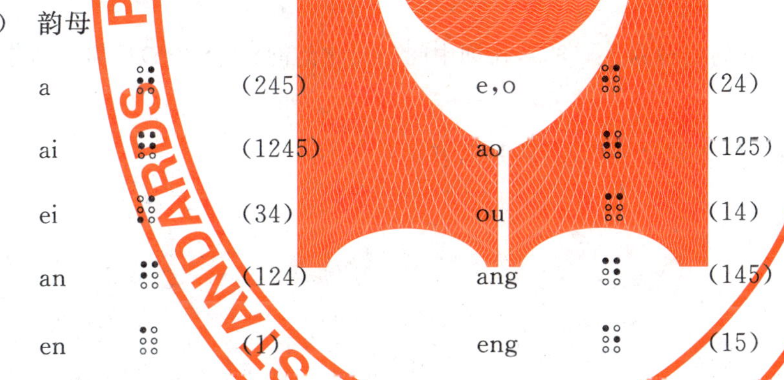

a) 韵母

a ⠚ (245)　　e,o ⠊ (24)

ai ⠛ (1245)　　ao ⠓ (125)

ei ⠌ (34)　　ou ⠉ (14)

an ⠋ (124)　　ang ⠙ (145)

en ⠁ (1)　　eng ⠑ (15)

b) 零韵符

⠃ (12)

c) 音阶中介母 i、u、ü 与韵母相拼的几种特殊形式

—— ⠠⠊ (6,24)介母 u 与韵母 e 相拼，相当于汉语拼音的 uo，即现行盲文的 ⠕(135)；

—— ⠠⠁ (6,1)介母 u 与韵母 en 相拼，相当于汉语拼音的 un，即现行盲文的 ⠒(25)；

—— ⠠⠑ (6,15)介母 u 与韵母 eng 相拼，相当于汉语拼音的 ong，即现行盲文的 ⠲(256)；

—— ⠠⠌ (6,34)介母 u 与韵母 ei 相拼，相当于汉语拼音的 ui，即现行盲文的 ⠺(2456)；

—— ⠐⠊ (5,24)介母 i 与韵母 e 相拼，相当于汉语拼音的 ie，即现行盲文的 ⠑(15)；

—— ⠐⠁ (5,1)介母 i 与韵母 en 相拼，相当于汉语拼音的 in，即现行盲文的 ⠣(126)；

—— ⠐⠑ (5,15)介母 i 与韵母 eng 相拼，相当于汉语拼音的 ing，即现行盲文的 ⠡(16)；

——(5,14)介母 i 与韵母 ou 相拼，相当于汉语拼音的 iu，即现行盲文的(1256)；

——(56,24)介母 ü 与韵母 e 相拼，相当于汉语拼音的 üe，即现行盲文的(23456)；

——(56,1)介母 ü 与韵母 en 相拼，相当于汉语拼音的 ün，即现行盲文的(456)；

——(56,15)介母 i 与韵母 ong 相拼，相当于汉语拼音的 iong，即现行盲文的(1456)。

5.1.2 标调方法

阴平——韵母或零韵符加第 3 点。

阳平——韵母或零韵符加第 6 点。

上声——韵母或零韵符加第 3 点、第 6 点。

去声——韵母或零韵符不加点。

轻声——韵母或零韵符下降一个点位。

韵母 ei (34)的标调方法是：

——阴平加第 5 点

——阳平加第 6 点

——上声加第 5 点、第 6 点

——去声不加点

——轻声去掉第 4 点

5.1.3 整体认读音节

a) (5,24)ei 前半音或 ye 的后半音即：ê；

(4,24)yo；

(6,24)o；

(35,245)er[儿化韵韵尾写为(35)，在词中间的儿化韵韵尾(35)后需加写连接号(36)]。

b) 整体认读音节的标调方法为韵母标调法，在其韵方符号上加点。

示例：

ér　　ěr　　èr

小鸟儿

花儿

片儿汤

5.1.4 标点符号

逗号	，	(5)
顿号	、	(6)
分号	；	(56)
冒号	：	(6,3)
省略号	……	(5,5,5)
句号	。	(5,23)
问号	？	(5,3)

叹号	!	(56,2)
双引号	“ ”	(56,3)(6,23)
单引号	‘ ’	(56,26)(35,23)
双书名号	《 》	(5,36)(36,2)
单书名号	〈 〉	(5,3)(6,2)
圆括号	（ ）	(56,36)(36,23)
方括号	[ ]	(56,23)(56,23)
破折号	——	(6,36)
连接号	—	(36)
着重号	.	(6)
黑体字号		(6)
专名号		(46)
拉丁字母或外文号		(56)
拉丁字母大写号		(6)
拉丁字母小写号		(56)
注释号	*	(2356,35)
圆注号	○	(56,236)(356,23)
间隔号	·	(5,2)
小节号	§	(346,3456)

5.1.5 汉语双拼盲文拼法举例

见附录 E(资料性附录)。

5.1.6 阿拉伯数字

阿拉伯数字表示方法同现行盲文方案,见 4.4.2。

5.2 同音分化法、简写法、哑音定字法

5.2.1 同音分化法

5.2.1.1 轻声“的”、“地”、“得”的分化

——连接定语的轻声“的”写作 (34)。

——连接状语的轻声“地”写作 (345)。

——连接补语的轻声“得”写作 (34,35)。

5.2.1.2 极常用的同音同调词,在词前加第 4 点或第 5 点。

示例:

他　她　它　在　再

5.2.1.3 一般同音同调词需要分化时，可使用定字哑音，见5.2.3。

5.2.2 简写法

5.2.2.1 重复记号 ⠼ (3456)

——音节重复：表示重复词中前一个音节，连着写重复记号。

示例：

哥哥 谈谈 谈谈心 雄赳赳

许许多多 千千万万

——音组重复：表示重复前面的一个词或连写在一起的词组，空一方写重复记号(标点不记在内)。

示例：

许多 许多

向前， 向前， 向前！

5.2.2.2 双音节词或多音节词末尾零韵符的省略

a) 双音节词或多音节词末尾的音节，如是去声或轻声者，其零韵符可以省去；

b) 如这一音节兼有去声字和轻声字者(如“蚊子”和“文字”)，则去声字不能省去零韵符，以免混淆；

c) 音节 ri ⠔⠃ (35,12)例外，不能省去零韵符；

d) 末尾音节如是其他声调者，在有上下文制约而不致发生误解的情况下，也可以省去零韵符。

5.2.2.3 若干常用词的缩写：

a) 词尾的缩写：

__们 __了 __个

b) 词的缩写：

我 你 他 她 它 是 的 个 有 能 在 再 和 时 可 可以

就 就是 还 还是 了 没 没有 要 也 同志 同志们 我们 你们 他们

她们 它们 我的 你的 他的 她的 它的 我们的 你们的 他们的

她们的 它们的

5.2.3 哑音定字法

哑音是为了明确词意的一种简便的文中注释，是行文中的附加成分，诵读时不读出。

使用哑音必须在完整的音节之前或之后，以免引起划分音节的混乱。

5.2.3.1 定字哑音

a) 定字哑音的标号为⠘(45)。

凡音节前加有此标号者，这个音节就是定字哑音。它可以与临近的一个音节组成一个双音节词，以指明这个音节是什么词中的什么字。选择定字哑音时，需注意使其与原文音节所组成的双音节词尽量靠拢原文音节的本意，以利于读者理解原文。

示例：

宝（贝）（生）产　　　胡同

露（水）　从　今夜　　白，

月　是　故乡　明。

b) 适当地利用空方和连接号，可以确定定字哑音是在原文音节之前或是之后。除非遇到换行时，不应在定字哑音后接着写连接号，见5.2.3.2示例。

5.2.3.2 **解释哑音**

a) 解释哑音的标号为⠸(456)。

凡连写在这个标号后面的音节或音组，都是解释哑音。它解释前面一个词的意思。

示例：

两岸　　猿（猴）声　　啼（叫）不住，

轻（快）　舟（船）　已　过　万重　　山。

b) 如果这个解释需要两个词，则在每一个词的前面都加上解释哑音号。

示例：

磅礴　（气势　　盛大）　于　全世界

c) 需要时，定字哑音和解释哑音可以结合起来同时并用。

示例：

酒　　（欠）债　寻常　行（走）处　（所到之处）　　有，

人生　　七十　　古　来　稀。

6 分词连写规则

6.1 分词连写的基本规则

——要符合汉语语法；

——要符合语言的逻辑性和习惯性；

——要考虑音节长短适度，适当减少一些零散的单音节词。

6.2 分词连写的一般规则

6.2.1 基本上以词为单位书写，每个词的各个词素和音节连写。

示例：

人　跑　好　红　朋友　同学　阅读　看见

电视机　图书馆　巧克力

6.2.2 表示一个整体概念，由多音节词组成的固定词组，按词分写。

示例：

中华\人民\共和国　　中国\社会\科学院　　《现代\汉语\词典》

注："\"表示前后两部分分写。下同，不另标注。

6.2.3　表示一个整体概念的双音节和三音节结构，已经词化的，连写。

示例：

钢铁　开关　全国　爱国　爱鸟周　对不起

6.2.4　表示一个整体概念，其音节在四个以上的名称，按词（或语节）分写；不能按词（或语节）划分的，均应连写。

示例：

无缝\钢管　生产\关系　劳动\模范　晶体管\功率\放大器　环境\保护\规划

研究生院　红十字会　鱼腥草素　古生物学家

6.2.5　为了便于摸读和理解，使词意迅速形成概念，将一部分音节较少，在意义上结合得较为紧密的短词组连写在一起，以减少一些零散的单音形式。

示例：

大红花　黑白片　新中国　盲文书

6.3　各类词和词组的分词连写规则

各类词和词组的分词连写规则见附录F（规范性附录）。

7　中国盲文的一般书写格式

7.1　标题

文章的题目要居中书写，一行未写完，可分两行或三行。换行时应保持词的完整性。作者姓名要换行居中书写。

7.2　正文

正文在文章题目下空一行书写。小标题空两方或居中书写。正文抬头空两方书写。换行时保持分词的完整性，顶格书写。每段另起一行空两方书写。

7.3　落款

文章和书信的落款及年、月、日，书写在右下角，不能单独换页书写。

7.4　标点符号

——一般的标点符号除破折号、省略号、前引号、前括号、前书名号外，都不同前面的字分开、换行书写；

——逗号、顿号、分号、冒号前面均不空方，后面均空一方；

——句号、问号、叹号前后均不空方；

——破折号前后不空方，可写在行首；

——省略号前面不空方，后面空一方，可写在行首。但省略号与前面的逗号之间空一方，省略号与后面的标点符号之间不空方；

——前后引号、括号、书名号同前后的文字之间一般空一方。引号和括号标在一个词中间时，不空方。前引号、前括号、前书名号可写在行首。前引号、前括号、前书名号同前面占两方的标点符号之间不空方；

——六角括号〔　〕、方头括号【　】一般与方括号［ ］写法相同。当同时使用时，可用⠨⠤　⠤⠅(46,36)(36,13)表示六角括号或方头括号；

——间隔号同前后的词连写，换行时应标在行尾；

——黑体号和着重号均标在词前面。四个（含四个）以上的词为黑体或有着重号时，只需在头一个词前标两个黑体字号或着重号，最后的一个词前标一个黑体字号或着重号；

——一个词需分行书写时，行首要写连接号。

7.5　诗歌

诗歌每行都应顶格书写，一行不够换行空两方书写；

夹在文内的诗歌，采用空四方，一行不够换行空六方的格式书写。

7.6 文内的小字

文内的小字采用空四方，一行不够换行空两方书写；

同上下的正文都不空行。

7.7 行文中的外文

文内的外文和外文字母，应前后各空两方书写；标有字母号的外文字母，可前后空一方书写。一连串的表示缩写的大写字母，凡超过两个以上者，只在头一个字母前加两个大写号。英文盲文字母表见附录G(资料性附录)。

7.8 其他

标题中顺序数词后的圆点，在盲文书写中取消，后面空两方。

封面题目从第五行书写。作者姓名空一行居中书写。

目录大标题顶格，小标题空两方书写，一行不够可换行空四方；以数字标明的章节标题，换行时和上行数字后的字对齐；标题后连续书写第五点，最后写页码，页码数字上下对齐。

附 录 A
（规范性附录）
盲符的技术参数

A.1　盲符点的形状为近似半球形。

A.2　盲符的相关位置参见图 A.1。

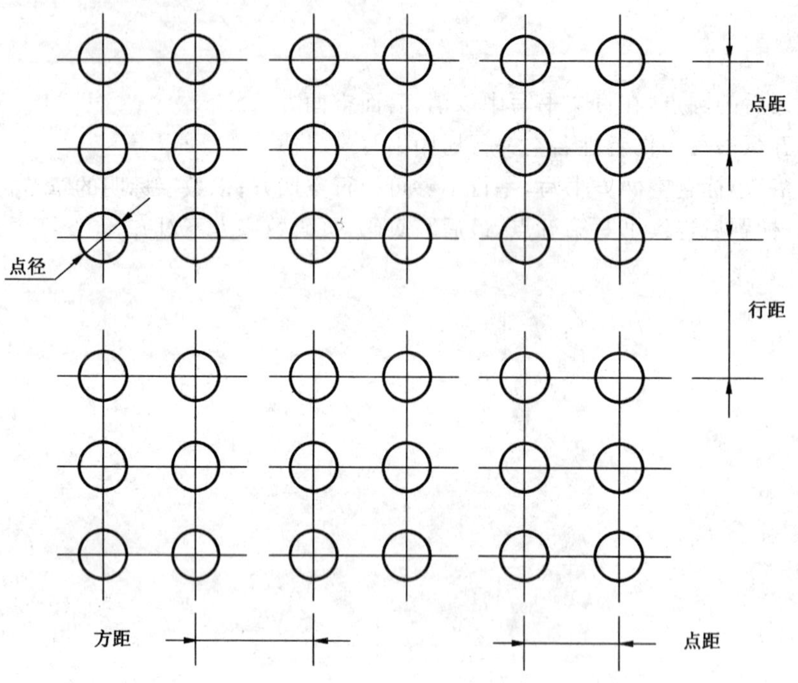

图 A.1　盲符的相关位置

A.3　盲符的尺寸参数参见表 A.1。

表 A.1　盲符的尺寸参数

单位为毫米

项目	点径	点高	点距	方距	行距
尺寸	ϕ1.0～ϕ1.6	0.2～0.5	2.2～2.8	3.5～4	≥5，一般 5～6

A.4　盲文手写板的尺寸参数见表 A.2。

表 A.2　盲文手写板的尺寸参数

单位为毫米

项目	点径	点高	点距	方距	行距
尺寸	ϕ1.5	0.2～0.5	2.5	3.8	5

附 录 B
（规范性附录）
单音节词声调定型的一般规则

本规则所列的单音节词(包括音同字不同的单音节词)是经常用到的,书写时可不标声调。现归纳为下列几条:

B.1 实词

实词中的方位词、代词、数量词、副词,除个别词(如:哪、二、九、十、边、必、当、无、于、遇、由、又、约)外,一般不标声调。

B.2 虚词

虚词中的连词、介词、助词、语气词、叹词,一般不标声调。

B.3 拼音相同而声调不同的单音节词

拼音相同而声调不同的单音节词,如:拔、逼、打、干、拿、指……书写与制版时最好标调,以示区别,便于理解。

B.4 音同字不同的单音节词

为了帮助理解词意,有些音同字不同的单音节词,仍需标声调。如:即、极、事、仁、再、知、何……。

B.5 "他"、"她"、"它"的特殊表示方法

"他"、"她"、"它"的特殊表示方法为:"他"不标调;"她"需标调;"它"单独使用时需在前方加第四点。

B.6 下列常用的单音节词不标调(按音序排列)

——把、办、被、本、比、便、宾、并、不;
——才、曾、常、成、重、此、从;
——大、但、党、到、的、等、地、定、都、对、多、得(děi);
——儿;
——反、非、否;
——该、赶、刚、个、给、根、故、过;
——还、好、和、很、后、互、会、或、早;
——及、家、间、将、进、经、就、决;
——开、看、可、快;
——来、了、里、论;
——卖、每、们、某;
——那、乃、南、内、能、你、年、您、宁、女;
——派、盼、旁;
——其、前、请、去、却;
——然、让、人、仍、日、如、若;
——上、是、四、谁、受、说、虽、所;
——太、天、替、听、头、同;

——外、为、我、五、往、问；

——下、现、向、性、需；

——要、也、有、因、应、用、越；

——在、则、怎、这、之、真、正、中、最、总、做。

附 录 C
（资料性附录）
现行盲文拼法举例

鱼 我 所 欲 也

鱼，我 所 欲 也，熊掌，亦 我 所 欲 也，二

者 不可 得 兼，舍 鱼 而 取 熊掌 者

也。生，亦 我 所 欲 也，义，亦 我 所 欲 也，

二者 不可 得 兼，舍 生 而 取 义 者

也。生 亦 我 所 欲，所 欲 有甚于 生 者，

故 不为 苟得 也。死 亦 我 所 恶，所 恶 有

甚于 死 者，故 患 有 所 不避 也。如

使 人 之 所 欲 莫甚于 生，则 凡 可以 得

生 者 何 不用 也？使 人 之 所 恶 莫甚于

死 者，则 凡 可以 避患 者 何 不为 也？

由 是 则 生 而 有 不用 也；由 是 则 可以 避患

而 有 不为 也。是故 所 欲 有甚于 生 者，所

恶 有甚于 死 者。非 独 贤者 有 是 心 也，

人 皆 有 之，贤者 能 勿 丧 耳。

一箪 食，一豆 羹，得 之 则 生，弗得

则 死。呼 尔 而 与 之，行道 之 人 弗受；蹴

尔 而 与 之，乞人 不屑 也。

万钟 则 不辨 礼义 而 受 之，万钟 于 我 何加 焉！为 宫室 之 美，妻妾 之 奉，所 识 穷乏 者 得 我 欤？向 为 身 死 而 不 受，今 为 宫室 之 美 为 之；向 为 身 死 而 不受，今 为 妻妾 之 奉 为 之；向 为 身 死 而 不受，今 为 所 识 穷乏 者 得 我 而 为 之；是 亦 不可以 已 乎？此 之 谓 失 其 本心。

附 录 D
（规范性附录）
声介合母表

bi	(245)	pi	(2356)
mi	(2456)	di	(345)
du	(346)	ti	(2345)
tu	(2346)	ni	(12345)
nu	(12346)	nü	(123456)
li	(1235)	lu	(1236)
lü	(12356)	ji	(15)
gu	(16)	ju	(156)
qi	(135)	ku	(136)
qu	(1356)	xi	(125)
hu	(126)	xu	(1256)
zhu	(146)	chu	(1346)
shu	(1246)	ru	(356)
zu	(1456)	cu	(13456)
su	(12456)		

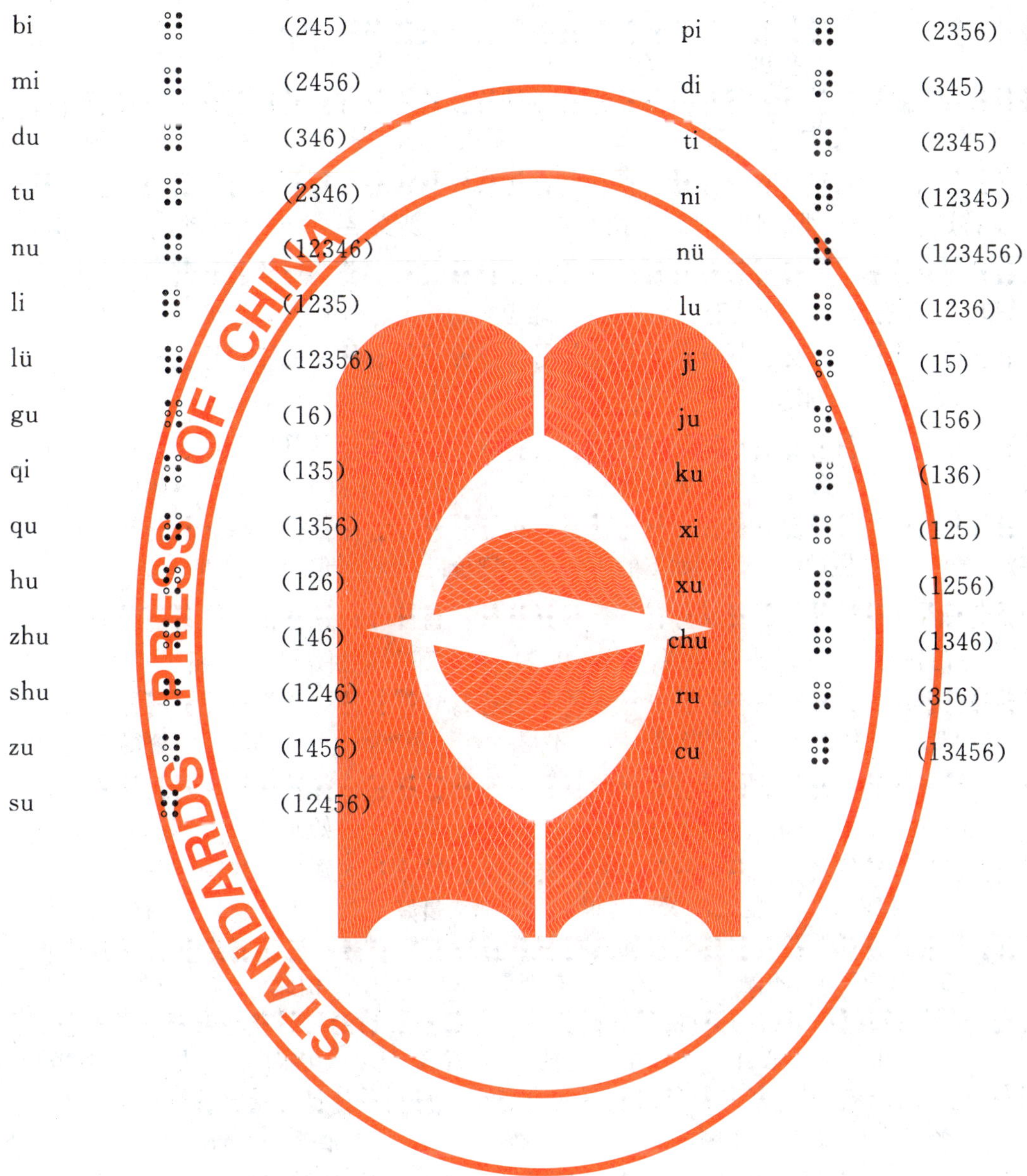

附 录 E
（资料性附录）
汉语双拼盲文拼法举例

鲁迅 论 拼音 文字

鲁迅 先生 在 三十 年代 曾 满腔 热情 地 支持过 北方话 拉丁化 新文字 运动，但 他 却 没有 满足于 《北拉》 的 低级 的 拼音 文字 形态。他 在 《门外 文谈》 第八节 “怎么 交代？” 中，对于 《国语 罗马字》 做过 如下的 评价：“但 叫 我 似的 门外汉 来 说，好像 那 拼法 还 太 繁。要 精密，当然 不得 不繁，但 繁得 很，确 又 变了 ‘难’，有些 妨碍 普及 了。” 接着 他 又 说：“最好 是 另 有 一种 简 而 不陋 的 东西。” 由此 可见，鲁迅 先生 心目 中 的 拼音 文字，是 应当 做到 “简 而 不陋，” 精 而 不难 的。

鲁迅 先生 的 心 和 我们 是 相通 的。我们 对 理想的 汉语 盲文 方案 的 四条 设计 标准 ——“词形 清晰、音 意 准确、少方 少点、好用 好学”，就是 鲁迅 先生

对 我国 拼音 文字 的 要求， 在 盲字 方面

的 具体 体现。

附 录 F
（规范性附录）
各类词和词组的分词连写规则

F.1 名词

F.1.1 名词与单音节前加成分(副、总、非、反、超、老、阿、可、无等),不论是一个或两个均应连写。

示例:

总工程师　副总工程师　非金属　超声波

F.1.2 名词与后加成分(子、儿、头、性、者等)连写。

示例:

帽子　鸟儿　木头　科学性　工作者　辩证法　考古学家

F.1.3 词组后面的后加成分与前面的词连写;动宾词组后面的后加成分要单独分写。

示例:

兄弟\姐妹们　新闻\工作者　参加\会议\者　初学\写作\者

F.1.4 单音节名词重叠式连写。

示例:

人人　年年　天天　事事

F.1.5 专有名词的处理

——人的姓和名连写。

示例:李华　诸葛亮　欧阳梅生

——姓与称呼、职务连写,姓与前后加有"老"、"小"等表示尊称或亲称时,也连写。

示例:张同志　李先生　王部长　郭老　老杨　小刘

——名字与单音节称呼连写,与双音节称呼分写。

示例:国华兄　阿庆嫂　建国\表弟

——已经专名化的代称连写。

示例:包公　西施　孟尝君　孔子

——汉语地名中的专有名与单音节通用名连写,与多音节通用名分写。

示例:太平洋　喜玛拉雅山　黑龙江　黄河　昆仑\山脉　台湾\海峡

——几个并列的单音节专有名,与单音节通用名连写,与多音节通用名分写。

示例:京沪路　京汉线　宝成\铁路　云贵\高原

——专有名前的附加成分,若是单音节的,与专有名连写;若是双音节的,则与单音节专有名连写,与多音节专有名分写。专有名和通用名之间插入的附加成分与专有名分写,与通用名连写。

示例:南太平洋　西欧　南美洲　东南亚　南北\美洲　四川\东路

朝阳门\大街　新街口\南大街

F.1.6 方位词的处理

——附在名词后面的单纯方位词,与单音节名词连写,与双音节名词分写;名词前面有数量词修饰语时,方位词应分写。

示例:山上　树下　海外

国际\上　院子\里　人世\间　一个\月\内　每张\桌\上

——合成方位词本身应连写。

示例：以前　之后　里头　底下　左右　前前后后　里里外外

——名词与附在后面的合成方位词分写。

示例：国\内外　宇宙\之间　海洋\之中

F.2 动词

F.2.1 单音节动词重叠式连写，中间插入“一”和“了”也连写。

示例：

看看　说说　看一看　说一说　看了看　说了说

F.2.2 双音节动词“AABB”重叠式连写，“ABAB”重叠式分写。

示例：

蹦蹦跳跳　说说笑笑　研究\研究　考虑\考虑

F.2.3 动词与时态助词“着”、“了”、“过”连写，如果出现两个以上的动词，则时态助词与最后一个动词连写。

示例：

学习着　看见了　思考过　参观\访问了

F.2.4 重叠式动词之间插入否定副词“不”时，不论是单音节重叠式还是双音节不完全重叠式（即双音节动词重叠式只重叠前一个音节）连写；双音节重叠式动词间的“不”与前面的动词分写，与后面的动词连写。

示例：

听不听　认不认识　研究\不研究　考虑\不考虑

F.2.5 出现在动词前面不表示数量意义的“一”，与动词连写。

示例：

一闪\一闪　一动\不动

F.2.6 动词跟宾语分写。

示例：

看\信　吃\鱼　打\电话　交流\经验

F.2.7 动宾式合成词中插入其他成分时，分写。

示例：

鞠了\躬　结了\婚　理了\三次\发　说了\很多\话

F.2.8 “成”、“为”、“作”与单音节动词组成合成词时，连写，与双音节动词分写。

示例：

化为\蒸气　当作\笑话　建设\成\公园

F.2.9 后补式双音节动词本身应连写，中间插入“得”或“不”也连写。

示例：

听懂　说明　听得懂　看不见

F.2.10 动词加“得”表示可能或结果时，连写；中间插入“不”时，也连写。

示例：

吃得　吃不得

F.2.11 名词或形容词加上“化”转化为动词时，连写。

示例：

词化　酸化　美化　机械化　电器化

F.2.12 动词与后面的数量词分写；已经词化的，连写。

示例：

看\一下　研究\一番　做一些\事　有一点\冷

F.2.13　动词与表示时间的方位词分写，已经词化的，连写。

示例：

走\前　看\后　生前

F.2.14　能愿动词与动词分写，表示心理活动的动词与动词也分写。

示例：

能\说　会\写　想\听　敢\想

F.2.15　趋向动词的处理

——单音节动词与复杂趋向动词或双音节动词与单纯趋向动词均应连写。

示例：拿起　放下　走进来　跑出去　表现出　估计到

——动词与单纯趋向动词之间插入"得"或"不"时，连写。

示例：拿得起　站得住　考虑得到　拿不起　站不住　考虑不到

——双音节动词与复杂趋向动词分写；动词带有助词的，与复杂的趋向动词也分写。

示例：发展\起来　产生\出来　走了\进来　冲得\过去

——动词与趋向动词之间插入"不"时，动词为双音节，趋向动词为单音节，或者动词为单音节，趋向动词为双音节，连写；动词与趋向动词都是双音节的分写，"不"与趋向动词连写。

示例：整理不出　跳不起来　生产\不出来

——动词与趋向动词之间插入宾语时，分写。

示例：抬起\头\来　跨进\门\去

F.3　形容词

F.3.1　形容词重叠式，不论是完全重叠式还是不完全重叠式，均应连写；重叠式形容词后面带有"儿"字时，也连写。

示例：

好好　大大　干干净净　清清楚楚　糊里糊涂　好好儿(的)

F.3.2　形容词重叠式中间插入否定副词"不"时，不论是单音节重叠式还是双音节不完全重叠式，均应连写；双音节完全重叠式中间插入的"不"，与前面的词分写，与后面的词连写。

示例：

好不好　明不明白　漂亮\不漂亮

F.3.3　形容词与时态助词"着"、"了"、"过"连写。

示例：

红了\一点　快了\一步　红火着\呢　没有\红过\脸

F.3.4　单音形容词与复杂趋向动词连写；双音节形容词或带有助词的形容词，与复杂趋向动词分写。

示例：

打起来　热火\起来　冷了\下来　富强\起来

F.3.5　形容词和趋向动词之间插入"不"时，形容词为单音节，趋向动词为双音节，应连写；形容词和趋向动词都是双音节时，"不"与形容词分写，与趋向动词连写。

示例：

热不起来　热闹\不起来

F.3.6　形容词与表示程度的补语"极了"连写。

示例：

棒极了　　痛快极了

F.3.7　程度补语"点"、"些"、"点儿"与单音节形容词连写，与双音节形容词分写；形容词和补语之间插入其他词时，形容词与补语也分写。

示例：

快些　　慢点　　好点儿　　宽大\些　　轻松\点　　短了\点

F.3.8　单音节形容词与重叠的前加成分或后加成分均应连写。

示例：

朦朦亮　　绿油油

F.4　数词和量词

F.4.1　合成数词、数词词组及小数均连写。

示例：

十五　　二百　　四千　　八亿　　二十五　　一百二十　　一千三百

二万八千四百五十六　　零点三　　一点八　　二十点六　　一百零八

F.4.2　分数中的"分"与前面的数词连写，"之"单独写。

示例：

百分\之\二十　　十分\之\一　　千分\之\一百三十

F.4.3　数词后面的"成"、"分"、"厘"及"倍"与数词均连写。

示例：

八成　　五分　　三厘　　六倍

F.4.4　表示序数的"第"、"头"、"初"等与数词连写。

示例：

第三　　初五　　头一

F.4.5　三个音节以内的合成量词连写。

示例：

人次　　驾次　　吨公里

F.4.6　基数词与单音节量词或单音节名词、多音节量词连写，与量词词组分写。

示例：

三丈　　四人　　一公里　　五平方米　　十周年　　九\平方\公里

F.4.7　合成数词和数词词组与单音节量词(或单音节名词)连写，与双音节量词或量词词组分写。

示例：

八十米　　三万人　　一千二百三十个　　二十\公里　　七十\周年

十五\立方\厘米

F.4.8　阿拉伯数字与单音节量词或单音节名词连写，中间加连接号，如数词跟量词不易发生混淆时，可以不加连接号。

示例：

10—月　　1—日　　20—个　　50—人　　1992年

F.4.9　四个音节以内的合成量词连写，与多音节数词分写。

示例：

二十\人次　　二十五\架次　　四十\吨公里

F.4.10　概数的写法

——表示不定数的两个数词组成的概数词组连写，与单音节量词或名词也连写。

示例：

亿万年　千百双　七八个　四五十人

——表示不定数的“几”与数词连写；插在数词和单音节量词或名词中间的也连写。

示例：

几百　几个　三十几　九十几岁

——表示不定数的“多”、“余”出现在数词、单音节量词或名词之后，以及插在数量词中间时，均应连写。

示例：

五十多　三年多　二十余年　八十多米　一百多人

——表示不定数的数量词组与后面的名词分写。

示例：

两个多\月　一百多米\布

——表示概数的“来”插在数量词组中间时，连写；出现在数量词组之后，与量词连写，与后面的名词分写。

示例：

七十来岁　百来块　三个来\月

——表示概数的“把”插在数量词组中间时，连写；“把”后面是单音节名词时，也连写。

示例：

百把个　千把个　万把字

——由量词和“把”组成的词组，与后面的名词分写。

示例：

个把\月　块把\钱

——表示不定数的“若干”、“许多”、“多少”等，与量词或名词分写。

示例：

若干\个　许多\年　多少\人

F.4.11　数量词后面跟有“半”或基数词的，表示余量和尾数时，应连写。

示例：

一年半　斤半　三两五

F.4.12　量词重叠表示“每”的意思，连写。

示例：

个个　条条　块块　粒粒

F.5　代词

F.5.1　合成的人称代词、指示代词、疑问代词本身应连写。

示例：

大家　别人　这里　那儿　那么　这么样　那会儿　为什么

F.5.2　指示代词“这”、“那”、“每”、“某”、“各”、“该”、“本”以及疑问代词“哪”、“几”等，与单音节名词或量词连写。

示例：

这山　那位　每人　某事　各地　该厂　本校　哪块　几斤

F.5.3　指示代词和疑问代词与数量词组分写。

示例：

这\一年　每\一天　哪\几位

F.5.4 人称代词“我”、“你”、“他”与单音节名词连写。

示例：

我国　　你省　　他乡　　我爸

F.6 副词

F.6.1 双音节副词本身应连写。

示例：

正在　　偏要　　未尝　　非要

F.6.2 副词“相”与单音节动词连写，与双音节动词分写。

示例：

相见　　相符　　相\结合　　相\碰撞

F.6.3 副词修饰动词时，分写；已经词化的，连写。

示例：

全\来　　刚\走　　却\是　　尚\未

就是　　都是　　倒是　　最为　　还要　　还有

F.6.4 有些副词前后关联呼应，把词或词组甚至分句联系起来，这些副词应单独分写。

示例：

一\学\就\会　　才\来\就\走　　边\走\边\说

F.6.5 否定副词“不”的处理

——“不”与某些名词组成复合词时，连写。

示例：

不日　　不时　　不法

——“不”与某些数量词连写。

示例：

不一　　不几天　　不一会

——“不”与动词、能愿动词、形容词、介词、单音节程度副词均应连写。

示例：

不怕　　不能　　不发展　　不精彩　　不被

——“不”与其他副词组成的词组，已经词化的，连写。

示例：

并不　　并不是　　莫不　　毫不

但上述词组出现在能愿动词前时，则“不”与前面的副词分写，与能愿动词连写。

示例：

并\不能　　绝\不会

——“不”组成双重否定形式的连写；如果双重否定形式修饰单个词的分写，后面的“不”与被修饰的词连写。

示例：

不能不\改变\计划　　不可\不警惕　　不得\不去

——从反面表达肯定意思时，“不”与其他的词分写。

示例：

这\不\清楚了\吗？　　那本\书\不\在\这\吗？

——“不”与代词、成语、联合词组或分写的词组分写。

示例：

不\这样\做　不\聚精会神\地\听　不\调查\研究\不行　不\亲自\实践\也\不行

F.7　介词

F.7.1　介词一般与其他词分写。

示例：

把\门\开开　　被\风\吹灭\了　　往\海边\奔去

F.7.2　介词"在"、"到"、"给"、"于"出现在动词后面时，与单音节动词连写；与双音节动词分写。

示例：

我们\站在\高山\上\看\日出。　　把\青春\献给\人民。

马克思\诞生\于\1818 年。　　他\将\毕生\的\力量\贡献\给\革命\事业。

但"估计到"、"认识到"、"考虑到"、"有利于"、"有害于"、"有待于"等是合成词，应连写。

F.7.3　介词"向"、"往"、"朝"与单音方位词组成介宾词组时，连写。如果介词出现在动词后面时，介词与动词连写，与方位词分写。

示例：

向前\看　　往南\走　　这\房子\朝东　　走向\前\去

F.7.4　由两组相对称的介宾词组组合的四字结构连写，中间插有"而"字的也连写。

示例：

从上到下　　由东往西　　自上而下　　由浅入深　　自始至终

F.7.5　介词"被"与某些名词、动词组成的合成词连写。

示例：

被统治阶级　　被领导　　被压迫

F.8　连词

连词与其他词或词组分写，其本身应连写。

示例：

但是　　若是　　或是　　即使　　只要……就　　只有……才

F.9　助词

助词分为结构助词、时态助词和语气助词。

F.9.1　结构助词的处理

——结构助词"的"、"地"与其他词分写。

示例：

我们\热爱\伟大\的\祖国。　　商店\里\摆满了\吃\的、穿\的、用\的。

我们\在\大街\上\慢慢\地\散步。

——作为补语标志的"得"，与前面的词语连写；与后面的词分写。

示例：

写得\不错　　打扫得\干干净净　　高兴得\不得了

——结构助词"之"与其他词分写。

示例：

残疾人\之\家　　最\发达\国家\之\一

——"所"与其修饰的及物动词分写。

示例：

所\说\的\问题　　所\关心\的\事情

——由“所”组成的合成词连写。

示例：

所谓　　所有　　所有制　　所在地

F.9.2　时态助词“着”、“了”、“过”与动词、形容词连写(按 F.2.3、F.3.3 书写)。

F.9.3　语气助词的处理

——语气助词在句末出现的，分写。

示例：

你\去\吗？　　他\怎么\还\不来\呢？　　我\只是\说说\罢了。

——“了”、“的”出现在句末做语气助词的也分写。

示例：

天\快\下雨\了。　　蓖麻籽\的\用处\可\大\了。　　这事\我\不会\忘记\的。

——表示停顿语气的助词“者”，应分写。

示例：

望\者，看\形色\也；闻\者，听\声音\也；

问\者，访\病情\也；切\者，诊\六脉\也。

F.10　叹词

F.10.1　表示应答或感叹的词均应单独写，叹词本身连写。在歌词中出现的一连串叹词，要按其韵律和节律连写或分写。

示例：

啊！太好\了！　　哎呀！你\怎么\搞\的。

哈哈，这\是\给\你\说\笑话\呢。　　啊哈\嗬呢哪！

F.10.2　模拟声音的叹词(拟声词)，两个或三个音节的均应连写；由四个音节组成，如果是“AABB”重叠式或是“ABCD”排列式的，也连写；若是“ABAB”重叠式则分写。

示例：

扑通　　哗哗啦啦　　叽哩咕噜　　叮咚\叮咚

F.11　联合词组

F.11.1　五个音节以内并列的单音节名词、方位词连写。

示例：

师生　　军民　　油酱醋　　农林牧副渔　　东西南北中

F.11.2　四个音节以内并列的常见单音节专有名词连写。

示例：

中日\友好\条约　　英美法\三国　　唐宋\诗词　　江浙皖赣\四省

F.11.3　四个音节以内并列的单音节动词连写。

示例：

摸爬滚打　　吃喝玩乐　　哭笑　　来去

F.11.4　四个音节以内并列的单音节形容词连写。

示例：

轻重　　冷热　　大中小　　多快好省

F.12　偏正词组

F.12.1　单音节名词修饰单音节名词，单音节名词修饰多音节名词，以及多音节名词修饰单音节名词时，均应连写。

示例：

人脑　菜叶　书皮　棉大衣　女工程师　扁桃体炎

F.12.2　单音节名词修饰多音节名词组成的词组应分写。

示例：

女\技术\人员　女\大学\校长

F.12.3　多音节名词修饰单音节名词表示领属关系时，分写。

示例：

小河\水　姥姥\家

F.12.4　两个以上并列的多音节词修饰单音节名词时，分写；单音节名词与后面的词连写。

示例：

水利\电力部　五金\橡胶厂

F.12.5　由单音节词组成的偏正词组修饰单音节名词时，连写；修饰多音节名词时，则分写。

示例：

红烧肉　清炖\甲鱼

F.12.6　由多音节词组成的偏正词组修饰单音节名词时，分写。单音节名词与后面的词连写。

示例：

中国\青年报　八小时\工作制

F.12.7　由单音节词组成的主谓词组修饰单音节名词时，连写；修饰多音节名词时，则分写。

示例：

水浇地　体弱者　油炸\土豆片　天晴\日子

F.12.8　由多音节词组成的主谓词组，修饰单音节名词时，分写；单音节名词与后面的词连写。

示例：

盲文\印刷厂　成绩\优等生　工农业\分布区

F.12.9　单音节名词修饰由单音节形容词和双音节名词组成的偏正词组，表示生理解剖学方面的某些专用术语时，连写。

示例：

拇长伸肌　耳大神经　腓总神经

F.12.10　有些以中药名组成的词组，修饰单音节的"丸"、"散"、"膏"、"丹"、"汤"等不便于分写的就连写。

示例：

香沙六君子汤　六味地黄丸　防风通圣散

F.12.11　方位词修饰名词时，连写。

示例：

左手　上身　前额　左上方

F.12.12　单纯方位词修饰单音节形容词时，连写。

示例：

外寒　里热

F.12.13　双音节动词修饰单音节名词或是单音节动词修饰双音节名词时，连写。

示例：

叫卖人　受伤处　汇合点　交界处　涮羊肉

F.12.14　动宾词组修饰单音节名词时，连写。

示例：

砍柴工　　售票处　　通风处　　洗衣机

F.12.15　两个并列的单音节形容词修饰单音节名词时，连写。

示例：

大红花　　黑白片　　红绿灯

F.12.16　两个形容词组合的偏正词组连写。

示例：

大喜　　多大　　多重

F.12.17　单音节形容词修饰单音节名词、单音节形容词修饰多音节名词或多音节形容词修饰单音节名词时，均应连写。

示例：

好人　　好事　　大草原　　小手工业者　　阴凉处

F.12.18　单音节形容词修饰由多音节名词组成词组时，分写。

示例：

新\生产\关系　　大\百货\公司

F.12.19　单音节动词修饰单音节动词时，连写。

示例：

带有　　进驻　　免征　　托办

F.12.20　单音节形容词修饰单音节动词时，连写；如果动词后带有时态助词的，也连写；动词后出现介词时，分写。

示例：

好办　　常见　　大笑　　紧盯着　　高挂\在

F.12.21　有的单音节能愿动词或副词，与单音节动词组成偏正词组时，已经词化的，连写。

示例：

应尽\责任　　应付\款项　　特派\记者　　已有\成绩

F.12.22　数量词组中间插入单音节形容词，若数词和量词(或名词)都是单音时，连写；否则分写。

示例：

一整套　　七大洲　　两\大\部分　　九\大\行星

F.12.23　“前”、“后”、“上”、“下”、“头”修饰由单音节的数词和量词(或名词)组成的词组时，连写。

示例：

前半年　　后半月　　下一次　　前三个\月　　离开\北京\前一天

F.12.24　单音节程度副词修饰单音节形容词时，连写。

示例：

最好　　很坏　　更美　　较快

F.13　动宾词组

F.13.1　动词充当谓语动词时，动词与宾语分写。

示例：

山上\无\霜\而\山腰\却\有\霜。　　小张\种\菜，小王\养\猪。

F.13.2　单音节动词和单音节名词组成动宾词组，已经词化时，连写。

示例：

说话　　喜人　　急人　　爬山　　跳水

F.13.3　单音节动词和单音节名词组成动宾词组时，连写。

示例：

读书、看报\能\增长\知识。

全校\师生员工\积极\参加了\植树、造林。

小张\是\种菜\能手，小王\是\养猪\模范。

F.13.4 单音节动词和单音节名词组成的动宾词组，做为医学用语表示一个概念时，连写。

示例：

健脾　　和胃　　清热　　解毒

F.13.5 由动词“为”和单音节名词组成的动宾词组，已名词化时，连写。

示例：

为人　　为师　　为妻　　为时

F.14 述补词组

F.14.1 单音节述语(包括动词、形容词)与双音节补语或双音节述语与单音节补语，均应连写；述语和补语之间插入“不”时，也应连写。

示例：

搞清楚　　准备好　　洗不干净　　准备不好

F.14.2 述语和补语都是双音节的，中间插入的“不”与述语分写，与补语连写。

示例：

清洗\不干净　　准备\不周全　　考虑\不妥当

F.15 主谓词组

F.15.1 主语和谓语一般应分写。

示例：

天\晴\了。　　颐和园\风景\优美。

F.15.2 由单音节名词和单音节动词或形容词组成的主谓词组连写。

示例：

天旱\是\庄稼\欠收\的\一个\重要\原因。

北京\很多\中小学\都\设有\校办\工厂。

我们\要\尽量\少吃\烟熏、火烤\的\食品。

注：“天旱”做主语，“烟熏、火烤”做定语。

天明　　气爽　　火烧　　话说

F.15.3 三个音节以内的主谓词组，做为一种病症的名称时，连写。

示例：

偏头痛　　腰扭伤　　胃下垂

F.15.4 单音节名词与单音节动词或形容词组成的主谓词组，表示某种症状时，连写；如果谓语是词组时，应分写。

示例：

口干　　舌燥　　痰多　　腰\酸痛

F.16 成语

F.16.1 四言(音节)以上的成语按词分写。

示例：

破天荒　　下马威　　树\倒\猢狲\散　　风\马牛\不相及　　愚人\千虑\必\有\一得

F.16.2 四言成语中,能独立分写时,应按词分写。

示例:

对\牛\弹琴　　肆\无\忌弹　　危\在\旦夕　　毛遂\自荐　　天衣\无\缝　　前车\之\鉴

F.16.3 四言成语为联合式的并列式,主谓加主谓、动宾加动宾、偏正加偏正、连动式、兼语式以及其他四言独立形式的成语,均应连写。

示例:

青红皂白　　心满意足　　惊天动地　　万紫千红　　化险为夷　　总而言之

F.17 略语

略语做为一个词处理,应连写。

F.17.1 取词组中各词词头的连写。

示例:

中共　　人大　　科技　　教科文

F.17.2 两个或三个并列,修饰同一个中心语时,连写。

示例:

指战员　　大中小学

F.17.3 用数字表示并列的几项连写。

示例:

五爱　　四害

F.18 古汉语

古代汉语的词基本都是单音节词,多音节词很少,其分词连写方法,按本附录有关规则处理。

示例:

南\其\辕\而\北\其\辄;　　知\己\知\彼,百战\不殆

附 录 G
（资料性附录）
英文盲字字母表

A	(6,1)	a	(56,1)
B	(6,12)	b	(56,12)
C	(6,14)	c	(56,14)
D	(6,145)	d	(56,145)
E	(6,15)	e	(56,15)
F	(6,124)	f	(56,124)
G	(6,1245)	g	(56,1245)
H	(6,125)	h	(56,125)
I	(6,24)	i	(56,24)
J	(6,245)	j	(56,245)
K	(6,13)	k	(56,13)
L	(6,123)	l	(56,123)
M	(6,134)	m	(56,134)
N	(6,1345)	n	(56,1345)
O	(6,135)	o	(56,135)
P	(6,1234)	p	(56,1234)
Q	(6,12345)	q	(56,12345)
R	(6,1235)	r	(56,1235)
S	(6,234)	s	(56,234)
T	(6,2345)	t	(56,2345)
U	(6,136)	u	(56,136)
V	(6,1236)	v	(56,1236)
W	(6,2456)	w	(56,2456)
X	(6,1346)	x	(56,1346)
Y	(6,13456)	y	(56,13456)
Z	(6,1356)	z	(56,1356)

ICS 11.040.40
C 45

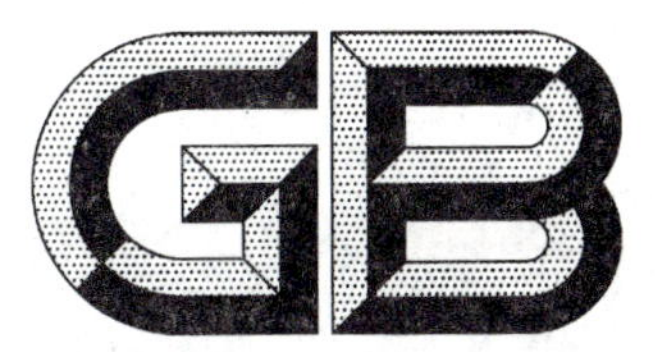

中华人民共和国国家标准

GB/T 15721.4—2008/ISO 8548-4:1998

假肢和矫形器 肢体缺失 第4部分:截肢原因的描述

Prostheties and orthotics—Limb deficiencies— Part 4:Description of causal conditions leading to amputation

(ISO 8548-4:1998,IDT)

2008-12-31 发布　　2009-09-01 实施

中华人民共和国国家质量监督检验检疫总局
中国国家标准化管理委员会　发布

前　言

GB/T 15721《假肢和矫形器　肢体缺失》由以下6部分组成：

——第1部分：先天性肢体缺失状况的描述方法

——第2部分：下肢截肢残肢的描述方法

——第3部分：上肢截肢残肢的描述方法

——第4部分：截肢原因的描述

——第5部分：截肢者的临床症状描述

——第6部分：患者对假肢要求情况的描述

本部分为GB/T 15721的第4部分。

本部分等同采用ISO 8548-4:1998《假肢和矫形器　肢体缺失　第4部分：截肢原因的描述》(英文版)。

本部分由中华人民共和国民政部提出。

本部分由全国残疾人康复和专用设备标准化技术委员会(SAC/TC 148)归口。

本部分主要起草单位：中国康复研究中心、国家康复器械质量监督检验中心、北京市假肢矫形技术中心。

本部分主要起草人：丁伯坦、贾亚玲、吴国士。

引　言

截肢患者的康复不仅限于截肢手术本身，而且涉及截肢的原因和病理情况，还和患者其他临床情况及特质有关。不同国家的临床工作者运用各自术语来记录有关截肢方面的信息。因此，有必要建立一个国际系统应用于临床工作予以对照。

这个系统应满足临床工作者对患者和治疗的评价的应用，这样，该系统用一种方法描述和记录患者情况，这种方法容易使记录一体化及应用于分析工作，它对流行病学家和卫生管理者也有应用价值。

GB/T 15724 本部分定义了最基本的信息并予以描述。

假肢和矫形器　肢体缺失
第4部分:截肢原因的描述

1　范围

GB/T 15721的本部分确定了截肢原因和基础病理的描述方法。

2　规范性引用文件

下列文件中的条款通过GB/T 15721的本部分的引用而成为本部分的条款。凡是注日期的引用文件,其随后所有的修改单(不包括勘误的内容)或修订版均不适用于本部分,然而,鼓励根据本部分达成协议的各方研究是否可使用这些文件的最新版本。凡是不注日期的引用文件,其最新版本适用于本部分。

GB/T 15721.1　假肢和矫形器　肢体缺失　第1部分:先天性肢体缺失状况的描述方法(GB/T 15721.1—1995,idt ISO 8548-1:1993)

GB/T 15721.2　假肢和矫形器　肢体缺失　第2部分:下肢截肢残肢的描述方法(GB/T 15721.2—1995,idt ISO 8548-2:1993)

GB/T 15721.3　假肢和矫形器　肢体缺失　第3部分:上肢截肢残肢的描述方法(GB/T 15721.3—1995,idt ISO 8548-3:1993)

ISO 8549-1　假肢学和矫形器学术语　第1部分:体外假肢和体外矫形器的基本术语

ISO 8549-2　假肢学和矫形器学术语　第2部分:有关体外假肢和假肢使用者术语

3　术语和定义

GB/T 15721.1、GB/T 15721.2、GB/T 15721.3、ISO 8549-1和ISO 8549-2中的术语和定义适用于GB/T 15721的本部分。

4　截肢的原因

4.1　概述

手术截肢的目的是挽救生命、减轻疼痛和改善功能或身体健康状况。截肢的原因从以下三个方面来描述:

a）导致截肢的临床情况;

b）病理情况;

c）特殊疾病。

注:例如,导致截肢的临床急症可能是由于动脉粥样硬化的血管缺血引起肢体疼痛,也就是讲,一种病理表现可以合并有多个导致临床截肢的情况存在。动脉粥样硬化可以引起肢体不能存活和疼痛而导致截肢,进一步讲,一种特殊的疾病可有多种病理表现,即糖尿病可有血管障碍、感染或神经疾患发生或这几种情况合并存在。

下列4.2～4.4描述了截肢的原因

4.2　导致截肢的临床情况

a）急性危及生命的情况;

b）肢体不能存活;

c）疼痛;

d）严重创伤;

e） 感染；

f） 溃疡；

g） 肿瘤；

h） 神经疾患；

i） 畸形。

描述导致截肢的临床情况。

4.3 导致截肢的病理情况

4.3.1 概述

导致截肢的病理情况如下：

a） 创伤；

b） 缺血；

c） 感染；

d） 神经疾患；

e） 肿瘤；

f） 畸形。

以上描述导致截肢的病理情况，详见4.3.2～4.3.7附加信息。

4.3.2 创伤

创伤原因可能是：

a） 机械；

b） 热；

c） 电；

d） 化学；

e） 放射性。

描述创伤原因，是由于严重损伤引起的创伤性离断还是后来的截肢，或是保肢后预期功能很差而截肢。

4.3.3 缺血

缺血的原因可能是：

a） 非糖尿病性的动脉粥样硬化；

b） 糖尿病性的动脉粥样硬化；

c） 急性血管损伤；

d） 其他。

描述缺血的原因。

4.3.4 感染

感染可影响：

a） 软组织；

b） 骨；

c） 关节。

描述感染对上述组织的影响，并尽可能描述是急性感染还是慢性感染。

4.3.5 神经疾患

神经疾患可由下列情况所致：

a） 先天性异常；

b） 损伤；

c） 感染；

d) 系统性疾病；

e) 其他原因。

描述神经疾患的原因。

4.3.6 肿瘤

肿瘤的种类包括：

a) 良性肿瘤；

b) 原发性恶性肿瘤；

c) 继发性恶性肿瘤。

描述肿瘤种类。

4.3.7 畸形

描述畸形的特性，无论是先天的还是后天发生的。

4.4 特殊疾病

用国际疾病分类编码(ICD)来描述导致截肢的特殊疾病。

ICS 11.040.40
C 45

中华人民共和国国家标准

GB/T 15721.5—2008/ISO 8548-5:2003

假肢和矫形器　肢体缺失
第5部分:截肢者的临床症状描述

Prosthetics and orthotics—Limb deficiencies—
Part 5:Description of conditions of patient requiring a prosthesis

(ISO 8548-5:2003,IDT)

2008-12-31 发布　　　　2009-09-01 实施

中华人民共和国国家质量监督检验检疫总局
中国国家标准化管理委员会　发布

前　　言

GB/T 15721《假肢和矫形器　肢体缺失》由以下 6 部分组成：

——第 1 部分：先天性肢体缺失状况的描述方法

——第 2 部分：下肢截肢残肢的描述方法

——第 3 部分：上肢截肢残肢的描述方法

——第 4 部分：截肢原因的描述

——第 5 部分：截肢者的临床症状描述

——第 6 部分：患者对假肢要求情况的描述

本部分为 GB/T 15721 的第 5 部分。

本部分等同采用 ISO 8548-5:2003《假肢和矫形器　肢体缺失　第 5 部分：截肢者的临床症状描述》(英文版)。

本部分由中华人民共和国民政部提出。

本部分由全国残疾人康复和专用设备标准化技术委员会(SAC/TC 148)归口。

本部分主要起草单位：中国康复研究中心、国家康复器械质量监督检验中心、北京市假肢矫形技术中心。

本部分主要起草人：丁伯坦、贾亚玲、吴国士。

引　言

截肢患者的康复结果不仅限于截肢手术本身,而且涉及所安装的假肢,还和导致截肢的原因有关,也取决于患者体质和其他残疾的存在情况。不同国家的临床工作者运用各自术语来满足他们的需求。因此,有必要建立一个国际系统以便统一应用于不同的出版物和不同的患者。各相关成员,包括外科医生、其他医生(特别是和康复相关的医生)、物理治疗师、作业治疗师和假肢师,应用这一标准化的系统来描述截肢的原因和患者的基本资料,它对流行病学家和卫生管理者也有应用价值。

计划的系统需满足临床不同成员能描述截肢的原因,容易使记录一体化。GB/T 15721 的本部分定义了最基本的信息并予以描述。包含这些信息的表格由各机构设计,应是切实可行的,并且在截肢分析时可适当的修改。

假肢和矫形器　肢体缺失
第5部分:截肢者的临床症状描述

1　范围

GB/T 15721的本部分确定了影响截肢者康复因素的描述方法。

2　规范性引用文件

下列文件中的条款通过GB/T 15721的本部分的引用而成为本部分的条款。凡是注日期的引用文件,其随后所有的修改单(不包括勘误的内容)或修订版均不适用于本部分,然而,鼓励根据本部分达成协议的各方研究是否可使用这些文件的最新版本。凡是不注日期的引用文件,其最新版本适用于本部分。

GB/T 15721.1　假肢和矫形器　肢体缺失　第1部分:先天性肢体缺失状况的描述方法(GB/T 15721.1—1995,idt ISO 8548-1:1993)

GB/T 15721.2　假肢和矫形器　肢体缺失　第2部分:下肢截肢残肢的描述方法(GB/T 15721.2—1995,idt ISO 8548-2:1993)

GB/T 15721.3　假肢和矫形器　肢体缺失　第3部分:上肢截肢残肢的描述方法(GB/T 15721.3—1995,idt ISO 8548-3:1993)

GB/T 15721.4　假肢和矫形器　肢体缺失　第4部分:截肢原因的描述(GB/T 15721.4—2008,ISO 8548-4:1998,IDT)

ISO 8549-1　假肢学和矫形器学术语　第1部分:体外假肢和体外矫形器的基本术语

ISO 8549-2　假肢学和矫形器学术语　第2部分:有关体外假肢和假肢使用者术语

3　术语和定义

GB/T 15721.1、GB/T 15721.2、GB/T 15721.3、GB/T 15721.4、ISO 8549-1和ISO 8549-2中的术语和定义适用于本部分。

4　截肢者的描述

4.1　概述

下列4.2～4.5描述了截肢者的情况。

4.2　个人情况

年龄、性别、身高、体重等。

描述相关的个人社交活动和自然环境、职业和娱乐活动。

描述重要的和相关的病史,包括吸烟习惯。

描述截肢前上肢、下肢或躯干的功能受限情况,其影响患者康复的结果。

4.3　肌肉骨骼系统情况

4.3.1　残肢的情况

用GB/T 15721.2或GB/T 15721.3中详细说明的方法来描述残肢的情况,如果残肢是利肢(常用的)应予以说明。

4.3.2 保留肢体的情况

用 GB/T 15721.2 或 GB/T 15721.3 中详细说明的方法来描述保留肢体的异常情况。

4.4 基本临床情况

下列可以影响截肢者康复的疾患：

a) 心血管系统；

b) 呼吸系统；

c) 神经系统；

d) 特殊感觉；

e) 营养情况；

f) 认知情况；

g) 精神和心理情况；

h) 其他系统。

描述在这些方面是否存在明显问题，以及对于患者功能所产生的影响是中度的还是严重的，并记录当时治疗情况。

4.5 积极性和认识到的需求

注：患者的积极性和认识到的需求对患者的康复有明显的影响，二者是相互依赖的，并且受患者临床情况、个性、生理、社会和文化环境的影响。描述患者积极性是困难的，但临床医师可识别患者积极性的高低。

描述患者的积极性和认识到的需求的临床印象。

ICS 81.040.01
N 64

中华人民共和国国家标准

GB/T 15724—2008
代替 GB/T 15724.1—1995,GB/T 15724.2—1995

实验室玻璃仪器　烧杯

Laboratory glassware—Beakers

(ISO 3819:1985,NEQ)

2008-08-19 发布　　2009-05-01 实施

中华人民共和国国家质量监督检验检疫总局
中国国家标准化管理委员会　发布

前 言

本标准对应于ISO 3819:1985《实验室玻璃仪器 烧杯》,与ISO 3819:1985的一致性程度为非等效。

本标准与ISO 3819:1985的主要差异:

——增加了锥型烧杯系列;

——增加了内表面耐水性、耐酸性、耐碱性、内应力、耐热冲击性能指标;

——增加了产品外观要求;

——增加了试验方法、检验规则、包装、运输和贮存。

本标准代替GB/T 15724.1—1995《实验室玻璃仪器 烧杯》和GB/T 15724.2—1995《实验室玻璃仪器 锥型烧杯》。

本标准与GB/T 15724.1～15724.2—1995相比主要变化是:增加了内表面耐水性能、耐酸性能(光谱测定法)、内应力、耐热冲击温度和产品检验规则。

本标准的附录A为资料性附录。

本标准由中国轻工业联合会提出。

本标准由全国玻璃仪器标准化技术委员会(SAC/TC 178)归口。

本标准起草单位:北京玻璃仪器厂、国家轻工业玻璃产品质量监督检测中心。

本标准主要起草人:吴文玲、袁守菊、杜玉海、袁春梅。

本标准所代替标准的历次版本发布情况为:

——GB/T 15724.1—1995;

——GB/T 15724.2—1995。

实验室玻璃仪器　烧杯

1　范围

本标准规定了烧杯的分类、结构类型、结构设计和规格尺寸、技术要求、试验方法、检验规则及标志、包装、运输和贮存。

本标准适用于实验室用玻璃烧杯。

2　规范性引用文件

下列文件中的条款通过本标准的引用而成为本标准的条款。凡是注日期的引用文件，其随后所有的修改单(不包括勘误的内容)或修订版均不适用于本标准，然而，鼓励根据本标准达成协议的各方研究是否可使用这些文件的最新版本。凡是不注日期的引用文件，其最新版本适用于本标准。

GB/T 191　包装储运图示标志(GB/T 191—2008,ISO 780:1997,MOD)

GB/T 2828.1　计数抽样检验程序　第1部分:按接收质量限(AQL)检索的逐批检验抽样计划(GB/T 2828.1—2003,ISO 2859-1:1999,IDT)

GB/T 4548　玻璃容器内表面耐水侵蚀性能测试方法及分级(GB/T 4548—1995,eqv ISO 4802-1:1988)

GB/T 4548.2　玻璃容器内表面耐水侵蚀性能用火焰光谱法测定和分级(GB/T 4548.2—2003,ISO 4802-2:1988,IDT)

GB/T 6543　瓦楞纸箱

GB/T 6579　实验室玻璃仪器　热冲击试验方法(GB/T 6579—2007,ISO 718:1990,IDT)

GB/T 6580　玻璃耐沸腾混合碱水溶液浸蚀性的试验方法和分级(GB/T 6580—1997,eqv ISO 695:1991)

GB/T 6581　玻璃在100 ℃耐盐酸浸蚀性的火焰发射或原子吸收光谱测定方法(GB/T 6581—2007,ISO 1776:1985,MOD)

GB/T 6582　玻璃在98 ℃耐水性的颗粒试验方法和分级(GB/T 6582—1997,eqv ISO 719:1985)

GB/T 15726　玻璃仪器内应力检验方法

GB/T 15728　玻璃耐沸腾盐酸浸蚀性的重量试验方法和分级

GB/T 16920　玻璃平均线热膨胀系数测定方法(GB/T 16920—1997,eqv ISO 7991:1987)

QB/T 2298　双线法测热膨胀系数

HG/T 3115　硼硅酸盐玻璃3.3的性能

3　产品分类

按烧杯的结构类型和规格系列分类见表1。

表1　结构类型和规格系列　　单位为毫升

结构类型	规格系列
低型烧杯	5,10,25,50,100,150,200,250,300,400,500,600,800,1 000,2 000,3 000,5 000
高型烧杯	50,100,150,250,400,500,600,800,1 000,2 000,3 000
锥型烧杯	50,100,150,200,250,300,500,1 000

4 结构类型、结构设计和规格尺寸

4.1 结构类型

不同的结构类型见图1、图2、图3。

单位为毫米

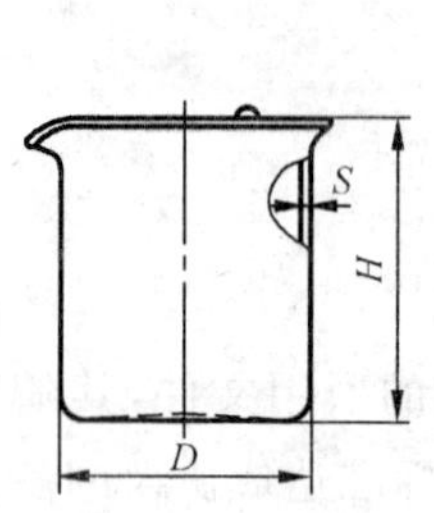

图1 低型烧杯

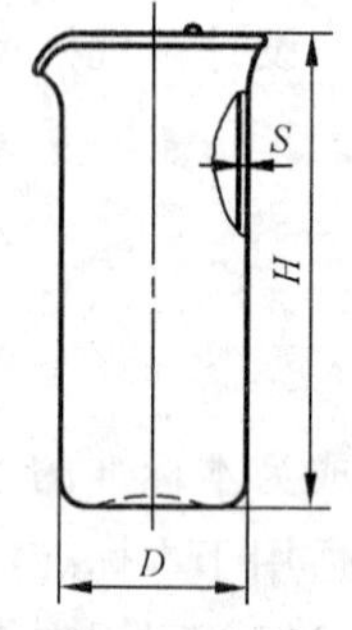

图2 高型烧杯

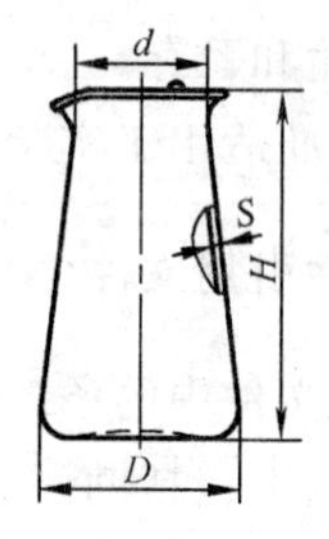

图3 锥型烧杯

4.2 结构设计

4.2.1 上口

烧杯上口应在其边缘附近逐渐向外扩展，呈圆滑的曲线过渡。烧杯上口最大直径比烧杯外径大5%～15%，上口与底的不平度不大于2°。

4.2.2 底部与壁部的过渡半径

标称容量大于或等于250 mL的烧杯，其底部与身部的过渡半径应为烧杯外径的15%～20%；标称容量小于250 mL的烧杯，过渡半径不小于烧杯外径的5%。

4.2.3 壁厚

烧杯壁厚的最小建议尺寸见表2、表3和表4。

4.2.4 容量

烧杯的满口容量应超过标称容量的10%或烧杯的满口容量和标称容量的两液面间距不应少于10 mm，并应采用容量差值较大的一种。

注：烧杯不属于计量器具，容量系近似值，因无相应的检定规程，不标"中华人民共和国制造计量器具许可证"CMC标志。

4.2.5 底

烧杯放在平台上不应旋转或摇晃。

4.2.6 嘴

当加入标称容量的水往外倾倒时，水应形成一束细流从嘴中流出，烧杯外壁应无水滴。注满水的烧杯放在平台上继续注水时，水应从嘴中流出，而不是从其他部位流出来。

4.2.7 口边缘玻滴

口边缘应熔光，玻滴高度不大于2 mm。

4.3 规格尺寸

4.3.1 低型烧杯规格尺寸见表2。

表 2　低型烧杯规格尺寸

标称容量/mL	外径 D/mm	全高 H/mm	最小壁厚 S/mm
5	22.5±0.5	30.0±1.0	0.7
10	26.0±0.5	35.0±1.0	0.7
25	34.0±0.5	50.0±1.0	0.7
50	42.0±1.0	60.0±2.0	0.8
100	50.0±1.0	70.0±2.0	0.9
150	60.0±1.5	80.0±2.0	1.0
200	66.0±1.5	90.0±2.0	1.1
250	70.0±2.0	95.0±2.0	1.1
300	74.0±2.0	105.0±2.0	1.1
400	80.0±2.0	112.0±3.0	1.2
500	85.0±2.0	120.0±3.0	1.2
600	90.0±2.0	125.0±3.0	1.3
800	100.0±2.0	135.0±3.0	1.3
1 000	105.0±2.0	145.0±3.0	1.3
2 000	130.0±3.0	185.0±4.0	1.4
3 000	150.0±3.0	210.0±4.0	1.7
5 000	170.0±3.0	270.0±4.0	2.0

4.3.2　高型烧杯规格尺寸见表 3。

表 3　高型烧杯规格尺寸

标称容量/mL	外径 D/mm	全高 H/mm	最小壁厚 S/mm
50	38.0±1.0	70.0±2.0	0.8
100	48.0±1.0	80.0±2.0	0.9
150	54.0±1.0	95.0±2.0	1.0
250	60.0±1.5	120.0±2.0	1.1
400	70.0±2.0	130.0±3.0	1.2
500	75.0±2.0	140.0±3.0	1.2
600	80.0±2.0	150.0±3.0	1.3
800	90.0±2.0	175.0±3.0	1.3
1 000	95.0±2.0	180.0±3.0	1.3
2 000	120.0±3.0	240.0±4.0	1.4
3 000	135.0±3.0	280.0±4.0	1.5

4.3.3 锥型烧杯规格尺寸见表4。

表4 锥型烧杯规格尺寸

标称容量/mL	底外径 D/mm	上口外径 d/mm	全高 H/mm	最小壁厚 S/mm
50	44.0±1.0	30.0±1.0	70.0±2.0	0.8
100	55.0±1.0	37.0±1.0	90.0±2.0	0.9
150	66.0±1.5	41.0±1.0	95.0±2.0	0.9
200	73.0±2.0	43.0±1.0	110.0±2.0	1.0
250	75.0±2.0	52.0±1.5	117.0±2.0	1.1
300	84.0±2.0	52.0±1.5	132.0±3.0	1.1
500	90.0±2.0	54.0±1.5	170.0±3.0	1.2
1 000	116.0±3.0	62.0±1.5	196.0±3.0	1.3

5 技术要求

5.1 材质

烧杯应使用3.3硼硅酸盐玻璃制造，并符合HG/T 3115规定的要求。

5.2 理化性能

烧杯的理化性能应符合表5的要求。

表5 理化性能

项　　目	规　　定	
线热膨胀系数 α(20 ℃～300 ℃)	$(3.3\pm0.1)\times10^{-6}$ ℃$^{-1}$	
98 ℃颗粒耐水性	HGB1级	
内表面耐水性能	HC1级	
耐酸性能(重量法)	H_1级	
耐酸性能(光谱测定法)	氧化钠浸出量≤100 μg/dm^2	
耐碱性能	A_2级	
内应力	双折射的光程差≤180 nm/cm	
耐热冲击温度	≤400 mL	＞400 mL
	180 ℃	150 ℃

5.3 外观要求

5.3.1 气泡

破皮气泡和薄皮气泡不应存在。直径≤0.8 mm能目测到的气泡，在20 mm×20 mm的面积内不应多于6个，且每处间距大于50 mm，每个产品上总数不应多于6处；直径＞0.8 mm的气泡，不应超过表6的规定。

表 6　气泡的要求

规格/mL	底部[a]		壁部		累计数量/个
	气泡直径[b]/mm	数量/个	气泡直径[b]/mm	数量/个	
5～150	0.8～1.5	2	0.8～1.5	4	5
200～500	0.8～1.5	2	0.8～1.5	4	6
			1.6～3.0	1	
600～2 000	0.8～1.5	3	0.8～1.5	6	8
	1.6～3.0	1	1.6～3.0	1	
3 000～5 000	0.8～1.5	4	0.8～3.0	6	10
	1.6～3.0	1	3.1～6.0	2	

[a] 底部和壁部过渡区的弧形面以下。

[b] 气泡直径＝(长＋宽)÷2。

5.3.2　结石

直径≤0.3 mm 能目测到的结石，在 10 mm×10 mm 的面积内不应多于 1 个，且每处间距大于 50 mm，每个产品上总数不应超过 6 个；直径＞0.3 mm 的结石，不应超过表 7 的规定。

表 7　结石的要求

规格/mL	底　部		壁　部	
	结石长/mm	数量/个	结石长/mm	数量/个
5～150	≤0.5	1	≤1.0	1
200～500	≤0.5	1	≤1.5	2
600～2 000	≤0.8	1	≤1.5	2
3 000～5 000	≤1.0	1	≤2.0	3

5.3.3　节瘤

直径≤0.5 mm 能目测到的节瘤，在 10 mm×10 mm 面积内不应多于 2 个，且每处间距大于 50 mm，每个产品上总数不应超过 6 处；直径＞0.5 mm 的节瘤不应超过表 8 的规定。

表 8　节瘤的要求

规格/mL	底　部		壁　部	
	节瘤长/mm	数量/个	节瘤长/mm	数量/个
5～150	0.5～1.0	1	0.5～2.0	2
200～500	0.5～1.0	2	0.5～2.0	2
600～2 000	0.5～1.0	2	0.5～2.0	3
3 000～5 000	0.5～1.5	2	0.5～3.0	3

5.3.4　条纹

不应有严重的条纹存在，必要时进行封样。

5.3.5　划伤和擦伤

5.3.5.1　不应有划伤存在。

5.3.5.2　擦伤的长度不应超过表 9 的规定。

表 9　擦伤的要求

规格/mL	单个长度/mm	累计长度/mm
5～150	10	30
200～500	20	80
600～2 000	30	120
3 000～5 000	30	180

5.3.6　铁锈和铁屑

不应有明显的能目测到的铁锈和铁屑存在。

6　试验方法

6.1　规格尺寸

用最小分度值为 0.02 mm 的游标卡尺、高度尺和测厚仪测量。

6.2　理化性能

6.2.1　线热膨胀系数

按 GB/T 16920 或 QB/T 2298 规定的试验方法进行。

6.2.2　耐水性能

按 GB/T 6582 规定的试验方法进行。

6.2.3　内表面耐水性

按 GB/T 4548 或 GB/T 4548.2 规定的试验方法进行。

6.2.4　耐酸性能

按 GB/T 15728 或 GB/T 6581 规定的试验方法进行。

6.2.5　耐碱性能

按 GB/T 6580 规定的试验方法进行。

6.2.6　耐热冲击温度

按 GB/T 6579 规定的试验方法进行。

6.3　内应力

按 GB/T 15726 规定的试验方法进行。

6.4　外观要求

用目测法。测量工具用最小分度值为 0.02 mm 的游标卡尺及 10 倍读数的放大镜。

7　检验规则

7.1　检验分类

产品检验分为出厂检验和型式检验。检验项目见表 10。

表 10　出厂检验和型式检验项目和要求

<table>
<tr><th>检验项目</th><th>本标准章条编号</th><th>本标准试验方法条款</th><th>出厂检验</th><th>型式检验</th></tr>
<tr><td>理化性能</td><td>5.2</td><td>6.2</td><td>—</td><td rowspan="4">抽检</td></tr>
<tr><td>内应力</td><td>5.2</td><td>6.3</td><td rowspan="3">抽检</td></tr>
<tr><td>外观要求</td><td>5.3</td><td>6.4</td></tr>
<tr><td>规格尺寸</td><td>第 4 章</td><td>6.1</td></tr>
</table>

7.2 出厂检验

7.2.1 抽样方案

采用 GB/T 2828.1 的正常检验一次抽样方案。检验水平和接收质量限(AQL)见表 11。

表 11 检验项目、检查水平和接收质量限

检验项目	检查水平(IL)	接收质量限(AQL)
理化性能	—	全部合格
耐热冲击	S-4	6.5
内应力		
外观要求	Ⅱ	6.5
规格尺寸		

7.2.2 组批规则

同一时间所交付的同一品种规格的产品为一批。

7.2.3 检验实施和检验结果

检验项目、检查水平和接收质量限应符合表 11 的规定。

由生产厂按表 11 的出厂检验项目进行抽样检验。经检验合格的批产品方可出厂，出厂时应附有合格证。经检验不合格的批，全数退回生产部门进行全数检验，剔除不合格品后可再次提交出厂检验。

7.3 型式检验

7.3.1 抽样方案

采用 GB/T 2828.1 的正常检验一次抽样方案。检验水平和接收质量限(AQL)见表 11。

7.3.2 检验实施和检验结果

检验项目、检查水平和接收质量限应符合表 11 的规定。

由生产厂按表 11 的型式检验项目进行抽样检验。型式检验合格，其代表产品出厂检验合格的批，可整批交付使用方。型式检验不合格，应停产分析原因并采取有效措施，直至型式检验合格后方可恢复生产。型式检验不合格周期生产的产品不应出厂，已出厂的产品应追回。

7.3.3 有下列情况之一时，进行型式检验：

a) 新产品或老产品转厂生产的试制定型鉴定；

b) 正式生产后，如结构、材料、工艺有较大改变，可能影响产品性能时；

c) 正常生产时，应每半年进行一次检验，型式检验每年至少进行一次；

d) 出厂检验结果与上次型式检验有较大差异时；

e) 国家质量监督机构提出进行型式检验的要求时。

8 标志、包装、运输和贮存

8.1 标志

8.1.1 产品标志

烧杯上可印有分度，表示该烧杯的近似容量。下列标志应耐久、清楚地标在每个烧杯上：

a) 烧杯的标称容量，如“100 mL”(或“100”)。低型烧杯和高型烧杯的近似容量分度表和刻度线，参见附录 A；

b) 制造厂商的名称或商标；

c) 每个烧杯上应有一块宜用铅笔作标记的记号面积。

8.1.2 包装箱标志

包装箱上应有以下标识：

a) 外包装应符合 GB/T 191 的有关规定；

b） 产品名称、规格数量、净重、毛重、体积；

c） 制造厂名、注册商标、生产日期；

d） 制造厂址、电话等。

8.1.3 合格证和说明书

每个包装箱中应有产品合格证和说明书。

8.2 包装

产品应用瓦楞纸箱进行包装，并符合 GB/T 6543 的规定。

8.3 运输

本产品可用任何运输工具运输，装卸不应抛掷，运输要有防雨雪措施。

8.4 贮存

产品包装后应在室内保存，堆码高度不宜超过十层，不应与强酸、强碱、氟化物等化学物质接触。

附 录 A
（资料性附录）
低型烧杯和高型烧杯的容量分度表

低型烧杯和高型烧杯的容量分度，见表 A.1。

表 A.1 低型烧杯和高型烧杯的容量分度表

单位为毫升

规 格	最低分度线	最高分度线
5	2	4
10	4	8
25	10	20
50	10	40
100	20	80
150	20	140
200	25	150
250	25	200
300	50	250
400	50	325
500	50	400
600	100	500
800	100	750
1 000	100	900
2 000	200	1 800
3 000	250	2 500
5 000	500	4 500

ICS 25.140.30
J 47

中华人民共和国国家标准

GB/T 15729—2008
代替 GB/T 15729—1995

手用扭力扳手通用技术条件

Hand torque tools—General requirements

(ISO 6789:2003, Assembly tools for screws and nuts—Hand torque tools—Requirements and test methods for design conformance testing, quality conformance testing and recalibration procedure, MOD)

2008-12-30 发布　　　　2009-09-01 实施

中华人民共和国国家质量监督检验检疫总局
中国国家标准化管理委员会　发布

前　言

本标准修改采用 ISO 6789:2003《螺钉和螺母装配工具　手用扭力扳手的技术条件和试验方法》(英文版)。

本标准根据 ISO 6789:2003 重新起草。在资料性附录 C 中列出了本国家标准条款和国际标准条款的对照一览表。

考虑到我国国情,在采用 ISO 6789:2003 时,本标准作了一些修改,有关技术性差异已编入正文中并在它们所涉及的条款的页边空白处用垂直单线标识。在附录 D 中给出了与 ISO 6789:2003 的技术性差异及其原因的一览表以供参考。

本标准与 ISO 6789:2003 的主要差异如下:

——将一些适用于国际标准的表述改为适用于我国标准的表述;

——引用了采用国际标准的我国标准和其他国家标准(本版的第 2 章);

——对表面处理和表面质量作了规定(本版的 5.1 条、5.2 条);

——对结构和性能作了规定(本版的 5.3 条);

——对表面处理、表面质量、结构和性能检验作了规定(本版的第 6 章);

——对检验规则作了规定(本版的第 7 章);

——对包装、标志、运输与贮存作了规定(本版的第 8 章);

——对部分内容作了调整。

本标准代替 GB/T 15729—1995《扭力扳手通用技术条件》。

本标准与 GB/T 15729—1995 相比主要变化如下:

——增加了术语和定义(本版的第 3 章);

——增加了产品标记(本版的 4.2 条);

——调整了扭矩扳手的扭矩测试精度要求(1995 版的 4.6 条,本版的 5.5 条);

——修改了扭矩扳手扭矩测试精度的试验方法(1995 版的 5.5 条,本版的 6.5 条);

——修改了检验规则(1995 版的第 6 章,本版的第 7 章)。

本标准的附录 A 和附录 B 为规范性附录,附录 C 和附录 D 为资料性附录。

本标准由中国轻工业联合会提出。

本标准由全国五金制品标准化技术委员会工具五金分技术委员会归口。

本标准由浙江省嵊州市力矩工具制造有限公司、沈阳欧泰·凯达扭矩技术有限公司、上海市工具工业研究所负责起草,宁波长城精工实业有限公司、文登威力工具集团有限公司、江苏舜天国际集团江都工具有限公司、江苏宏宝五金股份有限公司、上海民星劳动工具有限公司、卡恩捷特工具(上海)有限公司参加起草。

本标准主要起草人:吴祖训、袁继栋、梁滨昌、王斌、陈立海、刘玉信、鞠家平、邹家平、王竹鸣、徐曙光、林美德、顾青。

本标准所代替标准的历次版本发布情况为:

——GB/T 15729—1995。

手用扭力扳手通用技术条件

1 范围

本标准规范了手用扭力扳手的术语和定义、分类和标记、技术要求、试验方法、检验规则和标志、包装、运输与贮存。

本标准适用于扳拧螺钉和螺母或其他类似零部件的手用指示式扭力扳手和手用预置式扭力扳手。以下简称扭力扳手。

2 规范性引用文件

下列文件中的条款通过本标准的引用而成为本标准的条款。凡是注日期的引用文件，其随后所有的修改单(不包括勘误的内容)或修订版均不适用于本标准，然而，鼓励根据本标准达成协议的各方研究是否可使用这些文件的最新版本。凡是不注日期的引用文件，其最新版本适用于本标准。

GB/T 230.1 金属洛氏硬度试验 第1部分：试验方法(A、B、C、D、E、F、G、H、K、N、T标尺)(GB/T 230.1—2004，ISO 6508-1:1999，MOD)

GB/T 2828.1 计数抽样检验程序 第1部分：按接收质量限(AQL)检索的逐批检验抽样计划(GB/T 2828.1—2003，ISO 2859-1:1999，IDT)

GB/T 3390.2 手动套筒扳手 传动方榫和方孔(GB/T 3390.2—2004，ISO 1174-1:1996，MOD)

GB/T 4625 螺钉和螺母装配工具术语(GB/T 4625—1998，idt ISO 1703:1983)

GB/T 4955 金属覆盖层 覆盖层厚度测量 阳极溶解库仑法(GB/T 4955—2005，ISO 2177:2003，IDT)

GB/T 5305 手工具包装、标志、运输与贮存

GB/T 6462 金属和氧化物覆盖层 厚度测量 显微镜法(GB/T 6462—2005，ISO 1463:2003，IDT)

JJF 1059 测量不确定度评定与表示

3 术语和定义

下列术语和定义适用于本标准。

3.1

指示式扭力扳手 indicating torque tool

以指针、刻度或电子显示的方式，显示输出扭矩的扳手(见GB/T 4625)。

3.2

预置式扭力扳手 setting torque tool

可预先设定输出扭矩定值，并以声音、视觉等可感知信号显示输出的定值扭矩的扳手(见GB/T 4625)。

3.3

带刻度可调型扭力扳手 adjustable graduated torque tool

可调节输出定值扭矩，带有调整输出定值扭矩的刻度盘或电子显示器的扭力扳手(指预置式扭力扳手中的A型、D型和G型)。

3.4

无刻度可调型扭力扳手 adjustable non-graduated torque tool

可调节输出定值扭矩，带有扭矩校准装置的扭力扳手。

3.5

限力型扭力扳手　torque tool with fixed adjustment

输出扭矩为固定值的扭力扳手。

3.6

扭矩校准仪　calibration device

扭力工具的检定校准装置。

4　分类和标记

4.1　产品分类

4.1.1　扭力扳手分指示式扭力扳手和预置式扭力扳手两种类型。

4.1.2　根据扭力扳手的扭矩显示和使用方式不同,又分成以下几种型式。

4.1.2.1　指示式扭力扳手的分类,其型式见附录 A。

A 型:指针型扭力扳手;

B 型:表盘型扭力扳手;

C 型:电子数显型扭力扳手;

D 型:指针型扭矩螺钉旋具;

E 型:电子数显型扭矩螺钉旋具。

4.1.2.2　预置式扭力扳手的分类,其型式见附录 B。

A 型:带刻度可调型扭力扳手;

B 型:限力型扭力扳手;

C 型:无刻度可调型扭力扳手;

D 型:带刻度可调型扭矩螺钉旋具;

E 型:限力型扭矩螺钉旋具;

F 型:无刻度可调型扭矩螺钉旋具;

G 型:扭力杆刻度可调型扭力扳手。

4.2　产品标记

扭力扳手产品标记由产品名称、标准编号、型式代号、产品编号和规格组成。

示例 1:规格为 0-100(N·m)的 B 型指针式扭力扳手的标记为:

指针式扭力扳手 GB/T 15729-B □ 0-100(N·m)。

示例 2:规格为 0-10(N·m)的 D 型指针型扭矩螺钉旋具的标记为:

指针式扭矩扳手 GB/T 15729-D □ 0-10(N·m)。

示例 3:规格为 20-100(N·m)的 A 型预置式扭力扳手的标记为:

预置式扭力扳手 GB/T 15729-A □ 20-100(N·m)。

示例 4:规格为 2-10(N·m)的 D 型带刻度可调型扭矩螺钉旋具的标记为:

预置式扭力扳手 GB/T 15729-D □ 2-10(N·m)。

注:□为产品编号,由企业自行选择一个或数个英文字母或数字表示。

5　技术要求

5.1　表面处理

5.1.1　扭力扳手应进行电镀或其他表面处理。

5.1.2　经电镀处理的扭力扳手零部件,其电镀层厚度不应低于 6 μm。

5.2　表面质量

5.2.1　扭力扳手的表面不应有裂纹、毛刺、伤痕及锈斑等缺陷。

5.2.2　扭力扳手的刻度和示值应清晰无误。

5.2.3 经电镀处理后的零部件，其表面应色泽均匀，不应有气孔、漏镀、烧焦、起层等影响保护性能和使用寿命的缺陷。

5.2.4 经喷漆、发黑或其他化合物生成处理的零部件，其表面应色泽均匀，不应有明显的斑点及露底现象。

5.3 结构和性能

5.3.1 扭力扳手应具有可以修正示值误差的结构。

5.3.2 预置式扭力扳手的扭矩调整机构应精确、可靠。

5.3.3 预置式扭力扳手的报讯装置在达到预置扭矩时，必须能够清晰地报讯。

5.3.4 扭力扳手的棘轮必须能灵活转动。

5.3.5 扭力扳手的传动方榫应能可靠地连接套筒。

5.4 传动方榫

5.4.1 传动方榫的对边尺寸和公差应符合 GB/T 3390.2 的规定。

5.4.2 扭力扳手传动方榫的对边尺寸应按表 1 规定的最大扭矩值选择。

5.4.3 传动方榫的热处理硬度应不低于 39 HRC。

表 1 传动方榫的对边尺寸

最大扭矩/(N·m)	传动方榫对边尺寸/mm
30	6.3
135	10
340	12.5
1 000	20
2 100	25

5.5 扭矩扳手的扭矩测试精度

5.5.1 指示式扭力扳手的扭矩允许误差按表 2 规定。

表 2 指示式扭力扳手的扭矩允许误差

型式[a]	最大扭矩值	
	≤10 N·m	>10 N·m
A 型和 D 型	±6%	
B 型、C 型和 E 型	±6%	±4%
[a] 允许误差也包括显示误差。		

5.5.2 预置式扭力扳手扭矩的允许误差按表 3 规定。

表 3 预置式扭力扳手扭矩的允许误差

型式[a,b]	最大扭矩值	
	≤10 N·m	>10 N·m
A 型、B 型和 C 型	±6%	±4%
D 型、E 型、F 型和 G 型	±6%	
[a] 允许误差也包括显示误差。 [b] 预置式扭力扳手中 C 型和 F 型的扭矩预置值等于 10 次试验后的算术平均值。(见 6.5.5 示例 2)		

5.6 超载试验

扭力扳手在其使用方向上，应能承受最大扭矩值的 125%(预置式扭力扳手的 B 型和 E 型为其额定值)的载荷。试验后，不应有影响扭矩测试精度和使用性能的损坏。

5.7 **耐久性试验**

扭力扳手在使用方向上以其最大扭矩值(预置式扭力扳手的B型和E型为额定值)扳拧5 000次后,不应有影响扭矩精度和使用性能的损伤。

6 试验方法

6.1 表面处理试验

扭力扳手的电镀零部件的电镀层厚度按GB/T 4955或GB/T 6462的规定进行,应符合5.1.2的规定。

6.2 表面质量检验

扭力扳手的表面质量用目测检验,应符合5.2条的规定。

6.3 结构和性能检验

扭力扳手的结构和性能以目测和手感进行检验,应符合5.3条的规定。

6.4 传动方榫试验

6.4.1 扭力扳手传动方榫的尺寸和公差用通用量具进行检验,应符合5.4.1规定。

6.4.2 扭力扳手传动方榫的对边尺寸应符合5.4.2的规定。

6.4.3 扭力扳手传动方榫的硬度测定按GB/T 230.1的规定进行,应符合5.4.3的规定。

6.5 扭矩测试精度试验

6.5.1 扭矩扳手应在环境温度为18 ℃~28 ℃、温度波动范围不大于±1°相对湿度不大于90%的条件下进行扭矩精度试验。

6.5.2 用于扭矩精度试验的扭矩校准仪,测量不确定度不得大于1%。

6.5.3 进行扭矩精度试验的扳手,测量结果的不确定度评定应根据国家计量技术规范JJF 1059的通用规则进行(包含因子$K=2$)。

6.5.4 扭矩精度的试验按下列规定进行,应符合表2和表3的规定。

6.5.4.1 扭力扳手按图1、图2和图3的规定放置,在握捏部位的中央如图所示施加载荷。试验前必须将扭矩校准仪指示置零。

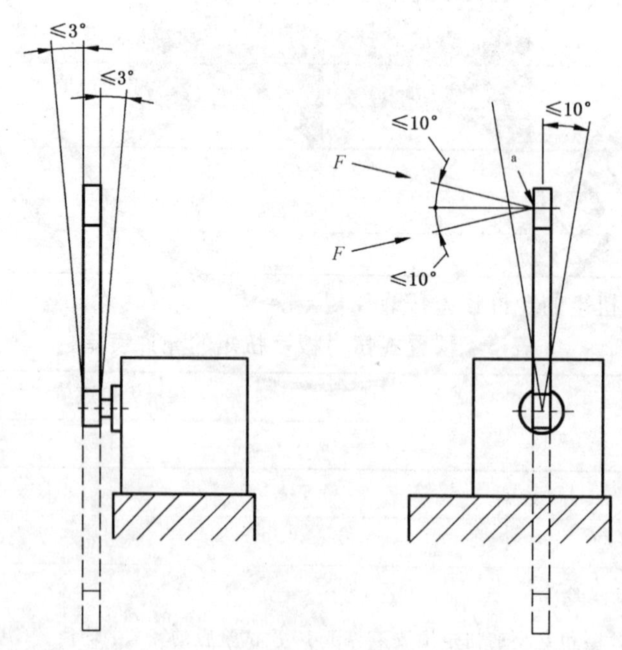

[a] 线接触,加载点为手柄握持位置中部。

图1 扭力扳手处于垂直试验状态

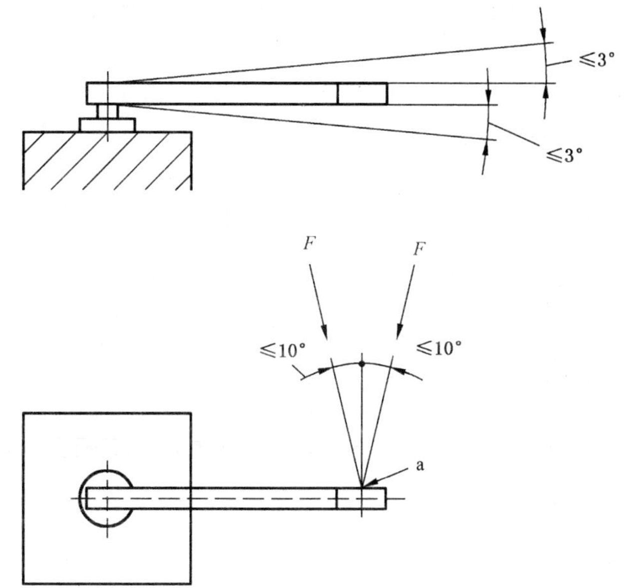

a 线接触，加载点为手柄握持位置中部。

图 2 扭力扳手处于水平试验状态

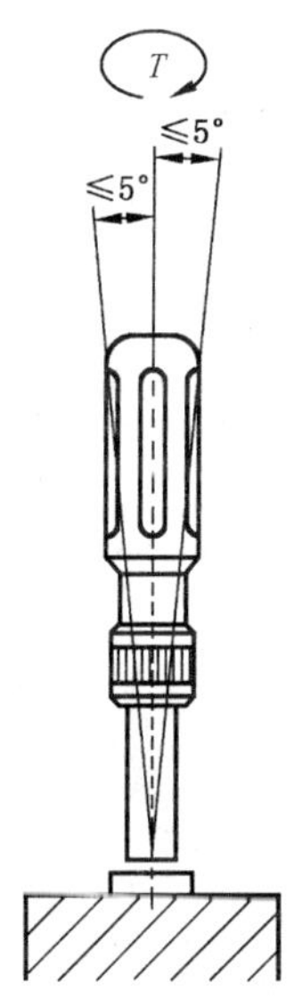

图 3 扭矩螺钉旋具和 T 型扭力扳手的试验状态

6.5.4.2 指示式扭力扳手在试验前需沿试验操作方向进行一次最大扭矩值的试验，卸载后将指示式显示器指示置零。

6.5.4.3 预置式扭力扳手在试验前需沿试验操作方向进行 5 次最大扭矩值(B 型和 E 型为额定值)的操作。

6.5.4.4 在握捏部位按图 1、图 2 和图 3 所示，平稳地施加载荷。特别当接近设定的试验扭矩值时，更应缓慢、均匀加载。

6.5.4.5 预置式扭力扳手在平稳地施加载荷至 80％的试验扭矩值时，应在 0.5 s～4 s 的时间内，继续缓慢地加载至预定的试验扭矩值。

6.5.4.6 扭矩试验应以扭力扳手最大扭矩值的 20％、60％和 100％分别进行(预置式扭力扳手的 B 型和 E 型为额定值)。

6.5.4.7 试验中,每一测试点应连续试验5次,每一测试点扭矩精度允许误差应符合表2和表3的规定。

6.5.4.8 扭矩扳手闲置12个月以上或累计使用5 000次以上,应重新进行以上扭矩测试精度试验。

6.5.5 扭矩误差的计算公式按式(1)。

$$A_s = \frac{(x_a - x_r)}{x_r} \times 100 \quad \cdots\cdots(1)$$

式中:

A_s——为扭力扳手的计算误差值,%;

x_a——为扭力扳手所示值或额定值,单位为牛顿米(N·m);

x_r——为校准仪的测定值,单位为牛顿米(N·m)。

示例1:$x_a = 100$ N·m

$x_{r1}=104$ N·m;$x_{r2}=96$ N·m;$x_{r3}=103$ N·m;$x_{r4}=99$ N·m;$x_{r5}=101$ N·m

$$A_{s1}=\frac{(100-104)\times 100}{104}=-3.85\%$$

$$A_{s2}=\frac{(100-96)\times 100}{96}=4.17\%$$

$$A_{s3}=\frac{(100-103)\times 100}{103}=-2.91\%$$

$$A_{s4}=\frac{(100-99)\times 100}{99}=1.01\%$$

$$A_{s5}=\frac{(100-101)\times 100}{101}=-0.99\%$$

预置式扭力扳手中C型和F型的扭矩预置值等于10次试验后的算术平均值按式(2)计算。

$$x_a = \frac{x_{r1}+x_{r2}+\cdots\cdots x_{r10}}{10} \quad \cdots\cdots(2)$$

示例2:

$$x_a = \frac{104+96+103+99+101+98+97+101+100.5+102.5}{10} = 100.2 \text{ N·m}$$

$x_{r1}=104$ N·m;$x_{r2}=96$ N·m;$x_{r3}=103$ N·m;$x_{r4}=99$ N·m;$x_{r5}=101$ N·m;

$x_{r6}=98$ N·m;$x_{r7}=97$ N·m;$x_{r8}=101$ N·m;$x_{r9}=100.5$ N·m;$x_{r10}=102.5$ N·m

$$A_{s1}=\frac{(100.2-104)\times 100}{104}=-3.65\%$$

$$A_{s2}=\frac{(100.2-96)\times 100}{96}=4.38\%$$

$$A_{s3}=\frac{(100.2-103)\times 100}{103}=-2.72\%$$

$$A_{s4}=\frac{(100.2-99)\times 100}{99}=1.21\%$$

$$A_{s5}=\frac{(100.2-101)\times 100}{101}=-0.79\%$$

$$A_{s6}=\frac{(100.2-98)\times 100}{98}=2.24\%$$

$$A_{s7}=\frac{(100.2-97)\times 100}{97}=3.30\%$$

$$A_{s8}=\frac{(100.2-101)\times 100}{101}=-0.79\%$$

$$A_{s9}=\frac{(100.2-100.5)\times 100}{100.5}=-0.30\%$$

$$A_{s10}=\frac{(100.2-102.5)\times 100}{102.5}=-2.24\%$$

6.6 超载试验

扭力扳手按其使用方向,施加5.6条规定的载荷3次,试验后,应符合5.6条的规定。

6.7 耐久性试验

扭力扳手按其使用方向，以每分钟5次～10次的频率，匀速加载5 000次。试验后，应符合5.7条的规定。

7 检验规则

7.1 交收检验

7.1.1 产品须经检验合格后方可出厂，并附有产品合格证。

7.1.2 交收检验按照GB/T 2828.1规定的二次抽样方案逐项进行。

7.1.3 产品的不合格分类、检验项目、接收质量限(AQL)和检验水平按表4的规定。

7.1.4 对交收检验中发现的不合格品以及试验破坏的样品，交货方应予调换。经检验拒收的产品可由制造厂分类修整后，重新提交验收。

表4 不合格分类、检验项目、接收质量限(AQL)和检验水平

序号	不合格分类	检验项目	接收质量限(AQL)	检验水平
1	B	扭矩精度	2.5	S-2
2	C	传动方榫对边尺寸	4.0	I
3		结构和性能	6.5	
4		表面质量		

7.2 型式试验

7.2.1 有下列情况之一时，应进行型式试验：

a) 产品定型投产时；

b) 正式生产后，如结构、材料、工艺有较大改变，可能影响产品性能时；

c) 正常生产过程中，每二年进行一次；

d) 产品停产一年以上，恢复生产时；

e) 用户或第三方有特殊要求时。

7.2.2 型式试验项目按5.1～5.7逐项进行(见表5)。

7.2.3 型式试验在出厂检验合格的产品中抽取三把，若有一把或一把以上不合格品，则加抽六把，若仍有不合格品时，则判型式试验不合格。

7.2.4 型式试验判定原则：

若所检产品不含A类不合格项，且B类不合格项目不大于二项，则判产品质量合格，否则判定产品质量不合格。

表5 检查项目和不合格分类

序号	检验项目	要求	试验方法	不合格分类
1	表面处理(镀层厚度)	5.1	6.1	B
2	表面质量	5.2	6.2	B
3	结构和性能	5.3	6.3	B
4	传动方榫对边尺寸	5.4.1、5.4.2	6.4.1、6.4.2	A
5	传动方榫硬度	5.4.3	6.4.3	A
6	扭矩精度	5.5.1、5.5.2	6.5	A
7	超载	5.6	6.6	A
8	耐久性	5.7	6.7	A

8 包装、标志、运输与贮存

8.1 产品标志

8.1.1 扭力扳手产品应有清晰、牢固的产品标志。

8.1.2 产品标志包括扭力扳手的名称、型号、规格、产品编号、施力方向,以及制造厂商名称或商标。

8.2 包装、包装标志、运输与贮存

扭力扳手产品的包装、包装标志、运输与贮存,按照 GB/T 5305 的规定。

附　录　A
（规范性附录）
指示式扭力扳手的分类

本附录适用于指示式扭力扳手的分类，对扭力扳手的结构不作限制。

指示式扭力扳手的型式如图 A.1～图 A.5 所示。

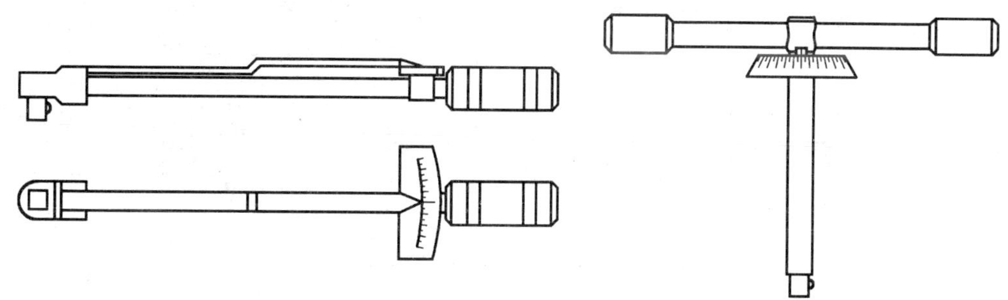

图 A.1　A 型：指针型扭力扳手

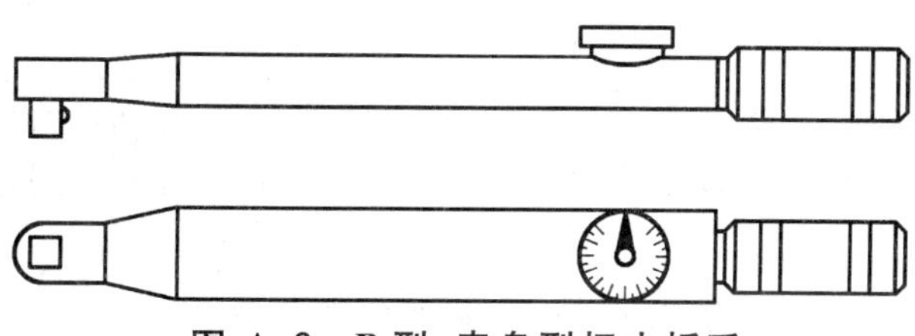

图 A.2　B 型：表盘型扭力扳手

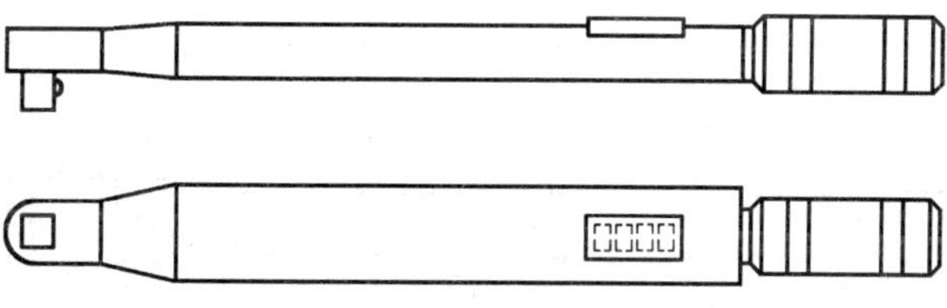

图 A.3　C 型：电子数显型扭力扳手

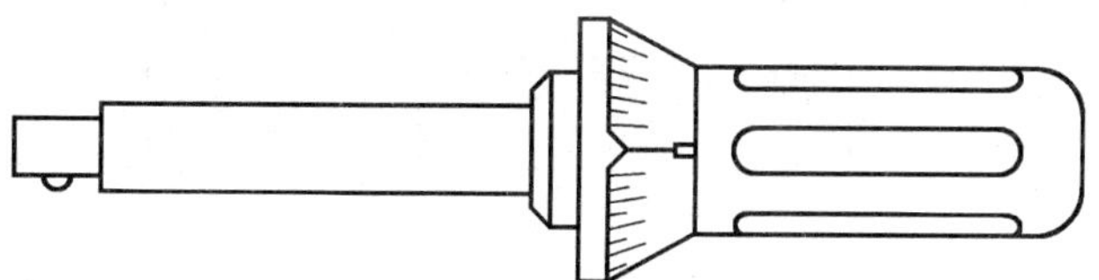

图 A.4　D 型：指针型扭矩螺钉旋具

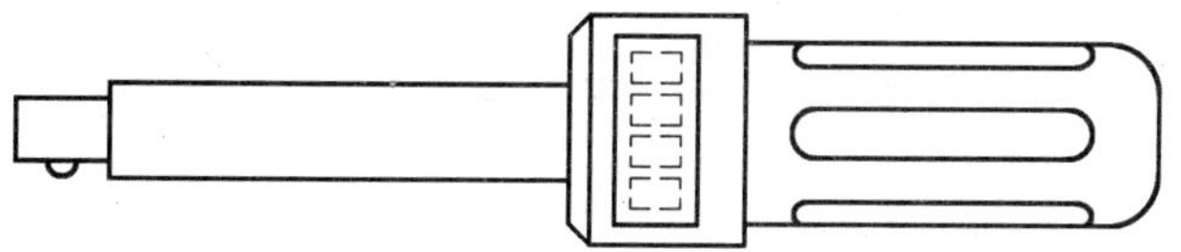

图 A.5　E 型：电子数显型扭矩螺钉旋具

附 录 B
(规范性附录)
预置式扭力扳手的分类

本附录适用于预置式扭力扳手的分类,对扭力扳手的结构不作限制。

预置式扭力扳手的型式如图 B.1～图 B.7 所示。

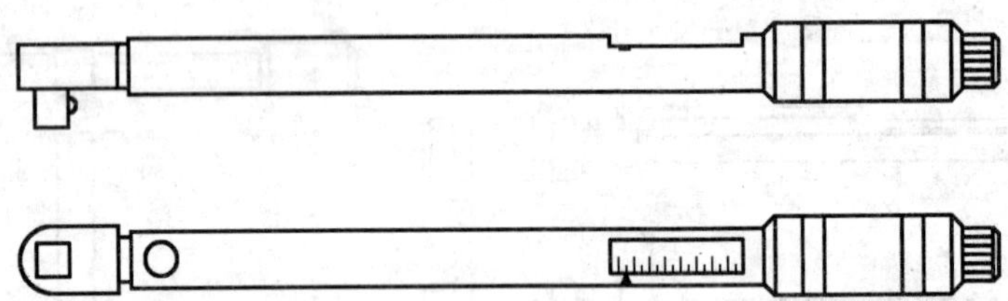

图 B.1 A 型:带刻度可调型扭力扳手

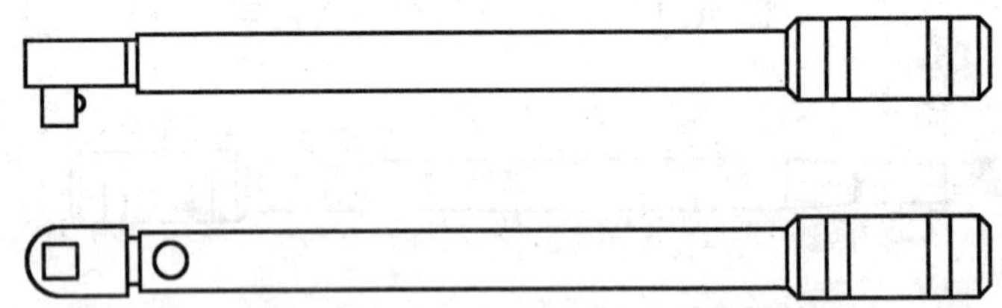

图 B.2 B 型:限力型扭力扳手

图 B.3 C 型:无刻度可调型扭力扳手

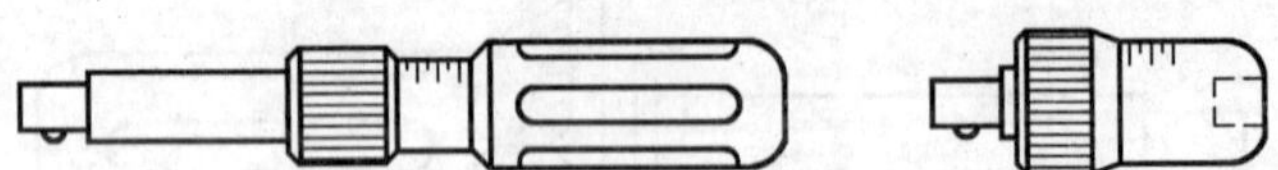

图 B.4 D 型:带刻度可调型扭矩螺钉旋具

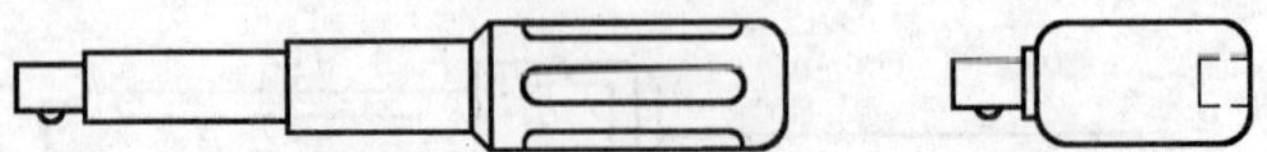

图 B.5 E 型:限力型扭矩螺钉旋具

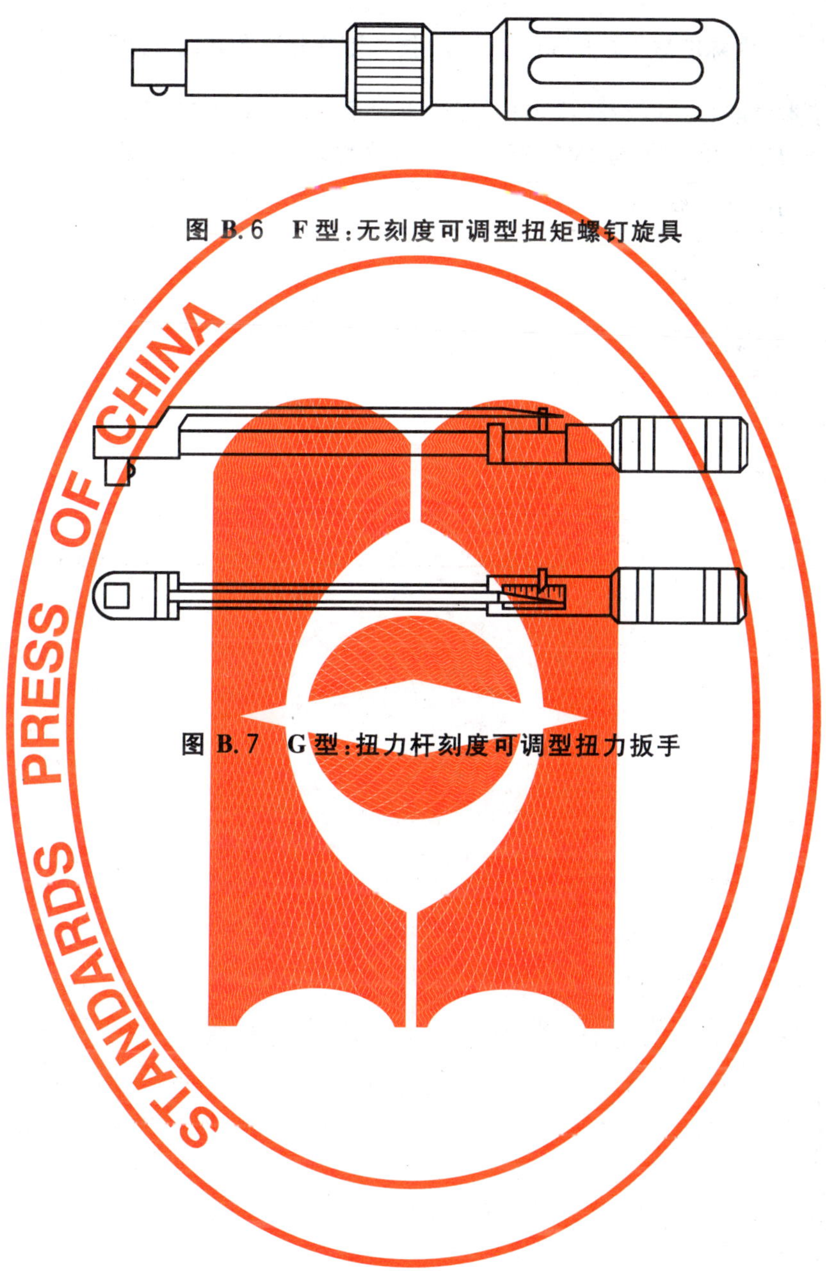

图 B.6 F型:无刻度可调型扭矩螺钉旋具

图 B.7 G型:扭力杆刻度可调型扭力扳手

附　录　C
（资料性附录）
本标准与 ISO 6789:2003(E)技术性差异的章条编号对照

表 C.1 给出了本标准与 ISO 6789:2003 技术性差异章条编号对照的一览表。

表 C.1　本标准与 ISO 6789:2003 技术性差异章条编号对照一览表

本标准章条编号	对应的国际标准章条编号
2	2
5.1	无
5.2	无
5.3	无
6	无
7	无
8	无

附 录 D
（资料性附录）
本标准与 ISO 6789:2003 技术性差异及其原因

表 D.1 给出了本标准与 ISO 6789:2003 技术性差异及其原因的一览表。

表 D.1 本标准与 ISO 6789:2003 技术性差异及其原因

本标准的章条编号	技术性差异	原 因
2	引用了采用国际标准的我国标准。增加引用了 GB/T 230.1、GB/T 2828.1、GB/T 3390.2、GB/T 4625、GB/T 4955、GB/T 5305、GB/T 6462。	以适合我国国情和产品现状。
5.1	对表面处理作了规定。	以适合我国产品现状。
5.2	对表面质量作了规定。	以适合我国产品现状。
5.3	对结构和性能作了规定。	以适合我国产品现状。
6	对表面处理、表面质量、结构和性能、传动方榫硬度的试验方法作了规定。	以适合我国产品现有的检测方法。
7	对检验规则作了规定。	以适合我国国情。
8	对包装、包装标志、运输与贮存作了规定。	以适合我国国情。

ICS 25.140.30
J 47

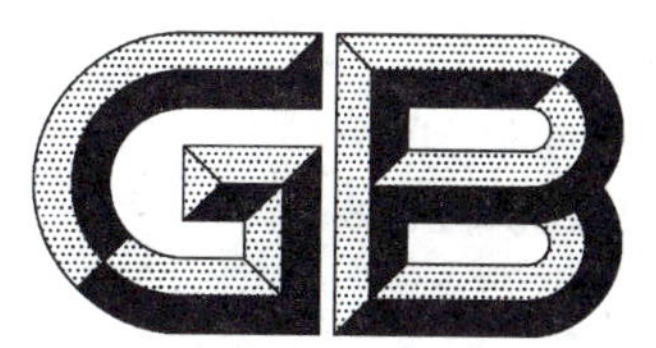

中华人民共和国国家标准

GB/T 15730—2008
代替 GB/T 15730—1995

电讯夹扭钳和剪切钳通用技术条件

Pliers and nippers for electronics—General technical requirements

(ISO 9656:2004,Pliers and nippers for electronics—Test methods,
ISO 9657:2004,Pliers and nippers for electronics—
General technical requirements,MOD)

2008-12-30 发布　　　　2009-09-01 实施

中华人民共和国国家质量监督检验检疫总局
中国国家标准化管理委员会　发布

前　言

本标准修改采用 ISO 9657:2004《电讯夹扭钳和剪切钳通用技术条件》(英文版)和 ISO 9656:2004《电讯夹扭钳和剪切钳试验方法》(英文版)。

本标准根据 ISO 9657:2004 和 ISO 9656:2004 重新起草。资料性附录 A 中列出了本国家标准条款和国际标准条款的对照一览表。

考虑到我国国情,在采用 ISO 9657:2004 和 ISO 9656:2004 时,本标准作了一些修改,有关技术性差异已编入正文中,并在它们所涉及的条款的页边空白处用垂直单线标识。在附录 B 中给出了与 ISO 9657:2004 和 ISO 9656:2004 的技术性差异及其原因的一览表以供参考。

本标准与 ISO 9657:2004 和 ISO 9656:2004 的主要差异如下:

——将一些适用于国际标准的表述改为适用于我国标准的表述;

——引用了采用国际标准的我国标准和其他国家标准(本版的第 2 章);

——增加了材料的要求(本版的 3.1 条);

——对表面处理和表面质量作了规定(本版的 3.2 条、3.3 条);

——对电讯剪切钳的刃口缝隙作了规定(本版的 3.5 条);

——增加了钳轴硬度要求(本版的 3.7.4);

——对外形和尺寸、表面处理和表面质量、刃口缝隙的试验方法作了规定(本版的第 4 章);

——对检验规则作了规定(本版的第 5 章);

——对包装、标志、运输与贮存作了规定(本版的第 6 章);

——对部分内容作了调整。

本标准代替 GB/T 15730—1995《电讯夹扭钳和剪切钳通用技术条件》。

本标准与 GB/T 15730—1995 相比主要变化如下:

——增加了材料的要求(本版的 3.1 条);

——增加了电讯钳的外形和尺寸的要求(本版的 3.4 条);

——调整了电讯夹扭钳钳口顶端缝隙的要求(1995 版的 3.2.2,本版的 3.5 条);

——调整了电讯钳的硬度要求(1995 版的 3.4 条,本版的 3.7 条);

——取消了电讯剪切钳的等级规定(1995 版的 3.4 条、3.5 条);

——调整了电讯夹扭钳抗弯强度试验载荷(1995 版的表 4.6 条,本版的 4.4 条)。

本标准的附录 A 和附录 B 为资料性附录。

本标准由全国五金制品标准化技术委员会提出

本标准由全国五金制品标准化技术委员会工具五金分技术委员会归口。

本标准由江苏金鹿集团有限公司、江苏宏宝五金股份有限公司、上海市工具工业研究所负责起草,浙江万达实耐宝工具有限公司、宁波长城精工实业有限公司、上海昆杰五金工具有限公司、文登威力工具集团有限公司参加起草。

本标准主要起草人:吴祖训、蒋燕花、王竹鸣、李亮、陈立海、林美德、刘玉信、鞠家平、顾青。

本标准所代替标准的历次版本发布情况为:

——GB/T 15730—1995。

电讯夹扭钳和剪切钳通用技术条件

1 范围

本标准规定了电讯夹扭钳和电讯剪切钳的技术要求、试验方法、检验规则和包装、标志、运输与贮存。

本标准适用于电讯夹扭钳和电讯剪切钳(以下简称电讯钳)。

本标准不适用于带电作业用的电讯钳。

2 规范性引用文件

下列文件中的条款通过本标准的引用而成为本标准的条款。凡是注日期的引用文件,其随后所有的修改单(不包括勘误的内容)或修订版均不适用于本标准,然而,鼓励根据本标准达成协议的各方研究是否可使用这些文件的最新版本。凡是不注日期的引用文件,其最新版本适用于本标准。

GB/T 230.1 金属洛氏硬度试验 第1部分:试验方法(A、B、C、D、E、F、G、H、K、N、T标尺)(GB/T 230.1—2004,ISO 6508-1:1999,MOD)

GB/T 2828.1 计数抽样检验程序 第1部分:按接收质量限(AQL)检索的逐批检验抽样计划(GB/T 2828.1—2003,ISO 2859-1:1999,IDT)

GB/T 4340.1 金属维氏硬度试验 第1部分:试验方法(GB/T 4340.1—1999,eqv ISO 6507-1:1997)

GB/T 5305 手工具包装、标志、运输与贮存

GB/T 14953 纯铜线

3 技术要求

3.1 材料

采用能够达到本标准要求的优质碳素结构钢、合金结构钢或同等以上的其他材料。

3.2 表面处理

电讯钳的钳体可采用抛光、电镀、表面化合物生成处理等能够达到本标准要求的表面处理。

3.3 表面质量

3.3.1 电讯钳的钳体表面不得有裂纹、毛刺、伤痕和锈斑等缺陷。

3.3.2 经电镀、发黑或其他化合物生成处理后的电讯钳,其表面应色泽均匀,应无漏镀、起层等电镀缺陷和明显的斑点及露底现象。

3.4 外形和尺寸

电讯钳的外形和尺寸应符合相关产品的标准要求。

3.5 钳口

3.5.1 电讯夹扭钳的钳口,除非在设计中另有规定,钳口在闭合状态下,顶端应相互接触。

3.5.2 电讯剪切钳在紧握钳柄的状态下,其刃口缝隙应不大于0.05 mm。

3.5.3 电讯钳在正常工作范围内,钳腮应无阻涩,钳口应能灵活开闭,且无影响使用功能的侧向偏移。

3.6 钳柄

3.6.1 电讯钳的钳柄应握捏舒适,可配有柄套。

3.6.2 电讯夹扭钳经抗弯强度试验后,钳口和钳柄不应有影响正常使用功能的永久变形和损坏。

3.7 **硬度**

3.7.1 电讯钳的钳柄硬度应不小于 40 HRC。

3.7.2 除电讯圆嘴钳外，电讯夹扭钳的夹持面硬度应不小于 40 HRC。

3.7.3 电讯剪切钳刃口的硬度应不小于 55 HRC。

3.7.4 电讯钳钳轴硬度应不小于 25 HRC。

3.8 **剪切性能**

电讯剪切钳应能按产品规定顺利地剪切 ϕ0.2 mm～ϕ2.0 mm 的有色金属线。剪切试验后，刃口不应产生肉眼可见凹痕和刃口损伤以及正常使用功能的损坏。

3.9 **扭力性能**

电讯夹扭钳经扭力试验后，不应有影响正常使用功能的损坏。

4 试验方法

4.1 **表面处理和表面质量**

电讯钳的表面处理和表面质量用目测检验，应符合 3.2 和 3.3 的规定。

4.2 **外形和尺寸检验**

电讯钳的外形和尺寸用目测和通用量具检验，应符合 3.4 的规定。

4.3 **钳口检验**

4.3.1 电讯夹扭钳的钳口缝隙在握紧钳柄的状态下，用目测进行检验，检验后应符合 3.5.1 的规定。

4.3.2 电讯剪切钳的刃口缝隙在握紧钳柄的状态下，用塞尺进行检验，检验后应符合 3.5.2 的规定。

4.3.3 钳口的灵活开闭程度和侧向偏移用手感和目测检验，应符合 3.5.3 的规定。

4.4 **钳柄抗弯强度试验**

如图 1 所示，将厚度为 3 mm±0.1 mm、热处理硬度为 30 HRC～40 HRC 的试验片插入钳口，夹持深度为从钳口端部起 2 mm±0.5 mm，夹紧后按表 1 和表 2 的规定施加相应的载荷，试验后应符合 3.6.2 的规定。

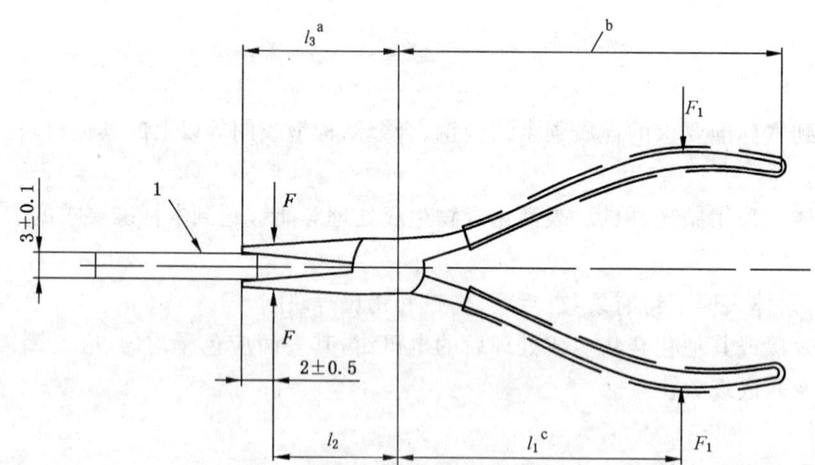

1——试验片。

a l_3 指钳嘴顶端至销轴中心的长度，试验片不允许从钳嘴滑脱。

b 钳柄长度。

c l_1 等于钳柄长度的 0.8 倍。

图 1 抗弯强度试验

表 1 电讯扁嘴钳钳柄抗弯强度试验载荷

钳嘴型式	规格(l)/mm	试验载荷(F)/N	F_1
短嘴	112	500	$F_1=\frac{F\times l_2}{l_1}$
	125		
长嘴	125	400	
	140		

表 2 电讯尖嘴钳钳柄抗弯强度试验载荷

钳嘴型式	规格(l)/mm	试验载荷(F)/N	F_1
短嘴	112	400	$F_1=\frac{F\times l_2}{l_1}$
	125		
长嘴	125	250	
	140		

4.5 硬度试验

4.5.1 电讯钳钳柄硬度、电讯夹扭钳夹持面硬度和电讯钳钳轴硬度按 GB/T 230.1 规定进行，夹持面硬度应在夹持面或夹持面的相邻面上测定。应符合 3.7.1、3.7.2 和 3.7.4 的规定。

4.5.2 电讯剪切钳刃口硬度按 GB/T 4340.1 的规定，在离刃口 1 mm 的范围内进行测定，应符合 3.7.3的规定。

4.6 剪切性能

4.6.1 剪切试验的试材采用 GB/T 21652 规定的 Y 状态 T_2 纯铜线。

4.6.2 电讯斜嘴钳和电讯斜刃顶切钳应按产品要求，按下列规定进行试验。

4.6.2.1 将一根按产品要求规定的最小直径试验丝放置在硬质平面上，将钳子刃口垂直夹住试验丝，用手力进行剪切。试验后应符合 3.8 的规定。

4.6.2.2 将一根按产品标准要求规定的最小直径且长度为 25 mm 的试验丝放置在距刃口顶端起 2/3 刃口长度内的任何一点上，用手力进行剪切。试验后应符合 3.8 的规定。

4.6.2.3 在刃口的任何一点上，用手力剪切按产品标准要求规定的最大直径试验丝。试验后应符合 3.8 的规定。

4.6.3 其他电讯剪切钳应在刃口的任何一点上，用手力剪切按产品标准要求规定的最小直径试验丝和最大直径试验丝。试验后应符合 3.8 的规定。

4.7 电讯圆嘴钳扭力性能试验

4.7.1 将钳口顶端夹持在具有 2 个 90°的 V 型槽的试验块内。钳口端部相距 3 mm，夹持深度为从钳口顶端起 2 mm，试验块的硬度为 40 HRC～45 HRC。

4.7.2 将钳柄固定，分别以顺时针和逆时针两个方向(如图 2 所示)，将钳柄旋转至表 3 规定的角度。试验后应符合 3.9 的规定。

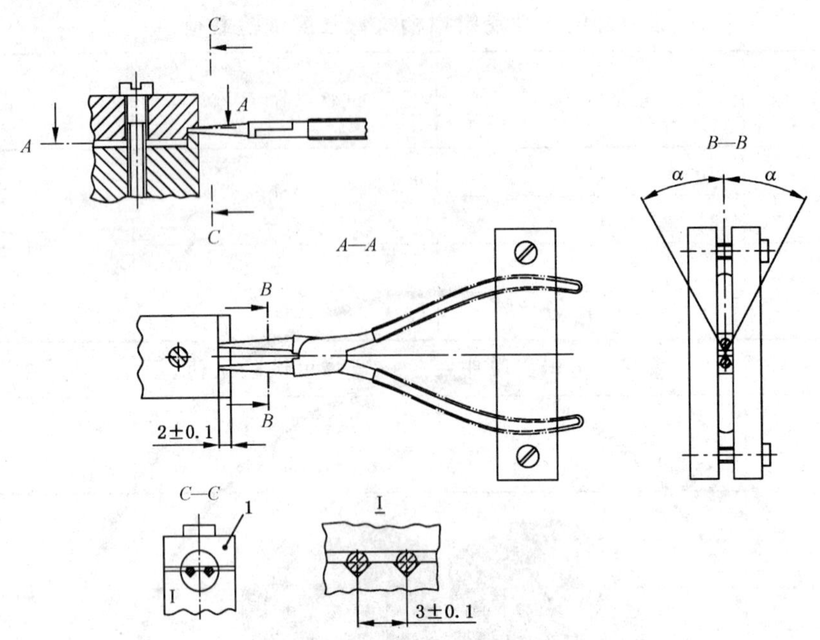

图 2 电讯圆嘴钳扭力性能试验示图

表 3 电讯圆嘴钳扭力试验扭转角

钳嘴型式	规格(l)/ mm	扭转角(α) ±3°
短嘴	112	20°
	125	
长嘴	125	25°
	140	

5 检验规则

5.1 产品须经检验合格后方可出厂,并附有产品合格证。

5.2 产品的检验按照 GB/T 2828.1 规定的二次抽样方案进行。

5.3 交收检验的不合格分类、检验项目、接收质量限(AQL)和检验水平按表 4 的规定。

表 4 不合格分类、检验项目、接收质量限(AQL)和检验水平

序号	不合格分类	检验项目	接收质量限(AQL)	检验水平
1	B	钳柄抗弯强度	4.0	S-2
2		扭力性能		
3		剪切性能		
4		硬度		
5	C	表面处理和表面质量	6.5	I
6		外形和尺寸		
7		钳口缝隙		
8		刃口缝隙		
9		钳口开闭和侧向偏移		

5.4 对交收检验中发现的不合格品及进行破坏试验后的样本，制造厂应予调换。

5.5 经检验拒收的产品，可由制造厂重新分类或整修后再提交验收。

6 包装、标志、运输与贮存

产品的包装、标志、运输与贮存，按照GB/T 5305的规定。

附 录 A
（资料性附录）
本标准与 ISO 9657:2004(E)和 ISO 9656:2004(E)的技术性差异的章条编号对照

表 A.1 给出了本标准与 ISO 9657:2004(E)和 ISO 9656:2004(E)技术性差异章条编号对照的一览表。

表 A.1 本标准与 ISO 9657:2004(E)和 ISO 9656:2004(E)技术性差异章条编号对照

本标准章条编号	对应的国际标准章条编号
2	2
3.1	无
3.2、3.3	无
3.5.2	无
3.7.4	无
4.1、4.2、4.3	无
5	无
6	无

附　录　B
（资料性附录）
本标准与 ISO 9657:2004(E)和 ISO 9656:2004(E)技术性差异及其原因

表 B.1 给出了本标准与 ISO 9657:2004(E)和 ISO 9656:2004(E)技术性差异及其原因的一览表。

表 B.1　本标准与 ISO 9657:2004(E)和 ISO 9656:2004(E)技术性差异及其原因

本标准的章条编号	技术性差异	原　因
2	引用了采用国际标准的我国标准。增加引用了 GB/T 230.1、GB/T 2828.1、GB/T 4340.1、GB/T 5305、GB/T 14953。	以适合我国国情和产品现状。
3.1	增加了材料的规定。	以适合我国国情。
3.2、3.3	增加了表面处理和表面质量的要求。	以适合我国产品现状。
3.5.2	增加了电讯剪切钳的刃口缝隙要求。	以适合我国产品现有的检测方法。
3.7.4	增加了钳轴硬度要求。	以适合我国产品现状。
4.1、4.2、4.3	增加了外形和尺寸、表面处理和表面质量、钳口和钳柄的试验方法要求。	以适合我国产品现有的检测方法。
5	增加了检验规则。	以适合我国国情。
6	对包装、包装标志、运输与贮存作了规定。	以适合我国国情。